U0181145

国家出版基金资助项目
"十四五"时期国家重点出版物出版专项规划项目

国家出版基金项目
NATIONAL PUBLICATION FOUNDATION

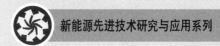

新能源先进技术研究与应用系列

太阳能高温热化学合成燃料技术

High-temperature Solar Thermochemical Synthetic Fuel Technology

帅 永 [贝]B.Guene Lougou

黄 兴 张 昊 潘如明 著

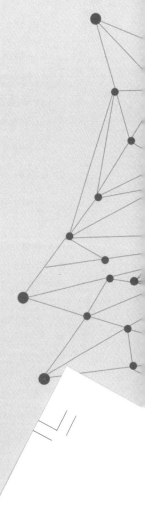

哈尔滨工业大学出版社
HARBIN INSTITUTE OF TECHNOLOGY PRESS

内 容 简 介

为满足全球日益增长的能源需求,太阳能由于其资源丰富、清洁、分布广泛等优点而成为解决能源危机的替代能源。太阳能高温热化学合成燃料技术作为一种新颖、高效的太阳能热利用方式,在发电、清洁燃料生产等能源系统耦合上表现出很大的优势,尤其是与CO_2控制有机结合,受到了研究人员越来越广泛的关注。本书针对太阳能高温热化学合成燃料技术中所涉及的相关环节进行了介绍,主要包括太阳能高倍聚集技术、腔体式反应器设计、催化剂开发与研制、系统集成与优化等。拓展介绍了材料光热辐射物性测量与反演、热化学反应机理与动力学等内容,以期拓宽读者的思路和视野。

本书对利用聚光太阳能的热量来驱动热化学循环的太阳能高温热化学合成燃料技术有重要理论意义和实际应用价值,可供从事新能源行业的科研人员使用,亦可作为高等院校相关专业师生的教学参考书。

图书在版编目(CIP)数据

太阳能高温热化学合成燃料技术/帅永等著. —哈尔滨:哈尔滨工业大学出版社,2024.6
(新能源先进技术研究与应用系列)
ISBN 978 - 7 - 5767 - 1217 - 9

Ⅰ.①太… Ⅱ.①帅… Ⅲ.①太阳能加热－热化学－合成燃料 Ⅳ.①TQ517.2

中国国家版本馆 CIP 数据核字(2024)第 030642 号

策划编辑 王桂芝 刘 威
责任编辑 李青晏 陈 洁 李 鹏
出版发行 哈尔滨工业大学出版社
社   址 哈尔滨市南岗区复华四道街 10 号 邮编 150006
传   真 0451 - 86414749
网   址 http://hitpress.hit.edu.cn
印   刷 辽宁新华印务有限公司
开   本 720 mm×1 000 mm 1/16 印张 27.25 字数 534 千字
版   次 2024 年 6 月第 1 版 2024 年 6 月第 1 次印刷
书   号 ISBN 978 - 7 - 5767 - 1217 - 9
定   价 156.00 元

国家出版基金资助项目

新能源先进技术研究与应用系列

编 审 委 员 会

 **总　序**

能源是人类社会生存发展的重要物质基础,攸关国计民生和国家安全。当前,随着世界能源格局深刻调整,新一轮能源革命蓬勃兴起,应对全球气候变化刻不容缓。作为世界能源消费大国,牢固树立和贯彻落实创新、协调、绿色、开放、共享的发展理念,遵循能源发展"四个革命、一个合作"战略思想,推动能源生产和利用方式发生重大变革,建设清洁低碳、安全高效的现代能源体系,是我国能源发展的重大使命。

由于煤、石油、天然气等常规能源储量有限,且其利用过程会带来气候变化和环境污染,因此以可再生和绿色清洁为特质的新能源和核能越来越受到重视,成为满足人类社会可持续发展需求的重要能源选择。特别是在"双碳"目标下,构建清洁、低碳、安全、高效的能源体系,加快实施可再生能源替代行动,积极构建以新能源为主体的新型电力系统,是推进能源革命,实现碳达峰、碳中和目标的重要途径。

"新能源先进技术研究与应用系列"图书立足新时代我国能源转型发展的核心战略目标,涉及新能源利用系统中的"源、网、荷、储"等方面:

(1)在新能源的"源"侧,围绕新能源的开发和能量转换,介绍了二氧化碳的能源化利用,太阳能高温热化学合成燃料技术,海域天然气水合物渗流特性,生物质燃料的化学㶲,能源微藻的光谱辐射特性及应用,以及先进核能系统热控技术、核动力直流蒸汽发生器中的汽液两相流动与传热等。

(2)在新能源的"网"侧,围绕新能源电力的输送,介绍了大容量新能源变流器并联控制技术,面向新能源应用的交直流微电网运行与优化控制技术,能量成型控制及滑模控制理论在新能源系统中的应用,面向新能源发电的高频隔离变流技术等。

(3)在新能源的"荷"侧,围绕新能源电力的使用,介绍了燃料电池电催化剂的电催化原理、设计与制备,Z源变换器及其在新能源汽车领域中的应用,容性能量转移型高压大容量电平变换器,新能源供电系统中高增益电力变换器理论及其应用技术等。此外,还介绍了特色小镇建设中的新能源规划与应用等。

(4)在新能源的"储"侧,针对风能、太阳能等可再生能源固有的随机性、间歇性、波动性等特性,围绕新能源电力的存储,介绍了大型抽水蓄能机组水力的不稳定性,锂离子电池状态的监测和状态估计,以及储能型风电机组惯性响应控制技术等。

该系列图书是哈尔滨工业大学等高校多年来在太阳能、风能、水能、生物质能、核能、储能、智慧电网等方向最新研究成果及先进技术的凝练。其研究瞄准技术前沿,立足实际应用,具有前瞻性和引领性,可为新能源的理论研究和高效利用提供理论及实践指导。

相信本系列图书的出版,将对我国新能源领域研发人才的培养和新能源技术的快速发展起到积极的推动作用。

2022 年 1 月

前　言

　　基于我国"双碳"重要发展目标以及太阳能高效转换利用和碳基能源的发展要求,太阳能高温热化学合成燃料技术受到广泛关注。该技术涉及能源、航空航天、化学工程、材料等多学科交叉融合,并能够实现可再生能源的高效利用。

　　本书对利用聚光太阳能的热量驱动热化学循环的太阳能高温热化学合成燃料技术具有重要的理论意义和实际应用价值,在阐明高温太阳能热化学能转化机理、开发多孔介质太阳能热化学反应装置、实现高密度能流利用和高效转化等方面做出了重大创新和相关学术贡献。本书可供从事新能源行业的科研人员使用,也可作为高校相关专业教师使用的学生教学参考书。

　　全书共分为 7 章,分别讲述了太阳能高温热化学合成燃料技术研究现状、碟式太阳能高倍聚集技术与性能研究、腔体式太阳能热化学反应器设计与热性能分析、中高温热化学氧化还原材料制备与表征、太阳能合成气热化学反应机理与反应特性、太阳能热化学合成燃料系统实验与性能分析、太阳能热解废弃塑料制高品位油。具体而言,本书主要提出了一种高通量太阳辐射均匀聚集和光热有序转换的方法,构建了光热多相反应体系的光热转换;建立了能量传质与热化学反应耦合的数学模型,探讨了太阳能热化学储能过程中能量的时空分布和损耗规律;形成了聚光太阳能热化学能转换的基本理论,为聚光太阳能热化学储能系统的设计奠定基础。

本书是作者在国家自然科学基金（52227813）、国家重点研发计划（2018YFA0702300）、高端外国专家引进计划（G2022179020L）、黑龙江省博士后科学基金(LBH—Z22120)的支持下，基于所取得的科研成果撰写而成。在本书的撰写过程中，得到了哈尔滨工业大学和华北理工大学教师和同学的支持与帮助，在此表示衷心的感谢。

由于作者水平有限，书中难免有疏漏和不足之处，恳请读者和同行专家提出宝贵的批评意见与建议。

帅永，B. Guene Lougou，黄兴，张昊，潘如明
2024 年 3 月

目 录

第 1 章

绪 论

随着当前人类社会快速发展、人口数量急剧增长以及人们对居住条件要求的提高,人们对能源消费的需求日益增加,而太阳能是能源利用的重要组成之一。CO_2 资源化是目前各行业的研究重点,可以利用太阳能将 CO_2 通过热化学催化还原生产 CO 或碳氢化合物实现碳负排放。本章简要介绍了太阳能聚集装置、太阳能热化学反应器、两步氧化还原循环材料的研究现状,引出全书的太阳能高温热化学合成燃料技术。

1.1　背景及意义

　　人类可利用化石燃料资源的储量日渐减少,如煤、石油、天然气等,同时其消耗方式以及燃烧副产物对气候、环境乃至人类社会都有重要影响。为了人类社会的可持续发展和满足人们的生存需要,迫切需要研制和发展环境友好的新能源来替代化石燃料。目前新能源主要有太阳能、氢能、核能、风能等,图 1.1 给出了化石燃料及新能源使用率随时间变化的过程。从图中可以看出,依据以往的发展预测化石燃料的使用率逐年降低,而新能源的使用率突飞猛进。

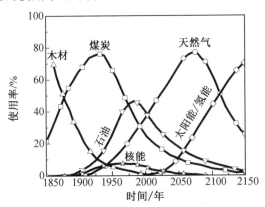

图 1.1　化石燃料及新能源使用率随时间变化的过程

　　太阳能是一种资源丰富的可持续能源,在全球能源需求不断增加的情况下,太阳能成为其中一个重要的组成部分。太阳能的利用方式主要分为:光热利用、发电利用及光化利用。现在利用太阳能进行光热及光伏发电已经商业化,但是关于利用太阳能转化成化学能的太阳能热化学合成燃料技术仍有很大的研究空间。太阳能高温热化学合成燃料技术作为一种新颖、高效的太阳能热利用方式,在发电、清洁燃料生产等能源系统耦合上表现出很大的优势,尤其是与 CO_2 控制有机结合。特别是德国和瑞士科学家们提出太阳能热与天然气重整相结合的能量系统,开辟了太阳能热化学利用的新方向,但耦合大大增加了系统的复杂性,必须针对系统内部的复杂多相多物理过程理论及关键技术开展深入的研究,对于高效和便捷实现太阳能的高品质利用具有至关重要的意义。

太阳能高温热化学合成燃料技术是通过聚光产生高温热能来驱动热化学反应的,将所聚集的太阳能转化为碳氢燃料的化学能,并在制取氢气、合成气、温室气体减排等领域得到了广泛的研究与应用。太阳能与热化学反应相结合的能量转换过程不仅使其由物理能品位提升到化学能品位,而且通过化学能的方式将太阳能存储,解决了太阳能不稳定、不连续等问题,有效提高太阳能热利用系统的效率。金属氧化物作为太阳能存储和输运的优秀载体介质,一系列金属氧化物如:TiO_2、ZnO、Fe_3O_4、MgO、Al_2O_3、CeO_2 都被用作循环反应,在这些热化学反应中金属氧化物粒子往往同时承担着太阳能量吸收体、化学反应物和催化剂三种角色。这些金属氧化物媒介的热物性,尤其是辐射物性,随着温度和组分的变化而剧烈变化,直接影响系统的传热、传质和化学反应速率,进而影响热化学燃料转化性能。

太阳能利用受到研究人员的广泛关注,因为聚集的太阳能可以提供充足能量以满足人类的使用需求。采用聚集太阳能作为热源驱动高温化学反应的太阳能－燃料转换技术是将排放的 CO_2 转化为有价值的产物,如合成气(H_2 和 CO)和燃料。如图 1.2 所示,合成气主要由 H_2 和 CO 组成。通常情况下,我们所说的合成气由纯 H_2 和 CO 组成,是石化行业所有产品和化学品的原料气,基于不同的 H_2 与 CO 摩尔比,在催化剂的催化下可合成高品质的化学品和燃料,如图 1.3 所示。

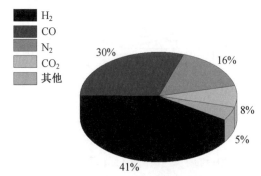

图 1.2　合成气的基本成分

氢气和合成气生产技术的研发在解决能源、化工和环境等领域可持续发展

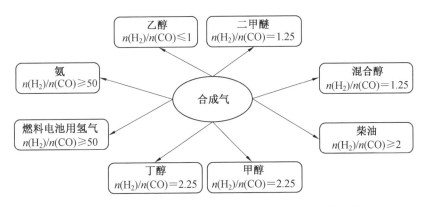

图 1.3 不同应用领域的合成气成分和 H_2 与 CO 摩尔比

所带来的挑战上具有巨大潜力。合成气生产为可再生能源提供了广泛的研究机会,不仅能满足人类社会对液体和气体燃料日益增长的需求,而且在发电过程中以零碳排放的合成气为燃料。由于在制备及使用过程中对环境无污染,因此合成气具有替代化石燃料的潜能,如图 1.4 所示。目前合成气通过相关化学工艺用于制备合成液体燃料,诸如:费托柴油、甲醇和二甲醚。

在化工行业中,由合成气制备的氨用于洗涤液、肥料和药物、塑料等诸多有机化合物的生产。制备的合成气既可以以热的形式使用,也可以直接燃烧通过布雷顿—朗肯(Brayton—Rankine)循环发电。此外,基于合成气的高温燃料电池,如固体氧化物燃料电池(SOFC)和熔融碳酸盐燃料电池(MCFC),可以通过先进的能源管理系统更高效地发电。因此,通过太阳能制取的合成气具有清洁、高效及可再生的特点,其最终可以降低人们对化石燃料的依赖及能源成本。

化学工业中生产合成气主要基于含碳原料,诸如天然气、炼厂气、重烃类、生物质气化及煤气化。制取合成气的原料选择取决于环境条件、成本和原料的可用性。近年来,利用太阳能和风能等可再生能源,通过使用 H_2O/CO_2 作为原料生产合成气的技术在二氧化碳捕集和利用研究领域逐渐受到关注。在可再生能源资源中,太阳能是世界上最丰富和最有效的。电化学、光化学和热化学技术是制取太阳能合成气的基本途径,其中,太阳能热化学制取合成气的技术受到了人们的大量关注。图 1.5 所示为太阳能热化学反应制取合成气系统示意图,在太阳能热化学反应器内通过聚集太阳能作为高温热源驱动热化学反应。

面对当前严峻的能源和环境形势,以太阳能为驱动源的碳基能源回收转换技术无疑为实现"双碳"重要发展目标提供了一条具有实际工程应用可行性和未来发展潜力的可靠途径。然而,太阳能高温热化学合成燃料技术发展时间较短,

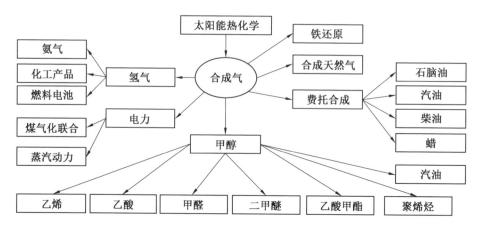

图 1.4　太阳能合成气部分应用示意图

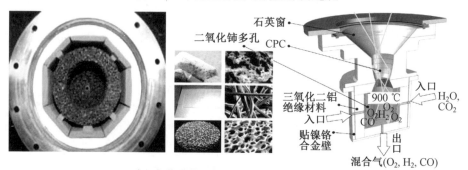

(a) 太阳能热化学反应器和反应性固体氧化物材料

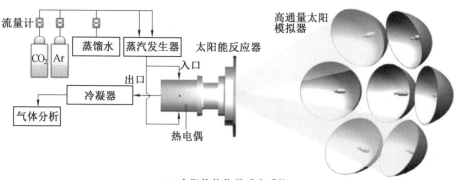

(b) 太阳能热化学反应系统

图 1.5　太阳能热化学反应制取合成气系统示意图

在多物理场耦合特性分析、高效催化材料制备,以及实验系统集成等方面的研究工作尚不完善,极大地限制了该技术的工业化应用。尤其对于高温反应,由于对催化体系和反应机理认知的不足,多数高温热化学合成燃料技术仍停留在实验室规模或中试规模测试阶段。同时,高温反应条件下的催化材料烧结和积碳问题严重限制了原料的转化率和生产稳定性,已有的氧载体材料尚不能完全满足工业化使用要求。此外,虽然现有的热化学反应器设计多样,但能够实现工程应用的只有最基本的腔体式结构,且能量转换效率较低,相关系统实验研究较少。面对全球性能源短缺和环境污染问题,太阳能高温热化学合成燃料技术显然有着重要而独特的应用价值和发展前景。在清洁能源技术飞速发展的时代背景下,率先实现该技术的工业化应用对转变能源消费结构,早日实现"双碳"目标有着十分重要的现实意义和战略价值。

1.2　太阳能聚集装置研究现状

1.2.1　高倍太阳能聚集传输特性

在太阳能制氢制取过程中,金属氧化物颗粒的热解温度较高(温度超过1 300 ℃),需要利用太阳能聚光器将聚集的太阳辐射作为高温热源来驱动化学反应过程。目前常用的太阳能聚光器主要分为塔式聚光器、槽式聚光器和碟式聚光器,在各类聚光器中,碟式聚光器由于具有占地面积少、聚光比较高、结构紧凑、投资相对较少等优点而应用广泛。碟式抛物面聚光器利用旋转抛物面原理设计加工而成,包括单碟聚光器、多碟聚光器和偏轴聚光器;影响碟式聚光器焦平面汇聚特性的因素主要有几何尺寸、面型误差、跟踪误差、加工误差等。

虽然实验测量能够直接获得碟式聚光器焦平面热流分布特性,但数值模拟方法却能详细分析聚光器焦平面热流密度分布进而优化太阳能聚光器。目前根据太阳能聚光器焦平面热流特性,数值模拟方法分为商用模拟软件和自编制程序(主要基于蒙特卡罗光线追踪法(MCRTM,简称蒙特卡罗法))。前者主要有:TracePro、UHC、DELSOL、MIRVAL、HFLCAL、SolTRACE、HELIOS、ASPOC、RCELL、SOLERGY 等。目前为止,上述部分商用模拟软件的模型只能针对一种简单结构的聚光系统进行建模和计算,并且很难获得聚光系统内部热流密度的方向属性。采用 MCRTM 不仅可以获得聚光器内太阳能流分布的方向属性,而且针对复杂表面形状、各向异性发射和散射等问题均具有良好的适用性。MCRTM 将太阳光线在聚光系统传输过程中分解成发射、透射、反射、吸收等一系列子过程,针对每个子过程建立相应的概率模型,从而获得一定数量光线的统计结果。

帅永等基于 MCRTM,研究了反射表面光学特性、太阳形状误差、面型误差、跟踪误差等因素对碟式聚光器焦平面以及腔式吸热器的能流分布特性的影响。夏新林等人采用数值模拟了多碟聚光器焦平面热流分布特点并通过实验对模拟结果进行了验证。Villafan－Vidales 等人采用数值模拟了碟式聚光器的焦平面热流,该碟式聚光器用来加热太阳能热化学反应器。王磊磊等用数值模拟了指向误差、交面位置误差等对新型太阳能聚光器焦平面光斑形状以及能流分布的影响。王云峰等人研究了太阳形状、聚光器焦距、聚光器边缘角等因素对聚光器焦平面能流密度分布的影响。徐巧研究了碟式聚光器在安装过程中出现的跟踪误差、拼接镜面轴向偏移、拼接镜面任意偏移三种误差对聚焦性能的影响。Li 等人提出了用于预测碟式聚光器系统聚光效果的关系式。Skouri 等人对比研究了太阳热流密度的不同测量方式。颜健等人基于外域包络和网格识别的光线跟踪离散法研究了碟式聚光器的汇聚能流效果,结果表明镜面单元安装误差对焦平面热流影响显著,而结构特征及尺寸对其影响较小。张付行研究了碟式聚光器镜面斜率误差对焦平面上能流分布的影响规律。

综上所述,目前相关研究主要集中在单碟聚光器光路传输过程以及焦平面能流分布等方面。除了基于经验公式的设计和应用外,对多碟聚光器光路传输和能流分布特性的研究还比较缺乏。由于多碟聚光器由多个尺寸相同的子碟构成,其镜面误差、指向误差等对多碟聚光器焦平面汇聚效果有着重要影响。因此,根据多碟聚光器安装特点,采用数值模拟对多碟聚光器光路传输和能流分布进行研究很有必要。

1.2.2　太阳模拟器的研究现状

太阳模拟技术是指利用人工光源发出的光线模拟太阳光,通过专用的聚光系统将光线反射汇聚到相应的输出端面内达到高辐照度的要求。太阳模拟器通常还包含整光系统,用于对聚光系统汇聚的光线进行重新整合,减小光线的出射倾角,以更好地模拟太阳光平行照射的属性。

太阳模拟技术起源于航天领域,用于研究航天飞行器在太阳辐照下的受热性能,随着空间技术的发展以及太阳能资源的开发利用,太阳模拟技术的应用趋于广泛化。空间领域中,太阳模拟技术用于检测卫星等航天飞行器的受热特性;太阳能光电领域中,太阳模拟技术用于研究太阳能电池板的工作性能,研究电池板涂层材料的工作性能;太阳能光热领域中,太阳模拟技术用于研究聚光器的吸收特性和熔盐工质的热传输特性;民用建筑行业中,太阳模拟技术用于检测建筑材料的抗照射、抗老化特性等。

最早的太阳模拟器雏形可以追溯到 20 世纪初。1905 年,德国 ATLTS 设计生产了世界上第一台太阳模拟器,其作用是测定太阳辐射对纺织面料的影响。其后各国在太阳模拟器的研制上做了大量工作,用于支持航天事业的发展,表1.1 为国内外大型太阳模拟器的研究现状。

表 1.1　国内外大型太阳模拟器的研究现状

研制单位	模拟器型号	结构组成	性能参数
美国喷气推进实验室	—	灯源:汞氙灯 反射镜:抛物面反射镜	辐照面:$d = 3.50$ m 最大辐照度: 2 200 W/m^2 辐照不均匀度:$\pm 10\%$
美国喷气推进实验室	SS15B	灯源:氙灯 反射镜:$\phi6$ m 准直镜	辐照面:$\phi4.6$ m 辐照度:1 453 W/m^2 辐照不均匀度:$\pm 4\%$
美国波音公司	A—7000	灯源:氙灯	辐照面:$\phi6.1$ m 辐照不均匀度:$\pm 10\%$
欧洲航天局	ESTEC	灯源:氙灯 反射镜:球面反射镜	辐照体:$\phi6$ m$\times 5$ m 辐照度:1.6 kW/m^2 辐照不均匀度:$\pm 6\%$
日本筑波空间中心	—	—	辐照体:$\phi6$ m$\times 6$ m 辐照不均匀度:$\pm 10\%$
印度航天局	LSSC	灯源:氙灯	辐照面:$\phi4$ m 辐照不均匀度:$\pm 4\%$
中国航天部	KFT	灯源:氙灯	辐照面:360 mm^2 最大辐照度: 4 098 W/m^2 辐照不均匀度:$\pm 3\%$
中国航天五院	KM6	灯源:氙灯 主容器:$\phi22$ m$\times 12$ m	辐照面:$\phi6$ m 最大辐照度: 1 760 W/m^2 辐照不均匀度:$\pm 4\%$

　　21 世纪以后,随着新技术的发展,许多新的概念被应用于太阳模拟器的研制工作。2006 年,日本东京大学农业与科技部的 Kohraku 成功研制出一种离散波

长光谱 LED 阵列的新型太阳模拟器。该模拟器采用 LED 为灯源,灯源的谱段峰值分别为 470 nm、640 nm、950 nm、570 nm。灯源由 14×14 个单元布置成网格状,每个单元由四种不同波段的 LED 集成,通过电控系统调节各个 LED 的发光强度,以此来拟合灯源发光的光谱使其与太阳光接近。模拟器的辐照不均匀度可以控制在 ±5% 左右。

2011 年,美国 Newport 公司利用光纤技术设计制造了一种新型的太阳模拟器,该模拟器改变了传统太阳模拟器的光线传输过程,将光线改由光纤传输,输出的光斑范围得到了极大的缩小,直径仅为 3 mm,能够获得极佳的能量汇聚效果。

国内方面,上海交通大学的彭小静在氙灯发光光谱特性的基础上,根据光学薄膜理论设计了光学薄膜滤光片,该滤光片只允许特定光谱波段的光线透过,利用其这一特性对氙灯的发光光谱进行校正,得到的太阳模拟器的光学性能达到 AM1.5 太阳光谱的 A 级匹配标准。中国航天科技 514 研究所对多光源的太阳模拟器技术开展了研究,设计过程中采用了氙灯和钨灯两种光源,氙灯发出的光线经过滤光片去掉不适合的红外波段成分,对氙灯的可见光和紫外光加以利用,而缺少的红外波段改由钨灯来提供,这样的组合方式可以使输出的光谱特性与太阳光谱更加接近。

近年来,随着太阳能利用的民众化,太阳模拟技术得到了更为普遍的应用,研究工作者开始将目光转向初级实验室规模的太阳模拟器研制。太阳模拟器聚光单元布置方式和模拟器辐照均匀性作为衡量太阳模拟器性能的重要指标,在设计工作中得到很大程度的重视。聚光单元布置方面,瑞士 Paul Scherner 实验室投入使用了一台 50 kW 的大功率太阳模拟器,该模拟器包含十个聚光单元,每个聚光单元由氙灯灯源和椭球面聚光镜组成,聚光单元采用了周向排列方式,在 60 mm 直径的汇聚光斑内辐照度为 6 800 kW/m^2。2015 年,Okuhara 等设计建造了一台线性聚焦太阳模拟器用于测试槽式吸收器的吸收效率。该模拟器采用 5 kW 氙灯光源,利用椭球面聚光镜对光线进行汇聚,设计中各聚光单元呈线性分布,采用十单元两行布置时布置倾角为 ±30°,采用五单元四行布置时最小倾角为 ±10°,最大倾角为 ±30°。2016 年,Perez—Enciso 等人在研究多碟太阳能聚光器过程中提出了图 1.6 所示的布置方式,该聚光器采用三种不同焦距的球面聚光镜,可以在不使用附加机构的情况下提升辐照均匀性。对应聚光镜 A、B、C 的焦距分别为 2.098 m、2.074 m、2.025 m,该方式可用于太阳模拟器聚光单元的布置。由于电极直接与人体皮肤接触,因此在电极材料的选择方面其需要具有良好的生物兼容性。这就要求电极材料应具有良好的化学稳定性、耐腐蚀性、机械性能,并且在刺激过程中不能产生损害人体的有毒物质。常用的电极主要有硅胶电极、银／氯化银电极及带惰性金属镀层的金属电极等。

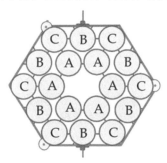

图 1.6　聚光镜布置方式

　　太阳模拟器辐照均匀性方面,Okuhara 等人设计的线性聚焦太阳模拟器中采用蝇眼透镜以提高辐照均匀性,模拟器的性能达到 AM1.5 的标准。仲跻功等研究了离焦对聚光系统辐照均匀性的影响,利用投影镜离焦补偿原理得出适当的离焦量可以减小均匀辐照度边缘处的光线离散尺寸,改善辐照均匀性。吕涛等将椭球面聚光镜的剖面方程按照泰勒级数展开,通过改变低阶级数系数的方式降低太阳模拟器的辐照不均匀度。结果得出,不同组合的系数使得椭球镜的面型发生了变化,小孔径角对应的椭球面曲线得到稍许的下压而大孔径角对应的椭球面曲线做向上的抬升,光线经反射后不再汇聚于第二焦点处,而是形成具有一定大小的圆斑,圆斑内的辐照均匀性得到提升。

　　2015 年由长春晟博光学技术开发有限公司研制 Solar S－Ⅱ 聚焦型太阳模拟器投入使用,模拟器由七个电功率为 6 kW 的氙灯聚光单元组成,在满负荷工作时,聚焦光斑的峰值能流密度可达 1.25×10^{6} W/m^2,光斑直径在 80 ～ 160 mm 之间。Solar S－Ⅱ 太阳模拟器为改善辐照均匀性,采用了非共轴椭球面聚光镜,该聚光镜面型由标准椭球面绕第一焦点做旋转变化得来。从上面的综述可以看出,太阳模拟器技术经过半个世纪的发展后应用水平已经得到了很大的提高。伴随着各国空间领域的不断发展、太阳能资源利用的民众化以及新式材料、新式灯源的出现,今后的太阳模拟器应用技术将朝着宽的功率调节范围、高的辐照均匀度、高的辐照度以及好的太阳光谱匹配特性方向继续发展。

1.3　太阳能热化学反应器研究进展

　　反应器作为热化学反应的载体,在热化学反应的实验研究中扮演着关键角色。目前,太阳能热化学技术尚处于实验室验证阶段,设计制造实验用规模的太阳能热化学反应器对高温热化学反应的机理研究有着重要的意义。研究工作者借鉴太阳能光热电站中高温聚光器的使用理念,设计了符合太阳能热化学使用的高温反应器,按照反应器接收辐照能量方式的不同可以分为直接照射式和间接照射式。

近几十年来,研究人员主要关注高温热化学接收器/反应器的分析,这对于将太阳能转化为化学能的应用提出了巨大的挑战。如图1.7所示,在用于清洁燃料和化学品生产的太阳能热化学系统中已经进行了越来越多的改进。相关文献涉及太阳能反应器的几何结构优化,以便为反应物提供有效的热传递。因此,设计了小孔径半径,并且优化和使用了不同的入口/出口配置,以便最小化热损失并在不同的操作条件下实现高吸收效率。设计能够承受高热能并使太阳辐射与化学反应之间能量转换的太阳能热化学反应器是太阳能－燃料转换过程领域的最新技术。然而,太阳辐照度的瞬态特性是太阳能燃料生产技术的主要挑战。太阳能热化学反应器的性能受到辐照通量分布不一致的显著影响。需要进行密集的技术开发以有效地存储太阳能,以克服太阳光的瞬态特性。此外,研究太阳能热化学反应器并提出改进设计概念和操作条件将有助于太阳能燃料和化学品生产技术。

近几年来随着材料科学的发展,研究工作者开始将多孔介质应用到反应器的设计制作中。上海电力学院的朱群志介绍了一种使用多孔介质制作而成的直射式高温反应器,该反应器将多孔二氧化铈作为反应腔的衬底,经过汇聚的太阳辐射能透过反应器窗口后直接照射在多孔二氧化铈介质上面,辐射能量经过多次反射后绝大部分被反应腔体吸收,从而保证了能量的高效利用。该反应器的表观吸收率达到94%,接近黑体特性。

综上所述,随着各国对新能源的逐渐重视,太阳能高温热化学合成燃料技术已成为能源领域重点关注的研究热点。截至目前,科学家对太阳能高温热化学合成燃料技术进行了广泛深入的理论研究和一定规模的实验验证,为日后的大范围应用打下了基础。大功率太阳模拟器和高温热化学反应器是进行太阳能热化学技术研究的关键装置,二者的应用可以为热化学反应的实验研究创造非常便利的条件,在反应温度的控制、反应物的烧结、反应器内温度分布均匀性等问题的解决上发挥重要作用。

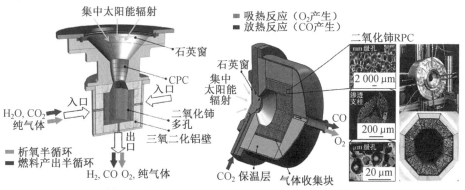

集中太阳能辐射

石英窗

CPC

入口

H₂O, CO₂
纯气体

入口

二氧化铈
多孔

三氧二化铝壁

出口

■ 析氧半循环
■ 燃料产出半循环

H₂, CO O₂, 纯气体

(a) 苏黎世联邦理工学院(2010)

■ 吸热反应（O₂产生）
■ 放热反应（CO产生）

石英窗

集中
太阳能
辐射

CO₂ 保温层

气体收集块

CO

O₂

二氧化铈RPC

mm 级孔

2 000 μm

渗透
支柱

200 μm

μm 级孔

20 μm

(b) 苏黎世联邦理工学院(2017)

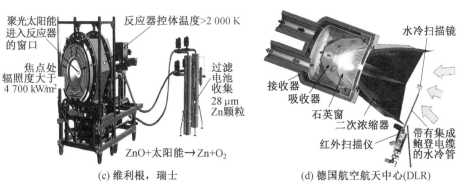

聚光太阳能
进入反应器
的窗口

焦点处
辐照度大于
4 700 kW/m²

反应器控体温度>2 000 K

过滤
电池
收集

28 μm
Zn颗粒

ZnO+太阳能→Zn+O₂

(c) 维利根，瑞士

水冷扫描镜

接收器
吸收器

石英窗

二次浓缩器

红外扫描仪

带有集成
鲍登电缆
的水冷管

(d) 德国航空航天中心(DLR)

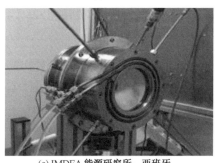

(e) IMDEA 能源研究所，西班牙

(f) 新泻大学, 日本

图 1.7　太阳能热接收器设计和制造

(CPC 为复合抛物面聚光器；RPC 为网状多孔陶瓷)

(g) 明尼苏达州, 美国

(h) 哈尔滨工业大学, 中国

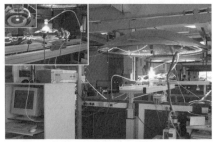

(i) PROMES-CNRS, 法国

(j) 德国航空航天中心 (DLR)

续图 1.7

1.4　两步氧化还原循环材料研究进展

　　热化学循环始于 19 世纪 60 年代,由 Funk 和 Reinstrom 在 1964 年提出利用热化学循环过程分解水制取氢气。热化学制氢循环反应又称为间接热分解水制氢,与直接分解水制氢方法相比,它克服了直接制氢法所需要的高温环境(反应温度在 900 ~ 1 200 K 之间),对设备材料要求也相对较低,净反应为将水分解其组成元素,即氢气和氧气。在循环过程中氢气和氧气在不同的反应步骤中生成,克服了直接分解水而需在高温条件下分离氧气和氢气的过程,大大提高了安全性能。根据热化学制氢反应过程所选反应步数的不同,其可分为多步反应法和两步反应法。多步反应法主要有 GA 循环、UT-3 循环及 Westinghouse 循环,不同多步反应各有特点,反应所需热源主要来自核电废热及工业废热。相比多步反应法,两步反应法具有概念和工艺简单、过程涉及反应较少、过程中能量损失较小、有利于反应物的热力学可逆循环的特点,从而该过程的总体效率也较高,循环过程中反应物和生成物不会破坏反应器,生成物对环境无污染。

近年来随着聚光技术以及制造工艺水平的大幅提高,太阳能制氢逐渐步入了人们的视野。太阳能制氢的方法主要包括:热水解、热化学、热重整、热裂解及热气化,如图1.8所示。上述五种太阳能制氢方法均通过利用太阳能聚集后的太阳辐射作为高温热源来驱动化学反应过程。在各种太阳能制氢方法中,太阳能热化学循环制氢具有环境友好,不需要额外的氢气、氧气分离装置(氢气和氧气是在两个不同的过程中产生的)以及反应物廉价易得且循环再生等特点。

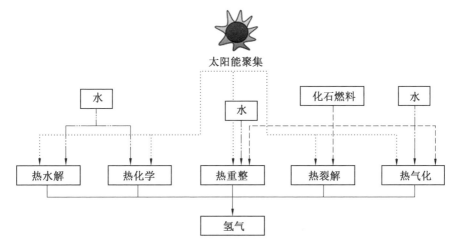

图 1.8 通过太阳能制取氢气的五种方法

由于许多金属氧化物工质对都表现出了良好的还原氧化性能,在两步太阳能热化学制氢循环过程中作为反应中间物引入,将分解水制氢过程分成两个反应步骤完成。第一步是金属氧化物在高温环境下吸热分解成低价位的金属或低价位的金属氧化物,并释放出 O_2。第二步为低价位的金属或低价位的金属氧化物在较低温度下与水发生反应,生成相应的金属氧化物并释放出氢气,该过程为放热反应。采用两步反应法的好处是氧气和氢气在不同的反应步骤中生成,不再需要在高温下分离氢气和氧气。相比于直接分解水制氢过程,两步反应法制氢过程的温度相对降低,但是两步反应法的第一步反应所需温度仍然过高,该温度对反应器及材料都有特殊要求。

太阳能两步反应法的整个循环反应过程可表示如下。

吸热过程(分解反应):
$$MO_{ox} \longrightarrow MO_{red} + 1/2O_2 \tag{1.1}$$

放热过程(再生反应):
$$MO_{red} + H_2O \longrightarrow MO_{ox} + H_2 \tag{1.2}$$

$$MO_{red} + CO_2 \longrightarrow MO_{ox} + CO \tag{1.3}$$

其中，MO_{ox} 是金属氧化物；MO_{red} 是被还原的金属氧化物。

　　基于两步氧化还原反应的太阳能热化学反应系统如图 1.9 所示。图 1.9(a) 和图 1.9(b) 分别表示在还原的氧化材料界面处，利用太阳能分解 CO_2 的过程以及 H_2O 分解产生 H_2 过程。图 1.9(c) 表示基于两步氧化还原反应重整制备合成气的铁基氧化物循环示意图。由式(1.1)～(1.3) 可以看出，两步制氢过程中只消耗水或 CO_2 及热量，金属氧化物在反应中再生因而可以循环使用。该循环由 Nakamura 在 1977 年首次提出来，他采用 Fe_3O_4/FeO 作为氧化还原反应工质对。Fe_3O_4/FeO 工质对循环制氢过程中，第一步热分解反应温度非常高(达到 2 300 K)。而在该温度下 Fe_3O_4 出现了严重的烧结和熔解现象，使得 Fe_3O_4 的氧化还原性能大大降低，从而降低了该循环的产氢率及系统效率。Stephane 等从 280 个制氢工质对中选取了反应温度在 1 100～2 300 K 且可采用聚集太阳能加热的 30 个金属氧化物工质对，并分析了各工质对的工作温度及产氢率等参数。肖兰等人对比并总结了目前所用氧化还原工质对的反应温度以及各自的优缺点。

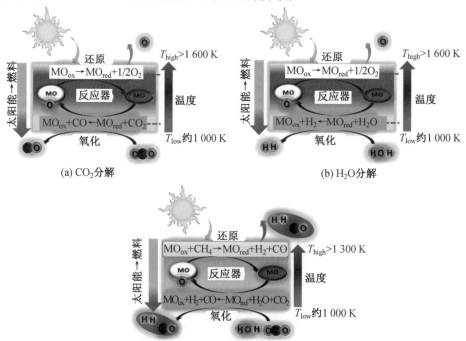

(a) CO_2分解　　　　　　　　　　　　　　　(b) H_2O分解

(c) CH_4辅助H_2O和CO_2催化分解的高温热还原反应

图 1.9　基于两步氧化还原反应的太阳能热化学反应系统

太阳能两步反应法的关键在于选取合适的金属氧化物工质对,如金属氧化物工质对的分解温度过高,会降低系统运行的可行性。表 1.2 给出了常见金属氧化物完全分解时的分解温度。从表中可以看出,Mn_3O_4 和 Co_3O_4 的分解温度较低,但是其相应低价态金属氧化物水解产氢率分别只有 0.002% 和 $4\times10^{-7}\%$。

表 1.2　常见金属氧化物完全分解时的分解温度　　　　　　　　K

金属氧化物	ZnO	Mn_3O_4	Co_3O_4	MgO	Fe_3O_4	Al_2O_3	CeO_2
$\Delta G^0 = 0$	2 340	1 810	1 175	3 700	$>3\,000$	$>4\,000$	2 625

1.4.1　ZnO /Zn 工质对

在各种工质对中,ZnO 工质对的分解温度相比于其他金属氧化物较低,且其理论产氢率最高因而得到了大力发展,其中瑞士保罗谢勒研究所(Paul Scherrer Institute,PSI)的 Steinfeld 教授及其研究小组对 ZnO/Zn 工质对进行了大量研究。ZnO/Zn 工质对循环制氢过程如下:

$$ZnO \Longrightarrow Zn(g) + 0.5O_2(g) \tag{1.4 a}$$

$$Zn + H_2O \Longrightarrow ZnO + H_2 \tag{1.4 b}$$

ZnO/Zn 工质对循环制氢过程中,第一步反应温度较高($T > 2\,000$ K)且分解后的 Zn 由于腔体温度高于其熔点而变成气态;需对生成产物进行快速冷却以防止部分生成的 Zn 再度被氧化。第二步反应为液态 Zn 在 $1\,000$ K 左右时与水发生水解反应产生氢气和 ZnO。Steinfeld 教授对 ZnO/Zn 制氢工质对循环系统的热力学和经济性分析结果表明:该循环在没有回热设备存在时,系统的循环㶲效率达到了 29%。方程(1.4a)是一个吸热过程,其反应温度在 $2\,000$ K 左右。他指出 ZnO/Zn 制氢工质对循环系统有 58% 的能量损失由高温热辐射以及冷却 Zn 蒸气和 O_2 引起。Palumbo 等认为如果 ZnO 在分解过程时没有出现 Zn 蒸气再氧化,ZnO/Zn 制氢工质对能量转化效率可达到 50% 以上,因此许多学者根据该反应过程的特点,设计并加工了一系列抵抗热冲击以及热应力的反应器来研究 ZnO 分解过程。

Palumbo 等采用传统材料加工了 ROCA 反应器,该反应器在 $3\,500$ kW 的峰值热流密度下成功进行了相关实验,结果表明,采用传统材料制成的反应器具有低的热惯性以及良好的抗热冲击性能。此后,他基于该反应器数值研究了 ZnO 热解过程,结果表明反应腔的尺寸、反应物的喂料工况以及反应物的特征尺寸对 ZnO/Zn 制氢工质对能量转化效率有重要影响。Müller 等在 ROCA 反应器基础上研制了 ZIRRUS−1 反应器,反应生成物有 39% 的 Zn 蒸气再度被氧化成 ZnO 颗粒。Schunk 等在 ZIRRUS−1 反应器的基础上采用 32 块 ZnO 瓦覆盖反应器内壁面,该结构能够有效防止太阳能流密度对腔体壁面的冲击,但是不能阻止生成产物 Zn 蒸气的再氧化。Abanades 等采用 Fluent 研究了热化学反应器的反应过程,结果表明反应颗粒温度越高,太阳能－化学能转化效率越高。Koepf 等设计了一个倒转的锥形反应器,反应颗粒可均匀分布在反应腔内壁面。Villafán－Vidales 等认为动力学参数对表面温度没有影响,但影响 O_2 的产率。Perkins 等研究了 Zn 蒸气再氧化过程,结果表明 Zn 蒸气再氧化过程不能完全避免。Melchior 等采用间接加热的方式研究了 ZnO 分解过程,该反应器的特点是不需要石英玻璃隔离反应腔与外界环境,提高了反应器的安全性,也减少了反应器所需的辅助部件。Loutzenhiser 等则基于 ZnO/Zn 热化学制氢工质对,分析了 Zn 与混合气体(CO_2 和 H_2O)反应时,循环在不同反应温度时的系统效率以及太阳能－化学能转化效率。

对于 Zn 水解过程,研究学者主要研究反应温度、反应压力、水蒸气流量、携带气体流量、停留时间以及 Zn 的状态等参数对水解产氢率的影响。

Weidenkaff 等认为 Zn 的水解反应速率随温度以及惰性气体的质量流量的增加而增大,当 Zn 为液态或有杂质混入时可加快水解反应速率。Berman 等通过实验研究了液态 Zn 与水在 $450 \sim 500$ ℃ 的氧化过程,实验结果表明水解反应速率随水蒸气分压的增加而增大。Weiss 等研究了纳米 Zn 颗粒的水解反应,在 923 K 和 1 023 K 时 H_2 的最大转化率分别为 37% 和 72%。此后 Wegner 等在相同的实验设备及实验条件下获得了与 Weiss 相同的实验结果,同时提出了高于 Zn 的饱和温度和低于 Zn 的饱和温度时的化学反应动力学模型。Vishnevetsky 等指出在反应温度为 $185 \sim 560$ ℃ 时,Zn 与水反应时的产氢率在 24% ~ 81% 之间。Funke 等研究表明在反应温度为 $653 \sim 813$ K 时,纳米 Zn 水解反应的产氢率只有 27%,他认为因反应颗粒纳米 Zn 粒径较大(约 158 nm)而降低了化学驱动力。Hamed 等通过实验研究了 Zn 蒸气的水解制氢反应,结果表明当温度超过 650 K 时,产氢率达到 80%。Ernst 等采用平均粒径为 40 nm 的 Zn 与水反应,其产氢率达到了 90%。Ma 等指出当反应温度为 175 ℃、水蒸气的质量分数为 19% 时,纳米 Zn 完全反应。吕明深入研究了 Zn 的水解反应,他认为 Zn 的水解反应温度低于 900 ℃ 比较合理,系统压力对反应过程影响不大,初始的 H_2O 与 Zn 摩尔比必须在合理的范围内,实验时水蒸气的体积分数控制在 50% 以上,Zn 及水蒸气中含有杂质对反应过程不利。Bhaduri 等采用涂有纳米 Zn 的碳纳米纤维网结构研究了 Zn 的水解制氢过程,结果表明采用该结构的 Zn 在 600 ℃ 时产氢率达到 80%。

1.4.2　铁基氧化物工质对

铁基氧化物热化学循环是 Nakamura 在 1977 年首次提出来的,他采用 Fe_3O_4/FeO 作为氧化还原反应的工质对。采用 Fe_3O_4/FeO 反应,第一步热分解反应温度非常高(达到 2 300 K),而在该温度下 Fe_3O_4 出现了严重的烧结和熔解现象,使得 Fe_3O_4 的氧化还原性能大大降低,从而降低了该过程的产氢效率;高温操作环境造成反应器材料抵抗热冲击及热应力能力下降,导致过程安全性下降,此外高温会引起较高的辐射热损失,从而降低反应的整体效率。研究人员发现,如果在氧化铁中添加某些金属元素而形成铁基氧化物,铁基氧化物工质对制取氢气时反应温度将会大大降低,没有出现固体反应物烧结或熔化现象。铁基氧化物大多为非化学计量化合物,在氧化还原反应中具有优异的氧化传递能力,可用 $(Fe_{1-x}M_x)_3O_4$ 表示,其中 M 可为 Mg、Mn、Ni、Co、Zn 等,研究人员针对铁基氧化物工质对进行了相关的实验及理论研究。

Kodama 等在 2003 年首次合成 $Fe_3O_4/m-ZrO_2$ 颗粒并通过实验证明了铁氧体在热还原和水解制氢过程中具有高的还原性及可重复性。

Inoue 等采用 $ZnO/MnFe_2O_4$ 工质对制取氢气,实验结果表明当温度在 1 273 K 时,混合的 $ZnO/MnFe_2O_4$ 的水解产氢率为 60%,经过 X 射线衍射(XRD)对生成产物分析得出铁基氧化物中 48% 的二价 Mn^{2+} 被二价 Zn^{2+} 替代,形成了类似于 $Zn_{0.58}Mn_{0.42}Mn_{0.39}Fe_{1.61}O_4$ 的物质。

Agrafiotis 等针对自己的反应器实验研究了不同成分的铁基氧化的水解制氢过程,得到了不同铁基成分的产氢率;同时通过数学模型优化了蜂窝状反应器的结构,从而得到均匀的温度分布以利于反应的进行。此后,Reob 等针对铁基氧化物建立了如图 1.10(a) 所示的太阳能制氢反应器,该反应器的特点是反应腔内采用蜂窝状支架固定,在蜂窝状支架表面涂有铁基氧化物;为了实现连续制氢,他们又设计了如图 1.10(b) 所示的反应器,该反应器的特点是当其中一个反应腔进行热分解反应时,另一个反应腔内进行水解反应。

Gokon 等采用旋转涂层方法制取了 $Fe_3O_4/c-YSZ$,通过实验发现当 Fe_3O_4 中添加铱等物质时,铁基氧化物具有好的还原性。结果表明 Fe－YSZ 颗粒经过多次循环反应后仍具有良好的氧化还原性能;当 $Fe_3O_4/m-ZrO_2$ 的还原温度为 1 400 ℃ 时,Fe_3O_4-FeO 的转化率为 60%。

Miller 等研究了以铁基氧化物为工质对的太阳能热化学制氢过程,并设计了一个新型反应器,该反应器由两个逆向旋转的填料床组成,逆向旋转的目的是有效利用回热,提高系统的整体效率;同时也能自动分离不同过程中生成的 H_2 和

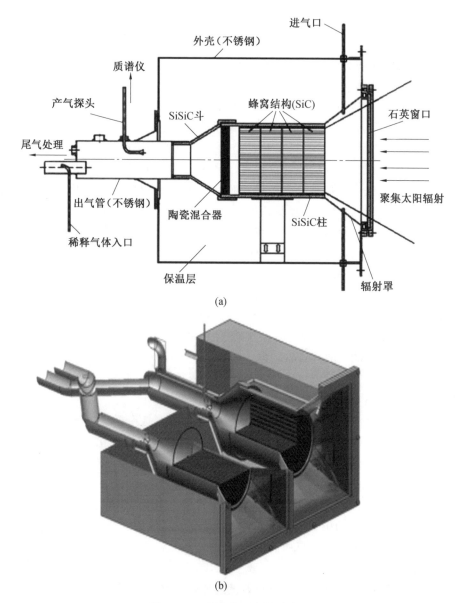

图 1.10　蜂窝状反应器示意图

O_2。在该实验装置的基础上研究了铁基氧化物的水解和还原反应,结果表明该反应器能够实现水解和还原反应,并且经过十几个循环后固体反应物氧化还原性能稳定。

　　Charvin 等提出了高效热化学制氢工质对 ZnO/Zn、Fe_3O_4/FeO、

Fe_2O_3/Fe_3O_4。采用能量和质量平衡分析了这三种工质对制氢过程最大产氢率，并结合回热系统、反应运行工况等参数分析了大型太阳能热化学制氢厂的经济性。

Stamatiou 等利用太阳能 FeO/Fe_3O_4 和 ZnO/Zn 将 CO_2 和 H_2O 制取合成气体（H_2 和 CO）。Zn 和 FeO 系统中与水和二氧化碳的平衡量是一个温度与压力的方程。在 $600 \sim 1\,423$ K 温度范围内进行了大量的实验，结果表明在 FeO/Fe_3O_4 与 ZnO/Zn 系统中，气相生成物的摩尔质量与气相反应物的摩尔质量呈线性关系。

Varsano 等研究了采用钠锰铁混合物为工质的太阳能热裂解制氢循环，着重研究了发生在 $600 \sim 800$ ℃ 之间固体基质的基本化学反应过程，并采用 XRD 表征技术观察了反应温度和反应压力等对生成物结构改变的影响。

Säck 等在蜂窝状结构基础上设计了如图 1.11 所示的太阳能连续制氢反应器，该反应器将铁基氧化物镀在蜂窝结构表面后，让其经历热分解和水解过程。Säck 根据铁基氧化物循环过程建立了系统运行模型，该模型包括接收器开口处的太阳能流密度分布、反应器温度分布。Martinek 等通过数值方法研究了材料物性、运行条件、循环时间、太阳辐照能量分布、管道尺寸及布置方式对吸热器热性能的影响。

由于含 Ni 的铁酸盐表现出良好的氧化还原性能，因而研究人员对其开展了相关研究。Kang 等采用 $CuFe_2O_4$ 和 Fe_3O_4 还原了甲烷气体，结果表明 $CuFe_2O_4$ 的还原性优于 Fe_3O_4，Cu 的掺杂增加了铁酸盐的还原活性，降低了反应温度并阻止了碳化和石墨的形成。Fresno 等对比研究了 $NiFe_2O_4$、$Ni_{0.5}Zn_{0.5}Fe_2O_4$、$ZnFe_2O_4$、$Cu_{0.5}Zn_{0.5}Fe_2O_4$ 和 $CuFe_2O_4$ 的热化学循环特性，结果表明 $NiFe_2O_4$ 具有良好的氧化还原性，其产氢率优于其他反应物。Gokon 等研究了 $NiFe_2O_4$ 颗粒和涂有 $NiFe_2O_4$ 的 ZrO_2 多孔材料的循环制氢过程，基于不同的反应温度获得了相应的化学反应方程，对比了两种材料的产氢率及产氧率。此后，他又对比研究了 CeO_2、$NiFe_2O_4$ 以及不同晶体结构的 ZrO_2 所掺杂的 $NiFe_2O_4$ 太阳热化学制氢循环，研究结果表明温度决定 $NiFe_2O_4$ 及 ZrO_2 掺杂 $NiFe_2O_4$ 的产氢率以及 CeO_2 的活性。Kawakami 等通过实验研究了 $NiFe_2O_4$ 的热化学循环制氢性能，结果表明 $NiFe_2O_4$ 反应工质具有良好的反应性能及可重复性。Kang 等基于 $NiFe_2O_4$ 和 $NiFe_2O_4/ZrO_2$ 颗粒通过实验研究了制取 CO 过程，结果表明 CO 的产率随热还原温度的升高而升高，随着循环次数的增加，反应物活性逐渐降低。Lorentzou 等基于 $NiFe_2O_4$ 粉末研究了不同比例 CO_2 和 H_2O 对产氢率的影响。

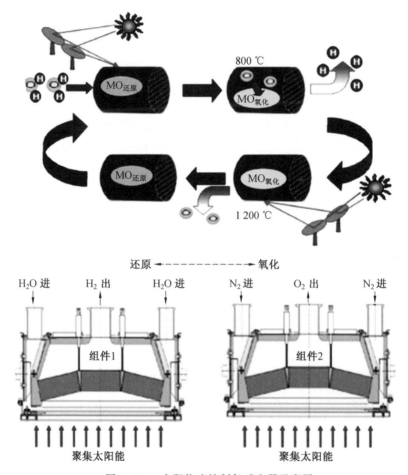

图 1.11　太阳能连续制氢反应器示意图

1.4.3　SnO₂/Sn 工质对

Abanades 设计了基于 SnO_2/Sn 工质对的太阳能制氢反应器,实验结果表明 Sn 的转化率为 88%,同时其转化率以及反应速率随温度和气体摩尔分数的增大而增大。Charvin 等研究了以 $SnO_2/SnO/Sn$ 为工质对的太阳能制氢过程,结果表明 SnO 的水解产氢率比 Sn 的高。通过实验对比研究了不同粒径的 Zn 和 Sn 水解制氢过程,结果表明相同条件下 Zn 的水解产氢率要高于 Sn,但是其太阳能 — 化学能转化效率要低于 Sn。Charvin 和 Abanades 提出新型的 SnO_2/SnO 两步水解制氢循环,通过实验优化了还原与水解反应的操作条件;结果表明当温度在 $500\sim600\ ℃$ 时,采用纳米 SnO_2 颗粒水解制氢的产氢率超过了 90%。Villafán —

Vidales 等用蒙特卡罗光线追踪法研究 SnO_2 辐射热传递现象,该模型预测了腔体内壁面的吸收热流密度轮廓以及壁面温度分布。结果表明腔体吸收热流密度轮廓和理论热化学效率随腔体方向比率和反应物种类的变化而变化。

1.4.4 CeO_2/Ce_2O_3 工质对

CeO_2/Ce_2O_3 水解制氢工质对首次由 Abanades 等提出并采用实验证明了其水解制氢性能。由于 CeO_2/Ce_2O_3 工质对表现出良好的反应性且具有较高的产氢率,因此近年来引起研究者的大量研究。Kaneko 等研制了不同摩尔比例的铁铈氧化物,并用其进行了水解制氢实验。结果表明:铁铈氧化物的产氢量为 $0.97 \sim 1.8$ cm^3/g,并且产氢量与混合物中铁的摩尔质量无关。Abanades 等采用合成的 CeO_2 粉末与商用 CeO_2 粉末进行了制氢实验,结果表明合成的 CeO_2 粉末比商用 CeO_2 粉末更具还原性,锆的添加提高了 Ce_2O_3 在 1 500 ℃ 以下的还原性,同时 Ce_2O_3 的产氢率提高了 70%。Chueh 等通过实验研究了 CeO_2 以及掺杂 CeO_2 分别与水和 CO_2 太阳能热化学制氢及制 CO 过程,CeO_2 经历 500 个循环使用后仍能稳定而迅速地制取燃料。 实验得到太阳能变成燃料的转化率为 $0.7\% \sim 0.8\%$,该转化率受到反应器以及设计等因素的限制。Alex 等研究了以 $Ce_{1-d}Zr_dO_2$ 为工质对的太阳能制氢过程,采用热重分析法研究了 Zr 添加对制氢的影响。结果表明 Zr 的含量越高,产氢率也越大,但是 Zr 的含量有一个极值,增加 Zr 的含量并不能持续增加氢气产率。含有质量分数为 25% 的 Zr 时,第一循环和第二循环的产氢率分别为 16% 和 25%。Jeong 等针对 $ZrO_2 + CeO_2$ 采用水解和甲烷重整制取氢气和氧气,确定了合适的操作条件使得 C 沉积量最小。甲烷重整和水蒸气水解的合理操作温度和时间分别为 1 073 K 和 30 min,在甲烷重整过程中 H_2 与 CO 摩尔比的值维持在 2 左右,但是小部分甲烷裂解,大部分 Ce_2O_3 在甲烷的催化下分解成 Ce 和 H_2。CeO_2 的含量增加,单位摩尔 CeO_2 的产气率下降,但是单位质量的产气率增加。Scheffe 等研究了 CeO_2 金属氧化物的太阳能热化学制氢,预测了高温下氧气非化学计量参数,计算了相关的热动力学参数,建立了以还原参数条件(T,p_{O_2})为基础的 H_2 和 CO 平衡浓度。在给定还原温度下,纯 Ce_2O_3 的 H_2 和 CO 产率要比与氧化铈混合物的产率高。Meng 等研究了以 $Ce_{1-x}Li_xO_{2-a}$ 为工质对的太阳能热化学制氢循环,O_2 释放过程的反应温度为 1 000 $\sim$ 1 170 ℃,反应动力学模型的温度范围为 1 170 $\sim$ 1 500 ℃,直接气体质谱(DGMS)以及电化学阻抗谱(EIS)方法表明平均氢气产率受外在氧气浓度影响。Lapp 等研究了含有回热系统的太阳能热化学制氢循环,研究了固相及气相回热对非化学计量的 CeO_2/Ce 热化学制氢效率的影响。Cho 等基于

$CeO_2/MPSZ$ 陶瓷泡沫装置,通过实验研究了其两步水解循环制氢过程,研究结果表明在第一个循环中产氢量为 443 mL/min。

表 1.3 所示为目前常用于太阳能热化学循环制氢过程的不同金属氧化物工质对反应式以及优缺点对比。

表 1.3　不同金属氧化物工质对反应式以及优缺点对比

工质对	反应式	优点	缺点
ZnO/Zn	还原反应:$ZnO \rightleftharpoons Zn + 1/2O_2$ $(T = 1\ 700 \sim 2\ 000\ ℃)$ 水解反应: $Zn + H_2O \rightleftharpoons ZnO + H_2$ $(T < 800\ ℃)$	理论产氢率最高	1. 还原反应温度高; 2.需采用淬冷技术防止 Zn 再氧化
Fe_3O_4/FeO	还原反应: $Fe_3O_4 \rightleftharpoons 3FeO + 1/2O_2$ (1 bar(1 bar $= 10^5$ Pa)下 $T > 2\ 400\ ℃$) 水解反应:$3FeO + H_2O \rightleftharpoons Fe_3O_4 + H_2 (T < 800\ ℃)$	1.较高产氢率; 2.无再氧化过程	1. 还原反应温度高; 2.反应物在高温下易烧结或熔化
铁酸盐	还原反应: $M_xFe_{1-x}O_4 \rightleftharpoons$ $Fe_{1-x}M_xO_{4-y} + \frac{1}{2}yO_2$ $(T < 1\ 500\ ℃)$ 水解反应: $Fe_{1-x}M_xO_{4-y} + yH_2O \rightleftharpoons$ $M_xFe_{1-x}O_4 + yH_2$ $(T < 800\ ℃)$	1.反应温度降低; 2.无烧结现象; 3.循环性能好; 4.产氢率较高	—
SnO_2/SnO	还原反应:$SnO \rightleftharpoons Sn + 1/2O_2$ $(T = 1\ 600\ ℃)$ 水解反应: $Sn + H_2O \rightleftharpoons SnO + H_2$ $(T = 550\ ℃)$	还原温度较低	1.易出现逆反应; 2.水解反应放热量低,自加热性能差; 3.要求速冷

续表

工质对	反应式	优点	缺点
CeO_2/Ce_2O_3	还原反应： $2CeO_2 \Longrightarrow Ce_2O_3 + 1/2O_2$ （$100 \sim 200$ m bar 下 $T > 2\ 300$ ℃） 水解反应：$Ce_2O_3 + H_2O \Longrightarrow$ $2CeO_2 + H_2$ （$T = 700$ ℃）	1. 无再氧化过程； 2. Ce_2O_3 水解反应速率快	1. 还原温度高； 2. 反应压力低

综上所述,太阳能热化学两步制氢技术作为一个新的学术前沿方向,主要是利用聚集太阳能辐射作为高温热源来驱动化学反应,该过程只消耗太阳辐射能和水。虽然该过程环境友好、无污染,但是仍存在以下问题:(1)金属氧化物热分解温度相对较高;(2)金属氧化物工质对在经过几个循环后氧化还原性能降低;(3)太阳能反应器运行过程中由受热不均导致热惯性和热应力不均现象出现,从而损坏太阳能反应器。如何选择性能优良的金属氧化物工质对以及设计性能优良的太阳能反应器是太阳能热化学研究中的关键问题。在常用金属氧化物中,铁酸盐具有较低的反应温度、优良的氧化还原性能以及较高的产氢率、廉价丰富等优点。但是目前对于铁酸盐工质对的系统性研究相对较少,因此有必要对铁酸盐工质对进行研究。

1.4.5　太阳能制氢循环过程热力学研究进展

热力学分析主要用来研究物理变化、化学变化及相变变化等过程中能量转化与传递的规律和限度,从而提高系统能量利用效率以及为热力学平衡、化学平衡、相平衡等理论的建立提供基础。对于一个制氢循环系统,系统效率是评价其可行性的一个重要标准。系统效率越高则意味着成本越低,越便于大规模使用。目前太阳能制氢循环系统热力学分析主要对不同循环工质对在不同工况时系统的系统效率以及太阳能－化学能转化效率进行研究。

Steinfeld 指出当反应器温度为 2 300 K、聚光比为 5 000 时,ZnO/Zn 循环系统的最大㶲效率可达 29%,而能量损失主要为太阳能聚光器通过采光口的辐射损失以及反应生成物的冷却损失。Palumbo 等指出在 Ar 和 ZnO 的摩尔比为 1∶10、反应器壁面温度为 1 800 K、峰值热流密度为 6 MW/m^2 时,ZnO/Zn 循环制氢系统的系统效率可达 55%。Loutzenhiser 等认为如果制取的混合气中(CO 和 H_2),CO 和 H_2 的摩尔比为 2 且存在回热系统时,该 ZnO/Zn 制氢系统的最大系统效率可达 52.1%。Galvez 等认为 MgO/Mg 制氢系统的压力降低时,其热解温度也会降低。Ghandehariun 认为鉴于 Cu－Cl 制氢系统的系统效率,该系统可大规模应用推广。Wagar 等人认为对反应气体预热将会提高天然气重整制氢循环系统的转化效率。Giaconia 等分析了基于硫基热化学多步循环系统的系统效率。Sun 等认为在最佳运行参数时,太阳能液化天然气混合超临界 CO_2 发电循环,系统效率将达到 12.38%。Ozturk 等认为在多联产太阳能制氢系统中,太阳能聚光器和工作流体的温差过大导致太阳能聚光器的㶲损失最大。Ratlamwala 等认为增加太阳热流密度将会提高 Cu－Cl 制氢系统的系统效率,而环境温度升高则对系统效率没有影响。Ozcan 等也认为在 Mg－Cl 多步制氢系统中太阳能聚光器的㶲损失最大。

综上所述,目前太阳能制氢循环系统热力学分析主要集中在对不同反应工质对在不同工况时系统的系统效率以及太阳能－化学能转化效率进行研究,而目前还缺乏对于铁酸盐工质对的研究。不同工况时铁酸盐工质循环系统的效率研究对优化系统工况参数、提高热化学制氢的经济竞争性、提高太阳能－化学能转化效率都有着重要的影响。

1.4.6　催化剂／氧化还原材料热分解动力学研究进展

太阳能热化学具有很好的应用前景,因此有很多学者对这一领域进行了大量的研究。同时,太阳能热化学的产物(一氧化碳和合成气)也被认为是长期储能的有效方法。因此,需要更加深入地研究太阳能热化学分解二氧化碳和水蒸气,生成一氧化碳和氢气的机理,以便建立更加完善、科学的太阳能热化学反应体系,达到有效地利用太阳能的目的。

太阳能热化学的核心是催化剂,高效的催化剂可以提高太阳能转化为化学能的转化效率,并且保持较高的循环效率,即经过多次循环后,催化剂仍可以保持较高的催化性能。太阳能热化学反应中使用的催化剂主要分为两大类,分别是挥发性催化剂和非挥发性催化剂。挥发性催化剂指的是在太阳能热化学反应的高温环境下,催化剂挥发为气体形态;非挥发性催化剂指的是在太阳能热化学反应过程中,催化剂一直保持为固体形态。

挥发性催化剂主要有 ZnO 和 SnO_2。Zn 在 Zn－空气电池中可以作为发电的原料,除此之外,通过锌水解产生的氢可用于在氢燃料电池中发电。最初苏黎世联邦理工学院的 Steinfeld 团队发现在 Zn 矿中热解生成纯锌的过程中,ZnO 可以作为太阳能热化学的催化剂。ZnO 的热解是高度吸热反应,其反应在 2 235 K 温度下吉布斯自由能 ΔG 才为零。

非挥发性催化剂主要有 Fe_3O_4，掺杂不同离子的铁酸盐（$M_xFe_{3-x}O_4$），铁铝尖晶石（$Fe_3O_4 + 3Al_2O_3$，$M_xFe_{3-x}O_4 + 3Al_2O_3$），氧化铈（$CeO_2$），掺杂不同离子的氧化铈（$M_xCe_{1-x}O_2$），以及钙钛矿（$ABO_3$）。

铁基氧化物是两步法太阳能热化学制氢循环中研究最多的催化剂。铁基氧化物的氧化还原循环反应是基于磁铁矿在 1 600 K 的温度下会还原生成方铁体，其产物在 1 200 K 的温度下会水解生成氢气以及重新氧化成磁铁矿。

如何降低第一步催化剂还原反应的温度一直是太阳能热化学领域研究的热点。这是因为降低第一步催化剂还原反应的温度，可以减少反应器的热损失，并且同时减少加热反应物所需提供的能量，从而提高太阳能转化为化学能的转化效率。催化剂还原温度的降低可以通过降低反应器中的氧气分压以及向铁基氧化物中掺杂其他金属元素来实现。降低氧气的分压可以通过真空泵将反应器内部抽真空来实现，但是这也意味着消耗额外的电能，进一步增加了太阳能热化学转化过程的经济成本。因此，需要从降低太阳能热化学催化剂第一步还原反应温度的角度进行研究。研究表明，掺杂锌、镍和锰等离子的铁基氧化物可以降低催化剂还原反应的温度。

日本新泻大学的 Kodama 等针对用于高温太阳能热化学制氢的金属（Ce、Fe、Mn、Ni、Sn、Zn）氧化物等开展了一系列热化学循环实验研究。Kodama 团队在日本第一次实现了太阳能热化学循环产氢的实验。之后 Kodama 团队探究了以 ZrO_2 为载体、掺杂不同金属离子（如钴离子、铜离子、镍离子以及铁－钇混合离子）的铁基氧化物催化剂。Kodama 团队还提出了内部循环 $NiFe_2O_4/m-ZrO_2$ 流化床的概念，太阳能热化学过程中，该系统用于分解 CO_2 和水蒸气以制取 CO 和 H_2，基于掺杂的铁基氧化物的催化剂在此过程中表现出良好的反应活性。

由于基于 ZnO/Zn 氧化还原工质对的太阳能热化学循环制氢系统涉及冷却系统，因此将第一步反应产物 Zn 与 O_2 分离。除此之外，基于 ZnO/Zn 氧化还原工质对的太阳能热化学循环制氢系统仍未得到商业化。根据 Abanades 和 Flamant 的研究，基于氧化铈催化剂的太阳能热化学循环制氢及一氧化碳的系统可以很好地解决这个问题。值得注意的是，由于第一步反应温度较高，CeO_2 为熔融状态，熔融 CeO_2 进一步蒸发从而导致循环工质质量减少。因此，研究人员的焦点转向通过非化学计量还原（$CeO_2 \longrightarrow CeO_{2-x}$）进行低于其熔点的二氧化铈还原反应。非化学计量的二氧化铈具有极高的氧化学扩散率，有助于更快的氧化还原动力学。

Steinfeld 等在太阳能热化学工程设计方面的研究中，使用了 Fe_3O_4/FeO 氧化还原工质对作为催化剂进行两步水分解制氢循环。Galvez 等研究了混合金属铁基氧化物的两步水分解,并通过两步太阳能热化学循环分别用 Zn/ZnO 和 FeO/Fe_3O_4 氧化还原反应分解 CO_2 生成 CO。Furler 等在他们的实验研究中使用了含有多孔 CeO_2 介质的高温太阳能空腔接收器来分解 CO_2 并产生合成气。Chueh 等在高温下研究了 CeO_2 及其他一些热化学催化剂在太阳能反应器中分解 CO_2 和 H_2O 的过程。

许多研究人员将重点放在太阳能热化学反应器上,以大幅度提高太阳能热化学技术在制取一氧化碳和合成气生产中的应用。太阳能热化学反应器按照接收太阳能的方式可分为直接辐射式和间接加热式。直接辐射式太阳能热化学反应器是指聚集的太阳光线可以直接进入反应器内部,对反应器进行辐射加热。间接加热式太阳能热化学反应器是指聚集的太阳光线被不透明的太阳能接收器接收,再通过导热的方式加热反应器内部。由于直接辐射式太阳能热化学反应器可以达到较高的温度,因此大多数研究学者将研究的重点放在了直接辐射式太阳能热化学反应器的研制上。

太阳能热化学反应器根据使用的催化剂分为两类:挥发性金属氧化物催化剂太阳能热化学反应器和非挥发性金属氧化物催化剂太阳能热化学反应器。两类太阳能热化学反应器的结构有着很大的差别。

利用 CeO_2 材料在低于其熔点的条件下,进行第一步催化剂还原反应,生成 O_2,并使催化剂转化为还原态的 CeO_{2-x},在第二步与水蒸气和二氧化碳反应生成一氧化碳和合成气。此外,由于多孔结构可以增强辐射和传热传质,因此 CeO_2 多孔结构也在太阳能热化学反应器中使用。Ackermann 等构建了一种 CeO_2 多孔陶瓷模型并进行了相关的实验,通过改变 CeO_2 多孔陶瓷的结构参数,得出了中等光学厚度可以获得更均匀的温度分布和更高的氧产率的结论。Marxer 等利用 CeO_2 制成多孔结构,设计了一个非挥发性金属氧化物太阳能高温反应器,研究了利用太阳能热化学分解 CO_2 生成 CO 的过程。

对于太阳能热化学催化剂金属氧化物的选择中,非挥发性金属氧化物更适合于太阳能热化学反应,因为在整个反应循环过程中,催化剂始终以固体的方式存在,因此不需要将催化剂与高温气体进行分离,大大简化了反应器及反应系统的设计制造。对于非挥发性金属氧化物,铁基氧化物因其优异的热力学及化学性能使之在高温太阳能热化学中得到了广泛的运用。其中,Fe_3O_4 由于价格低廉,是一个很理想的太阳能热化学催化剂。

为了提高太阳能 — 化学能的转化效率,反应器的几何结构在太阳能热化学应用中已有了很多优化改进。研究结果表明,太阳能接收器的采光口需要采用小孔径半径,并且已经优化和使用不同的入口 / 出口参数,以便最小化热损失并且在不同的操作条件下实现高的吸收效率。相关研究认为热化学反应性能主要取决于流体流动和相关的热物理参数,例如反应温度、携带气体的流速和压力。由于多孔材料可以增强反应物的传热传质过程,因此,将太阳能热化学催化剂制成多孔材料是一个很具有前景的研究方向。然而,对于大多数催化剂而言,在经过一定的循环周期后,由于熔化烧结,太阳能－化学能的转化效率会降低。使用耐高温稳定的陶瓷材料,如 Al_2O_3 多孔陶瓷作为基体材料,将金属氧化物催化剂附着在基体材料上作为表面材料,以提高太阳能热化学反应系统循环的稳定性,如图 1.12 所示。在多孔介质填充的太阳能热化学反应器中,反应过程受化学扩散、气体扩散和表面交换的影响,利用多孔结构的材料可以进一步提高热化学反应性能。

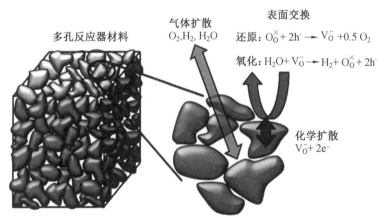

(a) 多孔结构中的反应机理

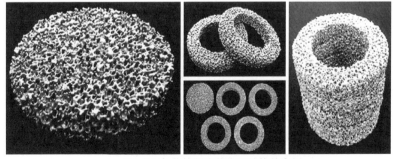

(b) 由二氧化铈制成的多孔结构的实例

图 1.12　利用多孔结构的材料

本章参考文献

[1] 毛宗强.氢能:人类未来的清洁能源[R/OL].(2017-08-07)[2019-12-19]. http://www.gptfc.com/view.asp? id=33.

[2] 纪军,何雅玲.太阳能热发电系统基础理论与关键技术战略研究[J].中国科学基金,2009,23(6):331-336.

[3] 潘莹,洪慧,金红光.太阳能热化学研究进展[J].科技导报,2010,28(7): 110-115.

[4] BUCK R,BRÄUNING T,DENK T,et al. Solar-hybrid gas turbine-based power tower systems (REFOS)[J]. ASME Journal of Solar Energy Engineering,2002,124(1):2-9.

[5] STEINFELD A. Solar thermochemical production of hydrogen—a review [J]. Solar Energy,2005,78(5):603-615.

[6] 中国科学技术协会.工程热物理学科发展报告[M].北京:中国科学技术出版社,2010.

[7] LIU Q B,HONG H,YUAN J L,et al. Experimental investigation of hydrogen production integrated methanol steam reforming with middle-temperature solar thermal energy[J]. Applied Energy,2009,86(2): 155-162.

[8] EBNER P P,LIPIŃSKI W. Heterogeneous thermochemical decomposition of a semi-transparent particle under direct irradiation[J]. Chemical Engineering Science,2011,66(12):2677-2689.

[9] ABANADES S,LEGAL A,CORDIER A,et al. Investigation of reactive cerium-based oxides for H_2 production by thermochemical two-step water-splitting[J]. Journal of Materials Science,2010,45(15):4163-4173.

[10] SCHEFFE J R,STEINFELD A. Thermodynamic analysis of cerium-based oxides for solar thermochemical fuel production[J]. Energy & Fuels, 2012,26(3):1928-1936.

[11] DOMBROVSKY L,SCHUNK L,LIPIŃSKI W,et al. An ablation model for the thermal decomposition of porous zinc oxide layer heated by concentrated solar radiation[J]. International Journal of Heat and Mass

Transfer,2009,52(11/12):2444-2452.

[12] SCHUNK L O, HAEBERLING P, WEPF S, et al. A receiver-reactor for the solar thermal dissociation of zinc oxide[J]. Journal of Solar Energy Engineering,2008,130(2):1.

[13] SMESTAD G P, STEINFELD A. Review: photochemical and thermochemical production of solar fuels from H_2O and CO_2 using metal oxide catalysts[J]. Industrial and Engineering Chemistry Research,2012,51(37):11828-11840.

[14] GRAF D, MONNERIE N, ROEB M, et al. Economic comparison of solar hydrogen generation by means of thermochemical cycles and electrolysis [J]. International Journal of Hydrogen Energy,2008,33(17):4511-4519.

[15] RIEDEL T, SCHAUB G. Low-temperature Fischer-Tropsch synthesis on cobalt catalysts—effects of CO_2 [J]. Topics in Catalysis, 2003, 26 (1): 145-156.

[16] LU Y W, YAN Q G, HAN J, et al. Fischer-Tropsch synthesis of olefin-rich liquid hydrocarbons from biomass-derived syngas over carbon-encapsulated iron carbide/iron nanoparticles catalyst[J]. Fuel,2017(193):369-384.

[17] STAMATIOU A, LOUTZENHISER P G, STEINFELD A. Solar syngas production via H_2O/CO_2-splitting thermochemical cycles with Zn/ZnO and FeO/Fe_3O_4 redox reactions[J]. Chemistry of Materials,2010,22(3): 851-859.

[18] LIU K, SONG C S, SUBRAMANI V. Hydrogen and syngas production and purification technologies[M]. New Jersey:John Wiley & Sons,2010.

[19] MAO Q J. Recent developments in geometrical configurations of thermal energy storage for concentrating solar power plant [J]. Renewable & Sustainable Energy Reviews,2016,59:320-327.

[20] STEINFELD A. Solar thermochemical production of hydrogen—a review [J]. Solar Energy,2005,78(5):603-615.

[21] KOUMI NGOH S, NJOMO D. An overview of hydrogen gas production from solar energy[J]. Renewable & Sustainable Energy Reviews,2012,16 (9):6782-6792.

[22] STEINFELD A, PALUMBO R. Encyclopedia of physical science and technology:solar thermochemical process technology[M]. 3rd ed. New York: Academic Press,2001:237-256.

［23］ STEINFELD A. Thermochemical production of syngas using concentrated solar energy[J]. Annual Review of Heat Transfer,2012,15(15):255-275.

［24］ LI W J,JIN J,WANG H S,et al. Full-spectrum solar energy utilization integrating spectral splitting, photovoltaics and methane reforming［J］. Energy Conversion and Management,2018,173:602-612.

［25］ CHUEH W,FALTER C,ABBOTT M,et al. High-flux solar-driven thermochemical dissociation of CO_2 and H_2O using nonstoichiometric ceria[J]. Science,2010,330(6012):1797-1801.

［26］ ROMERO M,STEINFELD A. Concentrating solar thermal power and thermochemical fuels[J]. Energy & Environmental Science,2012,5(11): 9234-9245.

［27］ ABANADES S,CHARVIN P,FLAMANT G. Design and simulation of a solar chemical reactor for the thermal reduction of metal oxides:case study of zinc oxide dissociation[J]. Chemical Engineering Science,2007,62(22): 6323-6333.

［28］ LEVÊQUE G,ABANADES S. Investigation of thermal and carbothermal reduction of volatile oxides(ZnO,SnO_2,GeO_2 and MgO) via solar-driven vacuum thermogravimetry for thermochemical production of solar fuels ［J］. Thermochimica Acta,2015,605:86-94.

［29］ 帅永.典型光学系统表面光谱辐射传输及微尺度效应[D].哈尔滨:哈尔滨工业大学,2008.

［30］ GARCIA P,FERRIERE A,BEZIAN J J. Codes for solar flux calculation dedicated to central receiver system applications:a comparative review[J]. Solar Energy,2008,82(3):189-197.

［31］ 程泽东,何雅玲,崔福庆.聚光集热系统统一 MCRT 建模与聚光特性[J].科学通报,2012,57(22):2127-2136.

［32］ 帅永,张晓峰,谈和平.抛物面式太阳能聚能系统聚光特性模拟[J].工程热物理学报,2006,27(3):484-486.

［33］ 帅永,夏新林,谈和平.碟式抛物面太阳能聚能器焦面特性数值仿真[J].太阳能学报,2007,28(3):263-267.

［34］ SHUAI Y,XIA X L,TAN H P. Radiation performance of dish solar concentrator/cavity receiver systems[J]. Solar Energy,2008,82(1):13-21.

［35］ XIA X L,DAI G L,SHUAI Y. Experimental and numerical investigation on solar concentrating characteristics of a sixteen-dish concentrator[J]. International Journal of Hydrogen Energy,2012,37(24):18694-18703.

[36] VILLAFAÁN-VIDALES H I, ABANADES S, ARANCIBIA-BULNES C A,et al. Radiative heat transfer analysis of a directly irradiated cavity-type solar thermochemical reactor by Monte-Carlo ray tracing[J]. Journal of Renewable Sustainable Energy,2012,4(4):043125.

[37] 王磊磊,黄护林.新型太阳能聚焦器焦面能流分布仿真[J].电力与能源, 2012,33(2):174-176,180.

[38] 王云峰,季杰,何伟,等.抛物碟式太阳能聚光器的聚光特性分析与设计[J]. 光学学报,2012,32(1):206-213.

[39] 徐巧.碟式太阳聚光器聚光性能及其拼接镜面位姿测量研究[D].湘潭:湖南科技大学,2012.

[40] LI H R, HUANG W D, HUANG F R, et al. Optical analysis and optimization of parabolic dish solar concentrator with a cavity receiver [J]. Solar Energy,2013,92:288-297.

[41] SKOURI S,BOUADILA S,BEN SALAH M,et al. Comparative study of different means of concentrated solar flux measurement of solar parabolic dish[J]. Energy Conversion and Management,2013,76:1043-1052.

[42] 颜健,彭佑多,肖蓉,等.基于结构特征及镜面单元安装误差的碟式聚光器聚焦分析[J].光学技术,2014,40(6):508-514.

[43] 张付行.聚光器斜率误差对能流分布影响的研究[D].长沙:湖南大学,2014.

[44] 苏拾,张国玉,付芸,等.太阳模拟器的新发展[J].激光与光电子学进展, 2012,49(7):21-28.

[45] 高雁,刘洪波,王丽.太阳模拟技术[J].中国光学与应用光学,2010,3(2): 104-111.

[46] 于荣金.光学与太阳能[J].光学学报,2009,29(7):1751-1755.

[47] 刘超博,张国玉.太阳模拟器光学系统设计[J].长春理工大学学报(自然科学版),2010,33(1):14-17.

[48] REN E E,LU H W,ZHANG B G,et al. Optimization design of all-fiber 3×3 multiplexer based on an asymmetrical Mach-Zehnder interferometer [J]. Optics Communications,2009,282(14):2818-2822.

[49] BRINKMAN P W. Main characteristics of the large space simulator(LSS)

at ESA/ESTEC. Proceedings of the 13th Space Simulation Conference NASA Conference Publication 2340[C]. Orlando:NASA,1984.

[50] 杜景龙,唐大伟,黄湘.太阳模拟器的研究概况及发展趋势[J].太阳能学报, 2012,33(S1):70-76.

[51] 杨林华,李竑松.国外大型太阳模拟器研制技术概述[J].航天器环境工程, 2009,26(2):162-167,99.

[52] KOHRAKU S,KUROKAWA K. A fundamental experiment for discrete-wavelength LED solar simulator[J]. Solar Energy Materials & Solar Cells,2006,90(18/19):3364-3370.

[53] 黄本诚.KM4 大型空间环境模拟设备[J].真空科学与技术,1988(6): 379-385.

[54] FURLER P,SCHEFFE J R,STEINFELD A. Syngas production by simultaneous splitting of H_2O and CO_2 via ceria redox reactions in a high-temperature solar reactor[J]. Energy and Environmental Science, 2012,5(3):6098-6103.

[55] 赵吉林.长春光机所在研制太阳模拟器方面的新进展[J].环模技术,1988 (4):17-22.

[56] 彭小静.太阳模拟器的辐射光谱研究[D].上海:上海交通大学,2008.

[57] DONG X,SUN Z W,NATHAN G J,et al. Time-resolved spectra of solar simulators employing metal halide and xenon arc lamps[J]. Solar Energy, 2015,115:613-620.

[58] AKSOY F,KARABULUT H,ÇINAR C,et al. Thermal performance of a stirling engine powered by a solar simulator[J]. Applied Thermal Engineering,2015,86:161-167.

[59] DONG X,NATHAN G J,SUN Z W,et al. Concentric multilayer model of the arc in high intensity discharge lamps for solar simulators with experimental validation[J]. Solar Energy,2015,122:293-306.

[60] OKUHARA Y,KUROYAMA T,TSUTSUI T,et al. A solar simulator for the measurement of heat collection efficiency of parabolic trough receivers [J]. Energy Procedia,2015,69:1911-1920.

[61] PEREZ-ENCISO R,GALLO A,RIVEROS-ROSAS D,et al. A simple method to achieve a uniform flux distribution in a multi-faceted point focus concentrator[J]. Renewable Energy,2016,93:115-124.

[62] 仲跻功. 太阳模拟器光学系统的几个问题[J]. 太阳能学报,1983(2): 187-193.

[63] 吕涛,张景旭,付东辉,等. 一种高准直的太阳模拟器设计[J]. 太阳能学报, 2014,35(6):1029-1033.

[64] 祝星,王华,魏永刚,等. 金属氧化物两步热化学循环分解水制氢[J]. 化学进展,2010,22(5):1010-1020.

[65] GINOSAR D M, PETKOVIC L M, BURCH K C. Commercial activated carbon for the catalytic production of hydrogen via the sulfur-eiodine thermochemical water splitting cycle[J]. International Journal of Hydrogen Energy,2011,36(15):8908-8914.

[66] WANG Z H, CHEN Y, ZHOU C, et al. Decomposition of hydrogen iodide via wood-based activated carbon catalysts for hydrogen production[J]. International Journal of Hydrogen Energy,2011,36(1):216-223.

[67] LEMORT F, LAFON C, DEDRYVERE R, et al. Physicochemical and thermodynamic investigation of the UT-3 hydrogen production cycle: a new technological assessment[J]. International of Hydrogen Energy, 2006,31(7):906-918.

[68] TEO E D, BRANDON N P, VOS E, et al. A critical pathway energy efficiency analysis of the thermochemical UT-3 cycle[J]. International of Hydrogen Energy,2005,30(5):559-564.

[69] KAZIM A, VEZIROGLU T N. Utilization of solar-hydrogen energy in the UAE to maintain its share in the world energy market for the 21st century [J]. Renewable Energy,2001,24(2):259-274.

[70] SCHMITZ M, SCHWARZBÖZL P, BUCK R, et al. Assessment of the potential improvement due to multiple apertures in central receiver systems with secondary concentrators[J]. Solar Energy, 2006, 80 (1): 111-120.

[71] LIPIŃSKI W, STEINFELD A. Annular compound parabolic concentrator [J]. Journal of Solar Energy Engineering,2006,128(1):121-124.

[72] MELCHIOR T, PERKINS C, WEIMER A W, et al. A cavity receiver containing a tubular absorber for high-temperature thermochemical processing using concentrated solar energy[J]. International Journal of Thermal Sciences,2008,47(11):1496-1503.

[73] DAI G L,XIA X L,SUN C,et al. Numerical investigation of the solar concentrating characteristics of 3D CPC and CPC-DC[J]. Solar Energy,2011, 85(11):2833-2842.

[74] ABANADES S, FLAMANT G. Solar hydrogen production from the thermal splitting of methane in a high temperature solar chemical reactor [J]. Solar Energy,2006,80(10):1321-1332.

[75] XIAO L,WU S Y,LI Y R. Advances in solar hydrogen production via two-step water-splitting thermochemical cycles based on metal redox reactions [J]. Renewable Energy,2012,41:1-12.

[76] NAKAMURA T. Hydrogen production from water utilizing solar heat at high temperatures[J]. Solar Energy,1977,19(5):467-475.

[77] ABANADES S,CHARVIN P,FLAMANT G,et al. Screening of water-splitting thermochemical cycles potentially attractive for hydrogen production by concentrated solar energy [J]. Energy, 2006, 31 (14): 2805-2822.

[78] STEINFELD A. Solar hydrogen production via a two-step water-splitting thermochemical cycle based on Zn/ZnO redox reactions[J]. International Journal of Hydrogen Energy,2002,27(6):611-619.

[79] PALUMBO R,LÉDE J,BOUTIN O,et al. The production of Zn from ZnO in a high temperature solar decomposition quench process—I. The scientific framework for the process[J]. Chemical Engineering Science, 1998,53(14):2503-2517.

[80] MÜLLER R,LIPIŃSKI W,STEINFELD A. Transient heat transfer in a directly-irradiated solar chemical reactor for the thermal dissociation of ZnO[J]. Applied Thermal Engineering,2008,28(5/6):524-531.

[81] SCHUNK L O,LIPIŃSKI W,STEINFELD A. Heat transfer model of a solar receiver-reactor for the thermal dissociation of ZnO—experimental validation at 10 kW and scale-up to 1 MW[J]. Chemical Engineering Journal,2009,150(2/3):502-508.

[82] ABANADES S,CHARVIN P,FLAMANT G. Design and simulation of a solar chemical reactor for the thermal reduction of metal oxides:case study of zinc oxide dissociation[J]. Chemical Engineering Science,2007,62(22): 6323-6333.

[83] KOEPF E E,ADVANI S G,PRASAD A K. Experimental investigation of ZnO powder flow and feeding characterization for a solar thermochemical reactor[J]. Powder Technology,2014,261:219-231.

[84] PERKINS C,LICHTY P,WEIMER A W,et al. Fluid-wall effectiveness for preventing oxidation in solar-thermal ZnO reactors [J]. American Institute of Chemical Engineers Journal,2007,53(7):1830-1844.

[85] MELCHIOR T,STEINFELD A. Radiative transfer within a cylindrical cavity with diffusely/specularly reflecting inner walls containing an array of tubular absorbers[J]. Journal of Solar Energy Engineering,2008,130 (2):021013-021019.

[86] LOUTZENHISER P G,STEINFELD A. Solar syngas production from CO_2 and H_2O in a two-step thermochemical cycle via Zn/ZnO redox reactions:thermodynamic cycle analysis [J]. International Journal of Hydrogen Energy,2011,36(19):12141-12147.

[87] GÁLVEZ M E,LOUTZENHISER P G,HISCHIER I,et al. CO_2 splitting via two-step solar thermochemical cycles with Zn/ZnO and FeO/Fe_3O_4 redox reactions:thermodynamic analysis[J]. Energy & Fuels,2008,22 (5):3544-3550.

[88] WEIDENKAFF A,RELLER A W,WOKAUN A,et al. Thermogravimetric analysis of the ZnO/Zn water splitting cycle[J]. Thermochimica Acta,2000,359 (1):69-75.

[89] BERMAN A,EPSTEIN M. The kinetics of hydrogen production in the oxidation of liquid zinc with water vapor[J]. International Journal of Hydrogen Energy,2000,25(10):957-967.

[90] WEISS R J,LY H C,WEGNER K,et al. H_2 production by Zn hydrolysis in a hot-wall aerosol reactor[J]. Particle Technology and Fluidization, 2005,51(7):1966-1970.

[91] WEGNER K,LY H C,WEISS R J,et al. In situ formation and hydrolysis of Zn nanoparticles for H_2 production by the 2-step ZnO/Zn water-splitting thermochemical cycle [J]. International Journal of Hydrogen Energy,2006,31(1):55-61.

[92] VISHNEVETSKY I,EPSTEIN M. Production of hydrogen from solar zinc in steam atmosphere[J]. International Journal of Hydrogen Energy,2007,

32(14):2791-2802.

[93] FUNKE H H, DIAZ H, LIANG X H, et al. Hydrogen generation by hydrolysis of zinc powder aerosol[J]. International Journal of Hydrogen Energy,2008,33(4):1127-1134.

[94] ABU HAMED T,VENSTROM L,ALSHARE A, et al. Study of a quench device for the synthesis and hydrolysis of Zn nanoparticles:modeling and experiments[J]. Journal of Solar Energy Engineering, 2009, 131(3): 10181-10189.

[95] ERNST F O, STEINFELD A, PRATSINIS S E. Hydrolysis rate of submicron Zn particles for solar H_2 synthesis[J]. International Journal of Hydrogen Energy,2009,34(3):1166-1175.

[96] MA X F,ZACHARIAH M R. Size-resolved kinetics of Zn nanocrystal hydrolysis for hydrogen generation[J]. International Journal of Hydrogen Energy,2010,35:2268-2277.

[97] 吕明.基于 Zn/ZnO 的两步式热化学准循环制氢系统基础性研究[D].杭州:浙江大学,2009.

[98] BHADURI B,VERMA N. A zinc nanoparticles-dispersed multi-scale web of carbon micro-nanofibers for hydrogen production step of ZnO/Zn water splitting thermochemical cycle[J]. Chemical Engineering Research and Design,2014,92(6):1079-1090.

[99] KODAMA T, NAKAMURO Y, MIZUNO T, et al. A two-step thermochemical water splitting by iron-oxide on stabilized zirconia. In: proceedings of the international solar energy conference, Portland, Oregon,USA[C]. New York:ASME,2004.

[100] INOUE M, HASEGAWA N, UEHARA R, et al. Solar hydrogen generation with $H_2O/ZnO/MnFe_2O_4$ system[J]. Solar Energy,2004,76 (1/2/3):309-315.

[101] AGRAFIOTIS C, ROEB M, KONSTANDOPOULOS A G,et al. Solar water splitting for hydrogen production with monolithic reactors[J]. Solar Energy,2005,79(4):409-421.

[102] ROEB M,NEISES M,SÄCK J P,et al. Operational strategy of a two-step thermochemical process for solar hydrogen production[J]. International Journal of Hydrogen Energy,2009,34(10):4537-4545.

[103] GOKON N, HASEGAWA T, TAKAHASHI S, et al. Thermochemical two-step water-splitting for hydrogen production using Fe-YSZ particles and a ceramic foam device[J]. Energy, 2008, 33(9): 1407-1416.

[104] MILLER J E, ALLENDORF M D, DIVER R B, et al. Metal oxide composites and structures for ultra-high temperature solar thermochemical cycles[J]. Journal of Material Science, 2008, 43(14): 4714-4728.

[105] CHARVIN P, STÉPHANE A, FLORENT L, et al. Analysis of solar chemical processes for hydrogen production from water splitting thermo-chemical cycles[J]. Energy Conversion and Management, 2008, 49(6): 1547-1556.

[106] STAMATIOU A, LOUTZENHISER P G, STEINFELD A. Solar syngas production via H_2O/CO_2-splitting thermochemical cycles with Zn/ZnO and FeO/Fe_3O_4 redox reactions[J]. Chemistry of Materials, 2010, 22(3): 851-859.

[107] VARSANO F, PADELLA F, ALVANI C, et al. Chemical aspects of the water splitting thermochemical cycle based on sodium manganese ferrite [J]. International Journal of Hydrogen Energy, 2012, 37(16): 11595-11601.

[108] SÄCK J P, ROEB M, SATTLER C, et al. Development of a system model for a hydrogen production process on a solar tower[J]. Solar Energy, 2012, 86(1): 99-111.

[109] MARTINEK J, VIGER R, WEIMER A W. Transient simulation of a tubular packed bed solar receiver for hydrogen generation via metal oxide thermochemical cycles[J]. Solar Energy, 2014, 105: 613-631.

[110] KANG K S, KIM C H, CHO W C, et al. Reduction characteristics of $CuFe_2O_4$ and Fe_3O_4 by methane; $CuFe_2O_4$ as an oxidant for two-step thermochemical methane reforming [J]. International Journal of Hydrogen Energy, 2008, 33(17): 4560-4568.

[111] FRESNO F, FERNANDEZ-SAAVEDRA R, BELEN GÓMEZ-MANCEBO M, et al. Solar hydrogen production by two-step thermochemical cycles; evaluation of the activity of commercial ferrites[J]. International Journal of Hydrogen Energy, 2009, 34(7): 2918-2924.

[112] GOKON N, MATAGA T, KONDO N, et al. Thermochemical two-step water splitting by internally circulating fluidized bed of NiFe$_2$O$_4$ particles: successive reaction of thermal-reduction and water-decomposition steps[J]. International Journal of Hydrogen Energy, 2011, 36(8):4757-4767.

[113] KAWAKAMI S, MYOJIN T, CHO H S, et al. Thermochemical two-step water splitting cycle using Ni-ferrite and CeO$_2$ coated ceramic foam devices by concentrated Xe-light radiation[J]. Energy Procedia, 2014, 49: 1980-1989.

[114] KANG M, ZHANG J, ZHAO N, et al. CO production via thermochemical CO$_2$ splitting over Ni ferrite-based catalysts [J]. Journal of Fuel Chemistry and Technology, 2014, 42(1):68-73.

[115] LORENTZOU S, KARAGIANNAKIS G, PAGKOURA C, et al. Thermochemical CO$_2$ and CO$_2$/H$_2$O splitting over NiFe$_2$O$_4$ for solar fuels synthesis[J]. Energy Procedia, 2014, 49:1999-2008.

[116] ABANADES S. CO$_2$ and H$_2$O reduction by solar thermochemical looping using SnO$_2$/SnO redox reactions: thermogravimetric analysis [J]. International Journal of Hydrogen Energy, 2012, 37(10):8223-8231.

[117] CHARVIN P, ABANADES S, LEMONT F, et al. Experimental study of SnO$_2$/SnO/Sn thermochemical systems for solar production of hydrogen [J]. AIChE Journal, 2008, 54(10):2759-2767.

[118] CHUEH W C, HAILE S M. Ceria as a thermochemical reaction medium for selectively generating syngas or methane from H$_2$O and CO$_2$[J]. ChemSusChem, 2009, 2(8):735-739.

[119] ABANADES S, FLAMANT G. Thermochemical hydrogen production from a two-step solar-driven water-splitting cycle based on cerium oxides [J]. Solar Energy, 2006, 80(12):1611-1623.

[120] KANEKO H, ISHIHARA H, TAKU S, et al. Cerium ion redox system in CeO$_2$-xFe$_2$O$_3$ solid solution at high temperatures(1 273-1 673 K) in the two-step water-splitting reaction for H$_2$ generation [J]. Journal of Material Science, 2008, 43(9):3153-3161.

[121] ABANADES S, LEGAL A, CORDIER A, et al. Investigation of reactive cerium-based oxides for H$_2$ production by thermochemical two-step

water-splitting[J]. Journal of Material Science,2010,45(15):4163-4173.

[122] CHUEH W C,FALTER C,ABBOTT M,et al. High-flux solar-driven thermochemical dissociation of CO_2 and H_2O using nonstoichiometric ceria[J]. Science,2010,330(6012):1797-1801.

[123] LE GAL A,ABANADES S. Catalytic investigation of ceria-zirconia solid solutions for solar hydrogen production [J]. International Journal of Hydrogen Energy,2011,36(8):4739-4748.

[124] JEONG H H,KWAK J H,HAN G Y,et al. Stepwise production of syngas and hydrogen through methane reforming and water splitting by using a cerium oxide redox system[J]. International Journal of Hydrogen Energy,2011,36(23):15221-15230.

[125] SCHEFFE J R,STEINFELD A. Thermodynamic analysis of cerium-based oxides for solar thermochemical fuel production[J]. Energy & Fuels,2012,26(3):1928-1936.

[126] MENG Q L,LEE C I,SHIGETA S,et al. Solar hydrogen production using $Ce_{1-x}Li_xO_{2-\delta}$ solid solutions via a thermochemical,two-step water-splitting cycle[J]. Journal of Solid State Chemistry,2012,194:343-351.

[127] LAPP J,DAVIDSON J H,LIPIŃSKI W. Efficiency of two-step solar thermochemical non-stoichiometric redox cycles withheat recovery [J]. Energy,2012,37(1):591-600.

[128] CHO H S,MYOJIN T,KAWAKAMI S,et al. Solar demonstration of thermochemical two-step water splitting cycle using CeO_2/MPSZ ceramic foam device by 45 kW_{th} KIER solar furnace[J]. Energy Procedia,2014,49:1922-1931.

[129] GÁLVEZ M E,FREI A,ALBISETTI G,et al. Solar hydrogen production via a two-step thermochemical process based on MgO/Mg redox reactions—thermodynamic and kinetic analyses[J]. International Journal of Hydrogen Energy,2008,33(12):2880-2890.

[130] GHANDEHARIUN S,NATERER G F,DINCER I,et al. Solar thermochemical plant analysis for hydrogen production with the copper-chlorine cycle[J]. International Journal of Hydrogen Energy, 2010,35(16):8511-8520.

[131] WAGAR W R,ZAMFIRESCU C,DINCER I. Thermodynamic analysis of

solar energy use for reforming fuels to hydrogen[J]. International Journal of Hydrogen Energy,2011,36(12):7002-7011.

[132] GIACONIA A,SAU S,FELICI C,et al. Hydrogen production via sulfur-based thermochemical cycles: part 2: performance evaluation of Fe_2O_3-based catalysts for the sulfuric acid decomposition step[J]. International Journal of Hydrogen Energy,2011,36(11):6496-6509.

[133] SUN Z X,WANG J F,DAI Y P,et al. Exergy analysis and optimization of a hydrogen production process by a solar-liquefied natural gas hybrid driven transcritical CO_2 power cycle [J]. International Journal of Hydrogen Energy,2012,37(24):18731-18739.

[134] OZTURK M,DINCER I. Thermodynamic analysis of a solar-based multi-generation system with hydrogen production [J]. Applied Thermal Engineering,2013,51(1/2):1235-1244.

[135] RATLAMWALA T A H,DINCER I. Comparative energy and exergy analyses of two solar-based integrated hydrogen production systems[J]. International Journal of Hydrogen Energy,2015,40(24):7568-7578.

[136] OZCAN H,DINCER I. Energy and exergy analyses of a solar driven Mg-Cl hybrid thermochemical cycle for co-production of power and hydrogen [J]. International Journal of Hydrogen Energy, 2014, 39 (28): 15330-15341.

[137] ROMERO M,STEINFELD A. Concentrating solar thermal power and thermochemical fuels[J]. Energy and Environmental Science，2012,5 (11):9234-9245.

[138] VILLAFÁN-VIDALES H I, ARANCIBIA-BULNES C A, RIVEROS-ROSAS D,et al. An overview of the solar thermochemical processes for hydrogen and syngas production:reactors, and facilities[J]. Renewable and Sustainable Energy Reviews, 2017,75:894-908.

[139] KOEPF E,VILLASMIL W,MEIER A. Pilot-scale solar reactor operation and characterization for fuel production via the Zn/ZnO thermochemical cycle[J]. Applied Energy,2016,165:1004-1023.

[140] ACKERMANN S, TAKACS M, SCHEFFE J, et al. Reticulated porous ceria undergoing thermochemical reduction with high-flux irradiation[J]. International Journal of Heat Mass Transfer,2017,107:439-449.

[141] OPHOFF C, OZALP N. A novel iris mechanism for solar thermal receivers [J]. Journal of Solar Energy Engineering, 2017, 139 (6):061004.

[142] MARXER D, FURLER P, TAKACS M, et al. Solar thermochemical splitting of CO_2 into separate streams of CO and O_2 with high selectivity, stability, conversion, and efficiency [J]. Energy & Environmental Science, 2017, 10(5):1142-1149.

[143] 朱群志. 直接吸收太阳辐射聚光器/热化学反应器的研究进展[J]. 上海电力学院学报, 2013, 29(2):101-106.

[144] ROÖGER M, PFAÄNDER M, BUCK R. Multiple air-jet window cooling for high-temperature pressurized volumetric receivers: testing, evaluation and modeling[J]. Journal of Solar Energy Engineering, 2006, 128(3): 265-274.

[145] BELLAN S, ALONSO E, PEREZ-RABAGO C, et al. Numerical modeling of solar thermochemical reactor for kinetic analysis[J]. Energy Procedia, 2014, 49:735-742.

[146] HATHAWAY B J, BALA CHANDRAN R, GLADEN A C, et al. Demonstration of a solar reactor for carbon dioxide splitting via the isothermal ceria redox cycle and practical implications[J]. Energy & Fuels, 2016, 30(8):6654-6661.

[147] LOUGOU B G, SHUAI Y, PAN R M, et al. Heat transfer and fluid flow analysis of porous medium solar thermochemical reactor with quartz glass cover[J]. International Journal of Heat and Mass Transfer, 2018, 127:61-74.

[148] VILLAFÁN-VIDALES H I, ABANADES S, MONTIEL-GONZÁLEZ M, et al. Transient heat transfer simulation of a 1 kW_{th} moving front solar thermochemical reactor for thermal dissociation of compressed ZnO [J]. Chemical Engineering Research and Design, 2015, 93:174-184.

[149] DEUTSCHE LUFT-REEDEREI. DLR-institute of solar research-INDUSOL[R/OL]. (2015-12-05)[2018-07-20]. http://www.dir.de/sf/en/pesktopDe-fault.aspx/tabid-9315/6078_read-41174/gallery-1/gallery_read-Image.73.23307/.

[150] WIECKERT C, STEINFELD A. Solar thermal reduction of ZnO using

CH_4 : ZnO and C : ZnO molar ratios less than 1[J]. Journal of Solar Energy Engineering,2002,124(1):55-62.

[151] YADAV D,BANERJEE R. A review of solar thermochemical processes [J]. Renewable and Sustainable Energy Reviews,2016,54:497-532.

[152] KODAMA T,GOKON N. Thermochemical cycles for high-temperature solar hydrogen production [J]. Chemical Reviews, 2007, 107 (10): 4048-4077.

[153] KODAMA T,KONDOH Y,YAMAMOTO R,et al. Thermochemical hydrogen production by a redox system of ZrO_2-supported Co (Ⅱ)-ferrite[J]. Solar Energy,2005,78(5):623-631.

[154] HAN S B,KANG T B,JOO O S,et al. Water splitting for hydrogen production with ferrites[J]. Solar Energy,2007,81(5):623-628.

[155] GOKON N,KODAMA T,IMAIZUMI N,et al. Ferrite/zirconia-coated foam device prepared by spin coating for solar demonstration of thermo-chemical water-splitting[J]. International Journal of Hydrogen Energy, 2011,36(3):2014-2028.

[156] KODAMA T,HASEGAWA T,NAGASAKI A,et al. A reactive Fe-YSZ coated foam device for solar two-step water splitting[J]. Journal of Solar Energy Engineering,2009,131(2):021008.

第 2 章

碟式太阳能高倍聚集技术与性能研究

太阳能聚光器是太阳能热利用的核心部件之一,其聚集性能好坏直接决定太阳能系统的热效率及经济效率。本章以太阳能热化学利用技术为基础,对作者在太阳能聚集技术方面近年来的研究成果进行介绍,主要包括单碟聚光系统、七碟聚光系统、十六碟聚光系统等太阳能人工模拟器的设计及加工等内容。

2.1　太阳能高倍聚集技术

众所周知,地球表面太阳辐射的能量分布密度很小,为了提高太阳能利用的经济性,低能流密度的太阳能必须经过聚光才能成为较高密度的能源,然后被合理地开发利用。

太阳能聚集的装置有两种:一种是平板式聚光器,现在又发展到真空管、热管真空管等聚光器,其代表是塔式太阳能热力发电系统;另一种是抛物面型反射聚光器(碟式和槽式)。塔式、槽式和碟式这3种太阳能热力发电系统目前在国内外都已建成,有的已经运行了30年以上。

塔式太阳能热力发电系统的基本原理是利用独立跟踪太阳的定日镜,将阳光聚焦到一个固定在塔顶部的接收器上,如图2.1所示。在接收器内将水加热至高温直接利用,或者是通过产生高压的过热蒸汽来带动汽轮发电机组发电。用于传热的循环工质可以是水、油、溶盐或液态钠等。这种装置占地面积很大,每发电 1 000 kW 大约需要占地 1 hm^2。例如,以色列奥拉公司2011年开发的塔式太阳能热力发电系统是目前较大的塔式系统成功应用范例,它由一个 30 m 高的莲花形塔和30面太阳能反射镜组成,塔顶装有太阳能聚光器和热空气微型发电机,当地面反射镜将汇聚的阳光集中到聚光器上后,聚光器产生的高温会使装置内的空气迅速加热,以此推动发电机产生电力。

槽式太阳能热力发电系统是利用抛物柱面反射镜将阳光聚焦到管状的接收器上,并将管内传热工质加热产生蒸汽,推动常规汽轮机发电,其发电功率为30 ～ 80 MW,可用于集中供电,如图2.2所示。

碟式太阳能热力发电系统是由许多镜子组成的旋转抛物面反射镜,接收器在抛物面的焦点上,接收器内的传热工质被加热到750 ℃左右,驱动斯特林发动机进行发电,其发电功率为7.5 ～ 25 kW,如图2.3所示。这种系统所用的工质有水、油、高温熔盐、液态金属钠等。碟式太阳能热力发电系统聚光比高、投资

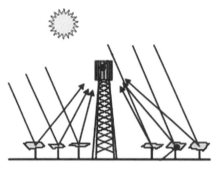

图 2.1　塔式太阳能热力发电系统

图 2.2　槽式太阳能热力发电系统

少、建设周期短、容量可大可小，可以独立运行用于分散式供电，也可以并网运行。目前理论上其是应用效果最好的聚集太阳能利用系统，但是实际真正投入运行的系统较少。

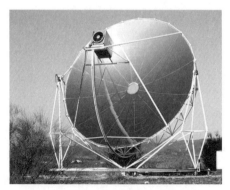

图 2.3　碟式太阳能热力发电系统

　　虽然兆瓦级的塔式、槽式、碟式太阳能聚光系统在热力发电领域应用广泛，但是在太阳能热化学领域应用相对较少。

2.2　室内单碟太阳模拟器聚集性能研究

太阳模拟器可提供与太阳光谱相匹配的、均匀的、准直的光辐照,克服了太阳光的随机性、地域性、季节性、间歇性、低能流密度等缺点,从而成为航空航天、光伏、太阳能热利用等行业必不可缺的设备。随着太阳能热利用领域的发展,太阳模拟器也被广泛应用于太阳能热化学技术的理论与实验研究。太阳模拟器主要包括光源系统、聚光系统、准直径组件、冷却系统、电源及控制系统等,聚光系统作为太阳模拟器的核心部件,分为抛物面式聚光器和椭球面式聚光器。

2.2.1　聚光镜面型

太阳模拟器的光学性能参数主要包括汇聚主光斑形状、主光斑尺寸、主光斑内辐照不均匀度以及主光斑内所汇聚的能量值。太阳模拟器的光学性能主要取决于模拟器聚光单元的设计参数。聚光单元主要由发光灯源和聚光镜两部分组成,这两部分的参数决定了聚光单元的聚光效果。

光学系统中聚光镜的作用是将由灯源发出的 2π 空间的光线进行汇聚重整,使汇聚的光斑达到设计所需的要求。设计过程中,聚光镜的面型、结构参数以及主反射面所采用的反射材料对光学系统汇聚光斑内的辐照不均匀度、反射光谱的分布情况、汇聚的辐照能量有着重要的影响。按照聚光原理的不同,反射式聚光镜的面型主要分为抛物面和椭球面两种形式。

(1)抛物面聚光镜聚光原理。

抛物面是指抛物线绕着其轴线回旋 $360°$ 得到的曲面,经过抛物面焦点的光线经过抛物面的反射平行出射。光源的发光特性和抛物面包容角的大小决定了其汇聚光斑的大小和能量分布。抛物面聚光镜的设计需考虑光源的选择和前后径向角度的影响。由于光线经过反射后平行出射,抛物面所汇聚的光斑直径较大,光斑内能量的辐照不均匀度较低。图 2.4 所示为抛物面聚光镜的反射聚光原理图。

(2)椭球面聚光镜聚光原理。

椭球面是指椭圆绕其长轴或者短轴旋转 $360°$ 后形成的曲面,又称回转椭球面。椭球面可以将经过其第一焦点的光线反射汇聚到第二焦点处,光学原理示意图如图 2.5 所示。位于第一焦点处的光源发光特性以及曲面的焦距、离心率、前后端的孔径角决定了回转椭球面的光学性能。因为对光线的点汇聚性能,所

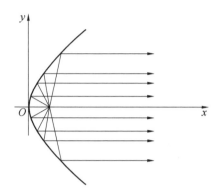

图 2.4 抛物面聚光镜的反射聚光原理图

以椭球面形成的辐照范围较小,辐照光斑内能量分布集中,辐照不均匀度较大。

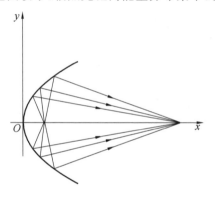

图 2.5 椭球面聚光镜的反射聚光原理图

高压球形短弧氙灯由于其在可见光的波段范围内的光谱能量分布与太阳的光谱能量分布近似且可以很好地配合椭球面聚光镜使用,可以作为太阳模拟器的灯源。后续研究选用的氙灯型号为 YUYU XHA6000/HS,具体参数如表 2.1 所示。

表 2.1 YUYU XHA6000/HS 氙灯参数

型号	工作电压/V	光通量/lm	辐射功率/W	极间距/mm	光中心高/mm	全长/mm
XHA6000/HS	38	250 000	1 650	8.5	170.5	437

2.2.2　椭球式反光镜面结构设计

（1）椭球镜剖面线结构方程。

回转椭球面聚光单元中,灯源发光点位于椭球的第一焦点处,氙灯灯源发出的光线通过椭球面的反射后汇聚到第二焦点处。图 2.6 所示为回转椭球面的剖面结构示意图,坐标系中的原点为椭球面的左端点,椭球面的长轴为坐标系的 x 轴。图中点 F_1、F_2 分别为椭球的第一焦点和第二焦点,μ_1 为椭球面聚光镜前孔径角,μ_2 为椭球面聚光镜后孔径角,μ 为椭球面聚光镜的包容角。

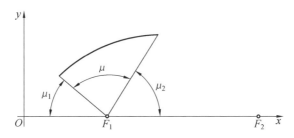

图 2.6　回转椭球面的剖面结构示意图

在图 2.6 所示的坐标系中,椭球面聚光镜的面型结构由下述方程表示:

$$y^2 = 2R_0 x(1 - e^2)x^2 \qquad (2.1)$$

式中,R_0 为顶点处的曲率;e 为椭圆的离心率。

回转椭球面顶点处的曲率半径计算公式如下:

$$R_0 = \frac{2F_1 F_2}{F_1 + F_2} \qquad (2.2)$$

椭圆的离心率:

$$e = \frac{F_2 - F_1}{F_1 + F_2} \qquad (2.3)$$

椭球面第二焦距:

$$F_2 = M_0 F_1 \qquad (2.4)$$

椭球面近轴成像倍率:

$$M_0 = \frac{e^2 + 2e\cos\mu + 1}{e^2 - 1} \qquad (2.5)$$

聚光镜包容角:

$$\mu = \pi - (\mu_1 - \mu_2) \qquad (2.6)$$

（2）椭球镜结构方程参数选取。

从式（2.1）～（2.6）中可以看出,回转椭球面的结构方程与第一焦距 F_1 和近

轴成像倍率 M_0 相关。其次,在结构方程一定的前提下,椭球面的孔径角和包容角决定了椭球面聚光镜的有效反射面积。因此在聚光镜的设计过程中,确定合适的椭球面结构参数和相关角度对整个聚光镜的汇聚反射效果有着重要影响。

在聚光系统设计过程中,不仅要考虑聚光镜的聚光效果,还应着重考虑实际安装应用过程中灯源的安装尺寸、聚光系统的角度调节以及灯源散热等问题。根据实际安装经验,椭球面聚光镜的第一焦距 F_1 的取值约为所用灯源中心高的三分之一,这样可以同时满足较好的聚光效果和安装散热需求。设计中选取的灯源型号为 YUYU XHA6000/HS(高压球形短弧氙灯),根据表 2.1 中灯源的尺寸参数进行计算,选取椭球面聚光镜的第一焦距 $F_1 = 55$ mm。

椭球面近轴成像倍率 M_0 的取值取决于聚光镜所成像的大小与灯源发光点的体积大小的比值。氙灯灯源发光区域集中,可以看作点光源来使用,但实际的灯源发光部位具有一定的体积,这也使得氙灯发出的光线经过椭球面聚光镜的反射汇聚后在第二焦点处形成的光斑同样具有一定的体积,汇聚效果如图 2.7 所示。高压球形短弧氙灯的发光区域可以通过电荷耦合器件(CCD)相机测得,所选氙灯的发光区域近似为圆柱形,主发光区域高度约为 2 mm。根据需求,设计的聚光系统在第二焦平面处的成像光斑直径控制在 $20 \sim 60$ mm 之间。依据参数近轴成像倍率 M_0 的定义,其取值范围在 $10 \sim 30$ 之间。由式(2.5)可知,不同的 M_0 值对应不同的椭球面结构参数方程,在使用相同灯源的基础上不同结构参数的椭球面聚光镜对光的反射汇聚效果不同。设计中在 $15 \sim 25$ 之间选取 11 组连续的 M_0 值,分别计算出每组数值对应的椭球面聚光镜结构参数,在光学仿真软件中建立各参数对应的结构模型,分析不同聚光系统的汇聚效果,得出设计所需的椭球面聚光镜模型。

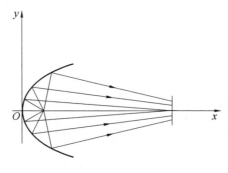

图 2.7　灯源发光汇聚效果图

使用中的椭球面聚光镜只是椭圆曲线的一部分绕着长轴旋转 $360°$ 后形成的,图 2.6 中的包容角 μ 决定了椭球面聚光镜的两端开口直径大小以及椭球镜的高度,由此决定着椭球面聚光镜汇聚光斑内的能量大小以及主光斑尺寸的大小。由式(2.6)可知,聚光镜包容角的大小由前孔径角 μ_1 和后孔径角 μ_2 决定。另外,由氙灯配光曲线图可知,在氙灯阴极 $\pm45°$ 和阳极 $\pm30°$ 的范围内几乎无光线出射,因此,确定合适的孔径角可以使得灯源发出的光线得到充分的利用,同时可以去掉没有光线照射的反光镜部分,降低反光镜的加工难度,减少制作成本。

椭球镜的前孔径角 μ_1 的确定受到氙灯灯源安装、灯源散热、光线遮挡等问题的影响,假定前孔径角 μ_1 所对应的椭球剖面线坐标值为 (x_1, y_1),则为了保证设计要求,该坐标值应满足:

$$y_1 = a/2 + \Delta x \tag{2.7}$$

式中,a 为灯源阴极绝缘座的外直径;Δx 为灯源使用过程中的径向调节量。

为保证经过椭球反射镜反射的光线不被氙灯的阳极所遮挡,坐标值 (x_1, y_1) 应同时满足:

$$y_1 \geqslant \frac{F_2 - x_1}{F_2 - L + a - F_1} \times \frac{b}{2} \tag{2.8}$$

式中,L 为氙灯的总体长度;b 为氙灯的发光中心高度。

综上所述,设计的前端开孔孔径角坐标值取值范围为 $y_1 \geqslant 25$ mm,设计中取前端开孔的半径为 30 mm。

椭球面聚光镜的后孔径角 μ_2 影响着汇聚光斑的尺寸大小、能量值大小以及主光斑内的辐照不均匀度。该角度的设计对整个聚光系统的性能起到关键的作用。因此,该部分研究将在不同的椭球镜中选取 $\mu_2 = 45°$、$\mu_2 = 60°$ 以及垂直于椭球长轴的子午面处截断 3 种情况进行光学分析,确定所需后孔径角的值。

(3) 椭球镜剖面结构尺寸参数计算。

根据式(2.1)~(2.8)可计算不同 M_0 值所对应的椭球面 e 和 R_0,进而得到各椭球面的结构方程,如表 2.2 所示。基于椭球面方程可进一步计算得到后孔径角 μ_2 所对应的椭球面聚光镜后端开口直径,计算结果如表 2.3 所示。

表 2.2　不同 M_0 值所对应的椭球面结构方程

M_0	F_1/mm	F_2/mm	e	R_0	椭球面结构方程
15	55	825	0.88	103	$y^2 + 0.125x^2 - 206x = 0$
16	55	880	0.88	103	$y^2 + 0.221x^2 - 207x = 0$
17	55	935	0.89	104	$y^2 + 0.201x^2 - 208x = 0$
18	55	990	0.89	104	$y^2 + 0.200x^2 - 208x = 0$

续表

M_0	F_1/mm	F_2/mm	e	R_0	椭球面结构方程
19	55	1 045	0.90	105	$y^2 + 0.190x^2 - 209x = 0$
20	55	1 100	0.90	105	$y^2 + 0.181x^2 - 209x = 0$
21	55	1 155	0.91	105	$y^2 + 0.174x^2 - 210x = 0$
22	55	1 210	0.91	105	$y^2 + 0.166x^2 - 210x = 0$
23	55	1 265	0.92	105	$y^2 + 0.083x^2 - 210x = 0$
24	55	1 320	0.92	106	$y^2 + 0.080x^2 - 210x = 0$
25	55	1 375	0.92	106	$y^2 + 0.148x^2 - 211x = 0$

表 2.3　不同椭球面聚光镜后端开口直径

M_0 值	前端开口直径 /mm	$\mu_2 = 45°$ 时后端开口直径 /mm	$\mu_2 = 60°$ 时后端开口直径 /mm	子午面处后端开口直径 /mm
15	60	382	318	426
16	60	390	320	440
17	60	395	323	454
18	60	401	327	467
19	60	406	329	479
20	60	410	332	482
21	60	416	333	504
22	60	420	335	514
23	60	424	341	528
24	60	438	342	539
25	60	430	340	550

（4）聚光镜材料。

太阳模拟器椭球面聚光镜的设计需要考虑安装强度和镜面受热的问题。聚光镜的反射面直接受高压氙灯照射，其对光的反射率决定了输出能量值的大小。目前通常采用反射率较高（$\rho \geqslant 0.85$）的铝膜作为聚光镜的反射材料，这是因为铝在太阳光谱波段范围内反射性能平稳。考虑到聚光系统的支撑结构及受热性，采用高硼硅酸盐玻璃作为聚光镜的基体材料，其表面镀铝膜。

（5）太阳模拟器聚光系统性能评价参数。

太阳模拟器的性能评价指标包括辐照面内的有效辐射通量、光学系统效率和输出面内的辐照不均匀度等。

太阳模拟器辐照面内的有效辐射通量 Q 的计算公式为

$$Q = P \times \eta_1 \times \eta_2 \tag{2.9}$$

式中，P 为氙灯灯源的电功率；η_1 为灯源的光电转换效率；η_2 为太阳模拟器光学系统效率。

太阳模拟器光学系统效率 η_2 的计算公式如下：

$$\eta_2 = C \times k_1 \times k_2 \times k_3 \times \cdots \tag{2.10}$$

式中，C 为聚光系统中聚光镜的反射聚光比；k_1 为聚光镜对光的反射效率；k_2，k_3，$\cdots$ 分别为太阳模拟器中其他光学零部件的光学效率。

太阳模拟器输出面内的辐照不均匀度是衡量辐照能量分布均匀性的指标，其计算公式为

$$E = \frac{E_{\max} - E_{\min}}{E_{\max} + E_{\min}} \times 100\% \tag{2.11}$$

式中，$E_{\max}$ 为能量输出端面内的辐照度最大值；$E_{\min}$ 为能量输出端面内的辐照度最小值。

2.2.3　聚光单元光学性能模拟

TracePro 是一种广泛应用于光学元器件性能仿真的软件，有着强大的数据转换和光学分析的能力。其可以对光线在传输过程中的散射、反射、折射及衍射行为进行追踪分析；也可以通过实体建模对光源的辐照度进行数据分析。

（1）聚光单元模型建立。

本节所选氙灯的发光区域位于阴阳两极之间，反光域横向宽度为 8 mm、径向宽度为 7 mm，核心发光区域位于阴极端，其余区域发光强度相对较弱。经 CCD 相机拍摄测量得到氙灯的发光区域近似为一个圆柱体，该圆柱体直径约为 2 mm、高度约为 2 mm。综上所述，TracePro 仿真建模过程中，将光源设置为一个直径和长度均为 2 mm 的圆柱体。

为充分模拟氙灯阳极 $\pm 45°$ 和阴极 $\pm 30°$ 范围内很少有光线射出的特性，建模过程中将光源圆柱体的外表面定义为光源产生面，而圆柱体的两个端面不发光，光源的中心位于椭球反射镜的第一焦点位置。为了检验氙灯和椭球反射镜的安装需求，在模拟界面中建立了完整的氙灯外壳模型，如图 2.8 所示。

图 2.9 所示为聚光系统光路追踪效果图，可以看出位于第一焦点处的灯源发出的绝大部分光线经过椭球面聚光镜反射面的反射后产生了汇聚，汇聚面位于椭球第二焦平面处，由于椭球镜前后孔径角的影响，会有小部分光线从椭球边缘

散失掉。

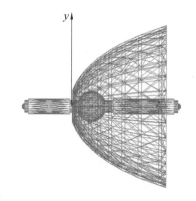

图 2.8　聚光系统建模图示

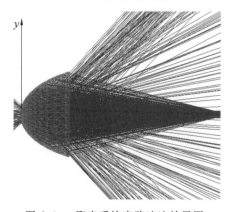

图 2.9　聚光系统光路追迹效果图

（2）光线无关性验证。

蒙特卡罗光线跟踪方法是利用随机数来解决计算问题，理论上随机数越多，结果越准确。在计算过程中，随着光线数的增多，结果越接近实际，但实际的仿真计算中光线数不可能无限增多，因为光线数的增加将会增加计算量及计算时间。为了提高计算效率，在模拟过程中需对光线数无关性进行验证。选取 $M_0=15$ 时的聚光系统模型，以第二焦平面处的入射能量为判别依据，对光线数无关性进行验证。图 2.10 所示为不同光线数下的仿真结果分析图示，图 2.11 所示为不同光线数下光斑轴线方向的能流密度（q）分布曲线。

从图 2.10 中可以看出，光线数不同时聚光系统汇聚的能量分布走势基本相同，近似呈现高斯分布，随着计算光线数的增加，计算结果越来越精确且逐渐趋于稳定。当光线数为 0.1×10^6 时，汇聚光斑形状较为发散，规律性较差，能流密

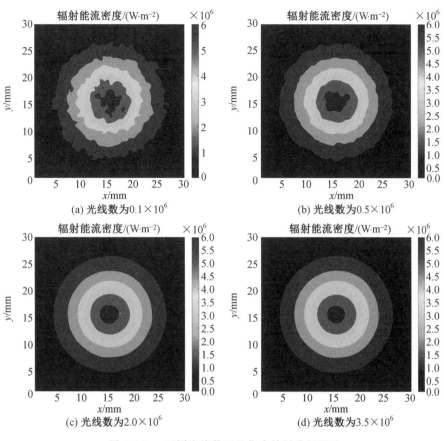

(a) 光线数为 0.1×10^6　　　　　　　　(b) 光线数为 0.5×10^6

(c) 光线数为 2.0×10^6　　　　　　　　(d) 光线数为 3.5×10^6

图 2.10　　不同光线数下的仿真结果分析图示

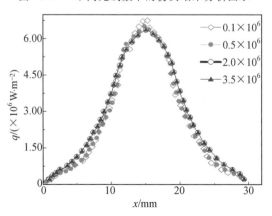

图 2.11　　不同光线数下光斑轴线方向的能流密度分布曲线

度分布曲线波动较大。当光线数从 0.1×10^6 增加到 2.0×10^6 时,仿真结果逐渐趋于稳定,汇聚主光斑的形状呈现出很好的规律性,能量分布走势体现出较好的连续性。当光线数从 2.0×10^6 增加到 3.5×10^6 时,光斑形状及能流密度分布未发生明显变化,仿真结果收敛。结合上述仿真结果,综合考虑计算精度和计算时间,后续模拟过程中采用光线数为 2.0×10^6 进行计算。

（3）聚光系统光学性能结果分析。

本书设计的太阳模拟器主要针对太阳能热化学领域进行使用,因此,在数值模拟过程中主要考虑模拟器输出端能量值和光斑尺寸两个参数。

图 2.12 和图 2.13 分别为 $\mu_2 = 45°$ 时,$M_0 = 15$ 及 $M_0 = 20$ 的聚光系统仿真结果,从图中可以看出,椭球面聚光系统汇聚的主光斑形状为圆形,主光斑范围内的能量走势呈高斯分布,辐照面内能量分布对称性较好。图 2.12 中,主光斑内中心位置处能流密度最高为 9.8×10^6 W/m²,由光斑中心向周围能流密度逐渐降低,最外层的能流密度为 0.5×10^6 W/m²,仅为中心最高能流密度的 5%,光斑内的辐照不均匀度为 89%。从分析数据中可得 $M_0 = 15$ 时聚光系统输出的主光斑直径为 23 mm,主光斑内的辐射能量为 1 325 W,输出端平均能流密度为 2.8×10^6 W/m²。图 2.13 中,聚光系统中心位置处能流密度最高为 5.2×10^6 W/m²,最外层的能流密度为 0.5×10^6 W/m²,约为中心最高能流密度的 9%,主光斑内的辐照不均匀度为 83%。从分析数据中可得 $M_0 = 20$ 时聚光系统输出的主光斑直径为 27 mm,主光斑内的辐射能量为 1 290 W,输出端平均能流密度为 2.2×10^6 W/m²。上述分析可知,不同成像倍率的聚光系统对光线的汇聚效果存在较大差异,椭球面聚光镜后孔径角也影响着最后的能量输出结果。

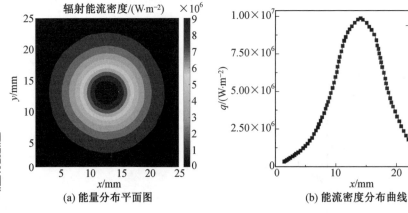

(a) 能量分布平面图 (b) 能流密度分布曲线

图 2.12 $M_0 = 15$ 的聚光系统仿真结果

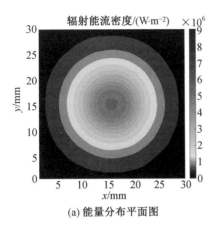

(a) 能量分布平面图

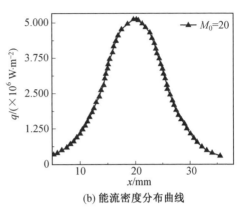

(b) 能流密度分布曲线

图 2.13　$M_0 = 20$ 的聚光系统仿真结果

图 2.14 所示为基于表 2.2 和表 2.3 数据计算得到汇聚特性随 M_0 及 μ_2 的变化曲线图。由图 2.14(a) 可知,当孔径角不变时,聚光系统在第二焦平面处形成的主光斑直径与近轴成像倍率 M_0 呈正比关系。同一近轴成像倍率对应的聚光系统形成的光斑直径与后孔径角呈正比关系,随着孔径角的增大,光斑直径不断扩大。当 $M_0 = 15$ 时,子午面处截断的光斑直径最小(19 mm);当 $M_0 = 25$ 时,$\mu_2 = 60°$ 的光斑直径最大(46 mm)。

由图 2.14(b) 可知,孔径角相同时,聚光系统在第二焦平面处汇聚的辐照能量值随着 M_0 的增大而不断减小;M_0 相同时,聚光系统在第二焦平面处汇聚的辐照能量值随孔径角的增大而不断降低。当 $M_0 = 17$ 时子午面处截断的聚光系统获得最大辐照能量为 1 407 W,此时的聚光系统能量利用效率达 87%。

图 2.14(c) 为聚光系统主光斑内的平均能流密度随 M_0 的变化曲线。聚光系统主光斑内的平均能流密度随着 M_0 和孔径角的增大而逐渐减小。当 $M_0 = 25$、$\mu_2 = 45°$ 时,主光斑内平均能流密度最小(0.62 W/m^2);当 $M_0 = 15$ 时,子午面处截断时的聚光系统获得平均能流密度的最大值(4.58 W/m^2)。

辐照不均匀度是衡量太阳模拟器输出能量分布均匀程度的指标,是决定太阳模拟器性能好坏的关键参数。图 2.14(d) 为设计的聚光系统输出端面辐照不均匀度的变化曲线。由图可知,当孔径角不变时,聚光系统输出端面 A 值随 M_0 的增大而逐渐降低,能量分布更加均匀;当 M_0 不变时,聚光系统输出端面 A 值随 μ_2 的增大而减小。当 $M_0 = 25$、$\mu_2 = 60°$ 时,系统 A 值最小(76.2%),此时聚光系统输出端面内能量分布最为均匀。

由上述分析可知,椭球面聚光系统的光学汇聚特性主要受近轴成像倍率 M_0

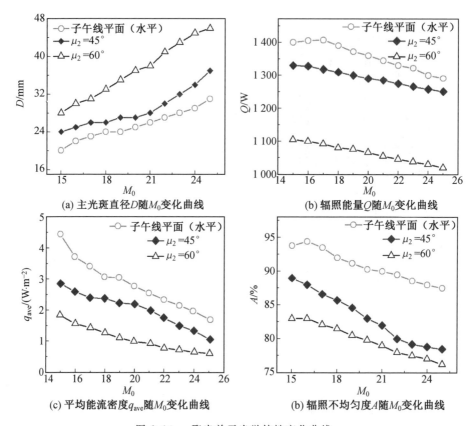

图 2.14　聚光单元光学特性变化曲线

和后孔径角的影响。M_0 增大,聚光系统的汇聚光斑直径也增大。μ_2 增大,经由椭球面反射的光线减少,未经反射的光线散失在环境中没有到达第二焦点处,致使汇聚光斑直径的增大。输出端面主光斑直径不断增大,散失的光线逐渐增多,使得主光斑内的辐照能量逐渐减少。

太阳能聚光系统的安装、散热、调整等因素影响太阳模拟器的结构设计。基于上述影响因素及模拟结果,对于设计的太阳模拟器椭球面聚光镜选取为 $M_0 = 20, \mu_2 = 45°$,具体结构参数如表 2.4 所示,光学性能参数如表 2.5 所示。

表 2.4　$M_0 = 20, \mu_2 = 45°$ 椭球面聚光镜结构参数

M_0	F_1 /mm	F_2 /mm	e	R_0	结构方程	前开口直径 /mm	后开口直径 /mm
20	55	1 100	0.90	105	$y^2 + 0.181x^2 - 209x = 0$	60	410

表 2.5　$M_0 = 20, \mu_2 = 45°$ 椭球面聚光镜光学性能参数

M_0	主光斑 直径 /mm	辐照能 量 /W	平均能流密度 /($\times 10^6$ W·m^{-2})	辐照不均匀度 /%
20	27	1 290	2.18	83.0

2.3　室内多碟太阳模拟器聚集性能研究

太阳模拟器的不同应用对其所能提供的能量大小要求各不相同。改变太阳模拟器输出能量值大小的方式主要有两种：一种是通过改变灯源的功率大小来实现；另一种是利用小功率光源通过改变聚光单元的数量来实现。改变灯源功率的做法简便易行，但受到灯源制作难度、聚光单元散热问题以及聚光镜热腐蚀等问题的影响，其改变输出能量值大小的范围非常有限。改变聚光单元数量的方式可以在较小功率灯源的基础上实现不同大小能量值的输出，聚光单元增减的数量可灵活控制，因此成为大功率太阳模拟器普遍采用的方式。

2.3.1　聚光镜反光面结构改进

为充分模拟太阳光线平行入射和辐照均匀的特性，设计过程中应使太阳模拟器的光线入射倾角尽量减小，输出能量分布尽量均匀。同时高辐照均匀性的能量输出对降低太阳模拟器附属装置的使用条件，改善受热面的工作环境有着重要影响。

(1) 提升辐照均匀性的光学原理。

根据光学系统的工作原理，太阳模拟器聚光系统和普通匀光照明系统有所不同。太阳模拟器不仅要保证高品质的辐照能量输出，还要使辐照稳定度、光谱范围以及输出光斑能量分布均匀性等均满足使用要求。对于普通匀光照明系统，为了满足输出光斑辐照均匀性，需保证聚光系统的出瞳面和输出面重合或者是共轭。根据应用光学原理，出瞳面内任意一点的辐照强度可以表示为

$$E = E_0 \cos^4 \omega \tag{2.12}$$

式中，ω 为像方孔径角；E_0 为轴上点的光辐照强度；E 为像方孔径角度为 ω 时轴外点的光辐照强度。

由式(2.12)可以看出，只有当像方孔径角 ω 很小时才能满足 $E = E_0$，从而达到均匀照明的要求。对于太阳模拟器的光学系统要实现汇聚能量分布的均匀性同样需要满足上述要求，即选取小的像方孔径角。

（2）一次改型聚光镜。

第二焦平面离焦是提高椭球面聚光镜辐照均匀性的常用方法。但是离焦之后能量发散，从而导致第二焦平面处可利用的能量减少以及配套光学部件尺寸增大等问题，在高温太阳模拟器的设计中很少采用。有研究人员提出，在椭球面方程 $y^2 + bx^2 - ax = 0$ 中加入 x 的其他幂次项，把方程变为高次方程 $y^2 = ax^2 + bx^{3/2} + cx^2 + dx^{5/2} + \cdots$ 的形式，这种方法虽然从原理上讲可以实现，但是由于变量过多，高次方程的项数和系数难以确定，因此使用较少。

锥轴椭球面聚光镜是一种非共轴椭球面聚光镜，其形成原理如图 2.15 所示。椭圆曲线 A 以第一焦点 F_1 为中心相对 x 轴（椭圆 A 的光轴）旋转角度 β 得到曲线 A'；将曲线 A' 绕 x 轴旋转一周得到的回转曲面即锥轴椭球面。

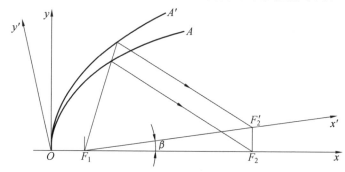

图 2.15　锥轴椭球面剖面结构示意图

由图 2.15 中光线的传输路径可以看出，旋转后得到的锥轴椭球面聚光镜反射的光线在第二焦平面处会形成一个光环，当旋转角度很小时，光环半径为

$$F_2 F_2' = F_1 F_2 \tan \beta \qquad (2.13)$$

经过一次改型后的聚光镜输出端面的辐照均匀性与旋转角度 β 相关，分别选取旋转角度 β 为 $0.5°$、$1.0°$、$1.5°$ 并对变换后聚光单元的光学性能进行计算。图 2.16 所示为改型前后聚光镜的光学性能仿真结果，从图中对比结果可以看出，经过一次改型后形成的聚光镜输出端面辐照不均匀度大大降低，辐照面内的能量分布均匀性得到了较大提升。

一次改型后聚光镜汇聚的光斑形状未发生变化，汇聚光斑的直径增大，其增大程度与旋转角度成正比，$\beta = 1.5°$ 时光斑直径增大至 65 mm。但是随着 β 的增大，光线由第二焦点处逐渐向周围扩散重整，散失的能量逐渐增多，光斑内的辐照能量逐渐减少。$\beta = 1.5°$ 时主光斑内的辐照能量最小值为 1 210 W，与未改型时相比能量损失 6.5%。

图 2.16(e) 和图 2.16(f) 为改型前后聚光镜在输出端面内轴线方向的能流密

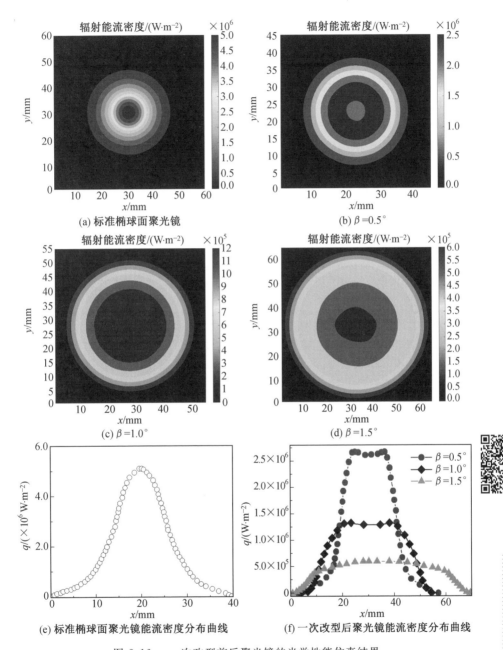

图 2.16　一次改型前后聚光镜的光学性能仿真结果

度分布曲线。由图中看出,一次改型后形成的主光斑能量不再为高斯分布,能量由光斑边缘至中心位置梯度减小,光斑能流密度峰值区域半径增大。β 对汇聚效果影响明显,当 β 由 0.5° 增加至 1.5° 时,光斑能流密度峰值逐渐降低,平均能流密度降低。当 β 为 1.5° 时,聚光镜输出光斑内能量梯度变化最小,辐照不均匀度达到最低值(61.0%),此时光斑内能量分布最均匀。由光学原理可知,能量均匀性提高是由像方孔径角的减小造成的。在太阳模拟器聚光系统中,像方孔径角的减小意味着输出光斑直径的增大,当 β 等于 1.5° 时,辐照均匀性最高,同时其对应的光斑直径也为最大值,在太阳模拟器聚光系统的设计中需兼顾均匀性及光斑直径对光学性能的影响。

综上所述,经过一次改型的聚光镜的汇聚光斑辐照均匀性相比于标准椭球面聚光镜有了很大提升。旋转角度 β 决定了辐照均匀性的改善程度。为使聚光系统汇聚光斑的辐照均匀性得到较好提升,同时保证聚光镜汇聚光斑直径和辐照能量变化较小,旋转角度 β 选为 1.0°。

表 2.6　不同 β 的锥轴椭球面聚光镜仿真结果汇总表

β/(°)	输出光斑直径 /mm	主光斑内辐照能量 /W	最大能流密度 /($\times 10^6$ W·m^{-2})	平均能流密度 /($\times 10^6$ W·m^{-2})	辐照不均匀度 /%
0.5	38	1 280	2.7	1.13	74.0
1.0	42	1 265	1.35	0.92	63.0
1.5	65	1 210	0.62	0.37	61.0

(3)二次改型聚光镜。

标准椭球面聚光镜经过一次改型后提升了其辐照均匀性,为了得到更好的辐照均匀性,基于上节内容对标准椭球面聚光镜进行二次改型。

经过两次改型的聚光镜形成原理如图 2.17 所示。标准椭球面聚光镜的剖面线 A 沿 x 轴法向向上平移距离 L 得到曲线 A';将曲线 A' 以第一焦点 F_1 为中心相对 x 轴(椭圆 A 的光轴)旋转角度 θ 得到曲线 A'',该曲线即为二次改型后的聚光镜剖面线。将曲线 A'' 绕 x 轴旋转一周得到的回转曲面即为二次改型后的聚光镜反射面。

与一次改型聚光镜的反射原理相同,二次改型后的聚光镜反射面反射的光线在第二焦平面处汇聚形成一个光环。光环的半径取决于变换参数,当旋转角度很小时,光环半径可以表示为

$$F_2 F_2'' = L + F_1 F_2 \tan \theta \qquad (2.14)$$

二次改型后的聚光镜光学性能与平移距离 L 和旋转角度 θ 有关,一次改型中确定了聚光镜的最佳旋转角度。二次改型中拟通过优化 L 值来提高聚光镜的汇聚效率。图 2.18 所示为二次旋转角度为 1.0° 时,不同 L 值对汇聚效果的影响。

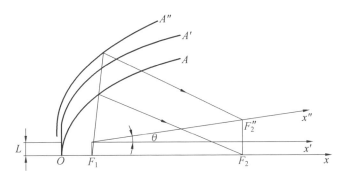

图 2.17　二次改型的聚光镜形成原理

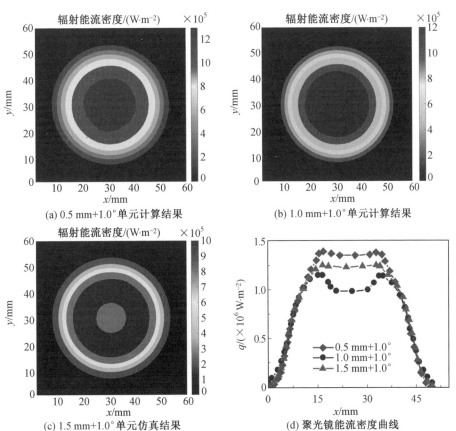

(a) 0.5 mm+1.0° 单元计算结果

(b) 1.0 mm+1.0° 单元计算结果

(c) 1.5 mm+1.0° 单元仿真结果

(d) 聚光镜能流密度曲线

图 2.18　二次改型聚光镜的光学性能仿真结果

从图 2.18 中可以看出,二次改型后聚光镜输出端面的辐照不均匀度进一步降低,光斑形状未发生改变;但光斑直径增大,其增大程度正比于 L 值。随着 L 的不断增大,光线在第二焦点处逐渐向四周扩散重整,散失的能量逐渐增多;主光斑内的辐照能量逐渐减少,当 $L=1.5$ mm 时主光斑内的辐照能量最大值为 1 200 W,与标准椭球面聚光镜相比能量损失 7.0%。

从图 2.18(d) 可以看出,二次改型后聚光镜形成的主光斑内能量分布不再为高斯分布,光斑中心能流密度峰值区域明显增大。当 θ 不变时,随着 L 的不断增大,能流密度曲线逐渐平缓,光斑内峰值能流密度逐渐降低,能量分布均匀性不断提升。当 L 增大至 1.5 mm 时,由于向光斑边缘扩散的光线占比越来越大,光斑中心曲线出现下凹,能流密度峰值较大幅度地偏离了光斑中心。

表 2.7 为不同参数的二次改型聚光镜的光学性能仿真结果。由表可知,当 L 为 1.5 mm、θ 为 1.0° 时,聚光镜输出光斑内的平均能流密度最小,辐照不均匀度最低,此时光斑内的能量分布最为均匀,但主光斑直径最大,能量损失最多。当 L 继续增大时,光斑内的峰值能流密度区域逐渐外移,能流密度曲线下凹趋势更加明显,能量分布出现较大波动,不适合太阳模拟器聚光系统的使用,将不再对其进行计算。

表 2.7 不同参数的二次改型聚光镜的光学性能仿真结果

L/mm + β/(°)	光斑直径 /mm	辐照能量 /W	平均能流密度 /($\times 10^6$ W·m^{-2})	辐照不均匀度 /%
0.5+1.0	43	1 260	0.87	59
1.0+1.0	46	1 240	0.74	54
1.5+1.0	50	1 200	0.62	53

对标准椭球面聚光镜剖面线进行平移和旋转的二次改型后,使得聚光镜反射的光线在第二焦平面处形成发散的光环,椭球面的点汇聚特性变成了面汇聚特性,无数个光环在输出端面的叠加形成了新的汇聚光斑,光斑内的辐照不均匀度降低,辐照均匀性得到提升。

变换后的聚光镜辐照均匀性由平移距离和旋转角度所决定,应用于太阳模拟器中的聚光镜设计需要兼顾多参数的影响,以达到最佳的能量输出特性。在同时考虑聚光系统输出光斑尺寸大小、输出能量大小以及后续光学系统尺寸大小等因素影响的情况下,选取平移距离 $L=1.0$ mm、旋转角度 $\beta=1.0°$ 所形成的聚光镜为设计所需的太阳模拟器聚光镜。

2.3.2 七碟高辐照均匀性太阳模拟器

多碟太阳模拟器在设计过程中需要充分考虑聚光系统的聚光特性、辐照均匀性以及各个聚光单元的空间占用情况。该节设计的太阳模拟器主要针对太阳能热化学领域使用,相关热化学反应所需达到的反应温度在 2 000 K 左右,通过数值模拟并参照相应设计经验,将对七碟太阳模拟器聚光系统的设计展开研究,设计过程中以上一节完成的单个聚光系统作为七碟太阳模拟器的基本组成单元。

(1) 七碟太阳模拟器聚光系统布置方式。

多碟聚光单元的空间布置形式中,正多边形的布置方式可以达到很好的辐照均匀性。其次,正多边形的对称性使得各单元在调整旋转时更加易于控制,在结构的设计以及散热装置的布置上更易实现。本节设计的七碟太阳模拟器的聚光单元平面布置如图 2.19 所示,在正六边形的六个顶点和中心处布置聚光单元,六边形的顶点和中心位置为聚光镜的第一焦点所在处(图中黑色圆点标注处)。

为了保证七碟太阳模拟器能量汇聚效果,需要各个聚光单元的第二焦点重叠在一点上。因此,各聚光单元的第一焦点应布置在同一个球面上,该球面以聚光镜第二焦点为球心,以聚光镜两焦点间的距离为半径,如图 2.20 所示。

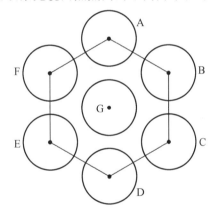

图 2.19　七碟太阳模拟器的聚光单元平面布置图

(2) 聚光单元坐标位置计算。

在确定七碟太阳模拟器聚光单元的空间位置过程中,以第一焦点为各个聚光单元的基准点,选取位于同一平面内的聚光单元 A、G、D 建立如图 2.21 所示的坐标系。图中 f 点为七个聚光单元重叠的第二焦点,即为七碟太阳模拟器的汇聚焦点。聚光单元 A 的中轴线与整个装置的中轴线呈夹角 α。图 2.22 为同一平面坐标系内各聚光单元第一焦点的相对位置示意图。

图 2.22 中,聚光镜 A 的第一焦点 a 和聚光镜 F 的第一焦点 f 两点间的距离等于聚光镜两焦点之间的距离,有

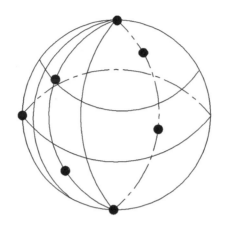

图 2.20　七碟太阳模拟器的聚光单元空间布置图

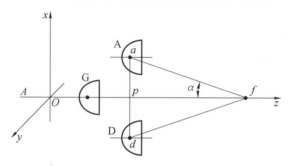

图 2.21　聚光单元 A、G、D 布置图

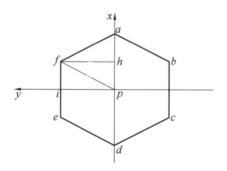

图 2.22　同一坐标系内各聚光单元第一焦点的相对位置示意图

$$L_{af} = L_{F_1F_2} \tag{2.15}$$

在图 2.21 中的 $\triangle apf$ 中有

$$L_{pf} = L_{af}\cos\alpha \tag{2.16}$$

$$L_{ap} = L_{af} \sin \alpha \tag{2.17}$$

整理式(2.15)~(2.17),得

$$L_{pf} = L_{F_1 F_2} \cos \alpha \tag{2.18}$$

$$L_{ap} = L_{F_1 F_2} \sin \alpha \tag{2.19}$$

$$L_{ad} = 2 L_{F_1 F_2} \sin \alpha \tag{2.20}$$

在图 2.22 所示的坐标系内计算得

$$L_{fi} = \frac{1}{2} L_{ap} \tag{2.21}$$

整理式(2.19)和式(2.21)可得

$$L_{fi} = \frac{1}{2} L_{F_1 F_2} \sin \alpha \tag{2.22}$$

同理可得

$$L_{fh} = L_{F_1 F_2} \sin \alpha \sin 60^\circ \tag{2.23}$$

以七碟聚光单元重叠的汇聚焦点(第二焦点)为球心,以聚光单元基准点所在平面的法向为 z 轴建立空间坐标系。由式(2.18)、式(2.20)可计算得到聚光单元 A 的基准点(第一焦点)和聚光单元 D 的基准点的空间坐标位置,由式(2.21)、式(2.23)可得聚光单元 F 的基准点在空间坐标系中的坐标位置。因为正六边形具有严格的对称性,由此可以计算得出其余聚光单元基准点的空间坐标位置。

各聚光单元第一焦点的空间坐标确定后,即确定了氙灯和椭球面聚光镜的空间位置。为使各聚光单元在工作过程中形成的汇聚光斑重叠在同一个焦平面上,需进一步对由氙灯和聚光镜组成的聚光单元进行角度调整。以图 2.23 中的聚光单元 B 为例,由该单元内氙灯光源发出的光线经过聚光镜的反射后按照聚光单元的轴线方向进行传播,汇聚焦点未到达多碟太阳模拟器的重叠焦点处。在此基础上,由氙灯和聚光镜组成的聚光单元 B 需要在 x 和 y 两个方向上做角度调整,在调整的过程中聚光单元需以第一焦点为基准点,以保持发光区域的位置不变。图 2.23 所示为聚光单元 B 做角度调整的示意图。

图 2.23(a) 所示为聚光单元 B 的初始状态,此时经过聚光镜反射的光线沿聚光单元轴线到达第二焦点 a 处。图 2.23(b) 为聚光单元 B 以第一焦点为基准点,相对 y 轴旋转角度 y 后的状态,此时经过聚光镜反射的光线沿聚光单元轴线到达第二焦点 c 处。图 2.23(c) 为聚光单元 B 在图 2.23(b) 所示的状态下以第一焦点为基准点,相对 x 轴旋转角度 x 后的状态,此时的光线经过聚光镜的反射沿聚光单元轴线到达第二焦点 d 处,d 点即为七碟聚光单元重叠的第二焦点。

多碟太阳模拟器中各个聚光单元在空间布置上的倾斜角度 α 对最终的能量

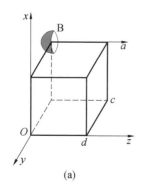
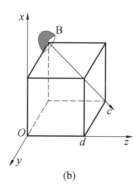
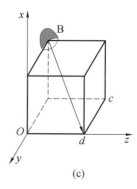

图 2.23   聚光单元 B 做角度调整的示意图

输出效果有着重要的影响,同时该角度的确定还需要考虑聚光装置的空间占用问题以满足各个单元的布置以及后期调整需要。

在设计过程中分别选取 α 为 $31° \sim 35°$ 的五组数据进行计算,通过相应位置关系计算不同倾斜角度 α 所对应的太阳模拟器中各个聚光单元的空间坐标位置,同时计算聚光单元在布置过程中所需要的调整角度 x 和 y。表2.8为七个聚光单元在不同倾斜角度时需要调整的角度计算结果。

表 2.8   七个聚光单元在不同倾斜角度时需要调整的角度计算结果

α/(°)	调整角度	A	B	C	D	E	F	G
31	x	0°	26.5°	26.5°	0°	$-26.5°$	$-26.5°$	0°
	y	$-31.0°$	$-16.7°$	16.7°	31.0°	16.7°	$-16.7°$	0°
32	x	0°	37.3°	37.3°	0°	$-27.3°$	$-27.3°$	0°
	y	$-32.0°$	$-17.4°$	17.4°	32.0°	17.4°	$-17.4°$	0°
33	x	0°	28.0°	28.0°	0°	$-28.0°$	$-28.0°$	0°
	y	$-33.0°$	$-18.0°$	18.0°	33.0°	18.0°	18.0°	0°
34	x	0°	29.0°	29.0°	0°	$-29.0°$	$-29.0°$	0°
	y	$-34.0°$	$-18.6°$	18.6°	34.0°	18.6°	$-18.6°$	0°
35	x	0°	30.0°	30.0°	0°	$-30.0°$	$-30.0°$	0°
	y	$-35.0°$	$-19.0°$	19.0°	35.0°	19.0°	$-19.0°$	0°

(3)七碟太阳模拟器光学性能仿真。

上节内容中对七碟太阳模拟器的布置方式、模拟器中各聚光单元的空间坐标位置以及聚光单元所需做出的调整角度进行了介绍。根据相关计算公式,以各个聚光单元的第一焦点为基准点,计算三维坐标中各聚光单元基准点的位置坐标,根据计算结果建立七碟太阳模拟器的聚光系统实体模型。按照表 2.8 中的计算结果对所建立的仿真模型进行角度调整,其建模结果及光路追迹图如图 2.24 所示。从图中可以看出,由氙灯光源产生的大部分光线经聚光镜反射面反射后汇聚到同一点,该点即为七个聚光单元重叠的第二焦点。仿真过程中,部分光线因为向整个空间发散而未到达汇聚平面,这是因为聚光镜的前后孔径角度所致,散失光线所携带的能量可以忽略。

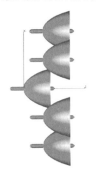
(a) 调整前聚光系统

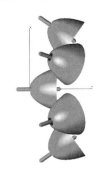
(b) 调整后聚光系统

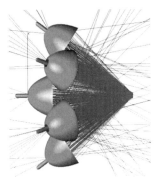
(c) 光路追迹图

图 2.24   七碟太阳模拟器建模结果及光路追迹图

图 2.25 所示为 $\alpha=32°$ 时顶点处各个聚光单元在第二焦平面处的输出能量分布图。从图 2.25 可知,调整后的汇聚光斑由圆形变为椭圆形,光斑中心偏离了坐标中心;光斑尺寸变大,调整后主光斑内的辐照均匀性较好。

由于正六边形的严格对称性,位于正六边形相对顶点处的聚光单元汇聚效果呈现出很好的对称性。以聚光系统中聚光单元 C 和 F 为分析对象,C 和 F 的能量分布关于系统中心对称,二者的能量中心偏离了坐标中心,其中聚光单元 C 的能量中心向右上方偏移,聚光单元 F 的能量中心向左下方偏移。两聚光单元的主光斑为长轴 50 mm、短轴 42 mm 的椭圆,主光斑内能量值约为 1 230 W。

图 2.26 所示为聚光单元沿光斑长轴方向的能流密度分布曲线。由图可知,光斑内的峰值能流密度为 $1.05×10^6$ W/m²,最大能流密度区域靠近椭圆长轴端点,偏离了椭圆的形心位置。沿椭圆光斑的长轴方向能量分布呈现出两端低、中间高的分布走势,辐照均匀性较好。

氙灯脱弧现象以及成像偏离与扩散现象造成了顶点处聚光单元汇聚光斑的变化现象。在正六边形布置的七碟太阳模拟器中,各聚光单元空间位置的对称性使得离散的能量得到重整,重整后的能量在第二焦平面处再次呈现完整的对称性。图 2.27 所示为 $\alpha=32°$ 时改型聚光系统在第二焦平面处的输出能量分布图。

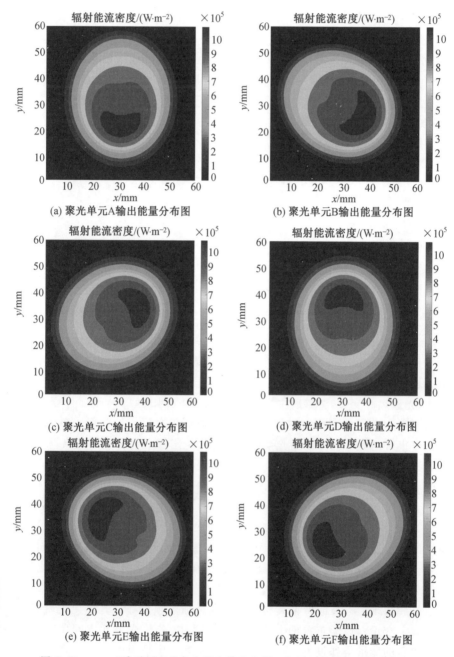

(a) 聚光单元A输出能量分布图

(b) 聚光单元B输出能量分布图

(c) 聚光单元C输出能量分布图

(d) 聚光单元D输出能量分布图

(e) 聚光单元E输出能量分布图

(f) 聚光单元F输出能量分布图

图 2.25 $\alpha = 32°$ 时顶点处各个聚光单元在第二焦平面处的输出能量分布图

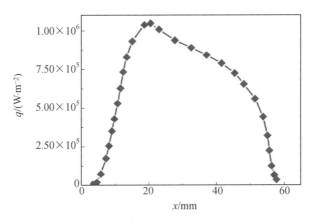

图 2.26　聚光单元沿光斑长轴方向的能流密度分布曲线

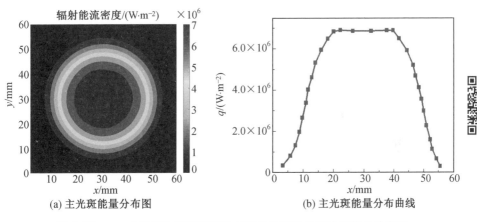

(a) 主光斑能量分布图　　　　　(b) 主光斑能量分布曲线

图 2.27　$\alpha = 32°$ 时改型聚光系统在第二焦平面处的输出能量分布图

$\alpha = 32°$ 时的七碟太阳模拟器输出主光斑为圆形,主光斑直径为 52 mm,主光斑内的辐照能量值为 8 547 W,光斑中心处能流密度最高,峰值能流密度为 6.8×10^6 W/m²,主光斑内的辐照不均匀度为 63.80%,辐照均匀性较好。光斑峰值能流密度区域为一直径等于 25 mm 的圆形,该区域内集中了约 70% 的总能量。从图 2.27(b) 可知,光斑内峰值能量区域的能流密度基本保持不变,均匀的光线出射也更加有利于太阳模拟器附加整光系统的使用。以上结果表明,改型聚光镜对提高太阳模拟器的辐照均匀性、改善模拟器的使用性能起到了很好的作用。

单个聚光单元在布置过程中会发生光斑偏移和扩散现象,使得汇聚在系统第二焦平面处的光斑失去对称性,不利于能量的收集利用。而当多碟聚光单元共同作用时,由于正六边形布置的严格对称性,因此整个聚光系统的汇聚光斑重新呈现对称分布,输出端面能量分布呈现出了较好的规律性,辐照均匀性也得到了很好的控制,从而验证了正多边形布置方法的优越性和可行性。

对于多碟太阳模拟器,不同 α 对于各个聚光单元的汇聚特性以及整个聚光系统的汇聚特性都有重要影响。图 2.28 所示为各个性能参数随 α 的变化趋势,由图 2.28(a) 中可得,光斑直径 D 与倾斜角度呈正相关,随着倾斜角度的增大,光斑直径不断增大,$\alpha=31°$ 时光斑直径取得最小值,最小直径为 50 mm;光斑内的辐照能量 Q 与倾斜角度呈负相关,当角度增大时辐照能量逐渐降低,$\alpha=31°$ 时辐照能量值取得最大值,最大辐照能量为 8 560 W。倾斜角度增大的过程中,灯源脱弧及光斑变形和偏离现象愈加明显,造成了光斑直径的不断增大;在光斑范围增大时,向光斑周围散失的能量逐渐增多,因此使得系统在第二焦平面处汇聚的能量逐渐减少。

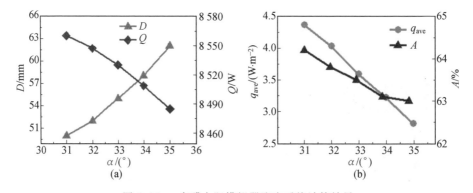

图 2.28　多碟太阳模拟器聚光系统计算结果

图 2.28(b) 为光斑内平均能流密度 q_{ave} 与辐照不均匀度 A 随倾角变化的走势图,随着倾斜角度的增大,光斑中心处的能量逐渐向四周发散,光斑范围内的平均能流密度逐渐减小,辐照不均匀度逐渐降低。$\alpha=35°$ 时聚光系统汇聚的主光斑内平均能流密度和辐照不均匀度达到最小值,最低辐照不均匀度为 63%。

综合上述分析,正多边形布置的七碟太阳模拟器可以获得辐照能量较高、能流密度分布较为均匀的汇聚光斑。聚光单元的倾斜角度影响模拟器的光学性能,较大的倾斜角度可以获得更加均匀的能量分布,但会导致汇聚光斑尺寸增大、辐照能量减少。同时过大的倾斜角度会对氙灯的使用寿命、配套受热系统的结构尺寸造成不利影响。该节设计的七碟太阳模拟器最小倾斜角度为 29°,低于该角度时因聚光单元相互接触而不符合设计要求。为保证较高辐照能量、适当光斑尺寸以及合适调整空间及散热要求,选取 $\alpha=31°$ 为设计所需角度,对应的七碟太阳模拟器光学性能参数如表 2.9 所示。

表 2.9 七碟太阳模拟器光学性能参数

倾斜角度 /(°)	光斑直径 /mm	辐照能量 /W	峰值能流密度 /(W·m⁻²)	平均能流密度 /(W·m⁻²)	辐照不均匀度 /%
31	50	8 560	6.9×10^6	4.36×10^6	64.2

2.3.3 改型前后太阳模拟器性能对比

图 2.29 所示为倾角为 31° 时,改型前后聚光系统输出能量分布图。从图2.29 可知,改型后的聚光系统光斑直径变大,光斑内能流密度急剧下降,辐照均匀度大幅提升,光斑内峰值能流密度由改型前的 3.2×10^7 W/m² 降低至 7.8×10^6 W/m²,降低幅度为 75.63%;光斑内的平均能流密度由 1.12×10^7 W/m² 降低至 4.36×10^6 W/m²,降幅超过 60%;光斑内的辐照不均匀度由 88.7% 降低至 64.2%,降低幅度为 27.6%。

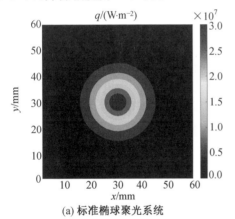
(a) 标准椭球聚光系统

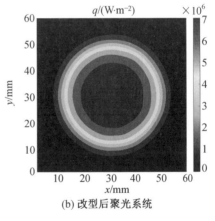

(b) 改型后聚光系统

图 2.29 倾角为 31° 时,改型前后聚光系统输出能量分布图

图 2.30 所示为改型前后聚光系统能流密度分布曲线,改型后的聚光系统能量变化较为平缓,能量覆盖范围较大,光斑内峰值能流密度区域的直径超过 20 mm。与之相比,由标准椭球镜组成的七碟太阳模拟器在输出端面内的能量波动程度较大,辐照能量大部分集中在光斑中心点处,过高的能流密度对后续受热材料的耐热性能要求极高,不利于附加装置配套应用。

综上所述,改型后的七碟太阳模拟器在辐照能量的均匀度方面有了较大改善,可以显著降低光学系统和受热材料的设计要求,有利于整个太阳模拟系统的性能提升。

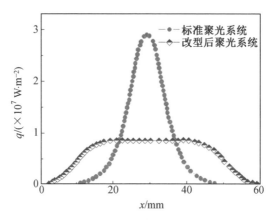

图 2.30　改型前后聚光系统能流密度分布曲线

2.4　室外多碟太阳模拟器聚集性能数值研究

从碟式太阳能聚光器的聚光特性知道,要想提高发电功率必须加大聚光器的采光面积,即加大聚光器的等效口径。但这样将会带来许多的问题,例如加工上的困难、运输上的困难和安装上的困难等。而且系统在运行时,聚光器镜面将要受到重力、风力、雨雪、沙尘等的作用,这对聚光器的强度要求很高。基于以上的这些原因,目前的聚光器大多采用的是多碟组合的形式,每个单镜的开口直径都不会太大。这样既提高了发电功率,也降低了在制造、运输及安装中的成本,如果运行中有损坏,替换和修理也比较方便。在该部分将对团队在碟式聚光器数值以及实验方面得到的成果进行介绍。

2.4.1　十六碟聚光系统

本节研究所用的十六碟聚光系统实物图如图 2.31 所示,该聚光系统由中国科学院电工所设计加工,安装在哈尔滨工业大学能源科学与工程学院动力楼楼顶。

该多碟聚光系统的当量开口半径为 2.5 m,峰值功率大于 10 kW,最大理论几何聚光比为 625。多碟聚光系统的镜场由 16 块焦距为 3.25 m、直径为 1.05 m 的抛物型碟式反射镜组成。反射镜碟形托盘采用低铁玻璃加热成型,多个条形镜片采用高强度黏合剂贴在抛物型托盘上。多碟聚光系统反射镜的设计镜面反射率 ρ 不低于 0.90。每个碟式反射镜的中心点坐标以及中心点的法向偏转角度

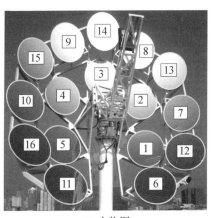

(a) 实物图

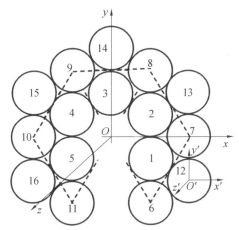

(b) 中心坐标示意图

图 2.31　十六碟聚光系统实物图及各子碟中心点坐标示意图

如表 2.10 所示,其中坐标系的原点在聚光系统支架的中间方管形成的六边形中点处。

表 2.10　每个碟式反射镜的中心点坐标以及中心点的法向偏转角度

编号	中心坐标 /mm			中心点法线方向偏转 /rad	
	x 轴	y 轴	z 轴	x 轴向 y 轴旋转	x 轴向 z 轴旋转
1	302.242	1 196.373	− 690.726	− 0.186 2	0.108 3
2	302.242	1 196.373	690.726	− 0.186 2	− 0.108 3
3	302.242	0.000	1 381.452	0.000 0	− 0.214 2
4	302.242	− 1 196.370	690.726	0.186 2	− 0.108 3
5	302.242	− 1 196.370	− 690.726	0.186 2	0.108 3
6	784.045	1 087.228	− 1 883.130	− 0.175 7	0.298 3
7	784.045	2 174.455	0.000	− 0.341 1	0.000 0
8	784.045	1 087.228	1 883.133	− 0.175 7	− 0.298 3
9	784.045	− 1 087.230	1 883.133	0.175 7	− 0.298 3
10	784.045	− 2 174.460	0.000	0.341 1	0.000 0
11	784.045	− 1 087.230	− 1 883.130	0.175 7	0.298 3
12	1 012.977	2 117.397	− 1 222.480	− 0.338 1	0.200 3

续表

编号	中心坐标 /mm			中心点法线方向偏转 /rad	
	x 轴	y 轴	z 轴	x 轴向 y 轴旋转	x 轴向 z 轴旋转
13	1 012.977	2 117.397	1 222.480	$-0.338\ 1$	$-0.200\ 3$
14	1 012.977	0.000	2 444.960	0.000 0	$-0.385\ 6$
15	1 012.977	$-2\ 117.400$	1 222.480	0.338 1	$-0.200\ 3$
16	1 012.977	$-2\ 117.400$	$-1\ 222.480$	0.338 1	0.200 3

如图 2.32 所示,多碟聚光系统由以下部分构成:

(1) PLC 一台,型号:TM238LFDC24DT。

(2) 模拟模块 1 只,型号:TM2AMM6HT。

(3) 伺服电机 2 台。

(4) 伺服驱动器 2 台。

(5) 限位开关 8 只;转换开关 1 只;按钮开关 5 只。

(6) 断路器 1 只;接触器 1 只;中间继电器 5 只;24 V 开关电源 1 台。

(7) 太阳位置传感器 1 台,型号:QP50 − 6SD2。

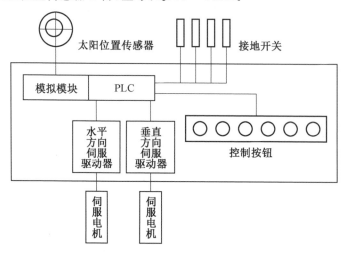

图 2.32 多碟聚光系统双轴自动跟踪控制系统示意图

PLC 控制部件根据输入的哈尔滨经度值(126°37′)、纬度值(45°41′)、高度(171.7 m)、时间和日期等信息,采用相应的天文公式自动计算出当前的太阳高度角和方位角并驱动两台伺服电机进行水平和俯仰运动,从而达到多碟聚光系统自动跟踪太阳的目的。为了降低多碟聚光系统的跟踪误差,采用太阳位置传感器闭环跟踪系统控制聚光系统的跟踪误差。太阳位置传感器固定在多碟聚光系统的支架上,太阳位置传感器的光轴与多碟聚光系统的主光轴相平行;当多碟聚光系统运行时,如果入射光线与太阳位置传感器的光轴不平行时,太阳位置传感器会自动检测出跟踪系统在水平方向及俯仰方向的跟踪角度偏差,并自动修正跟踪太阳位置。多碟聚光系统双轴自动跟踪控制系统能够保证在六级风下正常运行,系统跟踪误差不大于 2 mrad。

2.4.2　太阳能聚集传输特性的数值研究

碟式聚光系统焦平面处热流密度场分布特性的研究对聚集吸收技术的创新与集热子系统的设计和优化都具有重要的指导意义;同时也是研究太阳能热动力发电系统中的聚集与吸收过程中光传递与传热、力学行为的耦合效应的基础。目前对于碟式聚光器主要通过数值模拟和实验测试两种方式进行研究,接下来对作者团队在碟式聚光器数值以及实验方面得到的成果进行介绍。

太阳光作为一种辐射传播能量,其在太阳能聚光系统(如槽式、塔式或碟式等)内的聚光传热过程是一个复杂的光能聚集、转换以及复杂耦合传热的过程。深入研究其中的光线传播过程、集热特性以及太阳能热流分布特性是进行太阳能热发电系统理论研究的重要依据,是系统关键热利用部件性能优化与技术创新、提高系统发电效率的必要基础。同时,对其研究也是本领域的一个难点问题。针对这一课题,国内外先后开发了一些先进的聚光集热系统分析模型和计算软件,例如 UHC、DELSOL、HFLCAL、MIRVAL、HELIOS、FIAT LUX、CIRCE、SOLTRACE 及 HLFD 等。但是,目前为止大多数模型只能针对一种聚光系统型式进行建模与计算,还没有一种模型可以作为基础研究与工业应用的通用标准工具,且还难以获得整个系统内部太阳能热流分布的方向属性。

考虑到一般太阳能聚光系统是具有多阶次、多表面的复杂系统,提出了统一建模方法以及与其对应的自编程统一蒙特卡罗光线追踪法(MCRTM)。采用蒙特卡罗法求解太阳能聚集传输问题的基本思想是:将太阳能看作由大量的、独立的太阳光线组成;为了保证太阳光线分布的均匀性,假设每根光线携带相同的能量;将每根光线的传输过程分解为发射、反射、透射及吸收等一系列相互独立的子过程,每个子过程都遵循特定的分布函数概率模型。

1.蒙特卡罗法建模

由发射假想面及环境面组成的封闭空间包括聚光系统、吸热器等,太阳光线在此封闭空间内不断地传递直至被吸收。为了克服抽样光线不均匀性的缺点以及保证太阳光线能流密度相等,在求解太阳能聚集传输问题的过程中采用光线数密度相等的原理,即:与入射太阳光线相垂直的发射假想面表面上每单位平方面积内发射 n 根光线。面积为 S、发射假想面发射的总太阳光线数 N_{tot} 为

$$N_{tot} = S(\alpha_1\beta_1 + \alpha_2\beta_2 + \alpha_3\beta_3)n \qquad (2.24)$$

式中,α_1、α_2、α_3 为发射假想面的法向余弦;β_1、β_2、β_3 为太阳光线的方向余弦。

记录到达吸热器表面上各单元网格的光线数,计算出各单元网格面上的热流密度 q_i:

$$q_i = N_i Q_{en} \qquad (2.25)$$

式中,N_i 代表接收面上编号为 i 单元网格上光线数;Q_{en} 为每根光线所携带的能量。

为了方便物理模型的简化和聚光系统各部件的数学描述,采用整体坐标系与局部坐标系相结合的描述方法。

(1) 表面方程的数学描述。

在笛卡尔坐标系中,所有的平面及二次曲面都可以采用如下的三元二次方程形式进行描述:

$$F(x,y,z) = a_1 x^2 + a_2 y^2 + a_3 z^2 + a_4 xy + a_5 yz + a_6 xz + \\ a_7 x + a_8 y + a_9 z + a_{10} = 0 \qquad (2.26)$$

式中,$a_1, a_2, \cdots, a_{10}$ 为方程系数。

采用局部坐标系对多碟聚光系统镜场中的每个小碟反射镜进行数学描述。每个小碟反射镜在局部坐标系中的坐标原点为每个小碟反射镜的中心在整体坐标系中的坐标;局部坐标系坐标轴与整体坐标系坐标轴的夹角可以通过坐标系的矩阵转换得到。

如果一个坐标系绕自身的 x 轴旋转角度 θ_x;然后再绕自身的 y 轴旋转角度 θ_y;最后再绕自身的 z 轴旋转角度 θ_z,三次旋转后得到一个新的坐标系,新的坐标系相对于原坐标系的各个轴向量矩阵为下面三个旋转矩阵的乘积:

绕 x 轴的旋转矩阵定义为

$$\mathbf{R}_x(\theta_x) = \begin{bmatrix} 1 & 0 & 0 \\ 0 & \cos\theta_x & \sin\theta_x \\ 0 & -\sin\theta_x & \cos\theta_x \end{bmatrix} \qquad (2.27)$$

绕 y 轴的旋转矩阵定义为

$$\mathbf{R}_y(\theta_y) = \begin{bmatrix} \cos\theta_y & 0 & -\sin\theta_y \\ 0 & 1 & 0 \\ \sin\theta_y & 0 & \cos\theta_y \end{bmatrix} \qquad (2.28)$$

绕 z 轴的旋转矩阵定义为

$$\boldsymbol{R}_z(\theta_z) = \begin{bmatrix} \cos\theta_z & \sin\theta_z & 0 \\ -\sin\theta_z & \cos\theta_z & 0 \\ 0 & 0 & 1 \end{bmatrix} \tag{2.29}$$

（2）表面方程的正向法向量。

由空间几何关系可知，多碟聚光系统表面方程的正向法向量 $\boldsymbol{N}$ 为

$$\boldsymbol{N} = \pm(F_x\boldsymbol{i} + F_y\boldsymbol{j} + F_z\boldsymbol{k})/\boldsymbol{r} \tag{2.30}$$

式中，F_m 为表面方程 $F(x,y,z)$ 对 m 的偏导数，其中 $m=x,y,z$；$\boldsymbol{i}$、$\boldsymbol{j}$、$\boldsymbol{k}$ 为 x 轴、y 轴和 z 轴的方向向量；$\boldsymbol{r}$ 为矢量半径，$\boldsymbol{r}=\sqrt{F_x^2+F_y^2+F_z^2}$。

（3）表面方程的边界约束。

对多碟聚光系统部件的表面进行数学方程描述的同时，还需要额外的边界约束来确定系统部件在表面方程所在的区域。表面方程的边界约束数学方程描述如下：

$$F_i(x,y,z) \geqslant 0, \quad i=1,\cdots,6 \tag{2.31}$$

（4）坐标变换。

当采用整体坐标系和局部坐标系相结合的方式对多碟聚光系统部件进行数学方程描述时，就需要对点、矢量方向余弦及表面方程进行坐标变换。

① 点的坐标转换。局部坐标系 $O'x'y'z'$ 下某点 P' 的坐标 (x'_P,y'_P,z'_P) 与整体坐标系 $Oxyz$ 下点 P 的坐标 (x_P,y_P,z_P) 的变换关系如下：

$$\begin{bmatrix} x_P \\ y_P \\ z_P \end{bmatrix} = \begin{bmatrix} \cos\alpha_1 & \cos\alpha_2 & \cos\alpha_3 \\ \cos\beta_1 & \cos\beta_2 & \cos\beta_3 \\ \cos\gamma_1 & \cos\gamma_2 & \cos\gamma_3 \end{bmatrix} \begin{bmatrix} x'_P \\ y'_P \\ z'_P \end{bmatrix} + \begin{bmatrix} x_0 \\ y_0 \\ z_0 \end{bmatrix} \tag{2.32}$$

式中，x_0,y_0,z_0 为局部坐标系的原点在整体坐标系下的坐标；$\cos\xi_m$ 为局部坐标系下的坐标轴方向矢量在整体坐标系下的方向余弦，其中 $\xi=\alpha,\beta,\gamma,m=1,2,3$。

② 矢量方向余弦的坐标转换。假设局部坐标系 $O'x'y'z'$ 下的某矢量 $\boldsymbol{m}'$ 的方向余弦为 (m'_x,m'_y,m'_z)，则局部坐标系下矢量 $\boldsymbol{m}'$ 的方向余弦 (m'_x,m'_y,m'_z) 与整体坐标系 $Oxyz$ 下矢量 $\boldsymbol{m}$ 的方向余弦 (m_x,m_y,m_z) 的变换关系如下：

$$\begin{bmatrix} m_x \\ m_y \\ m_z \end{bmatrix} = \begin{bmatrix} \cos\alpha_1 & \cos\alpha_2 & \cos\alpha_3 \\ \cos\beta_1 & \cos\beta_2 & \cos\beta_3 \\ \cos\gamma_1 & \cos\gamma_2 & \cos\gamma_3 \end{bmatrix} \begin{bmatrix} m'_x \\ m'_y \\ m'_z \end{bmatrix} \tag{2.33}$$

③ 表面方程的坐标转换。由坐标变换公式可知，经过坐标变换后的系统部件表面方程在局部坐标系下的标准形式为

$$b_1x^2+b_2y^2+b_3z^2+b_4xy+b_5yz+b_6xz+b_7x+b_8y+b_9z+b_{10}=0 \tag{2.34}$$

式中，$b_1,b_2,\cdots,b_{10}$ 为方程系数。

通过坐标变换后，16 个小碟反射镜在各自的局部坐标系中的数学描述可以统一为

$$x^2 + y^2 - 13z = 0 \tag{2.35}$$

（5）概率模型。

① 光线随机发射点概率模型。若某正交曲面坐标系 (α,β,γ) 下的面元 i 的方程表达式为 $\boldsymbol{F}=\boldsymbol{F}(\alpha,\beta,\gamma)$，假设该面元 i 的范围为 Ω，则该面元 i 的面积 S_i 可表示为

$$S_i = \iint_\Omega k_\alpha k_\beta \mathrm{d}\alpha \mathrm{d}\beta = \int_{\alpha_1}^{\alpha_2} \int_{\beta_1(\alpha)}^{\beta_2(\alpha)} k_\alpha k_\beta \mathrm{d}\alpha \mathrm{d}\beta \tag{2.36}$$

式中，$k_\alpha = \sqrt{\left(\dfrac{\partial x}{\partial \alpha}\right)^2 + \left(\dfrac{\partial y}{\partial \alpha}\right)^2 + \left(\dfrac{\partial z}{\partial \alpha}\right)^2}$；$k_\beta = \sqrt{\left(\dfrac{\partial x}{\partial \beta}\right)^2 + \left(\dfrac{\partial y}{\partial \beta}\right)^2 + \left(\dfrac{\partial z}{\partial \beta}\right)^2}$。

又有

$$R_\alpha = \frac{1}{S_i} \int_{\alpha_1}^{\alpha_2} \left[\int_{\beta_1(\alpha)}^{\beta_2(\alpha)} k_\alpha k_\beta \mathrm{d}\beta \right] \mathrm{d}\alpha \tag{2.37 a}$$

即

$$\alpha = f(R_\alpha) \tag{2.37 b}$$

式中，R_α 为 $[0,1]$ 区间内的均匀随机数。

当 α 的坐标确定下来后，另外一个坐标 β 的表达式为

$$R_\beta = \int_{\beta_1(\alpha)}^{\beta} k_\alpha k_\beta \mathrm{d}\beta \Big/ \int_{\beta_1(\alpha)}^{\beta_2(\alpha)} k_\alpha k_\beta \mathrm{d}\beta \tag{2.38}$$

即

$$\beta = f(R_\beta) \tag{2.39}$$

式（2.37a）和式（2.38）即为发射点概率模型。通常情况下，发射面所属范围内参数 α_1、α_2、β_1 和 β_2 为常数，参数 β 的取值与 α 无关。

考虑到太阳光为近似平行光且多碟聚光系统采用双轴跟踪以保证聚光系统的焦轴指向太阳。因此，设定多碟聚光系统入口表面处的太阳光线热流密度分布均匀，将半径为 R 的圆形发射假想表面放置在焦平面处后方，发射点 $(x_{\mathrm{rad}},y_{\mathrm{rad}},z_{\mathrm{rad}})$ 的概率模型为

$$x_{\mathrm{rad}} = R\sqrt{R_r}\cos(2\pi R_\varphi) \tag{2.40}$$

$$y_{\mathrm{rad}} = R\sqrt{R_r}\sin(2\pi R_\varphi) \tag{2.41}$$

$$z_{\mathrm{rad}} = z_0 \tag{2.42}$$

式中，R_r 为 $[0,1]$ 区间内径向方向均匀分布随机数；R_φ 为 $[0,1]$ 区间内圆周方向均匀分布随机数；z_0 为假想表面在整体坐标系中的高度。

② 光线发射方向概率模型。由相关文献可知,太阳光最大不平行度 α_{max} 为 16′。根据兰贝特定律可知,各个方向太阳光线的定向辐射强度相等,太阳光线发射方向的天顶角与圆周角的概率模型为

$$\theta = \arcsin\sqrt{R_\theta \sin \alpha_{max}^2} \qquad (2.43)$$

$$\varphi = 2\pi R_\varphi \qquad (2.44)$$

式中,R_θ 为 $[0,1]$ 区间内天顶角方向均匀分布随机数。

由式(2.43)及式(2.44)可知,太阳光线的方向向量 (m_1, m_2, m_3) 为

$$m_1 = \sin\theta\cos\varphi \qquad (2.45)$$

$$m_2 = \sin\theta\sin\varphi \qquad (2.46)$$

$$m_3 = \cos\theta \qquad (2.47)$$

③ 反射方向概率模型。当太阳光线被系统部件的表面反射时,太阳光线反射方向的概率模型分为漫反射概率模型和镜反射概率模型两种情况。

当系统部件界面为漫反射界面时,太阳光线漫反射方向的天顶角与圆周角的概率模型为

$$\theta_r = \arcsin\sqrt{(1-R_\theta)\sin\alpha_{max}^2} \qquad (2.48)$$

$$\varphi_r = 2\pi R_\varphi \qquad (2.49)$$

当系统部件界面为镜反射界面时,太阳光线反射方向满足菲涅耳镜反射定律,即:入射角等于反射角。入射方向的天顶角 θ_i 和圆周角 φ_i 与反射方向的天顶角 θ_r 和圆周角 φ_r 的关系为

$$\theta_r = \pi - \theta_i \qquad (2.50)$$

$$\begin{cases} \varphi_r = \pi + \varphi_i & (0 < \varphi_i \leqslant \pi) \\ \varphi_r = \varphi_i - \pi & (0 < \varphi_i \leqslant 2\pi) \end{cases} \qquad (2.51)$$

④ 光线的吸收与反射。当太阳光线到达系统部件表面后,伪随机数程序会产生一个均匀分布的随机数 rand,若 rand 小于或等于系统部件表面的吸收率(即 rand $\leqslant \alpha$),则太阳光线被吸收,记录并重新发射一根光线;否则太阳光线被反射,反射方向遵循相关的漫反射或镜反射方向概率模型。

对于反射光线,需要记录光线被反射的次数,如果光线被反射次数超过一定次数,系统不再跟踪此光线并重新发射一根太阳光线。

综合上述分析,考虑各类误差以及坐标转换等因素,用 MCRTM 模拟太阳能聚光器聚集特性的计算流程如图 2.33 所示。

2. 模型验证

为了验证根据蒙特卡罗法所编的计算源代码在求解太阳能聚集传输问题的

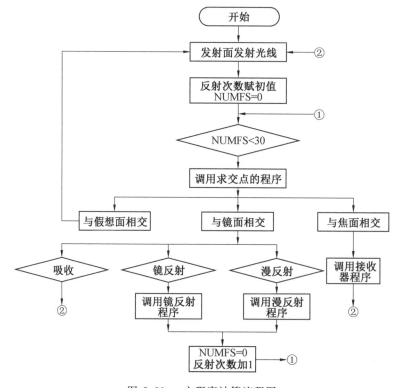

图 2.33　主程序计算流程图

结果正确性,选用与两个不同学者的太阳能聚光系统焦平面处的热流密度场研究结果进行对比验证。

第一个验证算例为 Johnston 在墨西哥国立自治大学采用开口面积为 20 m²(开口半径为 2.5 m)、焦距为 1.812 m、镜面设计反射率为 0.86 的单碟式聚光系统测量得到的焦平面处无量纲热流密度场分布,测试时间为 1995 年 12 月 21 日。在采用蒙特卡罗法计算无量纲热流密度场的过程中,临界昏暗参数取值为 0.80。

第二个验证算例为 Jeter 于 1986 年采用解析计算法得到的焦距为 1.0 m、边缘角为 60° 的单碟式聚光系统焦平面处热流密度场分布。

图 2.34 所示为采用蒙特卡罗法计算得到的无量纲热流密度场与 Johnston 实验测量无量纲热流密度场对比结果。图 2.35 所示为采用蒙特卡罗法计算得到的热流密度场与 Jeter 解析计算得到的热流密度场对比结果。综合图 2.34 和图 2.35 可以看出,采用蒙特卡罗法计算得到的结果与实验测量结果及理论计算结果都吻合良好。

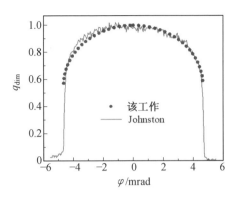

图 2.34　计算无量纲热流密度场与 Johnston 实验结果对比

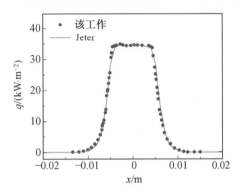

图 2.35　计算热流密度场与 Jeter 计算结果对比

以验证算例二为例,研究了蒙特卡罗法的计算精度与光线数密度 n 的关系,其中发射模拟面的光线数密度 n 的取值分别为 2×10^6、5×10^6、10×10^6、20×10^6、50×10^6 和 100×10^6。对比结果如表 2.11 所示,可以看出,随着光线数密度 n 的增加,计算结果逐渐趋于稳定值,但所需要的计算时间也不断加大。最大计算误差 $E_{\max}$ 随着光线数密度的增加而逐渐减小,当光线数密度为无限大时,计算结果为计算真值,因此 q_{real} 取值为光线数密度 $n = 100 \times 10^6$ 时的计算结果。考虑到计算时间和计算误差的要求,在计算过程中选取的光线数密度 n 为 10×10^6。

表 2.11　光线数密度对计算精度的影响

R/mm	n					
	2×10^6	5×10^6	10×10^6	20×10^6	50×10^6	100×10^6
0	3.421 74	3.419 04	3.412 33	3.415 11	3.415 60	3.415 52
1	3.410 04	3.411 03	3.413 04	3.414 82	3.415 47	3.415 78

续表

R/mm	n					
	2×10^6	5×10^6	10×10^6	20×10^6	50×10^6	100×10^6
2	3.414 22	3.413 41	3.415 20	3.415 10	3.415 59	3.415 30
3	3.411 19	3.415 0	3.414 77	3.414 97	3.414 73	3.414 97
4	3.295 57	3.293 06	3.292 0	3.292 78	3.292 51	3.292 15
5	1.944 88	1.944 32	1.944 38	1.943 73	1.943 69	1.944 19
6	0.905 75	0.904 94	0.904 67	0.904 51	0.904 50	0.904 60
7	0.460 85	0.460 94	0.460 87	0.460 61	0.460 53	0.460 32
8	0.240 33	0.241 03	0.241 52	0.241 51	0.241 52	0.241 47
9	0.119 96	0.120 19	0.120 24	0.120 26	0.120 28	0.120 23
E_{max}	0.474 171	0.182 214	0.121 221	0.063 869	0.045 621	0
CPU 时间/s	189	258	529	1 091	2 659	5 268

对于多碟聚光器焦平面热流密度研究,先对五碟聚光系统焦平面处的热流密度场进行实验测量,其余 11 个小碟反射镜采用黑布罩遮住。将测量得到的热流密度场与数值计算结果进行对比,为数值计算找出最佳的跟踪误差和指向误差组合;然后采用数值计算的方法对十六碟聚光系统焦平面处的热流密度场进行研究。

在 2011 年 6 月 17 日上午 10 时(天气晴朗,能见度大于 23 km)开始对五碟聚光系统焦平面处热流密度场进行测量。为了保证对实验测量数据分析过程中的准确度,在测量数据取样的过程中选取在测量开始阶段的 10 s 后、被测量值的波动不超过 10% 的测量点作为取样起始点。选取了焦平面处 4 号板位置所测得的热流密度值及太阳辐照度随测量时间变化曲线图作为数据取样实例,如图 2.36 所示。一般来说,在测试过程中被测点的热流密度值及太阳辐照度在 5 min 内波动很小。

图 2.37 所示为焦平面处 4 号板位置的无量纲热流密度 q_{dim} 随测量时间 t 的变化。其中,无量纲热流密度 q_{dim} 的定义为

$$q_{dim} = q_{mea}/q_{sun} \tag{2.52}$$

由图可知,焦平面处 4 号板位置的无量纲热流密度 q_{dim} 在整个取样时间间隔内趋于恒定值。无量纲热流密度 q_{dim} 在整个取样时间间隔内的算术平均值为 226.544,标准方差为 2.146 29。

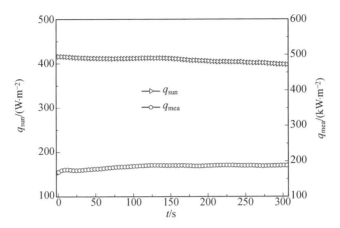

图 2.36　测量得到的太阳辐照度及 4 号板位置的热流密度曲线
（测量时间为 2011 年 6 月 17 日上午 10 时）

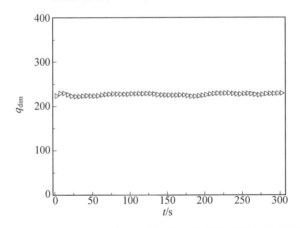

图 2.37　4 号板位置测得无量纲热流密度随时间变化（测量时
间为 2011 年 6 月 17 日上午 10 时）

　　图 2.38 所示为采用不同指向误差 E_p 时数值计算得到的无量纲热流密度场分布与实验所测的无量纲热流密度场分布对比结果。其中，数值计算分析过程中采用的跟踪误差 E_{track} 为 2.0 mrad，镜面反射率 ρ 为 0.85。由图 2.38 可以看出，随着多碟聚光系统指向误差 E_p 的增加，数值计算得到的无量纲热流密度分布曲线中峰值的位置不断向远离焦平面中心侧移动，无量纲热流密度分布曲线的峰值也逐渐减小，曲线的空间分布逐渐变窄。

　　图 2.39 所示为指向误差 E_p 为 7.0 mrad，采用不同跟踪误差 E_{track} 时数值计算得到的无量纲热流密度场分布与实验所测的无量纲热流密度场分布对比结

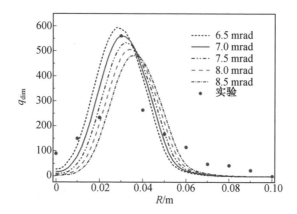

图 2.38　不同指向误差时无量纲热流密度场分布与实验所测结果
的对比($E_{track} = 2.0\ \mathrm{mrad}, \rho = 0.85$)

果。由图可以看出,当指向误差 E_p 保持不变时,随着跟踪误差 E_{track} 的增加,数值
计算得到的无量纲热流密度场分布曲线的峰值不断减小;曲线的峰值位置不断
向焦平面中心侧移动,与指向误差 E_p 对曲线峰值位置的影响恰恰相反。跟踪误
差对无量纲热流密度场分布曲线峰值大小的影响高于指向误差的影响;但是,跟
踪误差对峰值位置的影响低于指向误差对峰值位置的影响。

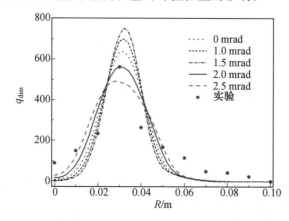

图 2.39　不同跟踪误差时计算无量纲热流密度场分布与实验所测
结果的对比($E_p = 7.0\ \mathrm{mrad}, \rho = 0.85$)

综合图 2.38 和图 2.39 可以看出,当采用指向误差 E_p 为 7.0 mrad、跟踪误差
E_{track} 为 2.0 mrad 及镜面反射率 ρ 为 0.85 时,数值计算得到的无量纲热流密度分
布曲线的峰值大小及峰值位置都与实验所测结果吻合良好。实验所测得的其他
位置处无量纲热流密度值在数值计算曲线的两侧分布,与数值计算结果略有偏

差,这是由实验系统中的多种误差引起的。实验系统中的误差来源主要有:高温水冷热流密度传感器非线性引起的误差、安装过程中每个小碟反射镜的指向误差不一致、天空及周围环境的散射辐射引起的误差、焦平面处热流密度传感器安装位置误差、热流密度传感器表面非黑体引起的误差等。

2.4.3　反射镜数目对热流密度场的影响

在太阳能热动力发电站的实际应用过程中,多碟聚光系统的反射镜会因为风沙及老化等出现反射镜损坏或者脱落等情况,多碟聚光系统的聚光能力下降,热流密度场的分布及大小都发生了改变。因此,采用蒙特卡罗法分析反射镜数目(ND)对多碟聚光系统焦平面处热流密度场分布的影响。

由 2.4.2 节数值计算结果可知,当采用指向误差 E_p 为 7.0 mrad、跟踪误差 E_{track} 为 2.0 mrad 及镜面反射率 ρ 为 0.85 时,数值计算得到的五碟反射镜热流密度场分布与实验测量结果比较吻合。因此,在分析反射镜数目对热流密度场分布的影响时采用的参数为:$E_p=7.0$ mrad,$E_{track}=2.0$ mrad 和 $\rho=0.85$,数值计算结果如图 2.40 所示。由图可知,随着多碟聚光系统反射镜数目的增加,焦平面处热流密度场沿半径方向分布规律基本上是一致的,无量纲热流密度分布曲线的峰值处在同一个位置,均为半径 $R=0.03$ m 处。多碟聚光系统焦平面处的光斑直径随反射镜数目的增加而增大,无量纲热流密度场分布曲线的峰值大小也随着反射镜数目的增加而不断增大,但并不是呈线性比例增加的。

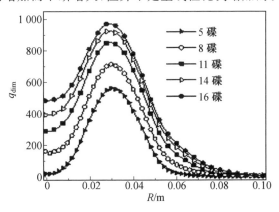

图 2.40　不同反射镜数目时的无量纲热流密度场沿半径方向分布($E_p=$ 7.0 mrad,$E_{track}=2.0$ mrad,$\rho=0.85$)

图 2.41 所示为焦平面处的无量纲热流密度场分布曲线的峰值 q_{peak} 随多碟聚光系统的反射镜数目 ND 增加的变化。由图可知,当反射镜数目 ND 小于 11 个

时,无量纲热流密度场分布曲线的峰值随反射镜数目的增加而呈线性比例增加;当反射镜数目增加到 11 个时,无量纲热流密度场分布曲线的峰值随反射镜数目增加的变化曲线出现了拐点,无量纲热流密度场分布曲线的峰值增速变缓。16 碟聚光系统的焦平面处无量纲热流密度场分布曲线的峰值 q_{peak} 为 975.0,是 5 碟聚光系统焦平面处无量纲热流密度场分布曲线的峰值($q_{peak} = 563.1$)的 1.73 倍。引起无量纲热流密度场分布曲线的峰值 q_{peak} 与反射镜碟数目 ND 不呈线性比例变化是由于太阳光不平行度及多碟聚光系统的跟踪误差和指向误差的存在而共同引起的。

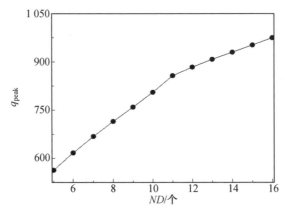

图 2.41 无量纲峰值热流密度随反射镜数目增加的变化
($E_p = 7.0$ mrad,$E_{track} = 2.0$ mrad,$\rho = 0.85$)

2.4.4 镜面反射率对热流密度场的影响

在实际应用过程中,多碟聚光系统反射镜的镜面反射率 ρ 会因老化等而降低。因此,分析了镜面反射率 ρ 的变化对多碟聚光系统焦平面处热流密度场分布的影响,其中指向误差 E_p 为 7.0 mrad、跟踪误差 E_{track} 为 2.0 mrad。

图 2.42 所示为多碟聚光系统的十六碟反射镜镜面反射率 ρ 同时变化时焦平面处无量纲热流密度场分布曲线。由图可以看出,随着镜面反射率 ρ 的降低,多碟聚光系统焦平面处的无量纲热流密度场分布曲线变化趋势是一致的;但多碟聚光系统焦平面处的无量纲热流密度场分布曲线的峰值是逐渐降低的。当镜面反射率为设计镜面反射率($\rho = 0.90$)时,焦平面处的无量纲热流密度场分布曲线的峰值为 1 031.6;当镜面反射率 ρ 降低到 0.80 时,焦平面处的无量纲热流密度场分布曲线的峰值降为 917.5。因此,多碟聚光系统的镜场损失随着镜面反射率的降低而增加。在实际应用过程中,要注意聚光系统反射镜的镜面清洁以降低

损失。

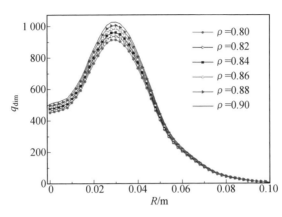

图 2.42　无量纲热流密度场分布随镜面反射率的变化

($E_p = 7.0 \text{ mrad}, E_{track} = 2.0 \text{ mrad}$)

在实际应用过程中,多碟聚光系统的十六碟反射镜镜面反射率的降低程度是很可能是不一致的。为此,采用随机数程序产生 4 组在 $0.80 \sim 0.90$ 之间均匀变化的随机数,用来模拟十六碟反射镜镜面反射率在实际应用中老化不一致的情况,如表 2.12 所示。

表 2.12　4 组十六碟反射镜随机镜面反射率

碟编号	分组号			
	组 1	组 2	组 3	组 4
1	0.865 2	0.810 8	0.831 3	0.838 0
2	0.881 0	0.888 0	0.898 0	0.819 8
3	0.809 5	0.820 2	0.808 9	0.875 4
4	0.872 4	0.847 3	0.831 0	0.888 7
5	0.863 9	0.853 6	0.821 8	0.853 5
6	0.834 3	0.856 0	0.876 7	0.827 6
7	0.802 4	0.877 6	0.813 4	0.820 6
8	0.836 7	0.889 8	0.812 8	0.807 7
9	0.815 7	0.809 2	0.859 5	0.846 4
10	0.852 1	0.887 4	0.811 3	0.868 5
11	0.848 6	0.875 4	0.870 0	0.843 7

续表

碟编号	分组号			
	组 1	组 2	组 3	组 4
12	0.848 9	0.847 0	0.859 9	0.887 9
13	0.846 6	0.841 2	0.822 4	0.895 1
14	0.855 5	0.853 8	0.879 1	0.873 2
15	0.826 2	0.809 4	0.844 6	0.882 9
16	0.871 9	0.869 0	0.831 1	0.815 6

图 2.43 所示为 4 组随机镜面反射率变化时多碟聚光系统焦平面处无量纲热流密度场分布与等效镜面反射率时无量纲热流密度场分布对比曲线。由图可以看出,4 组随机镜面反射率变化时的无量纲热流密度场分布与十六碟反射镜镜面反射率均为 0.85 时无量纲热流密度场分布趋势是一致的,峰值位置与峰值大小的差别也很小,随机镜面反射率变化时的无量纲热流密度场分布曲线的峰值与十六碟镜面反射率均为 0.85 时的无量纲热流密度场分布曲线的峰值最大差别仅为 1.21%。这种现象的产生是由于随机数程序产生的 4 组随机数是在 0.80 ~ 0.90 之间均匀变化的,等效镜面反射率为 0.85,而且在计算过程中的多碟聚光系统的指向误差和跟踪误差是一致的。因此,在对镜面反射率不一致的多碟聚光系统热流密度场进行数值计算时,可以采用等效镜面反射率进行计算。

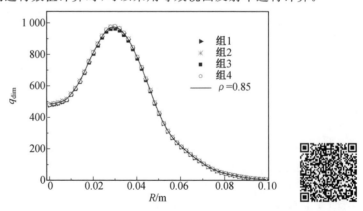

图 2.43 4 组随机镜面反射率与等效镜面反射率时无量纲热流密度场沿半径方向分布($E_p = 7.0\ \text{mrad}, E_{track} = 2.0\ \text{mrad}, \rho = 0.85$)

2.5　室外多碟太阳模拟器聚集性能数值实验研究

目前,常见的聚集能流密度分布实验测量是基于 CCD 相机的反射测量。CCD 相机基于可见光对聚集能流密度分布进行测量,当测量大聚光聚集能流密度分布时,CCD 相机容易饱和测不准,尽管在相机镜头前布置中性密度滤光片能解决相机饱和问题,但由于滤光片对不同角度入射能束的衰减程度不同,因此测量精度下降。此外,为获得测量数据,需要对 CCD 相机的图像灰度值进行标定和修正,数据处理过程比较烦琐。

针对 CCD 相机实验测量的不足,提出了一种基于红外热像仪和水冷朗伯靶的大聚光比聚集能流密度分布的红外测量方法。

2.5.1　聚集能流密度分布的红外测量原理与实验装置

基于红外热像仪和水冷朗伯靶的红外测量过程如图 2.44 所示:水冷朗伯靶固定在聚光器焦平面上,高反射入射的聚集太阳能流;红外热像仪正对靶面,接收水冷朗伯靶面反射的聚集太阳光,获得反射聚集太阳能流的等效红外温度图像。下面分析聚集太阳能流密度分布的红外测量原理与数据处理方法。

红外热像仪工作波段一般为 $7.5 \sim 13.0~\mu m$。虽然太阳辐射在 $7.5 \sim 13.0~\mu m$ 波段的能量份额较低,但是该波段能量在大气传输过程中衰减小(大气窗口)。在聚集条件下,该波段的太阳辐射能量比常温物体(朗伯靶)发射能量高。为定量分析热像仪接收的总能量中反射太阳能量份额,定义太阳辐射能量因子 χ_{SR} 为

$$\chi_{SR} = \frac{\int_{7.5}^{13.0} \rho_\lambda C_E F_{se} E_{b\lambda}(T_{sun}) \mathrm{d}\lambda}{\int_{7.5}^{13.0} \rho_\lambda C_S F_{se} E_{b\lambda}(T_{sun}) \mathrm{d}\lambda + \int_{7.5}^{13.0} \varepsilon_\lambda E_{b\lambda}(T_L) \mathrm{d}\lambda + W_{sur}} \quad (2.53)$$

其中,W_{sur} 是环境投射能量,包括周围物体和大气的辐射能量,表达式为

$$W_{sur} = \int_{7.5}^{13.0} [\varepsilon_{refl} E_{b\lambda}(T_{refl}) + (1 - \tau_{atm}) E_{b\lambda}(T_{atm})] \mathrm{d}\lambda \quad (2.54)$$

式中,ρ_λ、ε_λ 和 T_L 分别是朗伯靶面的反射率和发射率及其表面温度;C_E 是靶面能流聚光比;F_{se} 是太阳表面积与日地距为半径的球表面积之比,$F_{se} = 8.612 \times 10^{-5}$;$T_{sun}$ 是太阳光谱等效温度,$T_{sun} = 5~762~K$;$E_{b\lambda}$ 是光谱辐射力函数;ε_{refl} 和 T_{refl} 分别是周围物体的发射率和温度;τ_{atm} 和 T_{atm} 分别是周围大气的透过率和温度,

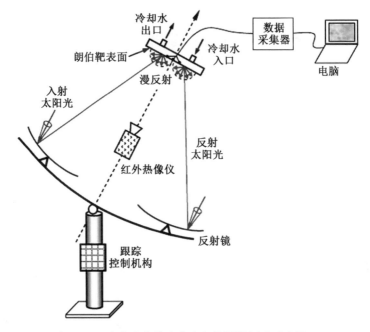

图 2.44　聚集光斑热流分布红外测量原理示意图

一般有 $\varepsilon_{refl}=1.0$ 和 $\tau_{atm}=0.92$；T_{refl} 和 T_{atm} 具体数据在实验时通过温度计测量获得。

太阳辐射能量因子 χ_{SR} 与能流聚光比 C_E 的特征关系如图 2.45 所示，其中 $\rho_\lambda=0.8$，$T_{refl}=T_{atm}=300.0$ K。从图 2.45 可看出，χ_{SR} 随 C_E 增加而快速增加，当 $C_E\geqslant150$ 时，$\chi_{SR}>0.96$。说明红外测量方法测量大聚光比的能流密度分布具有较好的适应性。当 C_E 一定时，靶面温度 T_L 越低，χ_{SR} 越大。因此，在一定的聚光比条件下，降低靶面温度，有利于提高 χ_{SR}，获得清晰的聚集太阳能流分布的红外温度图像。

在获得反射聚集太阳能流红外温度的基础上，通过式(2.55)，可以得到靶面上正则化太阳能流聚光比，即

$$C_{NE}=\frac{\varepsilon_{Ir}\sigma T_{IL}^n-\int_{7.5}^{13.0}\varepsilon_\lambda E_{b\lambda}(T_L)\mathrm{d}\lambda-W_{sur}}{\max\left[\varepsilon_{Ir}\sigma T_{IL}^n-\int_{7.5}^{13.0}\varepsilon_\lambda E_{b\lambda}(T_L)\mathrm{d}\lambda-W_{sur}\right]} \qquad (2.55)$$

式中，ε_{Ir} 和 T_{IL} 分别是热像仪参考发射率以及显示的红外温度；n 是指数，由热像仪型号决定；σ 是斯特藩 — 玻尔兹曼 (Stefan — Boltzmann) 常数，$\sigma=5.67\times10^{-8}$ W/(m^2 · K^4)。

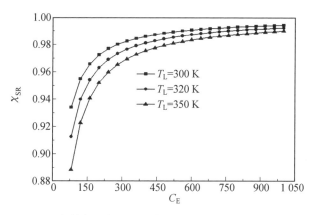

图 2.45　朗伯靶反射太阳辐射能量因子与能流聚光比关系

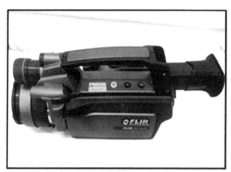

(a) 红外热像仪

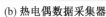

(b) 热电偶数据采集器

(c) 朗伯靶内部结构

(d) 涂制硫酸钡形成的朗伯靶面

图 2.46　水冷朗伯靶测量系统实验照片

根据上述聚集能流密度分布的红外测量原理,建立了如图 2.46 所示的红外热像仪和水冷朗伯靶实验测量装置。整个实验测量系统包括:红外热像仪、水冷朗伯靶、温度采集系统和冷却水系统。

（1）红外热像仪。红外热像仪本实验采用 FLIR－SC620 型红外热像仪,工作波段为 $7.5 \sim 13.0~\mu m$,式(2.55)中的 $n = 4.09$。

（2）水冷朗伯靶。水冷朗伯靶由紫铜板加工而成,紫铜板的导热系数高,有利于冷却降温。正对聚集太阳光的紫铜板面涂制了高反射的硫酸钡膜,形成朗伯靶面,减少靶面对聚集太阳能的吸收,降低靶面自身的红外发射。

（3）温度采集系统。温度采集系统由热电偶数据采集器、计算机组成。热电偶埋在靶板内,通过与数据采集器和计算机相连测量靶面真实温度。

（4）冷却水系统。冷却水系统包括水泵、水桶、水管。冷却水在水泵驱动下流过朗伯靶,带走朗伯靶吸收的太阳能流,降低朗伯靶表面温度。

2.5.2　红外测量结果的不确定度分析

分析发现,影响红外实验测量结果精度的主要因素有:红外温度测量重复性引起的不确定度,朗伯靶表面的非朗伯属性引起的不确定度,朗伯靶表面温度不均匀引起的不确定度,以及红外热像仪和热电偶数据采集器示值误差引起的不确定度。标准不确定度的评定方法分为 A 类评定和 B 类评定。

用上述红外测量原理和实验装置测量了作者所在实验室十六碟聚光器的聚光能流密度分布,十六碟聚光器的具体结构参数见 2.1 节。下面结合十六碟聚光器的实验测量数据,分析红外测量方法测量结果的不确定度。

（1）红外温度测量重复性引起的不确定度。

对被测量 X,在同一条件下进行 n 次独立重复测量,测量值为 $X_i(i = 1, 2, \cdots, n)$。用贝塞尔法计算单次测量的标准差为

$$\sigma_V = \sqrt{\dfrac{\sum\limits_{i=1}^{n}(X_i - \overline{X})^2}{n-1}} \tag{2.56}$$

式中,$\overline{X}$ 为样本算术平均值,即

$$\overline{X} = \dfrac{1}{n}\sum_{i=1}^{n}X_i \tag{2.57}$$

采用 A 类评定计算重复性测量引起的标准不确定度 u_{s1},有

$$u_{s1} = \dfrac{\sigma_V}{\sqrt{n}} \tag{2.58}$$

测量结果的相对不确定度为

$$u_{1,s} = \dfrac{u_{s1}}{\overline{X}} \tag{2.59}$$

通过六次连续拍摄,得到朗伯靶表面的反射聚集太阳能流和自身辐射的等效红外温度峰值分布,如表2.13所示。

表 2.13　红外温度峰值的六次测量结果

i	1	2	3	4	5	6
T_{IL}/K	337.6	339.7	336.8	341.5	340.2	338.4

由式(2.60)计算得到红外温度测量重复性引起的相对不确定度为

$$u_{1,s} = \frac{0.715}{339.1} = 0.21\%\qquad(2.60)$$

（2）朗伯靶表面的非朗伯属性引起的不确定度。

靶面的非朗伯属性是影响测量精度的主要因素之一。实验中,红外热像仪正对靶面,根据双向反射分布函数（BRDF）概念,定义靶面的非朗伯属性为

$$LB = \left[1 - \frac{\mathrm{BRDF}(\theta_i, \varphi_i; 0, 0)}{\mathrm{BRDF}(0, 0; 0, 0)}\right] \times 100\%\qquad(2.61)$$

式中,$\mathrm{BRDF}(\theta_i, \varphi_i; 0, 0)$ 表示 (θ_i, φ_i) 方向入射能流在 $(0,0)$ 反射方向的 BRDF。

十六碟聚光器边缘角为 50°,根据相关文献中硫酸钡板的 BRDF 测量数据,经过计算可得此时靶面的非朗伯属性为 8.46%。靶面的非朗伯属性在区间 $(0, 8.46)$ 各处出现的机会相等,服从均匀分布。采用 B 类不确定度的评定方法,其标准差 a 为

$$a = \frac{8.46\%}{2} = 4.23\%\qquad(2.62)$$

因此靶面的非朗伯属性引起的标准不确定度为

$$u_{2,s} = \frac{a}{\sqrt{3}} = 2.44\%\qquad(2.63)$$

（3）朗伯靶表面温度不均匀引起的不确定度。

由于焦斑热流分布和冷却水换热的不均匀性,朗伯靶表面的温度分布不均匀。为测量朗伯靶表面的温度分布,将九个 T 形热电偶均匀埋在紫铜板内,其温度示值 T_L 如表2.14所示。

表 2.14　水冷朗伯靶热电偶温度值

i	1	2	3	4	5	6	7	8	9
T_L/K	304.6	302.7	303.8	302.5	301.8	303.7	299.8	302.6	302.1

根据表2.14的测量结果,得到朗伯靶表面温度的算术平均值为

$$\overline{T}_L = \frac{\sum\limits_{i=1}^{9} T_{L,i}}{9} = 302.6(\mathrm{K})\qquad(2.64)$$

由贝塞尔公式计算靶表面温度的标准差为

$$\sigma_{TL} = \sqrt{\frac{\sum_{i=1}^{9}(T_{L,i} - \overline{T}_L)^2}{8}} = 1.39 \tag{2.65}$$

采用 B 类评定计算靶面温度不均匀引起的标准不确定度 u_{TL}。为简化分析，假设靶板温度分布在区间$(302.6 - 1.39, 302.6 + 1.39)$服从均匀分布，有

$$u_{TL} = \frac{\sigma_{TL}}{\sqrt{3}} = 0.81 \tag{2.66}$$

靶面温度不均匀引起的相对标准不确定度为

$$u_{3,s} = \frac{u_{TL}}{T_L} = 0.27\% \tag{2.67}$$

（4）红外热像仪和热电偶示值误差引起的不确定度。

实验采用的 FLIR – SC620 型红外热像仪，出厂前经过标定，示值误差 σ_4 为 ± 2.0 K。取均匀分布，按式(2.68)结合表 2.13 中红外温度峰值，计算热像仪示值相对不确定度为

$$u_{4,s} = \frac{\sigma_4}{\sqrt{3} \times \overline{T}_{IL}} = \frac{2.0}{\sqrt{3} \times 339.1} = 0.34\% \tag{2.68}$$

采用 T 形热电偶测量靶面的温度值。用温度计对热电偶进行标定修正，示值误差 σ_5 范围为 ± 1.2 K。取均匀分布，按式(2.69)结合表 2.14 中热电偶读数，计算得到热电偶示值相对不确定度为

$$u_{5,s} = \frac{\sigma_5}{\sqrt{3} \times \overline{T}_L} = \frac{1.2}{\sqrt{3} \times 302.6} = 0.23\% \tag{2.69}$$

（5）聚集太阳能流密度分布红外测量结果的相对标准不确定度。

上述各不确定度分量 $u_{1,s}$、$u_{2,s}$、$u_{3,s}$、$u_{4,s}$、$u_{5,s}$ 相对独立。将各分量值代入式(2.70)，计算红外能流密度相对标准不确定度为

$$u_s = \sqrt{u_{1,s}^2 + u_{2,s}^2 + u_{3,s}^2 + u_{4,s}^2 + u_{5,s}^2}$$
$$= \sqrt{0.21^2 + 2.44^2 + 0.27^2 + 0.34^2 + 0.23^2}\% \tag{2.70}$$
$$= 2.5\%$$

即十六碟聚光器聚集能流密度分布的红外测量结果的不确定度为 2.5%，说明基于红外热像仪和水冷朗伯靶的红外测量结果具有较好的精度。

2.5.3　十六碟聚光器的太阳能聚集特性及影响因素分析

对一个确定的聚光器，跟踪误差和面型误差是影响聚集能流性能的两个主

要因素。本节首先对十六碟聚集能流密度分布的红外测量结果进行了分析；其次，通过将实验结果与 MCRTM 模拟结果对比，获得十六碟的面型误差特征参数；最后，模拟分析了十六碟聚光器的太阳能聚集特性。

（1）十六碟聚集能流密度分布的红外测量结果。

采用基于红外热像仪和水冷朗伯靶的红外测量方法对十六碟聚集能流密度进行了实验测量，红外测量方法与实验装置见 2.5.1 节，红外测量实验场景如图 2.47 所示。朗伯靶固定在十六碟聚光器的焦平面上，朗伯靶面正对入射的聚集太阳能流。通过实验校对，朗伯靶的发射率为 0.15，即反射率为 0.85；冷却水从朗伯靶盒的背面穿过靶盒，降低朗伯靶面温度。热电偶的连线也从靶盒背面引出。

用红外热像仪拍摄的朗伯靶表面反射太阳能流的红外温度分布图像如图 2.48 所示。从图 2.48 可看出，在热像仪参考发射率设置为 1.0 的条件下，朗伯靶面显示的反射太阳能流红外温度峰值为 341.35 K(68.2 ℃)，而热电偶显示的朗伯靶面实际温度平均值为 302.6 K(见式(2.58))，因此朗伯靶面显示的红外温度大部分是反射聚集太阳能流形成的。

根据图 2.48 所示的反射太阳能流红外温度分布结果，以朗伯靶面红色亮斑的中心为坐标原点，得到十六碟聚光器聚集能流的正则化太阳能流聚光比分布，如图 2.49 所示。

从图 2.49 可以看出，十六碟聚光器的能流聚光比为近似高斯分布，中心聚光比高，沿半径方向聚光比不断下降。聚集光斑半径为 $0.05 \sim 0.06$ m。

图 2.47　十六碟聚集能流密度分布的红外测量实验场景

（2）十六碟聚集能流分布的实验结果与数值结果分析对比。

在图 2.49 中，由于跟踪误差等因素，红外温度光斑中心偏离朗伯靶面的正中

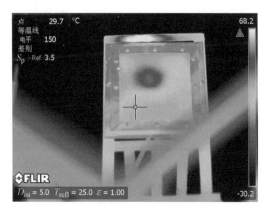

图 2.48　朗伯靶表面反射聚集太阳能流的红外温度分布图像

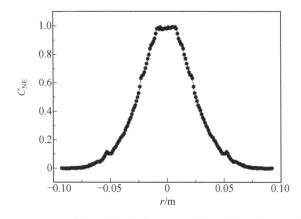

图 2.49　十六碟聚光器聚集能流的正则化太阳能流聚光比分布

心。在 MCRTM 模拟中,需调节跟踪误差(不考虑面型误差),使模拟光斑中心点与红外温度图像的中心的位置重合。通过不断试算,当跟踪误差角 $\theta_{te} = 1.6$ mrad 时,模拟光斑中心点与红外测量中心的位置基本重合。

面型误差对正则化能流聚光比分布曲线的影响如图 2.50 所示($\theta_{te} = 1.6$ mrad)。可以发现,面型误差 σ_{se} 越大,正则化能流聚光比分布曲线越平缓,曲线宽度增加。当 $\sigma_{se} = 2.2$ mrad 时,模拟结果与实验结果吻合较好,可认为该十六碟聚光器的面型误差为 2.2 mrad,它包括十六个子反射镜累加的安装误差、镜反射误差及加工误差等。

后面的十六碟聚集特性模拟分析中,十六碟聚光器的面型误差均取值 2.2 mrad,如不特别说明,该面型误差值保持不变。

十六碟聚光器的实际反射面积为 $16\pi r_{sd}^2 = 16 \times 3.14 \times 0.5^2 = 12.56$（$m^2$）。

但是,每个子碟与系统坐标系的 z 轴有一定的倾斜,因此,十六碟聚光器的有效聚光面积要比实际反射面积小。在 MCRTM 模拟中,通过统计,在太阳能束抽样圆形平面内,被十六碟反射镜反射的光束数为 $N_{ref} = 40\,025\,830$,根据蒙特卡罗法面积分原理,可以计算出十六碟聚光器的有效聚光面积 A_e 为

$$A_e = \pi r_0^2 \frac{N_{ref}}{N_T} = 3.14 \times 3.0^2 \times \frac{40\,025\,830}{10^8} = 11.31 \ (\text{m}^2) \tag{2.71}$$

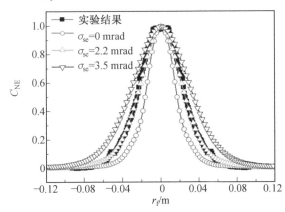

图 2.50　聚集能流分布实验结果与 MCRTM 模拟结果

取吸热器太阳能入口半径等于焦斑半径 r_f,则由式(2.72)计算得到十六碟聚光器的几何聚光比 C_G 为

$$C_G = \frac{A_e}{\pi \cdot r_f^2} = \frac{11.31}{3.14 \times 6.0^2 \times 10^{-4}} \approx 1\,000 \tag{2.72}$$

（3）十六碟聚光器聚集能流空间方向分布性能分析。

聚集能流方向分布对聚集能束的传输特性有重要影响。焦平面聚集能流方向分布主要由聚光器结构参数决定,受跟踪误差和面型误差影响不大。十六碟聚光器与单碟聚光器的方向分配因子 $\chi(\theta)$ 如图 2.51 所示,其中单碟的焦距与十六碟相同,均为 3.25 m。

从图中可以看出,十六碟的方向分配因子曲线存在两个峰值:第一个峰值出现在 $\theta = 26°$ 处,大小为 4.136%,是由内圈子碟反射镜反射太阳光产生的;第二个峰值为 4.155%,在 $\theta = 43°$ 处,是由外圈子碟反射镜反射太阳光产生的。单碟聚光器的方向分配因子随天顶角增加而持续增加,当天顶角等于 50° 时,方向分配因子达到最大值 3.5%。

为描述聚集太阳能流的空间方向分布质量,定义方向品质因子为

$$\gamma = \int_{\theta_1}^{\theta_2} \chi(\theta) \cos\theta \mathrm{d}\theta \tag{2.73}$$

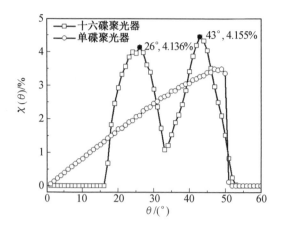

图 2.51　十六碟聚光器与单碟聚光器的方向分配因子

式中，θ_2 和 θ_1 分别是太阳能束的最大和最小入射角。

由式(2.73)，计算得到十六碟聚光器和单碟聚光器的品质因子分别为 1.428% 和 1.429%。与单碟相比，十六碟聚光器虽然存在两个峰值，但在 $0°\sim 17°$ 天顶角范围内没有反射太阳光，因此两者的品质因子大小接近，聚集太阳能流方向分布性能相当。

本章参考文献

[1] 帅永,张晓峰,谈和平.抛物面式太阳能聚能系统聚光特性模拟[J].工程热物理学报,2006,27(3):484-486.

[2] GARCIA P,FERRIERE A,BEZIAN J J. Codes for solar flux calculation dedicated to central receiver system applications:a comparative review[J]. Solar Energy,2008,82(3):189-197.

[3] 程泽东,何雅玲,崔福庆.聚光集热系统统一 MCRT 建模与聚光特性[J].科学通报,2012,57(22):2127-2136.

[4] 帅永,夏新林,谈和平.碟式抛物面太阳能聚能器焦面特性数值仿真[J].太阳能学报,2007,28(3):263-267.

[5] SHUAI Y,XIA X L,TAN H P. Radiation performance of dish solar concentrator/cavity receiver systems[J]. Solar Energy,2008,82(1):13-21.

[6] 李子衿.高辐照度太阳能模拟器的设计与实验研究[D].北京:华北电力大学,2014.

[7] 刘超博,张国玉. 太阳模拟器光学系统设计[J]. 长春理工大学学报(自然科学版),2010,33(1):14-17.

[8] 刘洪波,高雁,王丽,等. 高倍聚光太阳模拟器的设计[J]. 中国光学,2011,4(6):594-599.

[9] 吕涛,张景旭,付东辉,等. 太阳模拟器中椭球面聚光镜参数的确定[J]. 应用光学,2014,35(1):43-47.

[10] 徐亮. 月亮模拟器光学系统设计与辐照度均匀性分析[D]. 长春:长春理工大学,2009.

[11] 王文生. 应用光学[M]. 武汉:华中科技大学出版社,2010.

[12] 黄健. 非成像光学系统设计方法及其在 LED 道路照明工程中的应用[D]. 杭州:浙江大学,2008.

[13] 单秋莎,张国玉,刘石,等. 太阳模拟器的拉赫不变量传递[J]. 中国光学,2012,5(6):639-645.

[14] 任兰旭,魏秀东,牛文达,等. 非共轴椭球面聚光阵列式高焦比太阳模拟器[J]. 光学学报,2012,32(10):220-225.

[15] 谈和平,夏新林,刘林华,等. 红外辐射特性与传输的数值计算:计算热辐射学[M]. 哈尔滨:哈尔滨工业大学出版社,2006.

[16] RUAN L M,TAN H P,YAN Y Y. A Monte Carlo(MC)method applied to the medium with nongray absorbing-emitting-anisotropic scattering particles and gray approximation[J]. Numerical Heat Transfer,Part A,2002,42(3):253-268.

[17] 帅永. 典型光学系统表面光谱辐射传输及微尺度效应[D]. 哈尔滨:哈尔滨工业大学,2008.

[18] JOHNSTON G. Focal region measurements of the 20 m² tiled dish at the australian national university[J]. Solar Energy,1998,63(2):117-124.

[19] JETER S M. The distribution of concentrated solar radiation in paraboloidal collectors[J]. Journal of Energy Engineering,1986,108(3):219-225.

[20] XIA X L,DAI G L,SHUAI Y. Experimental and numerical investigation on solar concentrating characteristics of a sixteen-dish concentrator[J]. International Journal of Hydrogen Energy,2012,37(24):18694-18703.

[21] JIANG B S,GUENE LOUGOU B,ZHANG H,et al. Analysis of high-flux solar irradiation distribution characteristic for solar thermochemical energy

storage application[J]. Applied Thermal Engineering,2020,181:115900.

[22] BALLESTRÍN J, MONTERREAL R. Hybrid heat flux measurement system for solar central receiver evaluation[J]. Energy,2004,29(516):915-924.

[23] 费业泰.误差理论与数据处理[M].6版.北京:机械工业出版社,2010.

[24] 刘颖.太阳能聚光器聚焦光斑能流密度分布的理论与实验研究[D].哈尔滨:哈尔滨工业大学,2008.

[25] 贾辉,李福田.硫酸钡漫反射板在250~400 nm 光谱辐射亮度标定中的应用研究[J].光谱学与光谱分析,2004,24(1):4-8.

第 3 章

腔体式太阳能热化学反应器设计与热性能分析

热化学反应器作为太阳能热化学能量转化与储存技术的核心装置之一,在碳基能源转换过程中发挥着关键作用。反应器内部的能量转化效率不仅与反应温度、压力、质量流量、颗粒粒径、载气流量等运行参数有关,还与反应器结构所体现的热特性密切相关。基于所设计的反应器结构,建立相应的热化学传输模型,并对其关键运行工况进行评估,进而对当前的反应器结构参数进行优化,是实现热化学系统能量效率提升的关键手段。对于运行工况参数以及反应器结构尺寸,如果采用实验优化将会存在盲目性且成本较高,采用数值模拟优化不仅节省时间成本而且还节省经济成本。本章将针对作者所在团队目前在腔体式太阳能热化学反应器热输运及热化学领域取得的研究成果进行介绍。

3.1　腔体式太阳能热化学反应器运行原理与数值建模方法

3.1.1　热化学反应器物理模型与控制方法

1. 物理模型

本节将基于有限体积法,对太阳能热化学反应器内气固流动、热量和质量传递、化学反应进行数值模拟。所用太阳能热化学反应器的结构如图 3.1 所示,考虑到反应器为腔式对称结构,在本章通过 CFD 软件模拟了 2D 反应器结构的颗粒热分解过程。该反应器由一个十六碟聚光器加热,内壁面由耐高温的氧化铝陶瓷材料加工而成,在耐高温陶瓷外表面依次覆盖硅酸铝纤维以及硅酸钙纤维保温材料。$NiFe_2O_4$ 颗粒装填在反应腔内部,经过聚焦式太阳能设备所聚集的太阳辐射能量通过安装在采光口的透明石英玻璃进入反应腔,激活其内的反应颗粒,驱动反应进行。考虑到石英玻璃的使用温度范围,同时也为了防止分解产物在石英窗口表面沉积而影响其透过率,通常在石英窗口后面加开保护气体孔,形成气幕以保护石英窗口的安全稳定运行。为了计算简便,该模型省去前端二次聚光器部分,认为气幕在采光口平面均匀分布。

由于反应颗粒之间,以及颗粒与壁面之间的辐射换热,进入反应器内的大部分太阳辐射能量被反应颗粒和反应器内壁面直接吸收,促使反应器内壁温度以及反应颗粒温度升高。剩余投入辐射能量则经过反应颗粒和腔体内壁面的多次散射和反射后逐步被反应颗粒和内壁面吸收。当 $NiFe_2O_4$ 颗粒的温度达到热解温度时,粒子开始发生热分解反应。热分解反应后的生成物在载气的作用下从反应腔出口排出,随后进入急冷单元,从反应温度快速冷却至环境温度。气固混合产物中的固体颗粒在过滤器中收集后,采用相关表征手段对其成分进行分析;而气相产物则引入气相色谱仪中分析其成分。

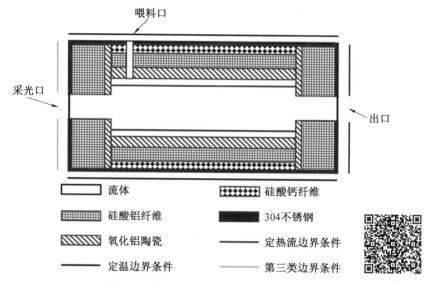

图 3.1 太阳能热化学反应器的结构

2. 数学模型

在反应器内的热化学反应过程中,反应腔内的气体、金属氧化物颗粒及壁面均遵循质量守恒定律、动量守恒定律和能量守恒定律,并考虑辐射传递方程以及化学反应动力学。假设反应器内的流体为常物性且为不可压缩流体,反应器内的流动为层流;在传质传热过程中,忽略 Ar 的吸收与散射作用。所用守恒定律的基本控制方程如下:

(1)质量守恒方程。

$$\mathrm{div}(\rho u) = 0 \tag{3.1}$$

(2)动量守恒方程。

$$\mathrm{div}(uU) = \mathrm{div}(\nu\,\mathrm{grad}\ u) - \frac{1}{\rho}\frac{\partial p}{\partial x} \tag{3.2}$$

$$\mathrm{div}(vU) = \mathrm{div}(\nu\,\mathrm{grad}\ v) - \frac{1}{\rho}\frac{\partial p}{\partial y} \tag{3.3}$$

式中,ν 为流体的运动黏度;U 为速度的矢量,$U = ui + vj$。

(3)能量守恒方程。

$$u\frac{\partial T}{\partial x} + v\frac{\partial T}{\partial y} = \frac{\lambda}{\rho c_p}\left(\frac{\partial^2 T}{\partial x^2} + \frac{\partial^2 T}{\partial y^2}\right) - \frac{1}{\rho c_p}\left(\frac{\partial q_x}{\partial x} + \frac{\partial q_y}{\partial y}\right) \tag{3.4}$$

式中,q 为系统界面的辐射热流密度矢量,$q = q_x i + q_y j$。

（4）辐射传递方程。

离散坐标法首次由 Chandrasekhar 提出，Love 等人最早利用其求解一维平板辐射换热问题。辐射模型（DOM）基于对辐射强度的方向变化进行离散，通过求解覆盖整个 4π 空间立体角上一系列离散方向上的辐射传递方程而得到问题的解。对于灰体介质，考虑其吸收、散射、反射特性，由微元控制体积内辐射能量的守恒推导得到辐射传递方程，其表达式如下：

$$\nabla \cdot (I\boldsymbol{s}) + (k_{ap} + k_{sp})I(\boldsymbol{r}, \boldsymbol{s}) = k_{ap}n^2 \frac{\sigma T^4}{\pi} + \frac{k_{sp}}{4\pi}\int_0^{4\pi} I(\boldsymbol{r}, \boldsymbol{s})\varphi(\boldsymbol{s}, \boldsymbol{s})\mathrm{d}\Omega' \quad (3.5)$$

式中，I 为辐射强度；$\boldsymbol{s}$ 为辐射传递方向矢量；k_{ap} 为颗粒存在时的等效吸收系数；k_{sp} 为等效散射系数；$\boldsymbol{r}$ 为位置矢量；n 为颗粒的折射率；σ 为玻尔兹曼常数；T 为温度；$\varphi(\boldsymbol{s}, \boldsymbol{s})$ 为散射相函数；Ω' 为立体角。

（5）颗粒轨迹模型。

结合欧拉－拉格朗日方法模拟反应器内金属氧化物粒子的运动轨迹，其求解思路为在拉格朗日坐标系下处理颗粒相，在欧拉坐标系下处理气相，并把颗粒看成与流体之间有滑移、沿轨道运动的分散群。该方法的特点是忽略颗粒与颗粒之间的相互扩散作用、次相占主相的体积分数必须小于 10%。颗粒的轨迹跟踪与热质传递交换通过颗粒的力平衡以及颗粒与颗粒、颗粒与内壁面间的对流及辐射热传递之间的变化获得。在流体相热传递计算过程中，颗粒的运动轨迹在指定间隔单独计算。在拉格朗日坐标系下，颗粒的力平衡方程可采用下式表示：

$$\frac{\mathrm{d}u_p}{\mathrm{d}t} = F_D(u - u_p) + \frac{g(\rho_p - \rho)}{\rho_p} + F \quad (3.6)$$

其中

$$F_D = \frac{18\mu}{\rho_p d_p^2} \cdot \frac{C_D Re}{24} \quad (3.7)$$

$$Re = \frac{\alpha d_p |u_p - u|}{\mu} \quad (3.8)$$

式中，F 为颗粒受到的其他附加质量力；$F_D(u - u_p)$ 为颗粒单位质量所受的拖拽力；u 为流体速度；u_p 为颗粒速度；μ 表示气相分子动力黏性系数；ρ 为流体的密度；ρ_p 为颗粒的密度；g 为重力加速度；Re 表示相对雷诺数。

拽力系数 C_D 可采用下式计算：

$$C_D = \frac{24}{Re}(1 + b_1 Re^{b_2}) + \frac{b_3 Re}{b_4 + Re} \quad (3.9)$$

其中

$$b_1 = \exp(2.328\ 8 - 6.458\ 1 + 2.448\varphi^2) \qquad (3.10\ a)$$

$$b_2 = 0.096\ 4 + 0.556\ 5\varphi \qquad (3.10\ b)$$

$$b_3 = \exp(4.905 - 13.894\ 4\varphi + 18.422\ 2\varphi^2 - 10.259\ 9\varphi^3) \qquad (3.10\ c)$$

$$b_4 = \exp(1.468\ 1 + 12.258\ 4\varphi - 20.732\ 2\varphi^2 + 15.885\ 5\varphi^3) \qquad (3.10\ d)$$

形状系数 φ 的定义如下：

$$\varphi = \frac{a_0}{A_p} \qquad (3.11)$$

式中，a_0 为与实际颗粒具有相同体积的球形颗粒的表面积；A_p 为实际颗粒的表面积。

（6）组分输运模型。

通过颗粒轨迹跟踪的计算，力平衡模型决定颗粒流在质量、热量以及动量方面的得失。改变求解离散和连续相方程直到求解收敛。离散相和连续相之间的能量、质量、动量传递通过检查颗粒在每个求解微元面上能量、动量质量的改变来计算。铁酸镍热分解反应采用物质输运模型和颗粒表面反应计算，其表达式如下：

$$\frac{\partial}{\partial t}(\rho Y_i) + \nabla \cdot (\rho \upsilon Y_i) = -\nabla \boldsymbol{J}_i + R_i + S_i \qquad (3.12)$$

式中，Y_i 为组分 i 的局部质量分数；R_i 为组分 i 的净产生速率；S_i 为离散相及用户定义的源项导致的额外产生速率；$\boldsymbol{J}_i$ 为组分 i 的扩散通量。由于铁酸镍热解反应为粒子表面反应，因此 R_i 忽略不计。

方程（3.12）等号左侧第二项以及等号右侧第一项代表组分的对流及扩散通量，颗粒的表面反应速率可采用下式计算：

$$\bar{R}_{j,r} = A_p \eta_r Y_j R_{j,r} \qquad (3.13)$$

式中，$\bar{R}_{j,r}$ 为颗粒的表面反应速率；A_p 为实际颗粒的表面积；η_r 为有效因子；Y_j 为颗粒中表面组分的质量分数；$R_{j,r}$ 为单位面积颗粒表面组分的反应速率，通过阿伦尼乌斯（Arrhenius）方程求得。

对于 $NiFe_2O_4$ 颗粒的热解过程，可认为其是零维化学反应，颗粒表面组分的消耗速率可采用下式计算：

$$R_{NiFe_2O_4} = -\frac{dm_p}{dt} = Ar_{kin} \qquad (3.14)$$

式中，r_{kin} 为颗粒表面物质的反应速率。

t 时刻时反应颗粒的质量可通过下式计算：

$$m_p(t) = m_p(t - \Delta t) - R_{NiFe_2O_4}\Delta t \qquad (3.15)$$

由于 $NiFe_2O_4$ 颗粒的化学反应发生在颗粒表面，随着反应时间的增加，颗粒

的直径逐渐减小。因此,t 时刻时颗粒的直径可采用下式计算:

$$\mathrm{d}p(t) = d_{p0}\left[\frac{m_p(t)}{m_{p0}}\right]^{1/3} \tag{3.16}$$

t 时刻时颗粒的温度与颗粒表面的对流换热以及吸收/发射的能量存在热平衡关系。颗粒表面换热的热平衡表达式如下:

$$m_p c_p \frac{\mathrm{d}T_p}{\mathrm{d}t} = hA_p(T_\infty - T_p) - f_h \frac{\mathrm{d}m_p}{\mathrm{d}t}H_{reac} + A_p \varepsilon_p \sigma(\theta_R^4 - T_p^4) \tag{3.17}$$

式中,m_p 为颗粒的质量;c_p 为颗粒的比热容;T_p 为颗粒的温度;T_∞ 为流体的局部温度;h 为对流换热系数;σ 为斯特藩—玻尔兹曼(Stefan—Boltzmann)常数;ε_p 为颗粒的发射率;θ_R 为辐射温度;f_h 为颗粒吸收热量的百分数;H_{reac} 为化学反应所需的热量。

(7)$NiFe_2O_4$ 转化率。

进入反应器的颗粒由于化学反应的存在,其粒径和质量随着反应进度发生变化。因此,$NiFe_2O_4$ 颗粒的转化率定义为从反应器出口出去的 $NiFe_2O_4$ 颗粒质量与进入反应器的初始质量的比值,其计算式如下:

$$X = 1 - \frac{m_{out}}{m_{in}} \tag{3.18}$$

式中,m_{in} 为 $NiFe_2O_4$ 颗粒进口质量流量;m_{out} 为 $NiFe_2O_4$ 颗粒出口质量流量。

3. 边界条件设置

在数值计算中,$NiFe_2O_4$ 热解过程中反应物和生成物的物性参数如表 3.1 所示,反应器边界条件如图 3.1 所示。$NiFe_2O_4$ 热分解数值计算过程所用边界条件如下所示:

(1)采光口。

速度入口,初始参数为 $v_1 = 0.05$ m/s,$P_1 = 101\ 325$ Pa,$T_1 = 300$ K(其中 v_1 与 T_1 根据模拟需求相应改变)。

(2)喂料口。

气相:速度入口,初始参数为 $P_2 = 101\ 325$ Pa,$T_2 = 300$ K(其中 T_2 根据模拟需求相应改变)。

固相:速度入口,初始参数为 $d_p = 1$ μm,$T_p = 300$ K,$v_p = 0.05$ m/s,$m_2 = 1 \times 10^{-6}$ kg/s(其中 d_p、T_p、v_p、m_2 根据模拟需求相应改变)。

(3)出口。

充分发展流动,$P_{out} = 0$。

（4）内壁面。

变热流边界条件，根据拟合得到内壁面热流公式，通过用户自定义函数（UDF）加载。

（5）外壁面。

混合边界条件，$h_0 = 10$ W/（$m^2 \cdot K$），$T_0 = 298$ K。

表 3.1　$NiFe_2O_4$ 热解过程中反应物和生成物的物性参数

材料	ΔH /(kJ · mol^{-1})	ΔS /(J · mol^{-1})	ρ /(kg · m^{-3})	导热系数 k_c /[W · (m · K)$^{-1}$]	c_p /[J · (kg · K)$^{-1}$]
$NiFe_2O_4$	-307.2	131.8	$5\ 368$	$21.07 - 0.053T + 5.28 \times 10^{-5}T^2$	$(300 < T < 900)$ $-1\ 200 + 11.15T - 2.5 \times 10^{-2}T^2$ $(900 < T < 1\ 900)$ $9\ 969 - 26.4T + 2.8 \times 10^{-2}T^2$
NiO	-240.3	36.71	$6\ 670$	$226.6 - 1.4T - 3.38 \times 10^{-3}T^2$	$(300 < T < 500)$ $-71 + 7.8 \times 10^{-2}T - 1.8 \times 10^{-3}T^2$ $(500 < T < 1\ 900)$ $53 - 5.3 \times 10^{-3}T + 1.0 \times 10^{-5}T^2$
FeO	265.8	59.5	$5\ 745$	$13.03 - 0.01T + 4.62 \times 10^{-6}T^2$	$(300 < T < 1\ 900)$ $43.8 + 0.024T - 1.06 \times 10^{-5}T^2$
N_2	0	191.61	1.36	$0.022\ 8$	29.09
O_2	-0.054	205.3	2.9	$3.62 \times 10^{-3} + 8.27 \times 10^{-5}T$	$0.88 + 2.41 \times 10^{-5}T + 4.61 \times 10^{-7}T^2$
氧化铝陶瓷	—	—	$3\ 960$	$35.25 - 0.035T + 1.34 \times 10^{-5}T^2$	$-136.0 + 4.44T - 5.87 \times 10^{-3}T^2 - 0.88 \times 10^{-6}T^3$
硅酸铝纤维	—	—	188.75	0.035	$2\ 023$
硅酸钙纤维	—	—	230	0.18	900
304	—	—	$8\ 000$	$3.79 + 0.024T$	0.51

考虑到 $NiFe_2O_4$ 热分解反应器使用十六碟聚光器加热,采用蒙特卡罗光线追踪法(MCRTM)计算得到了反应器壁面热流密度随反应器高度的变化,如图 3.2 所示。反应器壁面热流密度(q_x)随着反应器高度的增加呈现不同的趋势,当反应器高度小于 0.124 m 时,热流密度值急速上升,在 0.124 m 处达到最大值(约为 0.18 MW/m²);当高度超过 0.124 m 时,壁面热流密度缓慢下降;当高度超过 0.32 m 时,壁面热流密度降低至接近于 0。为了将计算得到的壁面热流密度导入到温度场计算中,采用多项式拟合函数法将计算得到的壁面热流密度进行分段拟合,如式(3.19)所示。在数值计算中可将拟合后的热流曲线通过 UDF 将其加载。

$$q_x = -0.043\ 5 + 0.001\ 62x - 1.028 \times 10^{-5}x^2 \\ + 2.863 \times 10^{-7}x^3 - 3.097 \times 10^{-9}x^4 \quad x \in [0, 0.124] \tag{3.19 a}$$

$$q_x = -2.516 + 0.065\ 2x - 5.964 \times 10^{-4}x^2 + 2.578 \times 10^{-6} \\ x^3 - 5.579 \times 10^{-9}x^4 \quad x \in [0.124, 0.32] \tag{3.19 b}$$

$$q_x = -3.539 + 0.051\ 6x - 2.862 \times 10^{-4}x^2 + 7.636 \times 10^{-7} \\ x^3 - 9.832 \times 10^{-10}x^4 \quad x \in [0.32, 0.4] \tag{3.19 c}$$

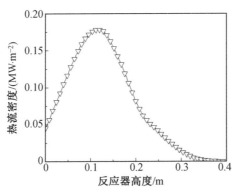

图 3.2　反应器壁面热流密度随反应器高度的变化

太阳能反应器氧化铝陶瓷表面的发射率随温度的变化如图 3.3 所示。从图中可以看出温度对其发射率影响显著,且表面温度越高,发射率越低;在 1 000 K 以下时,氧化铝陶瓷表面发射率大于 0.5。通过多项式拟合方式将氧化铝陶瓷表面发射率与温度变化的关系进行拟合,如式(3.20)所示,并在 Fluent 相关设置中将其加载。

$$\varepsilon_{Al_2O_3} = 1.081\ 6 - 8.923\ 1 \times 10^{-4}T + 1.828\ 54 \times 10^{-6}T^2 \\ + 4.808\ 4 \times 10^{-11}T^3 - 1.511 \times 10^{-14}T^4 \tag{3.20}$$

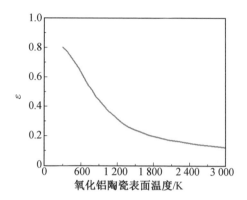

图 3.3　太阳能反应器氧化铝陶瓷表面的发射率随温度的变化

采用基于有限体积法的商用软件 ANSYS Fluent 对 $NiFe_2O_4$ 热分解过程进行数值模拟。采用二阶迎风格式离散动量、能量、组分输运及辐射传输方程,并使用 SIMPLE 方法求解压力与速度耦合的流场问题。$NiFe_2O_4$ 颗粒的热分解动力学参数(活化能和指前因子)计算收敛条件:动量、质量方程的残差设置为 1×10^{-4},组分输运方程的残差设置为 1×10^{-5},能量方程的残差设置为 1×10^{-7},辐射传输方程的残差设置为 5×10^{-6}。

3.1.2　模型验证与网格无关性验证

(1)计算模型验证。

为了验证用于模拟 $NiFe_2O_4$ 颗粒热解反应模型的正确性,本节基于该模型计算了与相关文献相同的物理模型,对比研究了该物理模型在稳态条件下时不同壁面间隙(e)对反应器的温度分布及化学转化率的影响。

图 3.4 所示为不考虑化学反应时不同壁面间隙对反应器壁面温度分布的影响。从图中可以看出,采用本节建立模型在不同壁面间隙时计算结果与文献计算结果吻合良好,最大差值为 3%。

此外,采用该模型计算了反应器内 ZnO 颗粒分解过程对反应器温度的影响,计算结果如表 3.2 所示。可以看出,该模型计算结果与文献计算结果吻合良好,最大误差不超过 2.5%。

基于上述计算结果对比可知,采用该模型计算结果与文献吻合良好,计算误差不超过 3%。引起计算误差的原因为文献所给的相关计算参数不全,如保温层材料种类以及热物性参数、出口条件、求解参数的设置等。因此可认为建立模型能够用于反应器内金属氧化物颗粒的分解计算。

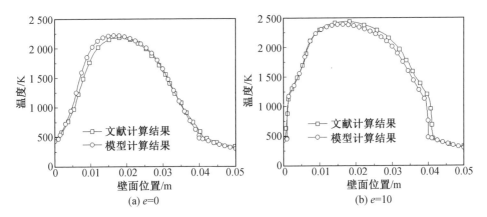

(a) $e=0$ (b) $e=10$

图 3.4 不同壁面间隙条件下模型计算结果与文献计算结果对比

表 3.2 ZnO 颗粒分解过程对反应器以及颗粒温度的影响

结果	壁面平均温度	颗粒平均温度	转化率
模型结果	2 400 K	2 200 K	100%
文献结果	2 436 K	2 250 K	100%
结果差值	36 K	50 K	0%
相对误差	1.5%	2.3%	0%

（2）网格无关性验证。

有限体积法是将计算域离散后,通过计算网格节点之值,再利用差值方式得到中心位置的数值,因而网格数量对计算结果的精度具有重要影响。在一定程度上离散尺度越小,则网格数量越多,从而计算结果也越精确。但是考虑到计算时间及计算效率,数值模拟所需网格数不能无限制加密。基于图 3.1 所示物理模型,为了验证网格对计算结果的影响,在该节分别计算了 7 种不同网格数(12 403、25 088、49 806、98 703、192 200、394 544、800 744)下的壁面温度分布。不同网格数下反应器壁面温度分布随长度变化规律如图 3.5 所示,7 种网格数量计算得到的反应腔侧壁面的温度分布趋于一致。随着网格数量的增多,反应器壁面温度差异逐渐减小,网格数 394 544 的计算结果与 800 744 的计算结果几乎无差异。考虑到计算时间及计算效率,在后续数值计算中均采用 394 544 网格数。

3.1.3 太阳能热化学反应器优化设计方法

1. 采光口气体流速对反应转化率影响

图 3.6 给出了 $NiFe_2O_4$ 转化率与采光口气体流速的变化关系,计算条件:喂

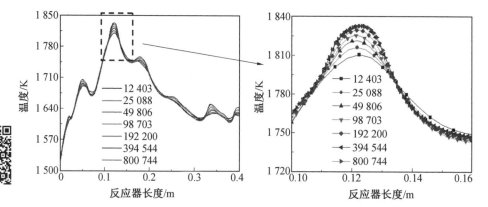

图 3.5　不同网格数下反应器壁面温度分布随长度变化规律

料口流速(v_2)为 0.05 m/s,反应物粒径(d_p)为 1 μm,质量流量(m_2)为 1×10^{-6} kg/s,采光口进气温度(T_1)和喂料口进气温度(T_2)均为 300 K,采光口气体流速(v_1)在 0.02 ～ 0.15 m/s 之间变化。从图 3.6 中可以看出采光口的流速与反应颗粒的转化率呈非线性关系。当采光口气体流速从 0.02 m/s 升到 0.15 m/s 时,$NiFe_2O_4$ 的转化率从 100% 急剧下降到 30%。造成 $NiFe_2O_4$ 转化率急剧下降的原因如下:在低流速时从采光口进入反应器内的 Ar 在反应器内停留时间较长因而受到充分加热;在低的采光口气体流速下反应颗粒亦停留时间较长且受热充分因而其转化率较高。随着采光口气体流速增大,进入反应器的反应颗粒以及 Ar 没来得及充分加热就排出反应器,因而其转化率急速减小。

图 3.7 给出了 $NiFe_2O_4$ 分解过程中采光口气体流速对反应器内流体平均温度的影响。从图中可以看出流体平均温度的变化趋势与颗粒转化率相一致,流

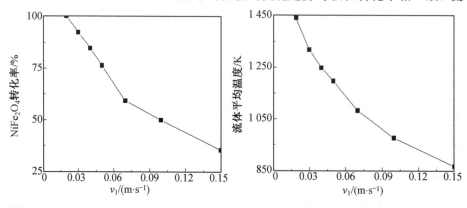

图 3.6　采光口气体流速对转化率的影响　图 3.7　采光口气体流速对流体平均温度的影响

体的平均温度也随采光口气体流速的增加而急剧减小。当流速从 0.02 m/s 增加到 0.15 m/s 时,反应器内流体的平均温度由 1 450 K 降低到 860 K,平均温度下降了 590 K。流体的平均温度下降导致反应颗粒不能达到分解温度,从而其转化率下降。

图 3.8 所示为不同采光口气体流速对反应器内流体温度分布的影响。从图中可以看出在低流速时,采光口气体流速对反应器内流体温度分布的扰动不大,反应器内流体区域没有出现分层现象且反应器内流体平均温度达到 1 450 K。随着流速的增加,反应器中间区域开始出现温度分层现象。当流速达到 0.15 m/s 时,反应器内流体区域出现一个温度在 300 ~ 460 K 之间区域,且反应器内流体分层明显。这意味着从采光口进入的气体携带未充分加热的反应颗粒直接从反应器出口流出。由于 $NiFe_2O_4$ 热解反应与温度有关,采光口气体流速增大导致反应器内流体的平均温度低于其分解温度,因而其颗粒转化率降低。

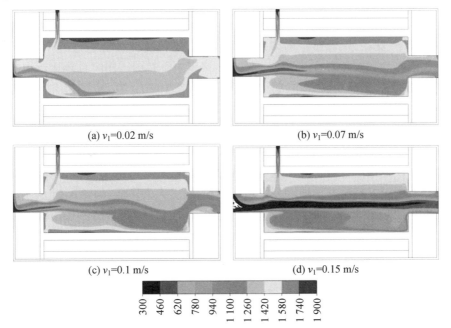

(a) $v_1=0.02$ m/s　　　　　　　　(b) $v_1=0.07$ m/s

(c) $v_1=0.1$ m/s　　　　　　　　(d) $v_1=0.15$ m/s

300 460 620 780 940 1 100 1 260 1 420 1 580 1 740 1 900

图 3.8　反应器内流体温度场与采光口气体流速的关系(单位:K)

2. 颗粒粒径对转化率影响

图 3.9 给出了 $NiFe_2O_4$ 颗粒粒径与转化率的关系,计算条件:喂料口气体流速为 0.05 m/s,采光口气体流速为 0.02 m/s,质量流量为 1×10^{-6} kg/s,采光口和喂料口的 N_2 温度均为 300 K,$NiFe_2O_4$ 颗粒粒径在 0.5 ~ 7 μm 之间变化。

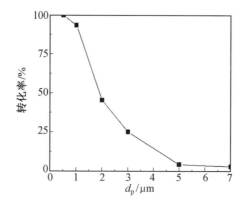

图 3.9　NiFe$_2$O$_4$ 颗粒粒径与转化率的关系

从图 3.9 中可以看出,在相同的质量流量下,NiFe$_2$O$_4$ 颗粒粒径对化学反应转化率影响明显,且转化率与粒径呈非线性关系。随着反应颗粒粒径增大,其反应转化率急速下降,类似的结果也可在相关文献中观察到。出现上述情况的原因主要如下:第一,颗粒粒径的增加会导致反应器内流体的流速增大,平均流速增加不仅会导致反应器内流体的平均温度降低(图 3.10),同时也导致反应颗粒在反应器内还未充分受热时就从反应器出口排出。第二,根据前面所述,NiFe$_2$O$_4$ 颗粒热分解反应是表面反应,即化学反应在颗粒表面进行。对于给定的质量流量,颗粒的总表面积随着反应颗粒粒径的增大而减小。颗粒的反应速率与其比表面积相关,比表面积越大则颗粒的转化率越高。第三,由于参与反应的颗粒主要通过壁面与颗粒和颗粒与颗粒之间的辐射热传递加热的,颗粒粒径增大会导致颗粒加热时间增加,因此反应颗粒的温度大大降低,如图 3.11 所示。由前述可知,NiFe$_2$O$_4$ 颗粒热解反应的转化率与反应温度成正比,流体的温度降低

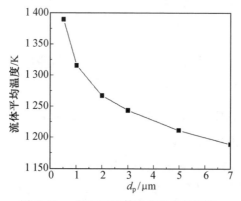

图 3.10　粒径对流体平均温度的影响

导致颗粒的表面温度降低,从而使得其反应转化率大大降低。上述三个原因的综合作用导致 $NiFe_2O_4$ 颗粒的转化率随粒径的增大而大幅度降低。

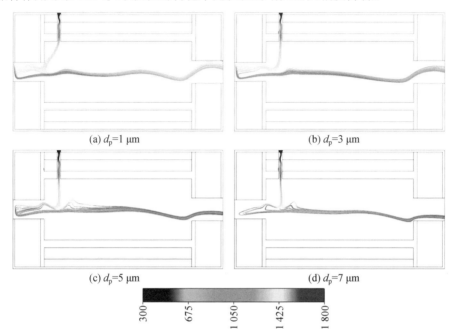

(a) d_p=1 μm

(b) d_p=3 μm

(c) d_p=5 μm

(d) d_p=7 μm

300　675　1 050　1 425　1 800

图 3.11　　反应器内颗粒温度场与粒径的关系(单位:K)

3. 质量流量对转化率的影响

图 3.12 给出了颗粒的转化率随颗粒质量流量的变化关系,计算条件:喂料口流速为 0.05 m/s,采光口的流速为 0.02 m/s,采光口和喂料口的 N_2 温度均为 300 K,反应物粒径为 1 μm,反应颗粒质量流量在 $0.01\times10^{-6} \sim 1.5\times10^{-6}$ kg/s 之间变化。

从图 3.12 中可以看出,反应颗粒的质量流量对颗粒转化率有明显的影响。当反应颗粒的质量流量从 0.01×10^{-6} kg/s 增加到 1.5×10^{-6} kg/s 时,其转化率从 38% 升到 100%,转化率升高了约 60%。从图 3.13 可以看出,随着反应颗粒质量流量的增加,反应器内部流体的平均温度升高而平均流速减小。出现上述情况的原因如下:第一,对于给定初始粒径的反应颗粒,随着颗粒流量的增加,单位质量流量内的反应颗粒数目将会增多。反应颗粒数目增多首先会增强颗粒与颗粒、颗粒与流体之间的换热,从而导致流体的温度升高,如图 3.14 所示;其次单位质量流量内的反应颗粒数目增加,将会从携带流体中获得更多的动量来维持其在反应器内的运动,从而导致反应器内流体的流速下降。第二,如前所述,反应

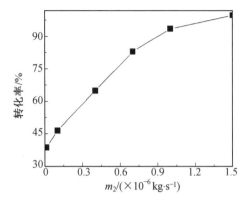

图 3.12 颗粒质量流量与转化率的关系

器内流体的流速下降将会使得反应颗粒的加热时间以及停留时间增加,从而使得反应颗粒的表面温度到达反应温度而使得其转化率提高。上述两个原因的综合作用导致 $NiFe_2O_4$ 颗粒的转化率随反应颗粒质量流量的增加而增大。

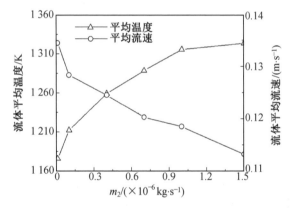

图 3.13　流体平均温度和流体平均流速与质量流量的关系

4.采光口气体温度对转化率的影响

图 3.15 给出了反应器采光口气体温度与颗粒转化率的关系,计算条件:喂料口气体流速为 0.05 m/s,采光口气体流速为 0.07 m/s,质量流量为 1×10^{-6} kg/s,喂料口 N_2 温度为 300 K,反应物粒径为 1 μm,采光口进口 N_2 温度在 $300 \sim 550$ K 之间变化。

从图 3.15 中可以看出,采光口气体温度对颗粒的转化率有明显影响。当进口气体温度从 300 K 升到 550 K 时,反应颗粒的转化率从 59% 升高到 97%,转化率升高了约 40%。引起上述原因如下:随着采光口气体的温度升高,反应器内壁面以及颗粒对气体的加热量将会减少,将有更多的能量用于加热反应颗粒。由于反应颗粒热分解

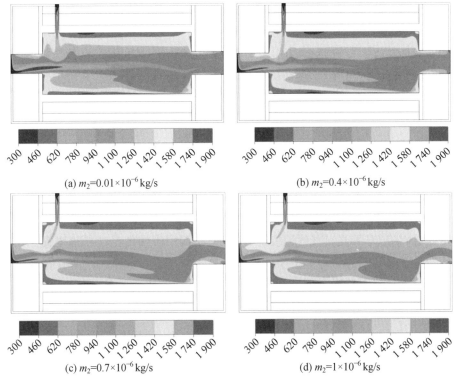

图 3.14　反应器内流体温度与质量流量的关系（单位：K）

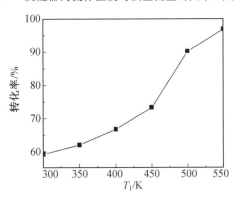

图 3.15　采光口气体温度与转化率的关系

过程在颗粒的表面发生,颗粒粒径随着反应程度的增加而逐渐减小。由前面分析可知随着反应物粒径减小,反应器内的流体平均温度将会升高,如图 3.16 所示。基于上述原因,反应颗粒的转化率随着采光口气体温度的升高而提高。

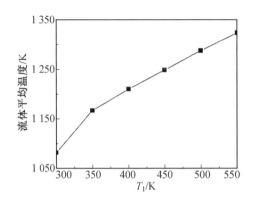

图 3.16　流体平均温度与采光口气体温度的关系

图 3.17 给出了反应器内流体温度场与采光口气体温度的变化关系。从图中可以看出,随着采光口气体温度的升高,反应器内流体的温度明显增高。由于采光口气体流速较大,反应器内流体温度场出现明显分层,且该分层带温度较低。随着采光口气体温度的升高,该分层带的流体温度亦升高,使得周围流体的温度亦升高。因此随着采光口气体温度的升高,颗粒的转化率逐渐增大。

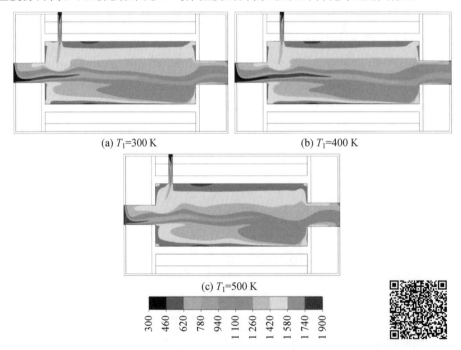

图 3.17　反应器内流体温度分布与采光口气体温度的变化关系(单位:K)

5.喂料口气体温度对转化率影响

图 3.18 给出了反应颗粒的转化率与喂料口气体温度的关系,计算条件:喂料口气体流速为 0.03 m/s,采光口气体流速为 0.05 m/s,质量流量为 1×10^{-6} kg/s,采光口 N_2 温度为 300 K,反应物粒径为 1 μm,喂料口 N_2 进气温度在 300 ～ 500 K 之间变化。

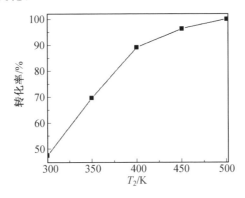

图 3.18　喂料口气体温度与转化率的关系

结果表明随着喂料口气体温度的升高,颗粒的转化率也逐渐增大且为非线性关系。当喂料口气体温度由 300 K 升到 500 K 时,颗粒的转化率从 47% 升到 100%,转化率升高了约 50%。出现原因如下:随着喂料口气体的温度升高,反应器内壁面以及颗粒对加热气体所需的投入能量将会减少,而该部分能量将用于加热颗粒。由于反应颗粒发生表面化学反应,其粒径随着反应进度的增加而逐渐减小,由前面分析可知随着反应物粒径减小,反应器内的流体平均温度将会升高。

图 3.19 给出了不同进口温度时,反应器内流体平均温度与喂料口气体温度的变化关系。随着喂料口气体温度的增加,反应器内流体平均温度升高,当温度从 300 K 升到 500 K 时,流体的平均温度仅增加了 3%。图 3.20 所示为反应器内流体温度分布与喂料口气体温度的变化关系,可以看出喂料口气体温度的增加对反应器内流体温度场分布的影响不是很明显。但是由于不同喂料口流体平均温度均高于 $NiFe_2O_4$ 颗粒的反应温度,因而随着喂料口流体温度的升高,反应颗粒的转化率大幅提高。

太阳能高温热化学合成燃料技术

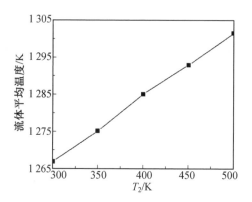

图 3.19　喂料口气体温度与流体平均温度的关系

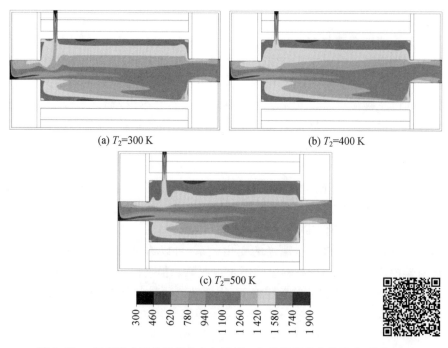

(a) T_2=300 K　　　　(b) T_2=400 K

(c) T_2=500 K

图 3.20　反应器内流体温度分布与喂料口气体温度的变化关系(单位:K)

3.2　辐射特性对热性能的影响分析

3.2.1　数值模型

（1）控制方程式。

质量方程、动量方程、总能量方程、对流－扩散方程与状态方程一起数值求解，如下列公式所示：

$$\frac{\partial \bar{\rho}}{\partial t} = -\nabla \cdot (\bar{\rho} u) \tag{3.21}$$

$$\frac{\partial (\bar{\rho} u)}{\partial t} = -\nabla \cdot (\bar{\rho} u u) + \nabla \cdot [2\mu_{\text{eff}} D(u)] - \nabla [2/3\mu_{\text{eff}}(\nabla \cdot u)] - \nabla P + \bar{\rho} g \tag{3.22}$$

$$\frac{\partial (\bar{\rho} h_s)}{\partial t} + \frac{\partial (\bar{\rho} E_k)}{\partial t} = -\nabla \cdot (\bar{\rho} u h_s) - \nabla \cdot (\bar{\rho} u E_k) + \nabla \cdot (\alpha_{\text{eff}} \nabla h_s)$$
$$- \nabla \cdot q_r - \frac{DP}{Dt} + \bar{\rho} u \cdot g + \dot{q}_r \tag{3.23}$$

$$\frac{\partial (\bar{\rho} \bar{y}_i)}{\partial t} = -\nabla \cdot (\bar{\rho} u \bar{y}_i) + \nabla \cdot (\bar{\rho} \mu_{\text{eff}} \nabla \bar{y}_i) + \bar{\rho} (R_i + S_i) \tag{3.24}$$

$$P = \rho P = \bar{\rho} \bar{R} T \tag{3.25}$$

式中，$\bar{\rho}$ 为化学物质混合物的平均摩尔密度；u 为速度；P 为压力；T 为温度；g 为重力加速度；h_s 为显焓；q_r 为辐射热通量；E_k 为动能；$\dot{q}_r$ 为任何特定的热源；$\bar{y}_i$ 为化学物种的摩尔分数；R_i 为物种 i 的反应源项的速率；S_i 为包括所有其他源项的速率；$\bar{R}$ 为通用气体常数；μ_{eff} 为物种的有效动态黏度。

总压力可以按如下计算：

$$P = P_{\text{rgh}} + \rho \cdot gh + P_{\text{ref}} \tag{3.26}$$

式中，P_{rgh} 为动态压力；$\rho \cdot gh$ 为静压力；gh 为重力；P_{ref} 为参考压力。

辐射热通量 q_r 和有效动态黏度 μ_{eff} 可以按如下计算：

$$q_r = -\alpha_{\text{eff}} \nabla \left(H - \frac{p}{\rho} \right) \tag{3.27}$$

$$\mu_{\text{eff}} = A_s \frac{T^{\frac{1}{2}}}{\left(1 + \frac{T_s}{T} \right)} \tag{3.28}$$

式中，α_{eff} 为有效的热扩散率；H 为焓；A_s 为萨瑟兰系数；T_s 为萨瑟兰温度。在本书中,$A_s = 1.672\ 12 \times 10^{-6}$;$T_s = 170.672$ K。

有效的热扩散率 α_{eff} 和动能 E_k 可以定义如下:

$$\alpha_{\text{eff}} = \frac{\mu}{Pr} = \frac{k}{C_p} \tag{3.29}$$

$$E_k = m \frac{|u|^2}{2} \tag{3.30}$$

式中,μ 为动态黏度;Pr 为普朗特数;k 为导热系数;C_p 为由 JANAF 热力学系数计算的恒定压力下的热容;m 为质量。

反应速率和热源分别由下式计算:

$$R_i = \overline{M}_{\text{w},i} \sum_{r=1}^{N} \widehat{R}_{i,r} \tag{3.31}$$

$$\dot{q}_r = -\sum_i R_i h_i^0 \tag{3.32}$$

式中,$\overline{M}_{\text{w},i}$ 为物质的分子量;$\widehat{R}_{i,r}$ 为反应中物质的产生或破坏的摩尔反应速率;h_i^0 为物质的化学焓。

反应速率常数 k_r 由不可逆 Arrhenius 方程定义:

$$k_r = A_r T^{\beta_r} \exp\left(\frac{T_{\text{a},r}}{T}\right) \tag{3.33}$$

式中,A_r 为指前因子;β_r 为反应的温度指数;$T_{\text{a},r}$ 可由活化能 $E_{\text{a},r}$ 和通用气体常数 $\overline{R}$ 通过以下关系计算:

$$T_{\text{a},r} = \frac{E_{\text{a},r}}{\overline{R}} \tag{3.34}$$

辐射源项 $\nabla \cdot q_r$ 是根据辐射强度,使用 P1 近似计算辐射传热方程式所得,如下式所示:

$$\frac{\mathrm{d}I_{r,s}}{\mathrm{d}s} = \boldsymbol{\Omega} \cdot \nabla(I_{r,s}) = \varepsilon_e I_{\text{b},r} - (\alpha + \sigma_{s,r}) I_{r,s} - \frac{\sigma_{s,r}}{4\pi} \int_{4\pi} I_{r,s_i} \Phi(s_i,s)\,\mathrm{d}\Omega_i \tag{3.35}$$

式中,$I_{r,s}$ 为沿 s 方向传播的 r 点的辐射强度;$I_{\text{b},r}$ 为 r 点处的黑体辐射强度;α 为吸收系数;ε_e 为排放系数;$\sigma_{s,r}$ 为散射系数;$\Phi(s_i,s)$ 为散射相函数。

由于求解辐射传热方程(3.35)具有一定的困难,因此对其进行了大量的简化。考虑到辐射传热的 P1 近似,假设辐射强度可以作为偏微分方程求解,其中考虑辐射传递方程积分中的各向异性。入射辐射通量强度的扩散方程如下式所示:

$$\nabla \cdot \left[\frac{1}{3\alpha + \sigma_s(3-C)} \nabla G\right] = \alpha G - 4\pi \varepsilon_e I_{\text{b}} + E \tag{3.36}$$

式中,G 为入射辐射强度;E 为发射率贡献;C 为线性各向异性相函数系数。

可以通过以下表达式计算所有点的辐射总量：

$$I_b = \frac{S}{P} T^4 \qquad (3.37)$$

对于 P1 近似，灰色漫射介质的辐射传热方程简化为下面等式：

$$\nabla \cdot (\Gamma \nabla G) = \alpha G - 4\varepsilon_e \sigma T^4 + E \qquad (3.38)$$

式中，σ 为 Stefan － Boltzmann 常数；T 为辐射温度。本书中考虑的 Stefan － Boltzmann 常数值为 5.67×10^{-8} W/(m² · K⁴)。

考虑到总辐射强度（G）的传输方程和辐射热通量（q_r）的发散，计算焓方程（3.23）中的辐射源项 $\nabla \cdot q_r$。入射辐射强度和辐射热通量之间的关系可以通过将辐射强度在所有可能的方向上和所有可能的点上积分来获得：

$$q_r = -\Gamma \nabla G \qquad (3.39)$$

$$-\nabla \cdot q_r = \alpha G - 4\varepsilon_e \sigma T^4 \qquad (3.40)$$

（2）边界条件。

包括辐射边界条件在内的反应器物理参数的边界条件和初始条件如表 3.3 所示。辐射边界条件可以是马沙克（Marshak）辐射边界条件，如下式所示：

$$q_{r,w} = -\frac{\varepsilon_w}{2(2 - \varepsilon_w)} (4\sigma T_w^4 - G_w) \qquad (3.41)$$

式中，$q_{r,w}$ 为墙壁入射辐射的通量；ε_w 为墙发射率；T_w 为计算的壁温；G_w 为墙上的入射辐射强度。

表 3.3　边界条件和初始条件

边界条件	入口	墙	出口
T/K	辐射入口： $T=$ 参数研究 气流入口： $T=300$	300	零梯度
$U/(\mathrm{m \cdot s^{-1}})$	固定数值 反应流入口： $U=$ 参数研究	固定数值	零梯度
P/Pa	零梯度	零梯度	总压力
P_{rgh}/Pa	固定磁通压力 数值：参数研究	零梯度	固定磁通压力 数值：参数研究

续表

边界条件	入口	墙	出口
$G/(\mathrm{W\cdot m^{-2}})$	Marshak 辐射 $T=$ 参数研究 发射率 = 1.0 数值:0.0	Marshak 辐射 $T=$ 参数研究 发射率 = 1.0 数值:0.0	Marshak 辐射 $T=$ 参数研究 发射率 = 1.0 数值:0.0
$I/(\mathrm{W\cdot m^{-2}\cdot sr^{-1}})$	灰色漫射辐射	灰色漫射辐射	灰色漫射辐射
$\alpha_{\mathrm{eff}}/[\mathrm{kg\cdot(m\cdot s)^{-1}}]$	固定数值	固定数值	零梯度
$\mu_{\mathrm{eff}}/(\mathrm{Pa\cdot s})$	Mutk 墙功能 数值:0.00	Mutk 墙功能 数值:0.00	Mutk 墙功能 数值:0.00
$\varepsilon_{\mathrm{T}}/(\mathrm{m^2\cdot s^{-3}})$	Epsilon 墙功能 数值:0.01	Epsilon 墙功能 数值:0.01	Epsilon 墙功能 数值:0.01
$E_{\mathrm{k}}/(\mathrm{m^2\cdot s^{-2}})$	kqR 墙功能 数值:0.1	kqR 墙功能 数值:0.1	kqR 墙功能 数值:0.1
CH_4	0.4	0.0	0.0
CO_2	0.6	0.0	0.0
H_2O	0.2	0.0	0.0
N_2	0.77	0.0	1.0

辐射强度边界条件是针对 fvDOM 辐射模型定义的。fvDOM 系数定义为 nPhi = 3 和 nTheta = 0;辐射迭代的收敛标准是 10^{-3},并且最大迭代次数的 maxIter = 4。nPhi 表示 PI/2 中的方位角,表示光线的方向在 $x-y$ 平面(从 y 到 x)方向,nTheta 表示 PI 中的极角(从 z 到 $x-y$ 平面)。因为模型处于 2D,仅考虑 nPhi 并且光线的方向在 $x-y$ 平面上。

(2)数值解法。

图 3.21 描述了计算太阳能热能腔式接收器中辐射特性的流程图。通过选择定义的辐射传热模型(包括 P1 近似和 fvDOM 模型)来计算反应器内的太阳能热能传输和温度分布。

假设反应物颗粒为可压缩流体,并选择两种物种的热物理性质以及包括吸收和发射模型的辐射特性进行计算,选择散射模型以进一步研究相对于被迫偏离其原始路径的射线的辐射损失。此外,fvDOM 模型根据用户在辐射属性实用程序中定义的 fvDOM 系数,分配具有平均方向的精确数量的光线。收敛标准设定为 10^{-8}。

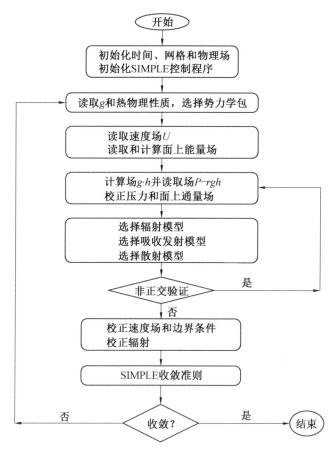

图 3.21　计算太阳能热能腔式接收器中辐射特性的流程图

3.2.2　温度分布与不同的辐射传热模型

图 3.22 所示为 P1 模型和 fvDOM 模型之间的温度分布对比,计算条件为:温度 1 600 K、流体入口速度 0.006 m/s、压力 19.738 atm(1 atm = 101.325 Pa)。图 3.22(a) 和图 3.22(b) 分别表示反应器内 3 h 和 50 min 的温度梯度。可以看出,向前流过反应器内腔的扩散热通量减弱,从而随着反应器轴向长度的增加,温度逐渐降低。考虑到 fvDOM 模型在 6 h 16 min(P1 模型是 1 h 43 min) 才能将反应器完全加热至所需反应温度的条件,因此对这两种模型进行了比较。根

据模拟时间成本,结果表明 P1 模型比 fvDOM 模型计算速度更快。这可以归因于 P1 模型能够以最小的 CPU 需求高效地求解辐射传热方程。

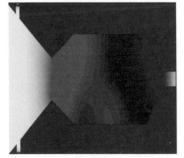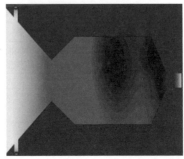

(a) fvDOM模型3 h内反应器内的温度梯度　　(b) P1模型50 min内反应器内的温度梯度

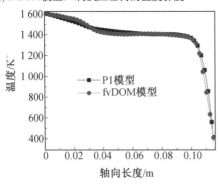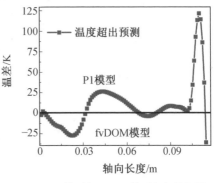

(c) 通过P1模型和fvDOM模型预测的温度　　(d) P1模型与fvDOM模型之间的温差

图 3.22　fvDOM 模型与 P1 模型反应器内腔的温差

图 3.22(c) 描绘了每个辐射模型的温度分布随反应器轴向长度的变化。图 3.22(d) 显示了所应用的辐射模型预测的温度与反应器轴向长度的增加之间的温差。图 3.22(d) 中的水平线表示平衡温度,其中 P1 模型预测的温度等于 fvDOM 模型预测的温度。如图 3.22(c) 和图 3.22(d) 所示,可以在反应器入口处观察到温差,其中用 fvDOM 模型获得的温度平均增加 0.5%。然后,在反应器内部的 P1 模型中观察到温度平均增加 0.45%。对于两种辐射模型,温度沿反应器轴向趋于稳定。然而,当温度差异显著增加至 122 K 时,在反应器出口处用 P1 模型获得的温度平均增加 4%。这些辐射模型之间的温度预测差异很大程度上取决于边界辐射,特别是在反应器横截面减小的区域。利用相应的辐射模型,在反应器温度波动较小的情况下获得类似的趋势。因此,P1 模型和 fvDOM 模型都可以准确地预测反应器内的温度分布。

3.2.3　沿反应器的入射辐射通量和辐射强度分布

图 3.23 显示了基于 fvDOM 模型的整个反应器的太阳辐射强度分布。绘制入射辐射通量(G)以更好地理解反应器内的辐射通量分布。如图 3.23(a) 所示,通过透明石英玻璃窗进入反应器的入射辐射通量不均匀地分布在反应器内。当热能向反应器的内部区域扩散时,反应器会被辐射传热加热。注意,入射辐射通量导致在整个可能方向上以及参与介质中所有可能方向和可能点上产生辐射强度。因此,有必要研究反应器的辐射强度分布。

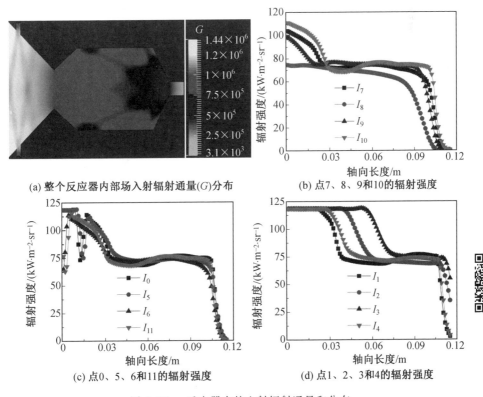

图 3.23　反应器内的入射辐射通量和分布

由于反应器的内腔被假定为灰色漫射辐射,如图 3.23(b) ~ (d) 所示,辐射强度在反应器的整个内部场中被反射和扩散。随着辐射通量的吸收,反应器逐渐升温。一个可能的解释是,来自太阳模拟器的辐射通量在反应器中在 $I_0 \sim I_{11}$ 的 12 个不同位置扩散,由 12 条射线组成,平均取向为 $\Omega = 1.047\,2$ rad 并沿反应器内腔冲击。

辐射强度的偏差将归因于参与媒体中吸收和反射的影响。一些辐射强度 (I_7、I_9 和 I_{10}),如图 3.23(b) 所示,一旦进入反应器就被显著吸收,而图 3.23(c) 中的某些辐射强度(I_0、I_5、I_6 和 I_{11})被反射没有被吸收。进入反应器时,图 3.23(d) 中 I_1、I_2、I_3 和 I_4 位置的辐射强度没有立即改变。从 0.02 ~ 0.055 m 开始,其中 I_1、I_4、I_2 和 I_3 分别被吸收。

　　图 3.23(b) 中位置 8 处的辐射强度低于上述辐射强度,且随反应器轴向长度的变化很小,之后急剧下降,表明辐射强度 I_8 在 0.08 m 处被显著吸收。辐射强度的较高吸收是辐射分散的原因。此外,当反应器完全加热然后逐渐衰减直到反应器出口时,辐射强度随后高度浓缩。反应器出口处辐射通量的急剧下降可归因于后壁的辐射损失,其中反应器横截面减小。因此,反应器内的辐射强度损失是由介质中辐射能量的吸收引起的。

3.2.4　辐射特性和载气流入口速度对反应器热性能的影响

　　图 3.24 显示了辐射吸收系数(α)对温度分布的影响。使用不同的吸收系数来研究整个反应器中辐射强度的变化。如图 3.24(a) 所示,吸收系数的变化对温度分布有很大影响。对于 P1 模型和 fvDOM 模型,温度随着吸收系数的增加而显著增加。这表明随着更多的辐射强度被吸收,预测温度会有更多的增加。如图 3.23(b) ~ (d) 中所提到的,可以清楚地看到,较高的温度分布导致辐射强度的巨大吸收。另外一点是当辐射强度高度集中在反应器内时,温度预测更均匀。此外,作为吸收系数函数的温度分布分析表明,这两种模型之间存在一些分歧。

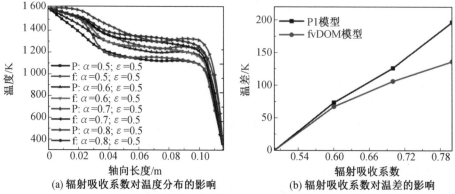

(a) 辐射吸收系数对温度分布的影响　　　(b) 辐射吸收系数对温差的影响

图 3.24　温度分布随辐射吸收系数的变化

P—P1 模型;f—fvDOM 模型

对于吸收系数小于0.7时,fvDOM模型倾向于预测比辐射入口处的P1模型更高的温度分布。另一方面,在吸收系数大于0.7时,使用P1模型观察温度分布的过度预测,导致这些辐射模型之间存在大的差异。然而,当吸收系数和发射系数(ε)分别为0.7和0.5时,在辐射入口处获得非常相似的温度分布,仅在反应器的轴向长度增加时略有差别。因此,吸收系数为0.7将导致辐射入口处的这两种辐射模型之间的一致性。图3.24(b)进一步描述了每个辐射模型的平均温差与吸收系数的关系。

可以看到,每个辐射模型的平均温差随着辐射吸收率的增加而增加。这导致了这样的理解:随着更多的辐照强度被吸收,预计反应器内部的温度会增加。然而,P1模型和fvDOM模型之间的温度分布差异随着吸收系数的增加而增大,这将导致吸收系数对温度分布具有强烈影响。

温度分布随辐射发射系数而变化,如图3.25所示。反应器内腔的辐射发射系数变化极大地影响P1模型和fvDOM模型的温度分布。从图3.25(a)可以看出,随着发射系数的增加,温度预测显著降低。此外,发射系数变化对反应器热性能的影响呈现出与图3.24(a)中所述相似的趋势。观察到在辐射入口处,P1模型预测的温度低于fvDOM模型预测的温度。这可能影响两个模型之间的准确性,因为P1模型假设所有表面都是漫反射的,并且如果光学厚度很小,可能会导致精度损失。

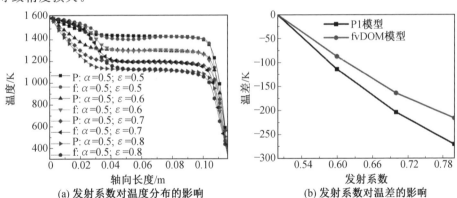

(a) 发射系数对温度分布的影响　　　(b) 发射系数对温差的影响

图 3.25　　温度分布随辐射发射系数的变化

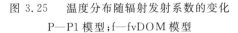

P—P1 模型;f—fvDOM 模型

对于fvDOM模型,针对离散数量的有限立体角求解辐射传热方程,从而产生略微分离的热平衡。图3.25(b)描绘了温度的平均下降,以便更好地理解发射系数对每个辐射模型的影响。注意,随着辐射发射的增加,温度分布的过低的预测将归因于辐射入口处由热非平衡厚度引起的边界辐射损失。

如图 3.25(b) 所示,温度的下降随着发射系数的增加而增加。然而,在 P1 模型的情况下观察到更大的下降,这是由于辐射入口处温度预测的精度损失,其随着发射系数的增加而增加。因此,辐射发射系数极大地影响辐射入口处的 P1 模型。发射系数为 0.5 可能导致反应器内的温度分布更高。

图 3.26 显示了随着反应器内腔恒定散射变化的温度分布。为了模拟散射对温度预测的影响,假设反应器的内腔是各向同性的,使用恒定的散射模型。使用散射模型的目的是研究是否可以迫使一些辐射偏离其原始路径,以便促进与介质中的一个或多个局部非均匀性的相互作用。虽然温度是根据辐照强度分布在整个可能方向和反应器介质中所有可能点的贡献来预测的,但散射系数(σ_s)对温度分布没有显著影响,如图 3.26 所示的 fvDOM 辐射模型。可能的解释是,当介质中考虑的流体是气体时,散射对温度分布没有任何强烈影响。

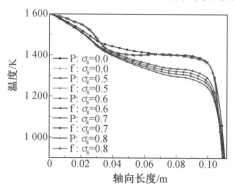

图 3.26 辐射散射系数对温度分布的影响

P—P1 模型;f—fvDOM 模型

因此,辐射从其原始路径的变化将导致类似的效果。然而,对于 P1 模型,散射系数从 0 到 0.5 的变化迫使辐射偏离其原始路径,从而导致辐射的热量损失,因为温度随着反应器轴向长度的增加而减小。此外,散射系数从 0.5 增加到 0.8 逐渐降低了沿反应器的温度。在温度分布中观察到的下降主要是由于一些辐射基于辐射散射而被反射并且不会被吸收的事实引起的。

如图 3.27 所示,进一步分析和研究了基于反射的辐射散射对线性各向异性相函数系数(C)的影响。相位函数系数的值设定为[$-1,+1$]区间中的值。负(—)符号表示后向散射,正(+)符号表示前向散射。从图 3.27(a)中可以看出,散射的影响主要在反应器内部轴向长度为 0.03 m 时出现,并且到 0.1 m 前不断增加,其中反应器的轴向长度减小,温度降低。随着散射系数的增加,温度下降。然而,温度的下降主要取决于散射方向。

如图 3.27(b) 所示,后向散射导致的温度下降幅度大于前向散射。考虑图 3.27(a) 和图 3.27(b),最大平均温度下降到 23.97 K,归因于后向散射系数和。因此,基于反射的辐射散射将不可避免地导致辐射损失,导致反应器内的温度下降。由散射效应引起的温度下降可能对反应器的热性能产生影响。因此,太阳能热化学反应器的热性能分析不能忽略基于反射的辐射散射的影响,因为温度的小幅下降会极大地影响合成气的产率。

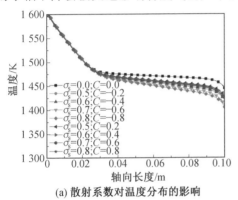

(a) 散射系数对温度分布的影响

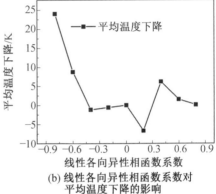

(b) 线性各向异性相函数系数对平均温度下降的影响

图 3.27　线性各向异性相函数系数对温度的影响

图 3.28 显示了不同的载气流入口速度对温度分布的影响。为了模拟注入的载气流的影响,认为反应器的内部场温在 1 400 K 和 19.738 atm 下是均匀的。在每个气流入口处向反应器施加 0.004 m/s、0.005 m/s 和 y 方向 0.006 m/s 的选择性气体径向速度。注意,载气流通过两个径向入口位置并同时注入反应器。

如图 3.28 所示,对于 P1 模型和 fvDOM 模型,在注入区域注意载气流的影响,其中温度急剧下降之前迅速增加到最大值,这可归因于流体和反应器腔壁之间的对流热传递。而且,可以看出,载气的影响存在于 x 方向的反应器轴向长度 $0 \sim 0.04$ m。这主要是由于气体注入的位置,并且表明进入反应器的载气在通过反应器流体区的会聚孔之前与反应器对流快速加热。然而,随着注入载气流入口速度的增加,温度下降也增加。例如,在入口速度为 0.004 m/s 时,P1 模型和 fvDOM 模型的温度分别降至 1 232.2 K 和 1 233.3 K;而在入口速度为 0.005 m/s 时,P1 模型和 fvDOM 模型的温度分别降至 1 261.1 K 和 1 259.2 K。载气流入口速度对温度分布有很大的影响,因此,更好地控制载气流入口速度将避免实验过程中温度的显著下降。

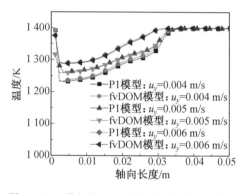

图 3.28　载气流入口速度对温度分布的影响

3.3　反应器热输运特性分析及影响因素

3.3.1　稳态条件下热输运特性数值模拟结果与分析

（1）进口辐射温度和气体进口温度对反应器温度分布的影响。

图 3.29 所示为不同进口辐射温度下沿反应器中心线的温度分布比较，从图 3.29(a) 中可以看出，温度随着反应器中心线从高热通量进口区域到气体出口逐渐降低。与反应器前部(0～0.05 m)较为缓慢的温度下降速度相比，反应器多孔区域(0.05～0.11 m)的温度下降速度加快，并且反应器后部(0.11～0.15 m)温度下降速度进一步加快。这主要由于反应器腔中辐射通量的衰减，随着更多的辐照投入到反应器中，多孔介质以及反应器后部会被加热到更高的温度，如图 3.29(b) 所示。因此，提高进口辐射温度不仅可以在反应器前部获得更均匀的温度分布，而且还可以维持反应器内部有较高的温度分布。

图 3.30 所示为不同气体进口温度下沿反应器中心线的温度分布比较，从图中可以看出气体进口温度对多孔区域温度分布的影响很小。图 3.30(b) 所示为在反应器前端不同气体进口温度对温度分布的影响，可以看出预热进口气体可以在反应器内腔的前部得到更均匀的热通量分布。随着气体进口温度从 293.15 K 增加到 393.15 K，反应器前部的温度升高明显。但是，随着气体进口温度从 393.15 K 升高到 593.15 K，反应器前部的温度分布差异几乎可以忽略不计。因此，将气体进口温度预热到 393.15 K 时就能显著提高太阳能热化学反应器的热性能。

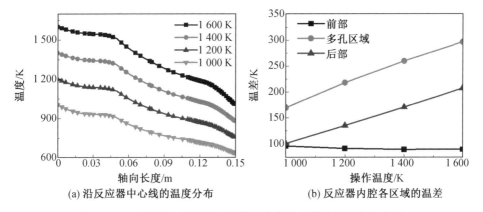

(a) 沿反应器中心线的温度分布　　　　(b) 反应器内腔各区域的温差

图 3.29　不同进口辐射温度下沿反应器中心线的温度分布比较

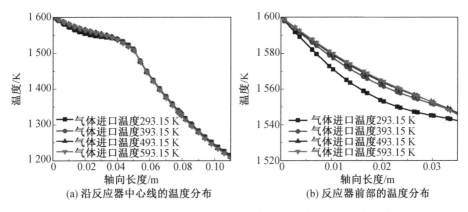

(a) 沿反应器中心线的温度分布　　　　(b) 反应器前部的温度分布

图 3.30　不同气体进口温度下沿反应器中心线的温度分布比较

（2）多孔介质孔隙率和气体进口速度对反应器温度分布的影响。

图 3.31 所示为不同介质孔隙率和气体进口速度对沿反应器中心线和多孔区域的温度分布的影响。图 3.31(a) 和图 3.31(b) 所示为当气体进口速度为 0.1 m/s 时,孔隙率对反应器中心线的温度分布及多孔区域的温度分布的影响,从图中可以看出孔隙率的变化影响着反应器内腔的温度分布,尤其是在多孔区域的温度分布。较高的孔隙率可以增强多孔介质填充的太阳能热化学反应器中的传热传质过程,这是因为孔隙率增大,增加了反应器内换热面积从而提高反应器内腔的体积换热效率和更稳定的流体流动场,进一步获得整个反应器内腔较高的温度分布。图 3.31(c) 和图 3.31(d) 所示为气体进口速度对反应器中心线的温度分布和多孔区域的温度分布的影响,从图中看出减小气体进口速度可以提高多孔区域的温度分布以及反应器出口区域的温度分布。因此,气体进口速

度是影响多孔介质填充的太阳能热化学反应器中传热传质性能的主要因素。

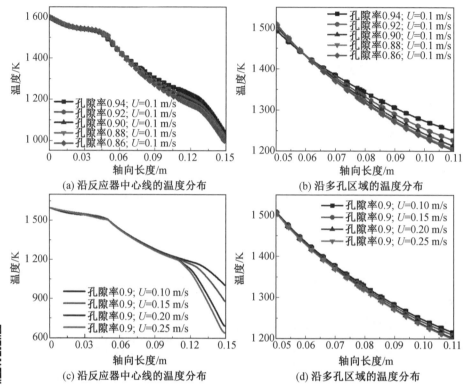

(a) 沿反应器中心线的温度分布   (b) 沿多孔区域的温度分布

(c) 沿反应器中心线的温度分布   (d) 沿多孔区域的温度分布

图 3.31   沿反应器中心线和多孔区域的温度分布比较

（3）多孔介质平均孔径大小对反应器温度分布的影响。

图 3.32 所示为多孔介质平均孔径对沿反应器中心线的温度分布的影响,从图中可以看出介质平均孔径对多孔区域温度分布的影响强于反应器前部的流体温度分布;随着平均孔径增大,反应器中心线的温度分布逐渐提高。

图 3.32(b) 所示为反应器前部、多孔区域和反应器后部的温差随平均孔径的变化,由图中结果可知,随着多孔介质平均孔径大小的增加,反应器的前部和后部的温差有小幅度增加;与反应器前部和后部相比,平均孔径的增加降低了多孔区域温差。高孔隙率的多孔介质对反应器内腔温度的提高可归因于多孔介质良好的渗透性,其可在反应器内腔中传热。由于高温环境是太阳能有效转化为合成气等增值产品化学能的必要条件,较高的平均孔径可以提高太阳能热化学的转换效率以及太阳能热化学产物的产量。

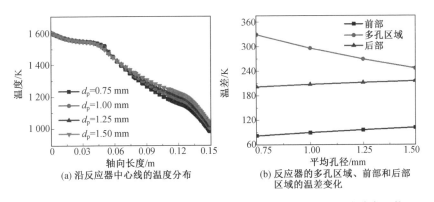

(a) 沿反应器中心线的温度分布

(b) 反应器的多孔区域、前部和后部
区域的温差变化

图 3.32   不同多孔介质平均孔径大小下沿反应器中心线的温度分布比较

3.3.2 参与介质中的反应器温度分布和辐射

图 3.33 所示为漫射辐照强度对反应器流动方向的温度分布和参与介质的辐射损失的影响。从图 3.33(a) 和图 3.33(b) 可以看出,当漫射辐照强度增加时,由于漫射辐照强度直接在该部分扩散,因此在反应器前部区域观察到的较高温

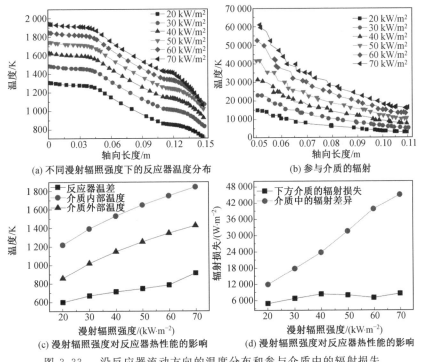

(a) 不同漫射辐照强度下的反应器温度分布

(b) 参与介质的辐射

(c) 漫射辐照强度对反应器热性能的影响

(d) 漫射辐照强度对反应器热性能的影响

图 3.33   沿反应器流动方向的温度分布和参与介质中的辐射损失

度是明显的。

图 3.33(c) 和图 3.33(d) 所示为反应器边界温度分布和辐射损失结果,随着漫射辐照强度的增加,反应器温度差也增加;当反应器的内腔被加热时,进入多孔介质的传热流体和离开多孔介质的传热流体的温度都增加。但是随着漫射辐照强度的增加,辐射损失也逐渐增加。当漫射辐照强度从 20 kW/m² 增加到 40 kW/m² 时,辐射损失从 11.34% 增加到 19.15%。此外,在较高的漫射辐照强度下,参与介质中的辐射损失较高。

3.3.3 传热系数对反应器冷却系统表面的影响

太阳能热化学系统通常需要采用冷却系统的目的如下:① 冷却采光口处的石英玻璃以保证其在合适的温度范围内工作;② 冷却气体产物以便气体分析和设备分析。图 3.34 所示为传热系数对反应器冷却系统表面的影响,从图 3.34(a) 和图 3.34(b) 中可以看出,增加传热系数降低了反应器采光口和出口区域的温度。将传热系数从 100 W/(m² · K) 增加到 400 W/(m² · K) 时,石英玻璃区域和反应介质的温度可分别改变了 67.66 K 和 75.45 K,增加传热系数导致反应器采光口以及出口表面对流冷却效果更强。反应介质温度下降与投入太阳辐射通量有关,如图 3.34(c) 所示,因为随着温度升高,反应器的辐射损失增加。Furler 等指出冷却系统可降低太阳辐照通量的 15%。

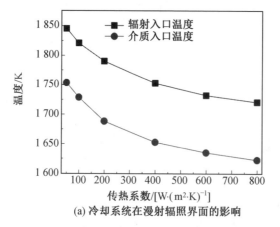

(a) 冷却系统在漫射辐照界面的影响

图 3.34　传热系数对反应器冷却系统表面的影响

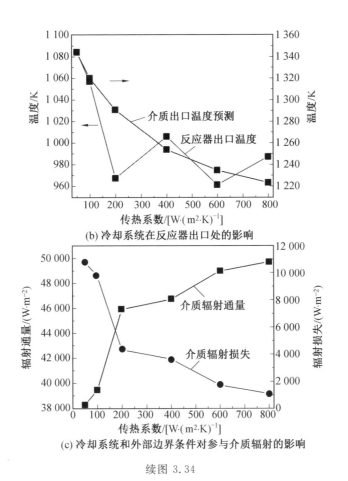

(b) 冷却系统在反应器出口处的影响

(c) 冷却系统和外部边界条件对参与介质辐射的影响

续图 3.34

图 3.35 和图 3.36 所示分别为冷却系统对反应器定性温度分布和边界场预

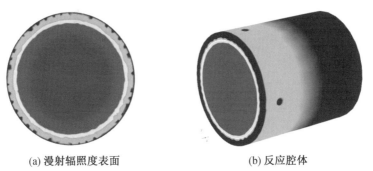

(a) 漫射辐照度表面　　　　　　(b) 反应腔体

图 3.35　冷却系统在 50 kW/m^2、1 atm、传热系数 200 W/(m^2 · K) 和质量流量 1×10^{-5} kg/s 下反应器的定性温度分布

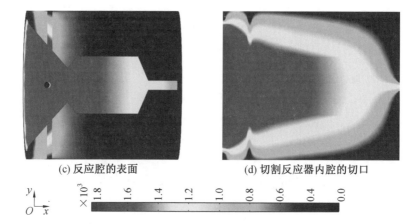

(c) 反应腔的表面　　　　　　(d) 切割反应器内腔的切口

续图 3.35

测的加权平均温度分布。模拟中考虑了反应器外体与环境空气之间局部对流传
热的影响,认为局部对流传热系数为 10 W/(m² · K)。如图 3.35 所示,通过固体
壁面处的热边界层将热量由固体传递给流体,冷却系统的使用可避免反应器由
于高的太阳辐射通量而损坏。

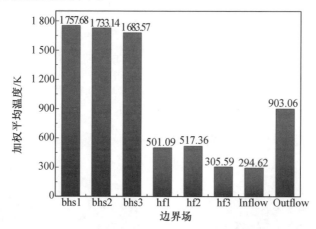

图 3.36　在 50 kW/m²、1 atm、传热系数 200 W/(m² · K) 和质量流量 1×10^{-5} kg/s 下反应
　　　器边界场的加权平均温度分布

bhs1— 在漫射辐照度表面预测的温度;bhs2— 腔体接收器预测的温度;bhs3— 在孔径处预
测的温度;hf1— 冷却系统表面的温度;hf2— 反应器外体的温度;hf3— 冷却系统出口表面
的温度;Inflow— 入口气流温度;Outflow— 出口温度

3.3.4　质量流量对传热和流体流动性能的影响

图 3.37 所示为入口气体质量流量对传热和流体流动性能的影响,可以看出

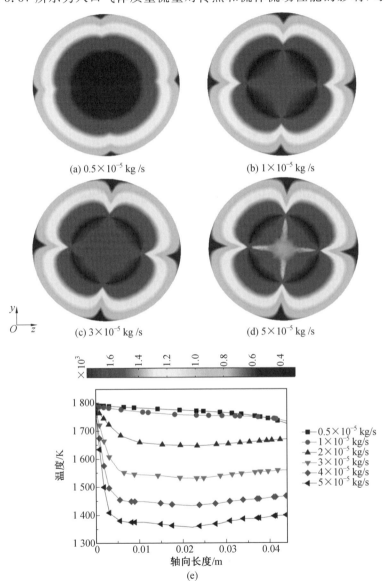

(a) 0.5×10^{-5} kg /s　　(b) 1×10^{-5} kg /s

(c) 3×10^{-5} kg /s　　(d) 5×10^{-5} kg /s

图 3.37　入口气体质量流量对传热和流体流动性能的影响

((a)～(d)为定性温度分布;(e)为定量温度分布)

提高流体质量流量会显著影响反应器内流体的流动和温度分布。当入口气体质量流量从 0.5×10^{-5} kg/s 增加到 3×10^{-5} kg/s 时,反应器内流体温降从 17.82 K 增加到 259.43 K,这是因为需要较多的能量将气体介质加热到反应所需温度。

如图 3.38(a) 所示,一旦气体进入反应器后将迅速升温至反应器温度,由于多孔介质与流体的对流作用,多孔介质和反应器出口区域中的温度分布增加。实验研究表明增加流体的质量流量可以提高多孔介质的加热速率。但是随着流体质量流量的增加,参与介质的辐射损失将显著增加,如图 3.38(b) 和图 3.38(c) 所示。

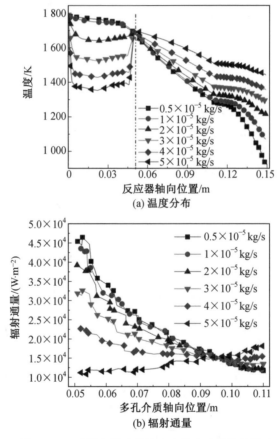

(a) 温度分布

(b) 辐射通量

图 3.38　质量流量对传热和流体流动性能的影响

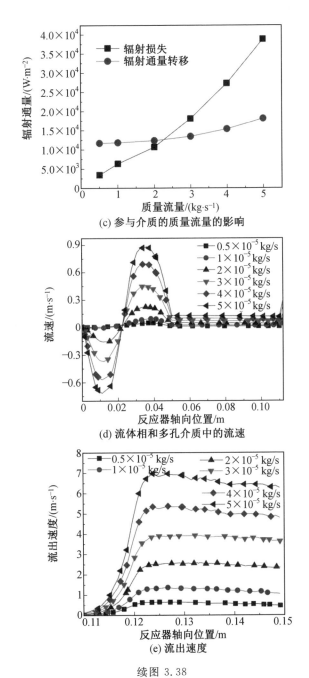

(c) 参与介质的质量流量的影响

(d) 流体相和多孔介质中的流速

(e) 流出速度

续图 3.38

由于流速随着质量流量的增加而高度增加,因此辐射通量高度朝向反应器的流体方向移动,如图 3.38(d) 和图 3.38(e) 所示。因此,与辐射传热相比,较大的流速有利于增强对流传热。此外,在流体区域中观察到更高的流体流动速度,而在孔隙区域中获得更低且更均匀的流体流动速度。因此,多孔骨架对流体流动有很大影响。因此,流体流速的显著降低可归因于反应器的体积分数降低。图 3.38(e) 表明流体流速强烈依赖于质量流量和孔隙尺寸,因为流出速度高于流入速度。因此,流体相和固相之间的热传递可以通过增加质量流量来增加。

3.3.5　石英玻璃和内腔壁面发射率对反应器热性能的影响

图 3.39 所示为石英玻璃发射率(ε_{g1})对反应器内流体热性能的影响,可以看出反应器内热扩散率、流体相温度和内部能量随着玻璃发射率的增加而降低,如图3.39(a)、图 3.39(b) 和图 3.39(d) 所示。这是因为高的石英玻璃发射率将会导致较高的辐射损失,从而导致内部温度下降。而石英玻璃的发射率对多孔介质内温度分布的影响并不大,由于多孔介质离玻璃窗很远,所观察到的玻璃发射率的影响较小可能与玻璃热效率随着反应器中心线的增加而降低有关。

除了玻璃发射率之外,反应器的内腔壁面发射率(内表面发射率)显著影响流体和多孔介质的热性能。如图 3.40(a) 和图 3.40(b) 所示,由于内腔壁面发射率增加,两相的温度下降和热扩散率下降增加。结果,内部能量的下降也增加,辐射传热受内表面发射率的显著影响。因此,在太阳能热化学反应器的设计中使用具有较高内表面发射率的陶瓷材料可能导致驱动化学反应所需的内部能量显著下降。在图 3.40(d) 中可以观察到这一点,其中内表面发射率的增加和黑体辐射的减少导致辐射通量相当大的损失。因此,多孔介质中温度的较高下降可归因于辐射损失,因为辐射引起的热损失对内表面温度非常敏感。

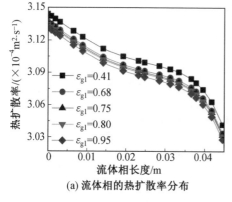
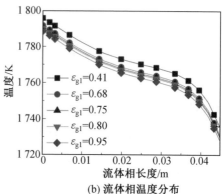

(a) 流体相的热扩散率分布　　(b) 流体相温度分布

图 3.39　石英玻璃发射率对反应器内流体热性能的影响

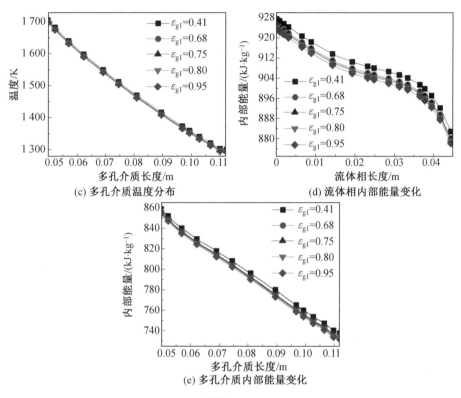

(c) 多孔介质温度分布　　　　　　(d) 流体相内部能量变化

(e) 多孔介质内部能量变化

续图 3.39

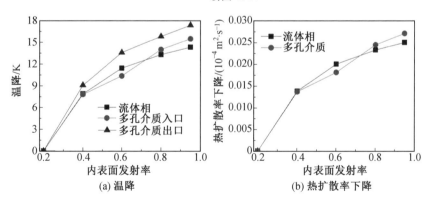

(a) 温降　　　　　　　(b) 热扩散率下降

图 3.40　内腔壁面发射率的影响

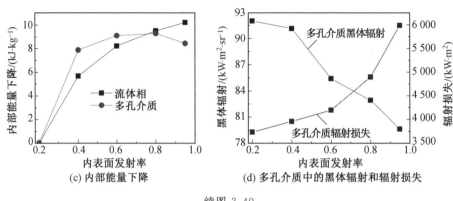

(c) 内部能量下降

(d) 多孔介质中的黑体辐射和辐射损失

续图 3.40

3.3.6 孔隙率和消光系数对反应器热性能的影响

图 3.41 所示为孔隙率(ϕ)对太阳能热化学反应器热性能的影响,可以看出增大孔隙率会影响整个反应器内腔的温度分布。随着孔隙率的增大,多孔介质中的温度分布逐渐增加且趋于一致(图 3.41(a));多孔介质的温度和热平衡厚度随介质孔隙率的增加而增加。

孔隙率对多孔介质下游区域的对流热通量没有任何影响,如图 3.41(b) 所示;而在多孔介质后相的流体区中观察到对流热通量的显著增加,如图 3.41(d) 所示。因此,孔隙率的增大会增强反应器内多孔介质的传热和传质。

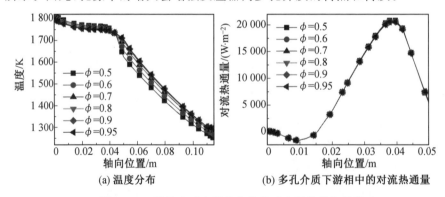

(a) 温度分布

(b) 多孔介质下游相中的对流热通量

图 3.41 孔隙率对太阳能热化学反应器热性能的影响

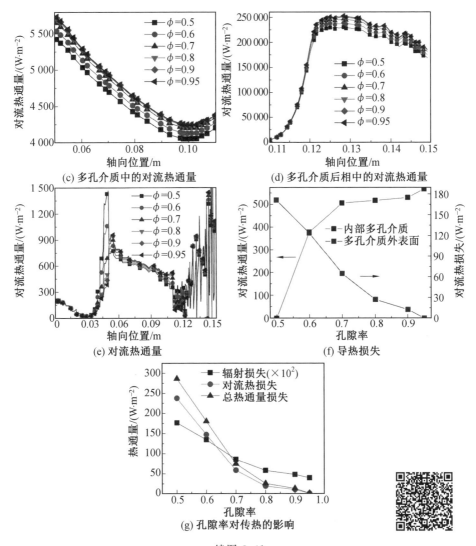

续图 3.41

此外,多孔介质太阳能热化学反应器的热性能对导热传递的影响不容忽视,如图 3.41(e) 所示。Du 认为高导热率可以提高多孔支撑结构内部温度分布的均匀性。如图 3.41(f) 所示,增加介质的孔隙率会增加多孔介质入口处的导热损失,而外表面处的导热损失则随孔隙率降低。与导热损失相反,增加孔隙率可以降低辐射损失、对流热损失及总热通量损失,如图 3.41(g) 所示。与对流换热相比,导热对多孔介质反应器中的温度分布几乎没有影响。因此,陶瓷泡沫吸收剂的热效率取决于它们的孔隙率。此外,Steinfeld 和 Teknetzi 认为反应介质具有最高孔隙率和最佳孔径分布时,其具有最高的晶格氧交换能力。因此,选择合适的多孔介质孔隙率可以增强反应器内的热量和质量传输,从而提高所涉及的化学物质的反应性。

图 3.42 所示为多孔介质消光系数(β)和光学厚度对反应器温度分布的影响。如图 3.42(a) 所示,增加消光系数可以降低多孔介质中的温度分布,这是因为消光系数增加将会增加辐射散射损失。如图 3.42(b) 所示,增加光学厚度将会增加辐射损失从而导致介质内温度下降。流体温度随光学厚度的减小而降低,这表明适度的光学厚介质可以有效吸收太阳辐射。随着光学厚度的增加,辐射通量的增加和下降可能与渗透率的降低有关,这可能会增加多孔介质中的散射。因此,可以通过提高光学效率来优化太阳能热化学反应器。

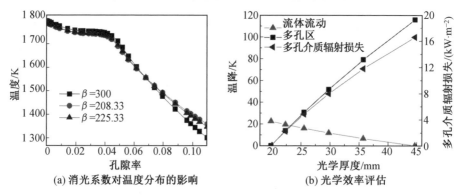

(a) 消光系数对温度分布的影响 (b) 光学效率评估

图 3.42　消光系数和光学效率评估的影响

3.4　泡沫结构反应器辐射传热特性

3.4.1　泡沫结构反应器热特性

图 3.43 所示为太阳能热化学反应过程所用氧化还原反应物——SiC 和氧化铝多孔陶瓷(RPC)结构支撑的铁基氧化物实物图。SiC 和氧化铝多孔陶瓷用作制造 Ni/Fe 基氧化物多孔结构的基础材料,Fe_3O_4 和 $NiFe_2O_4$ 粉末与 SiC 和氧化铝陶瓷泡沫经过一系列物理/化学处理过程制备出活性泡沫材料 $FeAl_2O_4$、$NiFeAlO_4$、Fe_3O_4/SiC 和 $NiFe_2O_4/SiC$。制备的活性泡沫材料由于多孔特性从而可促进热量和质量传递交换。

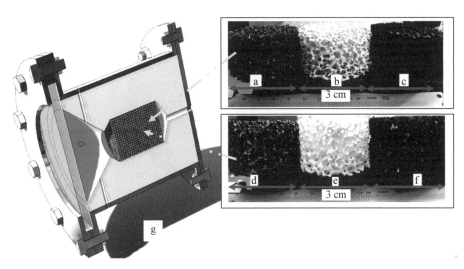

图 3.43　作为集成太阳能热化学反应器的铁基氧化物涂覆的 SiC 和氧化铝 RPC 结构
a—Fe_3O_4/SiC;b— 碳化硅;c—$NiFe_2O_4$/SiC;d—NiFeAlO$_4$;e—Al$_3$O$_4$;f—FeAl$_2$O$_4$;
g— 多孔集成太阳能热化学反应器的示意图

　　图 3.44 所示为 SiC 多孔介质中的定性温度分布,计算条件如下:扩散辐射度
为 50 kW/m^2、运行压力为 1 atm 以及质量流量为 4×10^{-5} kg/s。从图中可以看
出,反应器前部区域由于太阳直接照射因而具有较高的温度,而反应器后部及侧
面温度相对较低。

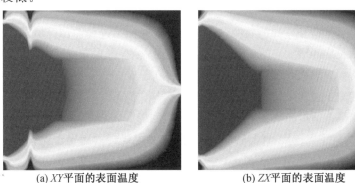

(a) XY平面的表面温度　　　　　　(b) ZX平面的表面温度

图 3.44　SiC 多孔介质太阳能接收器在 50 kW/m^2 扩散辐射度、1 atm 运行压力和 $4 \times$
10^{-5} kg/s 质量流量下的定性温度分布

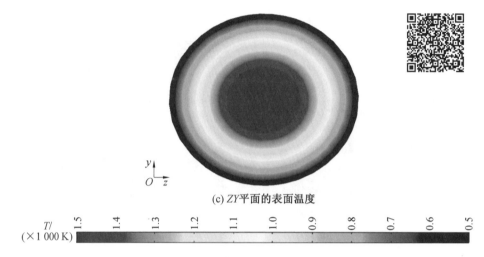

(c) ZY平面的表面温度

$T/$
$(\times 1\ 000\ K)$

1.5 1.4 1.3 1.2 1.1 1.0 0.9 0.8 0.7 0.6 0.5

续图 3.44

图 3.45 所示为不同成分(SiC、CeO_2、$NiFe_2O_4$ 和 $FeAl_2O_4$)构成的多孔材料的热物性参数对反应器内温度分布的影响。图 3.45(a) 可以看出不同材料表现出不同的温度分布,这主要取决于材料的热物性参数。$NiFe_2O_4$ 材料在多孔介质的前部区域表现出较高的温度分布,但随着多孔介质的轴向长度增加,其温度分布下降。介质中的平均温度分布随着漫射辐射量的增加而增加,如图 3.45(b) 所示。以 SiC 多孔材料为例,漫射辐射量从 20 kW/m² 增加到 50 kW/m² 时,介质内温度增加了 8.58%。

多孔介质热化学储能的特点是在辐射入射面附近的前部区域轴向温度分布高,随着介质长度的增加而逐渐降低。在这项研究中,多孔介质的特征是两个面分别位于距离辐射入射面 0.005 m 和 0.11 m 处。在距离 0.05 m 处,$NiFe_2O_4$ 和 CeO_2 在不同辐照度通量下表现出较大的轴向温度梯度,与它们不同的是,SiC 和 $FeAl_2O_4$ 多孔介质由于其高导电通量而具有足够的高温分布,如图 3.35(c) 所示。正如 Wheeler 等报道的那样,大的温度梯度可能与高辐射热输入和燃烧器的高光密度有关。由于沿介质的高轴向温度分布,诸如 CeO_2、$FeAl_2O_4$ 和 SiC 的集成多孔材料对于多孔介质中的传热增强更好。此外,通过在 Al_2O_3 或 SiC 结构上涂覆 $NiFe_2O_4$,可以提高 $NiFe_2O_4$ 氧化物材料多孔介质的热稳定性,如图 3.35(d) 和 3.35(e) 所示。

$NiFeAlO_4$ 和 $FeAl_2O_4$ 的多孔介质复合材料比 CeO_2 多孔介质表现出更高的温度分布。此外,使用 SiC 合成 Fe_3O_4 或 $NiFe_2O_4/$ 碳化硅介质可以提高介质的热储能性能,接近 CeO_2 介质,因为 SiC 传导热通量更高,如图 3.35(f) 所示。因此,Fe 基氧化物涂层 Al_2O_3 RPCs 结构是多孔填充太阳能热反应器中更高轴向温

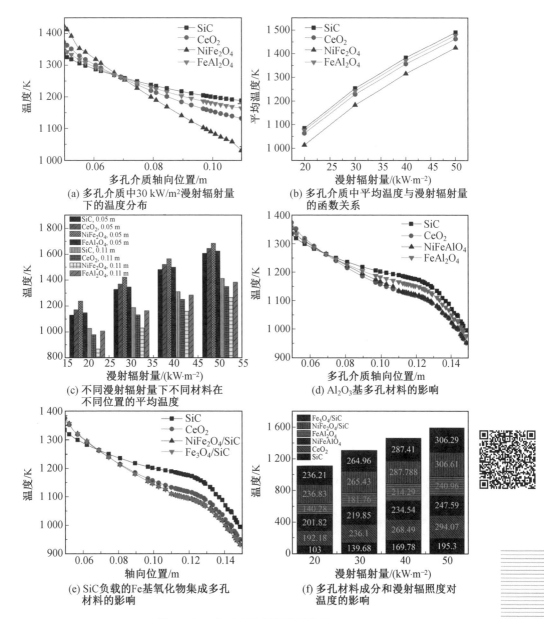

图 3.45　集成多孔材料的热特性

度分布的最佳候选材料。NiFeAlO$_4$ 的改善性能与 Fe、Ni 和 Al 在 H$_2$O 氧化中的协同作用有关。此外，Fe$_2$O$_3$/MgAl$_2$O$_4$ 的使用使氧气载体具有高热稳定性和高氧化还原活性，从而有效地利用 CO$_2$。

3.4.2 多孔介质辐射与传热耦合分析

图 3.46 所示为不同材料构成的介质对传热特性的影响。从图 3.46(a) 可以

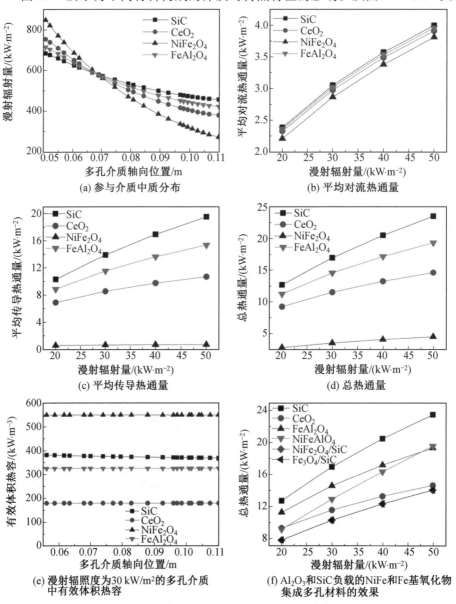

图 3.46　不同材料构成的介质对传热特性的影响

看出漫射辐射量主要取决于材料物性参数,漫射辐射量在多孔介质的轴向长度上显著衰减。图 3.46(b) 和图 3.46(c) 所示为漫射辐射量对多孔介质传导热通量及对流热通量传递的影响,当对流和传导通量分布均较高时,多孔材料具有较高的漫射辐射量分布和较高的轴向温度分布。因此,与 CeO_2、$FeAl_2O_4$ 和 SiC 相比,$NiFe_2O_4$ 相对低的漫射辐射量分布主要由漫射辐射量的穿透和吸收的限制引起。当漫射辐射量增加时,介质中的总热通量亦增大(图 3.46(d))且多孔材料热行为与其有效体积热容有关(图 3.46(e))。在传热中,有效体积热容描述了给定体积的物质在经历给定温度变化时存储内部能量的能力。因此,若系统有效体积热容越大,其达到平衡所需的时间越长。

对于图 3.46(d) 和图 3.46(f) 可知,铁基氧化物涂覆的 SiC 和氧化铝网状多孔陶瓷结构由于具有大的比表面积、高孔隙率和高导热率,可以促进高温集中太阳能通量的吸收。此外,从太阳能转化为燃料和化学产品的角度来看,铁基氧化物涂覆的氧化铝结构可以提供优异的催化剂活性,有效地将 CO_2 转化为增值产品。

3.4.3　气体质量流量对流动特性的影响

图 3.47 所示为气体质量流量对反应器内温度分布的影响。反应器内部的温度分布,尤其是射流孔和孔径区域的温度分布随着气体质量流量的增加而降低。图 3.48 所示为质量流量对反应器内不同材料构成的多孔材料热性能及流动性能的影响,从图 3.48(a) 和图 3.48(b) 可以看出不同材料构成的多孔材料温度分布趋势类似。在反应器内温度均随着质量流量的增加而降低,这是因为需要较多能量来将流体加热到反应温度;而在出口区域温度升高主要归因于流体与多孔介质之间的热交换。

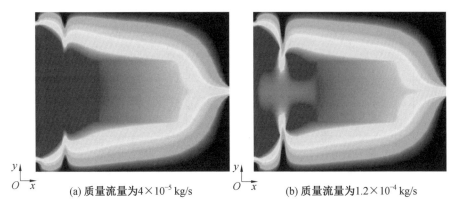

(a) 质量流量为 4×10^{-5} kg/s　　(b) 质量流量为 1.2×10^{-4} kg/s

图 3.47　气体质量流量对反应器内温度分布的影响

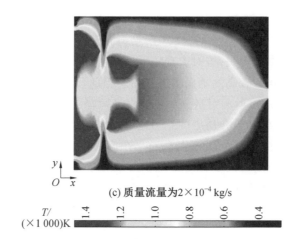

(c) 质量流量为2×10^{-4} kg/s

$T/$
$(\times1\,000)$K

续图 3.47

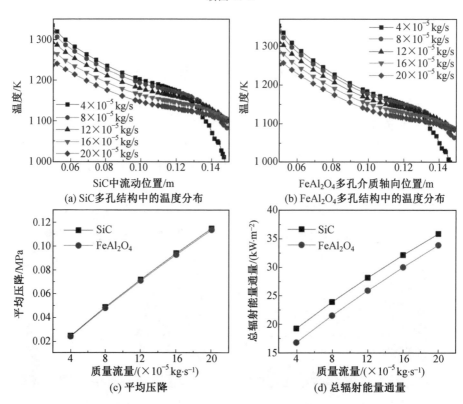

(a) SiC多孔结构中的温度分布

(b) FeAl$_2$O$_4$多孔结构中的温度分布

(c) 平均压降

(d) 总辐射能量通量

图 3.48　质量流量对反应器内不同材料构成的多孔材料热性能及流动性能的影响

图 3.48(c) 所示为气体反应器内平均压降随着质量流量的增加而增加,但是材料成分对其影响不大。平均压降的增加可能与反应器内流体流速的增加有关。气体质量流量增加导致多孔介质中总辐射能量通量的增加,如图 3.48(d) 所示。与 $FeAl_2O_4$ 氧化物多孔结构相比,SiC 多孔结构表现出更高的辐射能量通量。

3.4.4　泡沫结构对传热和流动特性的影响

图 3.49 所示为孔隙的平均孔隙直径(d_s)和消光系数(k_e)对多孔介质热性能的影响,图 3.49(a)、(b) 为平均孔隙直径和消光系数在 SiC 和 $FeAl_2O_4$ 多孔结构存在下的温度分布影响,对于 SiC 和 $FeAl_2O_4$ 多孔结构,通过将消光系数降低到 45 m^{-1} 而将平均孔隙直径增加到 8 mm 来表现出不同的温度分布,特别是在多孔介质的入口区域和反应器的出口区域。通过将消光系数增加到 900 m^{-1},将平均孔隙直径降低到 0.4 mm,导致多孔介质前部区域的轴向温度分布更高,延伸到 $0.05 \sim 0.08$ m。然而,较高平均孔隙直径在整个多孔介质上表现出较高的轴向温度分布。由于消光系数与平均孔隙直径相反地减小,当平均孔隙直径增加时,漫射太阳辐照度可以渗透到培养基中更深处。从图 3.49(c) 中可以看出,多孔填充的太阳能热化学接收器中的温差可以通过增加平均孔隙直径来降低。而且,如图 3.49(d) 和图 3.49(e) 所示,平均孔隙直径显著影响多孔集成热接收器中的传热和流体流动。在 SiC 和 $FeAl_2O_4$ 多孔结构中,平均对流热通量分别增加到 $16.24 \sim 16.32$ kW/m^2 和 $16.15 \sim 16.29$ kW/m^2,平均孔隙直径增加到 8 mm。

与对流热通量相比,SiC 多孔结构中的平均导热通量显著降低至 20.72 $\sim$

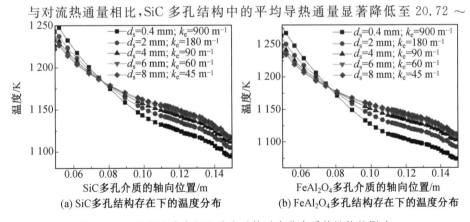

(a) SiC多孔结构存在下的温度分布　　　(b) $FeAl_2O_4$多孔结构存在下的温度分布

图 3.49　平均孔隙直径和消光系数对多孔介质热性能的影响

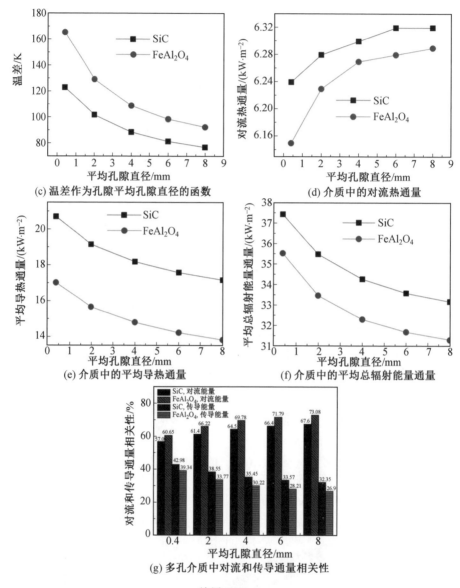

(c) 温差作为孔隙平均孔隙直径的函数

(d) 介质中的对流热通量

(e) 介质中的平均导热通量

(f) 介质中的平均总辐射能量通量

(g) 多孔介质中对流和传导通量相关性

续图 3.49

17.16 kW/m²;而当 $FeAl_2O_4$ 多孔结构的平均孔隙直径增加至 8 mm 时,平均导热通量为 $17.02 \sim 1.82$ kW/m²。结果,如图 3.49(f) 所示,由于导热通量的下降,平均总辐射能量通量随着平均孔隙直径的增加而减小。另外,关于在多孔介质中对流和传导的通量相关性,传热很可能由对流决定通量热,如图3.49(g) 所示。因此,改善多孔介质太阳能热化学反应器中的传导传热可以显著增强反应器内的传热。此外,平均孔隙直径对传热、压降和温度场具有显著影响。因此,具有较高平均孔隙直径的泡沫型 RPC 结构是反应器腔内高温传热增强的最有利候选者。

本章参考文献

[1] HUANG X,CHEN X,SHUAI Y,et al. Heat transfer analysis of solar-thermal dissociation of $NiFe_2O_4$ by coupling MCRTM and FVM method [J]. Energy Conversion and Management,2015,106:676-686.

[2] WANG F Q,SHUAI Y,TAN H P,et al. Thermal performance analysis of porous media receiver with concentrated solar irradiation[J]. International Journal of Heat and Mass Transfer,2013,62:247-254.

[3] GUENE LOUGOU B,SHUAI Y,XING H,et al. Thermal performance analysis of solar thermochemical reactor for syngas production [J]. International Journal of Heat and Mass Transfer,2017,111:410-418.

[4] BELLAN S,ALONSO E,GOMEZ-GARCIA F,et al. Thermal performance of lab-scale solar reactor designed for kinetics analysis at high radiation fluxes[J]. Chemical Engineering Science,2013,101:81-89.

[5] KONSTANDOPOULOS A G, AGROFIOTIS C. Hydrosol:advanced monolithic reactors for hydrogen generation from solar water splitting [J]. Revue Des Energies Renouvelables,2006,9(3):121-126.

[6] STEINFELD A,SANDERS S,PALUMBO R. Design aspects of solar thermochemical engineering-a case study:two-step water-splitting cycle using the Fe_3O_4/FeO redox system[J]. Solar Energy,1999,65(1):43-53.

[7] STEINFELD A,KUHN P,RELLER A,et al. Solar-processed metals as clean energy carriers and water-splitters [J]. International Journal of Hydrogen Energy,1998,23(9):767-774.

[8] GÁLVEZ M E,LOUTZENHISER P G,HISCHIER I,et al. CO_2 splitting via two-step solar thermochemical cycles with Zn/ZnO and FeO/Fe_3O_4 redox reactions:thermodynamic analysis[J]. Energy & Fuels,2008,22(5):3544-3550.

［9］ MUHICH C, HOES M, STEINFELD A. Mimicking tetravalent dopant behavior using paired charge compensating dopants to improve the redox performance of ceria for thermochemically splitting H_2O and CO_2［J］. Acta Materialia,2018,144:728-737.

［10］ BLOCK T, SCHMÜCKER M. Metal oxides for thermochemical energy storage:a comparison of several metal oxide systems［J］. Solar Energy, 2016,126:195-207.

［11］ DU S, LI M J, REN Q L, et al. Pore-scale numerical simulation of fully coupled heat transfer process in porous volumetric solar receiver［J］. Energy,2017,140:1267-1275.

［12］ ZHU Q B, XUAN Y M. Pore scale numerical simulation of heat transfer and flow in porous volumetric solar receivers［J］. Applied Thermal Engineering,2017,120:150-159.

［13］ ZAVERSKY F, ALDAZ L, SÁNCHEZ M, et al. Numerical and experimental evaluation and optimization of ceramic foam as solar absorber-single-layer vs multi-layer configurations［J］. Applied Energy,2018,210:351-375.

［14］ FURLER P, SCHEFFE J, GORBAR M, et al. Solar thermochemical CO_2 splitting utilizing a reticulated porous ceria redox system［J］. Energy & Fuels,2012,26(11):7051-7059.

［15］ WANG F Q, TAN J Y, SHUAI Y, et al. Numerical analysis of hydrogen production via methane steam reforming in porous media solar thermochemical reactor using concentrated solar irradiation as heat source ［J］. Energy Conversion and Management,2014,87:956-964.

［16］ TANG M C, XU L, FAN M H. Progress in oxygen carrier development of methane-based chemical-looping reforming:a review［J］. Applied Energy, 2015,151:143-156.

［17］ WANG F Q, SHUAI Y, WANG Z Q, et al. Thermal and chemical reaction performance analyses of steam methane reforming in porous media solar thermochemical reactor［J］. International Journal of Hydrogen Energy, 2014,39(2):718-730.

［18］ MENG X L, XIA X L, ZHANG S D, et al. Coupled heat transfer performance of a high temperature cup shaped porous absorber［J］. Energy Conversion and Management,2016,110:327-337.

[19] MENG X L, XIA X L, DAI G L, et al. A vector based freeform approach for reflecting concentrator of solar energy[J]. Solar Energy, 2017, 153: 691-699.

[20] WANG F Q, SHUAI Y, TAN H P, et al. Thermal performance analysis of porous media receiver with concentrated solar irradiation[J]. International Journal of Heat and Mass Transfer, 2013, 62: 247-254.

[21] CUI F Q, HE Y L, CHENG Z D, et al. Study on combined heat loss of a dish receiver with quartz glass cover[J]. Applied Energy, 2013, 112: 690-696.

[22] CHEN X, XIA X L, YAN X W, et al. Heat transfer analysis of a volumetric solar receiver with composite porous structure[J]. Energy Conversion and Management, 2017, 136: 262-269.

[23] RASHIDI S, ESFAHANI J A, RASHIDI A. A review on the applications of porous materials in solar energy systems[J]. Renewable and Sustainable Energy Reviews, 2017, 73: 1198-1210.

[24] WANG F Q, TAN J Y, WANG Z Q. Heat transfer analysis of porous media receiver with different transport and thermophysical models using mixture as feeding gas[J]. Energy Conversion and Management, 2014, 83: 159-166.

[25] ACKERMANN S, TAKACS M, SCHEFFE J, et al. Reticulated porous ceria undergoing thermochemical reduction with high-flux irradiation[J]. International Journal of Heat and Mass Transfer, 2017, 107: 439-449.

[26] TEKNETZI I, NESSI P, ZASPALIS V, et al. Ni-ferrite with structural stability for solar thermochemical H_2O/CO_2 splitting[J]. International Journal of Hydrogen Energy, 2017, 42(42): 26231-26242.

[27] ZHAO Y, TANG G H. Monte Carlo study on extinction coefficient of silicon carbide porous media used for solar receiver[J]. International Journal of Heat and Mass Transfer, 2016, 92: 1061-1065.

[28] LIANG H X, WANG F Q, LI D, et al. Optical properties and transmittances of ZnO-containing nanofluids in spectral splitting photovoltaic/thermal systems[J]. International Journal of Heat and Mass Transfer, 2019, 128: 668-678.

[29] CHEN X, XIA X L, DONG X H, et al. Integrated analysis on the

volumetric absorption characteristics and optical performance for a porous media receiver[J]. Energy Conversion and Management,2015,105: 562-569.

[30] WHEELER V M,BADER R,KREIDER P B,et al. Modelling of solar thermochemical reaction systems[J]. Solar Energy,2017,156:149-168.

[31] BANERJEE A, CHANDRAN R B, DAVIDSON J H. Experimental investigation of a reticulated porous alumina heat exchanger for high temperature gas heat recovery[J]. Applied Thermal Engineering,2015, 75:889-895.

[32] CHEN J Y C, MILLER J T, BALA GERKEN J, et al. Inverse spinel NiFeAlO$_4$ as a highly active oxygen evolution electrocatalyst:promotion of activity by a redox-inert metal ion[J]. Energy & Environmental Science,2014,7(4):1382-1386.

[33] KUO Y L, HUANG W C, HSU W M, et al. Use of spinel nickel aluminium ferrite as self-supported oxygen carrier for chemical looping hydrogen generation process[J]. Aerosol and Air Quality Research,2015, 15(7):2700-2708.

[34] BUELENS L C, GALVITA V V, POELMAN H, et al. Super-dry reforming of methane intensifies CO$_2$ utilization via Le Chatelier's principle[J]. Science,2016,354(6311):449-452.

[35] AGRAFIOTIS C,ROEB M,SCHMÜCKER M,et al. Exploitation of thermochemical cycles based on solid oxide redox systems for thermochemical storage of solar heat. Part 2:redox oxide-coated porous ceramic structures as integrated thermochemical reactors/heat exchangers[J]. Solar Energy, 2015,114:440-458.

[36] WU Z Y,CALIOT C,FLAMANT G,et al. Coupled radiation and flow modeling in ceramic foam volumetric solar air receivers[J]. Solar Energy, 2011,85(9):2374-2385.

[37] AGRAFIOTIS C, TESCARI S, ROEB M, et al. Exploitation of thermochemical cycles based on solid oxide redox systems for thermochemical storage of solar heat. Part 3:cobalt oxide monolithic porous structures as integrated thermochemical reactors/heat exchangers [J]. Solar Energy,2015,114:459-475.

[38] LIANG X, LI Y W, SANG S B, et al. Enhanced mechanical properties of SiC reticulated porous ceramics via adjustment of residual stress within the strut[J]. International Journal of Applied Ceramic Technology, 2017, 15(1):28-35.

[39] TANG Q X, CHEN G F, YANG Z Q, et al. Numerical investigation on gas flow heat transfer and pressure drop in the shell side of spiral-wound heat exchangers [J]. Science China Technological Sciences, 2018, 61 (4): 506-515.

[40] GUADARRAMA-MENDOZA A J, VILLAFÁN-VIDALES H I, VALADÉS-PELAYO P J, et al. Radiative analysis in a multichanneled monolith solar reactor coated with $ZnFe_2O_4$ thin film[J]. International Journal of Thermal Sciences, 2018, 132:275-284.

[41] BALA CHANDRAN R, DE SMITH R M, DAVIDSON J H. Model of an integrated solar thermochemical reactor/reticulated ceramic foam heat exchanger for gas-phase heat recovery[J]. International Journal of Heat and Mass Transfer, 2015, 81:404-414.

[42] CHEN X, WANG F Q, HAN Y F, et al. Thermochemical storage analysis of the dry reforming of methane in foam solar reactor [J]. Energy Conversion and Management, 2018, 158:489-498.

[43] GUENE LOUGOU B, HONG J R, SHUAI Y, et al. Production mechanism analysis of H_2 and CO via solar thermochemical cycles based on iron oxide (Fe_3O_4) at high temperature[J]. Solar Energy, 2017, 148:117-127.

[44] BHOSALE R R, TAKALKAR G D. Nanostructured co-precipitated $Ce_{0.9}$ $Ln_{0.1}O_2$ (Ln = La, Pr, Sm, Nd, Gd, Tb, Dy, or Er) for thermochemical conversion of CO_2[J]. Ceramics International, 2018, 44(14):16688-16697.

[45] KOPANIDIS A, THEODORAKAKOS A, GAVAISES E, et al. 3D numerical simulation of flow and conjugate heat transfer through a pore scale model of high porosity open cell metal foam[J]. International Journal of Heat and Mass Transfer, 2010, 53(11/12):2539-2550.

[46] GUENE LOUGOU B, SHUAI Y, PAN R M, et al. Radiative heat transfer and thermal characteristics of Fe-based oxides coated SiC and alumina RPC structures as integrated solar thermochemical reactor[J] Science China Technological Sciences, 2018, 61(12):1788-1801.

第 4 章

中高温热化学氧化还原材料制备与表征

近 年来随着表征技术的进步,针对催化剂构效关系的研究逐渐深入,已经可以通过如晶面调控、纳米结构、合金化等多种催化剂设计途径使 CO_2 高选择性地生产特定产物,有力推进了高性能催化剂的研发。热化学氧化还原材料的特性直接影响到系统的最终各项参数,本章通过优化制备工艺与筛选合适的表征技术,获得理想的氧化还原材料,用于太阳能热化学反应器系统实验及实际应用。

4.1 材料透反光谱特性测量系统

4.1.1 透反光谱测量系统介绍

透反光谱测量系统的原理图及实物图如图 4.1 所示,可用于测量直径 30 mm 以内、厚度 $1 \sim 20$ mm 的样片在光谱范围为 $0.25 \sim 2.5$ μm 的透过率以及 $0.3 \sim 2.5$ μm 的反射率;该系统可提供稳定平滑的连续光源,具有测量重复性好、杂散光影响小、信噪比测量精度高等特点。该系统主要由以下部件构成:

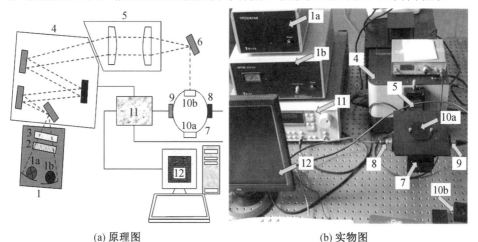

(a) 原理图   (b) 实物图

图 4.1　透反光谱测量系统的原理图及实物图

1— 复合光源;1a— 氙灯;1b— 卤钨灯;2— 光学滤光片轮;3— 斩波器;4— 双光栅扫描单色仪;5— 准直镜;6— 平面反射镜;7— 积分球;8— 硅探测器;9— 铟镓砷探测器;10— 样片托架;10a— 反射率样片托架;10b— 透过率样片托架;11— 锁相放大器;12— 数据采集系统及软件操作系统

(1) 复合光源：额定功率为 30 W，光谱范围为 $0.2 \sim 0.4$ μm 的氘灯（1a）；额定功率为 75 W，光谱范围为 $0.36 \sim 2.5$ μm 的卤钨灯（1b）。由氘灯和卤钨灯组成的复合光源，可以提供连续且平缓的紫外－可见－近红外的宽光谱辐射，是测量透射、吸收及反射光谱的理想光源。

(2) 光学滤光片轮：利用不同透射率的滤光片，根据测量需求可任意改变光谱的透光量，亦可称为衰减器，可用于消除多级光谱。与双光栅扫描单色仪配套使用，在启用状态下可自动归零定位，实现扫描过程中的滤光片自动切换；在非启用状态下可通过手动控制。

(3) 斩波器：把连续光源发出的光调制成具有一定频率的光信号，便于光电转换后进行选频放大；可输出与调制频率同步的参考信号，提供给锁相放大器进行检测。其主要参数如下：检测频率范围为 4 Hz $\sim$ 102.4 kHz、稳定性为 5 ppm/℃、相位分辨率为 0.01、时间常数为 10 μs $\sim$ 30 ks（最大 24 dB/倍频程衰减速率）。斩波器具有自动获取、自动定相、自动存储和自动补偿功能。

(4) 双光栅扫描单色仪：根据使用需求，在空间上分配由复合光源发出的光，以满足不同波长的需求，从而用于光谱分析和光谱响应度测试；通过改变出射光轴的离轴角度达到消除慧差的目的；该仪器充分消除了二次色散，可降低杂散光，可避免在短波处混有长波辐射。

(5) 准直镜：维持辐射光谱与聚焦光学元件之间的光束的准直性。

(6) 平面反射镜：将辐射光谱反射到积分球内。

(7) 积分球：由金属加工成内部中空的球形，球内壁面涂有高反射率的涂层，进入积分球内的光线经过多次漫反射后形成一个理想的漫反射源；可用于测量样片的透过率或反射率；在积分球两侧配有两个同轴电缆接口（BNC），分别连接硅探测器和铟镓砷探测器。

(8) 硅探测器：响应光谱范围为 $0.2 \sim 1.1$ μm，探测器有效接收面积为 100 mm^2，峰值波长为 0.82 μm，峰值波长响应度为 0.52 A/W，响应时间为 5.9 μs，噪声等效功率（NEP）为 4.5×10^{-13} $W/Hz^{0.5}$。

(9) 铟镓砷探测器：响应光谱范围为 $0.8 \sim 2.6$ μm，光敏面直径为 3 mm，峰值波长响应度为 1.1 A/W，响应时间为 1 μs，噪声等效功率（NEP）为 6.5×10^{-12} $W/Hz^{0.5}$。

(10) 锁相放大器：根据斩波器提供的参考频率，可精确地将淹没在噪声、干扰背景中的微弱信号测出。该系统所用锁相放大器具有以下特点：高动态、大存储、数字化滤波，测量分辨率达 0.01°，X 输出与 Y 输出正交分辨率为 0.001°；当使用外部参考信号时，能够自动锁定相位。

(11) 数据采集系统及软件操作系统：用于数据采集的计算机操作端实时显

示测量系统所得电压信号并对测量数据进行后处理。

4.1.2　测量原理

对于样片的入射辐射能量和出射辐射能量,可利用探测器配合锁相放大器对测量信号进行放大处理,将测量信号内的有效信号提取出来并转化为相应的电压信号,其电压相应值可采用下式计算:

$$U = K \cdot \phi \cdot I_\lambda \cdot \eta_\lambda \cdot \Delta\lambda \tag{4.1}$$

式中,K 为测量系统的几何集合数;ϕ 为锁相放大器的响应效率;I_λ 为光谱辐射强度;η_λ 为探测器的光谱响应度;$\Delta\lambda$ 为辐射光源带宽。

当获得入射及出射光源信号的电压响应后,样片的透过率可采用下式计算得到:

$$T_\lambda = \frac{U_i}{U_o} \tag{4.2}$$

式中,U_i 为光谱入射信号的电压响应;U_o 为样片出射信号的电压响应。

4.1.3　样片制备过程

粒子的光学常数(复折射率)作为求解辐射传递数值计算的基础,并不能直接通过实验测量,而是需要借助某实验结果,结合相应的理论模型并利用反问题进行求解。目前求取复折射率的实验方法主要有测量反射率法、测量方向散射率法以及测量透过率法等。测量反射率法主要针对块状物质或固体,而 Nel 等认为由于颗粒的比表面积比块状物质的大且其辐射物性与块状物质差别明显,因而测量反射率法不适合研究颗粒的辐射物性。测量方向散射率法能很好地保持粒子的自然状态,但是求解某一波长时的复折射率需要 3 个不相关的方向散射量,很难得到颗粒复折射率随光谱的分布情况。测量透过率法可保持颗粒的自然状态且其测量设备以及方法简单、测量精度高、测试范围广,因而获得广泛应用。

测量透过率法根据其测量方式不同又分为:压片法、薄膜法、液体池法及溶液法等。由于溴化钾在 $0.25 \sim 2.5\ \mu m$ 光谱区间内具有较高的透光性,因此压片法经常将待测粒子与溴化钾粉末均匀混合后制成压片,采用透反光谱测量系统测量压片的透过率。粒子溴化钾压片法具体操作流程如下:

(1) 将待测颗粒放入玛瑙研钵中充分研磨;

(2) 按一定比例称取溴化钾粉末及待测颗粒后放入压片机模具中;

(3) 将该模具放入压片机中在 30 MPa 压力下压制 5 min;

(4) 将压制好的压片放入透反光谱测量系统中测量该压片的透过率。

4.2 透反光谱测量系统标定及误差分析

4.2.1 透反光谱测量系统标定

在使用透反光谱测量系统测量铁酸盐颗粒透过率之前,首先对该设备的测量精度进行校核。因此,采用该透反光谱系统测量了标准光学石英玻璃、光学滤光片在不同光谱区间的透过率,以及 Labsphere 标准白板反射率,并将测量结果与标准结果进行对比。

(1)标准光学石英玻璃。

石英玻璃具有极好的化学稳定性、良好的耐辐射性能以及优异的光学性能。由于其在紫外到红外辐射的连续波长范围内有优良的透射比,在太阳能高温热利用领域得到了大量应用。该节所用石英玻璃是由长富科技(北京)有限公司提供的 JGS1型,其透过率由中国计量科学研究院光学与激光计量科学研究所进行标定。所测石英玻璃的具体参数如表 4.1 所示,实验测量结果如图 4.2 所示。从图中可以看出,JGS1 型石英玻璃在紫外 — 可见 — 近红外波段均具有良好的透过率,最高透过率可达94%;同时也可以看出该透反光谱测量系统的测量值与中国计量科学研究院测量结果变化趋势相同。图 4.3 所示为该石英玻璃的测量误差与波长的变化关系,从图中可以看出测量相对误差基本维持在 1.25% 左右,最大测量相对误差不超过 2%。

表 4.1　所测石英玻璃的具体参数

型号	纯度/%	直径/mm	厚度/mm	表面质量
JGS1	99.99	30	1	60/40

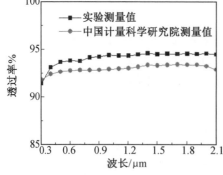

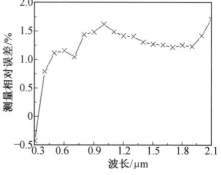

图 4.2　石英玻璃测量结果与标称值对比　　图 4.3　石英玻璃透过率测量相对误差

（2）光学滤光片。

光学滤光片是在高透过率的塑料或石英玻璃基材中加入特种染料或在其表面蒸镀光学膜制成，用以衰减（吸收）光波中的某些光波段或以精确选择小范围波段光波通过，而反射或吸收掉其他不需要的波段。通过改变滤光片的结构和膜层的光学参数，可以获得各种光谱特性；使用滤光片可以控制、调整和改变光波的透射、反射、偏振或相位状态，广泛应用于物理化学、远程探测、军事侦察、手机、数码相机、监视器等。在该部分采用透反光谱测量系统测量了由某厂家生产的截止型滤光片的光谱透过特性，滤光片的具体参数如表 4.2 所示。

表 4.2　滤光片的具体参数

类型	颜色	直径/mm	厚度/mm	表面质量
JB400	金黄色	20	2	60/40
CB570	橙色	20	2	60/40
QB3	深蓝色	20	2	60/40
HB630	红色	26	2	60/40

图 4.4 所示为不同类型滤光片的透过率实验测量值与厂家给定值的对比。从图中可以看出，采用该系统测量不同滤光片的测量值均与厂家给定值变化趋势相同且测量结果吻合良好。图 4.5 所示为不同类型滤光片的测量相对误差与波长的关系，从图中可以看出不同类型滤光片测量相对误差与波长呈现无规律变化，最大测量相对误差不超过 2.4%。

（3）Labsphere 标准白板反射率测量。

蓝菲光学公司生产的型号为 WS－1－SL 的标准白板由 Spectraflect 涂料喷涂制成，该材料具有高反射比、高朗伯特性、良好的光学稳定性等特点，是光学元器件、积分球、灯壳和光谱漫反等产品的理想反射涂料。图 4.6 所示为该系统测量的标准白板反射率与厂家标称值的对比，从图中可以看出该系统测量标准白板的反射率与厂家标称值变化趋势相同且测量结果吻合良好，系统测量结果与标定值的最大测量相对误差不超过 0.6%。

4.2.2　透反光谱测量系统测量结果不确定度分析

测量不确定度是指测量结果变化的不肯定度，表征被测量的真实值在某一量值范围的估计；按照测量不确定度的评定方式，标准不确定度可分为 A 类评定和 B 类评定。A 类评定是指通过一系列观测数据统计分析评定的，而 B 类评定则是基于经验或其他信息所认定的概率分布评定的。

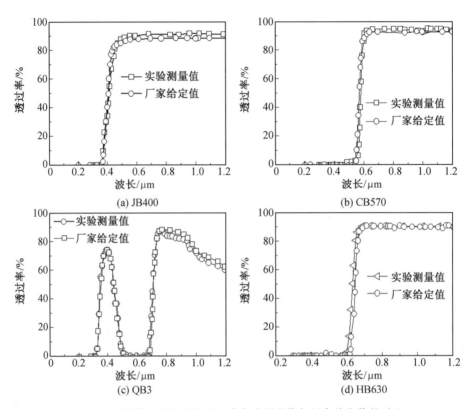

图 4.4　不同类型滤光片的透过率实验测量值与厂家给定值的对比

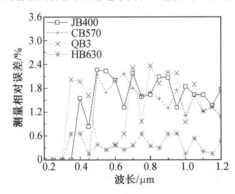

图 4.5　不同类型滤光片的测量相对误差与波长的关系

　　根据测量误差理论,影响透反光谱系统实验测量结果精度的主要因素有:透反光谱系统测量重复性引起的不确定度和透反光谱系统自身不确定度。由标准不确定度分类定义可知:搭建的透反光谱系统测量重复性引起的不确定为 A 类

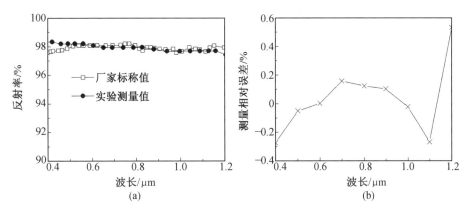

图 4.6　蓝菲标准白板反射率测量结果

不确定度;而系统自身不确定度为 B 类不确定度。其中透反光谱测量系统自身不确定度主要由光源不确定度、光栅扫描单色仪测量不确定度、锁相放大器测量不确定度、斩波器测量不确定度、Si 光电探测器响应不确定度、铟镓砷(InGaAS)光电探测器响应不确定度、积分球测量不确定度以及标准白板测量不确定度组成。

(1) 系统测量重复性引起的不确定度。

对于被测量 X 来说,在相同条件下进行 n 次独立且重复测量,测量结果为 $X_i(i=1,2,\cdots,n)$。通过贝塞尔方法可计算得到单次测量的标准误差:

$$\delta = \sqrt{\dfrac{\sum\limits_{i=1}^{n}(X_i - \overline{X})}{n-1}} \tag{4.3}$$

式中,$\overline{X}$ 为样本算术平均值,可采用下式计算:

$$\overline{X} = \dfrac{1}{n}\sum\limits_{i=1}^{n}X_i \tag{4.4}$$

根据 A 类评定,由重复性测量引起的标准不确定度可采用下式计算:

$$u_s = \dfrac{\delta}{\sqrt{n}} \tag{4.5}$$

测量结果的相对不确定度可采用下式计算:

$$u_r = \dfrac{u_s}{\overline{X}} \tag{4.6}$$

标准光学石英玻璃透过率独立测量结果如图 4.7 所示,从图中可以看出四次独立测量结果与标准值变化趋势相同。通过上述计算可以得到该透反光谱测量系统在不同波长的由重复性测量引起的相对不确定度。

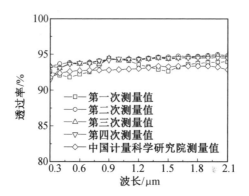

图 4.7　标准光学石英玻璃透过率独立测量结果与标准值对比

（2）系统自身不确定度 。

采用 B 类评定方法,需先根据实际情况分析,若已知估计值 x 落在区间$(x-a,x+a)$内的概率为 1,且在区间内各处出现的机会相等,则 x 服从均匀分布,其标准不确定度可采用下式计算:

$$u_x = \frac{a}{\sqrt{3}} \tag{4.7}$$

式中,a 为所取置信概率的分布区间半宽。

根据前述该透反光谱测量系统自身不确定度主要由光源不确定度、单色仪测量不确定度、锁相放大器测量不确定度、斩波器测量不确定度、硅光电探测器响应不确定度、铟镓砷光电探测器响应不确定度组成。

① 复合光源引起的不确定度。该透反光谱测量系统根据设计需求,采用复合光源(氘灯和卤钨灯)来获得连续的宽光谱范围,氘灯与卤钨灯在 0.38 μm 处采用手动切换,氘灯的光谱区间为 0.2 ~ 0.4 μm、卤钨灯的光谱范围为 0.36 ~ 2.5 μm。根据厂家提供数据,氘灯的波长准确度为 ± 0.4 nm;卤钨灯的波长准确度为 ± 0.8 nm。

② 光栅扫描单色仪引起的不确定度。该透反光谱测量系统的单色仪内安装两个光栅,采用非对称式水平光路布置方式,通过改变单色以内光栅出射光轴的离轴角度以消除慧差。而经过处理后的谱线更加对称,光谱波形更加完美,同时也有利于提高系统分辨率。 透反光谱测量系统采用两个光栅,其型号分别为 70G1200－300 和 70G300－1250(光谱响应区间分别为 0.2 ~ 1.1 μm、0.83 ~ 2.5 μm),每个光栅的波长准确度分别为 ± 0.25 nm 和 ± 1.0 nm。

③ 光电测量部分引起的不确定度。该系统通过斩波器将光源发出的光调制成具有一定频率的光信号,以便于光电转换后进行选频放大,之后输出与调制频

率同步的参考信号提供给锁相放大器。而锁相放大器可根据斩波器提供的参考信号,精确探测淹没在噪声、干扰背景中的微弱信号。根据厂家提供的数据,系统光电测量部分的不确定度为 0.3%。

④ 光电探测器引起的不确定度。搭建的透反光谱测量系统由于光谱测量范围较大,因此采用硅探测器和铟镓砷探测器来实现不同范围的光谱的测量。根据出厂设置,两个探测器的转换光谱为 0.8 μm,硅探测器和铟镓砷探测器的测量不确定度均由厂家标定给出。硅探测器在 0.2 ~ 0.4 μm 光谱区间测量不确定度为 2.4%,在 0.4 ~ 0.8 μm 光谱区间测量不确定度为 1.5%;铟镓砷探测器在 0.8 ~ 1.0 μm 光谱区间测量不确定度为 2.4%,在 1.0 ~ 2.2 μm 光谱区间测量不确定度为 1.7%。

⑤ 积分球测量不确定度。积分球长期用来测量材料在紫外、可见和近红外波段的漫反射率和漫透射率。积分球采用金属材料做成内部中空的球形,球内壁面涂有高反射率(反射率大于 0.9)的涂层,一般为硫酸钡、氧化镁或聚四氟乙烯。积分球由于球面结构加工不合理、涂层不均匀、探测器开孔等对积分球测量精度有重要影响,厂家给定积分球的测量不确定度最大不超过 2%。

⑥ 标准白板测量不确定度。搭建透反光谱测量系统所用标准白板的测量不确定度可由厂家委托中国计量科学研究院校准给出,其反射测量不确定度为 0.64%。

(3) 综合不确定度。

当测量结果由多个不确定度分量组成时,测量结果的合成不确定度则可由各标准不确定度合成求得。在间接测量中,被测量 X 的估计值 x 是由 N 个其他量的测量值 $x_1, x_2, \cdots, x_N$ 的函数求得,即

$$y = f(x_1, x_2, \cdots, x_N) \tag{4.8}$$

且各直接测得值 x_i 的测量标准不确定度为 u_{xi},它对被测量估计值影响的传递系数为 $\dfrac{\partial f}{\partial x_i}$,则由 x_i 引起的被测量 X 的标准不确定度分量为

$$u_i = \left| \frac{\partial f}{\partial x_i} \right|_{xi} u_{xi} \tag{4.9}$$

而测量结果 x 的综合不确定度 u_c 为所有不确定度分量的合成,其计算公式如下:

$$\begin{aligned} u_c &= \sqrt{\sum_{i=1}^{N} \left(\frac{\partial f}{\partial x_i} \right)^2 (u_{xi})^2 + 2 \sum_{1 \leqslant i < j}^{N} \frac{\partial f}{\partial x_i} \frac{\partial f}{\partial x_j} \rho_{ij} u_{xi} u_{xj}} \\ &= \sqrt{\sum_{i=1}^{N} u_i^2 + 2 \sum_{1 \leqslant i < j}^{N} \rho_{ij} u_i u_j} \end{aligned} \tag{4.10}$$

式中，ρ_{ij} 为任意两个直接测量值 x_i 和 x_j 的不确定度相关系数。

如果 x_i 和 x_j 的不确定度相互独立，即 $\rho_{ij}=0$，则综合不确定度计算公式可简化为

$$u_c = \sqrt{\sum_{i=1}^{N} \left(\frac{\partial f}{\partial x_i}\right)^2 (u_{xi})^2} = \sqrt{\sum_{i=1}^{N} u_i^2} \tag{4.11}$$

该透反光谱测量系统重复性引起的不确定度和透反系统自身不确定度相互独立，因此将上述各分量不确定度代入式(4.11)即可求出该系统的综合测量不确定度。

在该部分以 $1.1~\mu m$ 为例，分析光谱测量系统 A 类不确定度、B 类不确定以及综合不确定度。

(1) 测量重复性引起的不确定度。

对由北京长富科技有限公司提供的标定石英玻璃片进行 4 次测量，在 $1.1~\mu m$ 处的透过率测量结果如表 4.3 所示。由式(4.6)可计算得到系统由测量重复性引起的不确定度(u_r)为 0.061%。

表 4.3 标定石英玻璃片在 $1.1~\mu m$ 处的透过率测量结果

次数	1	2	3	4
透过率/%	94.12	94.36	94.35	94.32

(2) 光栅扫描单色仪引起的不确定度。

光栅扫描单色仪在 $1.1~\mu m$ 处光栅的波长准确度为 $\pm 1.0~nm$，可认为该光栅扫描单色仪波长准确度是以 $1~nm$ 为半宽度呈均匀分布，因此由式(4.7)可计算得到该光栅扫描单色仪在 $1.1~\mu m$ 处引起的标准不确定度(u_1)为 0.58%。

(3) 复合光源引起的不确定度。

复合光源在 $1.1~\mu m$ 处波长准确度为 $\pm 0.8~nm$，可认为该光源波长准确度是以 $0.8~nm$ 为半宽度呈均匀分布，因此由式(4.7)可计算得到该光源在 $1.1~\mu m$ 处引起的标准不确定度(u_2)为 0.46%。

考虑到透反射光谱实验系统重复性引起的不确定度和透反系统自身不确定度相互独立，则搭建透反光谱测量系统在 $1.1~\mu m$ 处的综合测量不确定度可采用下式计算：

$$\begin{aligned} u_c &= \sqrt{u_r^2 + u_1^2 + u_2^2 + u_3^2 + u_4^2 + u_5^2 + u_6^2} \\ &= \sqrt{0.061^2 + 0.58^2 + 0.46^2 + 0.3^2 + 1.7^2 + 2^2 + 0.64^2} = 2.82\% \end{aligned} \tag{4.12}$$

式中，u_r、u_1、u_2、u_3、u_4、u_5、u_6 分别为测量重复性、光栅扫描单色仪、复合光源、光

电测量部件、光电探测器、积分球以及标准白板引起的不确定度。

　　搭建的透反光谱测量系统在其他光谱测量不确定度计算方法与 1.1 μm 类似，不再赘述。表 4.4 给出了透反光谱测量系统测量结果综合不确定度，从表中可以看出不同光谱测量不确定度各不相同，且最大不确定度为 3.3%，说明该透反光谱测量系统的测量结果具有较好的精度，可用于铁酸盐颗粒的辐射物性测量。

表 4.4　透反光谱测量系统测量结果综合不确定度

波长 /μm	测量重复性不确定度 /%	复合光源不确定度 /%	光栅扫描单色仪不确定度 /%	光电测量部件不确定度 /%	光电探测器不确定度 /%	积分球不确定度 /%	标准白板不确定度 /%	综合不确定度 /%
	A 类	B 类	B 类	B 类	B 类	B 类	B 类	
0.3	0.50	0.231	0.144	0.3	2.40	2	0.64	3.25
0.4	0.36	0.231	0.144	0.3	2.40	2	0.64	3.23
0.5	0.52	0.462	0.144	0.3	1.50	2	0.64	2.69
0.6	0.41	0.462	0.144	0.3	1.50	2	0.64	2.67
0.7	0.34	0.462	0.144	0.3	1.50	2	0.64	2.66
0.8	0.17	0.462	0.144	0.3	1.50	2	0.64	2.65
0.9	0.07	0.462	0.577	0.3	2.40	2	0.64	3.29
1.0	0.04	0.462	0.577	0.3	2.40	2	0.64	3.29
1.1	0.061	0.462	0.577	0.3	1.70	2	0.64	2.82
1.2	0.19	0.462	0.577	0.3	1.70	2	0.64	2.82
1.3	0.30	0.462	0.577	0.3	1.70	2	0.64	2.83
1.4	0.18	0.462	0.577	0.3	1.70	2	0.64	2.82
1.5	0.48	0.462	0.577	0.3	1.70	2	0.64	2.86
1.6	0.36	0.462	0.577	0.3	1.70	2	0.64	2.84
1.7	0.27	0.462	0.577	0.3	1.70	2	0.64	2.83
1.8	0.24	0.462	0.577	0.3	1.70	2	0.64	2.83
1.9	0.23	0.462	0.577	0.3	1.70	2	0.64	2.83
2.0	0.24	0.462	0.577	0.3	1.70	2	0.64	2.83
2.1	0.20	0.462	0.577	0.3	1.70	2	0.64	2.82

4.3　铁酸盐颗粒制备及表征方法

近年来随着材料合成方法的发展以及人们对铁基氧化物材料的深入研究，铁基氧化物主要由化学合成法制备。化学合成法主要有微乳液法、化学共沉淀法、化学蒸汽冷凝法、溶胶－凝胶法、低温固相反应法等。化学共沉淀法是采用金属盐的溶液，在一定温度和 pH 条件下使得混合溶液内的金属盐离子发生共沉淀反应。经过化学共沉淀反应后产生的溶质转化为沉淀物，之后对沉淀物分离、干燥或高温加热而得到制备粒子。化学共沉淀法不仅可以通过改变反应物浓度、温度及 pH 等参数获得所需的产物，而且具有制备工艺简单、沉淀条件易控制、颗粒粒径易控制等特点而成为制备铁酸盐粒子最常用的方法。

采用化学共沉淀法合成了 $NiFe_2O_4$、$CuFe_2O_4$ 以及 $Mn_{0.9}Cu_{0.1}Fe_2O_4$ 颗粒，铁酸盐颗粒合成中所用到的仪器设备名称、型号和生产商等具体信息如表 4.5 所示。

表 4.5　铁酸盐颗粒合成中所用到的仪器设备名称、型号和生产商等具体信息

仪器名称	型号	生产商
箱式电阻炉	SX2－4－10	上海一恒科技有限公司
电热鼓风干燥箱	SX2 系列	上海一恒科技有限公司
台式高速离心机	TGL－16G	上海安亭科学仪器厂
台式低速离心机	TDZ5－WS	湖南湘仪实验室仪器开发有限公司
电子天平	BSA223S	赛多利斯科学仪器有限公司
循环水式多用真空泵	SHB－IIIA	郑州长城利工贸易有限公司
真空干燥箱	DZF－6050	上海精宏实验设备有限公司
磁力加热搅拌器	HJ－6	巩义予华仪器有限公司
IKA 加热磁力搅拌器	RCTB S25	上海翔雅仪器设备有限公司
超声波清洗器	KQ 2200E	昆山市超声仪器有限公司
pH 计	PB－10	北京 Satorius 仪器系统有限公司

以 $NiFe_2O_4$ 颗粒为例介绍采用化学共沉淀法制备铁酸盐颗粒，其制备流程如图 4.8 所示。首先将 0.5 mol/L 的 $Fe(NO_3)_2$ 溶液与 0.25 mol/L 的 $Ni(NO_3)_2$ 溶液在烧杯中混合并用搅拌器搅拌，逐步将 0.5 mol/L 的 NaOH 溶液以一定速率滴入上述混合溶液中直到 pH 达到 12 为止。在滴加过程中混合溶液

会有沉淀物产生,此时继续搅拌混合溶液直到共沉淀反应完成,将固液混合溶液陈化放置 12 h 后过滤。将获得的沉淀物采用去离子水清洗数次后,放在 80 ℃ 的环境中干燥 24 h 以便初步获得尖晶石结构。将获得的共驱物研磨并在 800 ℃ 的环境中煅烧 4 h 以便完全形成尖晶石结构。

图 4.8　铁酸镍颗粒制备流程

材料表征技术是关于材料的化学组成、内部组织结构、微观形貌、晶体缺陷与材料性能等的表征方法、测试技术及相关理论基础的实验科学,是现代化材料科学研究以及材料应用的重要手段和方法。为了获得制备颗粒的纯度、粒径孔隙度等指标,需采用相应的材料分析表征方法。采用 X 射线衍射(XRD)和傅里叶变换红外光谱仪(FTIR)来获得制备铁酸盐颗粒的结晶性能;采用扫描电子显微镜(SEM)获得颗粒的形貌;采用紫外 — 可见吸收光谱法获得制备颗粒在紫外及可见光区间的光谱响应;采用吸附比表面测试法(BET 法)对制备颗粒的比表面积以及颗粒孔隙率进行表征。

(1)XRD 分析。

对制备铁酸盐颗粒进行 XRD 分析所采用的设备为德国 Bruker 公司生产的型号为 D8 ADVANCE 的 X 射线衍射仪,该设备的靶材料是 Cu,射线源为 Kα 线,波长 $\lambda = 0.154\ 18$ nm;操作电压为 40 kV、电流为 100 mA、扫描步长为 $0.01°$、每步扫描时间为 0.3 s,样品测试扫描范围为 $10° \sim 90°$。

图 4.9 给出了采用化学共沉淀法合成的铁基氧化物 XRD 图谱,与标准卡片对照($NiFe_2O_4$ PDF ♯ 00−003−0875;$CuFe_2O_4$ PDF ♯ 01−077−0010),所测铁酸盐粒子的晶面 111($2\theta = 18.3°$)、220($2\theta = 30.2°$)、311($2\theta = 35.4°$)、222($2\theta = 37.1°$)、400($2\theta = 43.1°$)、422($2\theta = 53.5°$)、511($2\theta = 56.9°$)、440($2\theta = 62.5°$)均为尖晶石结构的特征峰且与标准卡片均基本吻合,说明所制备的铁酸盐颗粒($NiFe_2O_4$、$CuFe_2O_4$、$Mn_{0.9}Cu_{0.1}Fe_2O_4$)均具有良好的尖晶石结构。XRD 图谱表明采用化学共沉淀法制备得到的铁酸盐颗粒没有其他杂质衍射峰存在,所制备铁酸盐粒子的纯度都比较高。

(2)FTIR 分析。

傅里叶变换红外光谱仪是基于对干涉后的红外光进行傅里叶变换原理对样品的分子结构特征及纯度进行检测。铁酸盐颗粒红外光谱分析采用美国 Nicolet公司生产的型号为 Avatar 360 的傅里叶变换红外光谱仪,其测量波数为 4 000 ～

400 cm^{-1},扫描频率为 20 Hz,光谱分辨率为 0.022 nm,信噪比优于 24 000∶1。

图 4.10 所示为采用化学共沉淀法获得铁酸盐颗粒的红外光谱透过率曲线。可以看出采用化学共沉淀法合成的铁酸盐颗粒在 580 cm^{-1} 和 400 cm^{-1} 处有明显的吸收峰。结合 XRD 谱图分析,说明合成铁酸盐颗粒为尖晶石结构。而位于 800 ~ 1 100 cm^{-1} 处没有吸收峰出现,说明合成铁酸盐颗粒没有氧化物生成,具有很高的纯度。

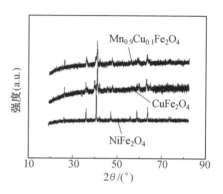

图 4.9   铁基氧化物颗粒的 XRD 图谱

(3)SEM 分析。

铁酸盐颗粒 SEM 分析所用设备是由日立公司生产的型号为 S－4300 的扫描电子显微镜,其在低的加速电压下仍具有很高的分辨率,可快速而高效地获得优异的 SEM 图像;其测试环境为冷场发射,加速电压为 0.5 ~ 30 kV,放大倍数为 2 000 ~ 50 000。

图 4.11 给出了采用化学共沉淀法制备的铁基氧化物颗粒的

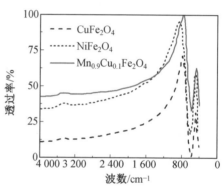

图 4.10   铁酸盐颗粒的红外光谱透过率曲线

SEM 图,从图中可以看出尽管所制备铁基氧化物颗粒出现烧结团聚现象,但是颗粒形貌较为规整,均可近似认为球形颗粒且粒径分布较为均匀,其粒径分别为 0.5 μm、0.7 μm、0.65 μm。

(4)紫外－可见吸收光谱法分析。

铁酸盐颗粒的紫外以及可见光光谱区间的吸收特性采用由北京普析通用仪器公司生产的 TU－1900 型双光束紫外可见光光度计测得,其光谱测量区间为 0.19 ~ 0.9 μm,光谱准确度为 ±0.3 nm,波长重复性为 0.1 nm,杂散光小于 0.05%。

图 4.12 所示为采用硫酸钡压片法并以硫酸钡固体粉末为参考对象所得到铁酸盐颗粒在光谱区间 0.2 ~ 0.8 μm 的紫外－可见漫反射吸收光谱。从图中可以看出所制备的铁酸镍和铁酸铜颗粒均存在吸收峰,说明上述颗粒对紫外以及可

(a) NiFe$_2$O$_4$

(b) CuFe$_2$O$_4$

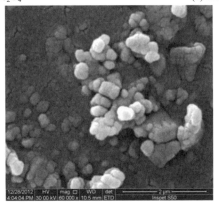
(c) Mn$_{0.9}$Cu$_{0.1}$Fe$_2$O$_4$

图 4.11　铁基氧化物颗粒的 SEM 图

见光具有响应。

（5）BET 法分析。

贝士德仪器科技公司生产的型号为 3H－2000PS1 的比表面积测量仪用来获得制备颗粒的比表面积以及微介孔孔体积等，在测量时选择 N$_2$ 作为吸附介质，样品在脱气站的脱气温度为 120 ℃，脱附时间为 1 h，被测样品管经过脱气后放入信号检测站进行数据测定，而被测

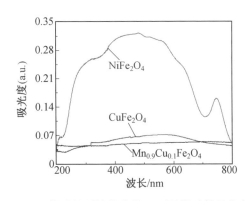

图 4.12　铁酸盐颗粒的紫外－可见漫反射吸收光谱

样品的表面信息由 N_2 系统的吸附脱附过程提供,比表面积采用 BET 公式计算。

图 4.13 给出了采用化学共沉淀法制备的铁酸盐颗粒的吸附和脱附等温线,从图中可以看出所制备铁酸盐颗粒的 N_2 吸附量各不相同,但是吸附和脱附曲线变化趋势一样。在相对压力小于 0.9 时,吸附和脱附等温线完全重合;在相对压力为 $0.9 \sim 1$ 时,吸附和脱附等温线没有完全重合,存在滞留现象。但是吸附和脱附曲线滞留等温曲线差别很小,表明所制备的铁酸盐颗粒不存在介孔或部分微孔结构。经过 BET 多点法计算表明所制备的铁酸盐纳米颗粒的比表面积分别为 $22.76~m^2/g$、$7.41~m^2/g$、$7.14~m^2/g$。

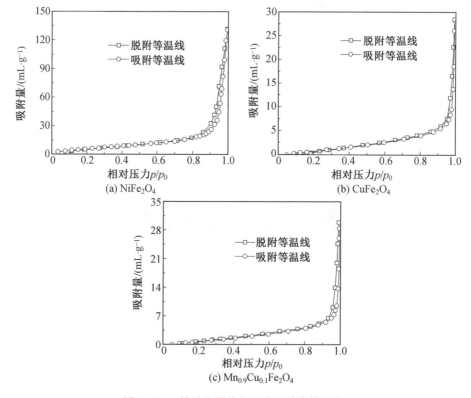

图 4.13   铁酸盐颗粒的吸附和脱附等温线

4.4   铁酸盐颗粒辐射物性测量

在该部分基于 KBr 压片法研究了铁基氧化物颗粒在光谱区间 $0.3 \sim 2.1~\mu m$

的光谱透过率。为了减小水的吸收峰对测量结果的影响,在测量样片压片制作前将粒子以及溴化钾粒子放入干燥箱进行干燥处理。干燥后的粒子按照 1% 的粒子质量百分比将铁酸盐颗粒和 KBr 粒子放入玛瑙研钵中充分混合,根据实验要求称取不同质量的混合颗粒制成压片,压片实物图如图 4.14 所示。压片机压片过程中,需使混合粒子在模具内的厚度分布均匀。

图 4.14　压片实物图

4.4.1　铁酸盐颗粒透过率测量结果

图 4.15 所示为制备铁酸盐颗粒不同厚度的压片在光谱区间 $0.3 \sim 2.1 \ \mu m$ 的光谱透过率,可以看出不同厚度的样片透过率变化趋势相同。制备铁酸盐颗粒压片透过率均随着波长的增大而增大,且随着样片厚度的增大而减小;同时可以看到所有压片在部分光谱处均存在透过率振荡现象,这意味着铁酸盐颗粒在该波段区间可能存在吸收效果。对上述压片透过率重复测量结果表明,局部振荡现象均存在,排除了由仪器测量误差造成的影响。

图 4.16 给出了压片厚度为 $0.42 \ mm$ 时,不同铁酸盐颗粒透过率随波长的变化关系。从图中可以看出不同铁酸盐在紫外波段的透过率都为零,这意味着所有铁酸盐对紫外光强吸收,该结果与紫外 — 可见光度计测量结果一致。对于 $CuFe_2O_4$ 和 $Mn_{0.9}Cu_{0.1}Fe_2O_4$,前者在光谱区间 $0.3 \sim 1.8 \ \mu m$ 的透过率高于后者,这意味着在该光谱区间 $Mn_{0.9}Cu_{0.1}Fe_2O_4$ 的吸收率高于 $CuFe_2O_4$ 的,$NiFe_2O_4$ 颗粒的透过率在光谱区间振荡。

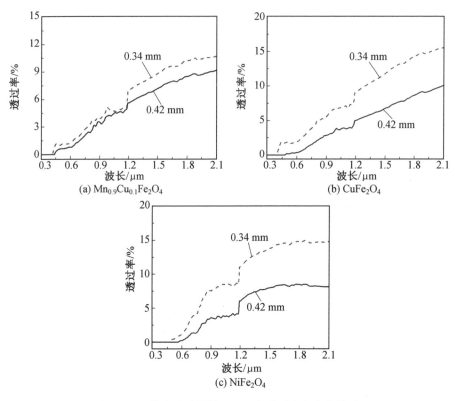

(a) $Mn_{0.9}Cu_{0.1}Fe_2O_4$

(b) $CuFe_2O_4$

(c) $NiFe_2O_4$

图 4.15 铁酸盐颗粒样品透过率随厚度的变化关系

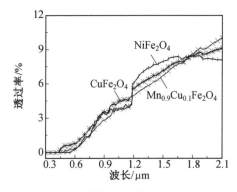

图 4.16 不同铁酸盐颗粒透过率对比

4.4.2 铁酸盐颗粒复折射率反演

（1）复折射率反演计算流程。

颗粒的复折射率（m）属于基本物性参数，与颗粒的成分、粒径、孔隙率、温度等参数有关，同时也与表面状况有关，其可采用下式表示：$m = n - ik$，其中 n 和 k 分别为折射指数和吸收指数。颗粒的复折射率不能通过实验直接获得，需间接利用某种实验结果，通过结合米氏（Mie）理论和 K－K 关联式利用反问题研究方法计算求得。

基于 Mie 理论的反演方法是一种经验的反演算法，结合 K－K 关联式，通过在迭代过程中，不断调整光学常数，直到实验测量的光谱与数值模拟的光谱之间存在最小偏差为止，其反演计算流程如图 4.17 所示。

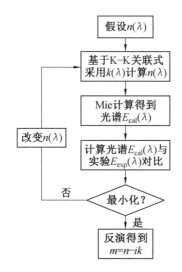

图 4.17　复折射率的反演计算流程图

在对颗粒的复折射率进行反演的过程中，首先将实验测量得到颗粒的透射率作为反问题的已知量，结合理论计算结果，使其满足反演结果的目标函数：

$$F(\lambda) = \sum \left[E_{\exp}(\lambda) - E_{\mathrm{cal}}(\lambda) \right]^2 \tag{4.13}$$

式中，$E_{\exp}(\lambda)$ 为实验测量得到颗粒的光谱透过率；$E_{\mathrm{cal}}(\lambda)$ 为当前 (n, k) 值计算得到的理论透过率。而粒子的折射指数 n 以及吸收指数 k 直接受透过率影响且 n 和 k 值为未知量，从而导致反演方程不封闭。根据介质的色散理论可知，在某些情况下粒子复折射率可通过 K－K 关联式联系起来，其关系式如下：

$$n(\lambda) = 1 + \frac{2\lambda^2}{\pi} P \int_0^\infty \frac{k(\lambda_0)}{\lambda_0 (\lambda^2 - \lambda_0^2)} \mathrm{d}\lambda_0 \qquad (4.14)$$

$$k(\lambda) = \frac{2\lambda}{\pi} P \int_0^\infty \frac{n(\lambda_0) - 1}{\lambda^2 - \lambda_0^2} \mathrm{d}\lambda_0 \qquad (4.15)$$

式中，P 代表柯西主值积分。

从式（4.13）可知，如果知道 $k(\lambda)$ 的值，则任意波长处的折射指数 $n(\lambda)$ 可以求得。颗粒复折射率的反演过程如下：

① 假设折射指数 $n(\lambda)$ 的初值，即 $n(\lambda) = n_0$（n_0 为随机假定值）。在各个参数符合单值区间范围内，采用一维优化拟合搜索方法，根据目标函数式（4.13）由实验测量光谱 $E_{\mathrm{exp}}(\lambda)$ 求得满足目标函数的 $k(\lambda)$。

② 将优化得到的 $k(\lambda)$ 值代入 K－K 关联式中可以得到一组随波长变化的 $n(\lambda)$，再根据 K－K 关联式计算得到的 $n(\lambda)$ 重新搜索 $k(\lambda)$ 值。

③ 如此重复步骤 ① 和 ②，当相邻两次迭代的 $n(\lambda)$ 值和 $k(\lambda)$ 值满足式（4.16）时，则该组 $n(\lambda)$ 值和 $k(\lambda)$ 为最优值；如果不是，则重新搜索，直到满足式（4.16）为止。

$$\frac{1}{M}\sqrt{\sum_{i=0}^{M}(k_i^j - k_i^{j-1})^2} \leqslant \delta \qquad (4.16\,\mathrm{a})$$

$$\frac{1}{M}\sqrt{\sum_{i=0}^{M}(n_i^j - n_i^{j-1})^2} \leqslant \delta \qquad (4.16\,\mathrm{b})$$

式中，M 为实验测量光谱波段内等间距划分的波长区间的数目；$k_i^j(n_i^j)$ 为第 i 个波长区间在第 j 次迭代中计算的折射指数（n）或吸收指数（k）；δ 为迭代过程收敛精度（一般取 10^{-4}）。

由于实验条件的约束，在实验过程中只能获得有限光谱区间 $[\lambda_1, \lambda_h]$ 内粒子的光谱透过率，但式（4.14）包括全光谱范围内的柯西主值积分。因此在求解过程中需要对光谱区间进行合理的外推。考虑到外推过程中可能引起的计算误差，通常采用相减的 K－K 关联式：

$$n(\lambda) = n(\lambda_1) + \frac{2(\lambda_1^2 - \lambda^2)}{\pi} P \int_0^\infty \frac{\lambda_0 k(\lambda_0)}{(\lambda^2 - \lambda_0^2)(\lambda_1^2 - \lambda_0^2)} \mathrm{d}\lambda_0 + N_1 + N_h \qquad (4.17)$$

式中，N_h 为长波外推区间积分值；N_1 为短波外推区间积分值。将外推值代入上式可得

$$N_h = \frac{C_h}{\lambda^2 - \lambda_1^2}\left[\frac{1}{2\lambda}\ln\left(\frac{\lambda_h + \lambda}{\lambda_h - \lambda}\right) - \frac{1}{2\lambda_1}\ln\left(\frac{\lambda_h + \lambda_1}{\lambda_h - \lambda_1}\right)\right] \qquad (4.18)$$

$$N_1 = C_1 \cdot \lambda_1 + C_1 \cdot (\lambda_1^2 + \lambda^2) \frac{1}{2\lambda} \ln\left(\frac{\lambda - \lambda_1}{\lambda + \lambda_1}\right) + \frac{C_1 \cdot \lambda^4}{\lambda^2 - \lambda_1^2} \cdot \frac{1}{2\lambda} \cdot \ln\left(\frac{\lambda - \lambda_1}{\lambda + \lambda_1}\right)$$

$$- \frac{C_1 \cdot \lambda_1^4}{\lambda^2 - \lambda_1^2} \cdot \frac{1}{2\lambda_1} \cdot \ln\left(\frac{\lambda_1 - \lambda_1}{\lambda_1 + \lambda_1}\right)$$

$$(4.19)$$

在对上式在奇点进行积分时,通常利用 $[\lambda_1, \lambda - \Delta\lambda]$ 和 $[\lambda + \Delta\lambda, \lambda_h]$ 内的柯西主值积分进行计算。而 $[\lambda_1, \lambda - \Delta\lambda]$ 和 $[\lambda + \Delta\lambda, \lambda_h]$ 的柯西主值积分可通过希尔伯特(Hilbert)变换:

$$P \int_{\lambda - \Delta\lambda}^{\lambda + \Delta\lambda} \frac{k(\lambda)}{\lambda(\lambda_1^2 - \lambda^2)} d\lambda = \frac{k(\lambda + \Delta\lambda)}{(\lambda + \Delta\lambda)(2\lambda + \Delta\lambda)} - \frac{k(\lambda - \Delta\lambda)}{(\lambda - \Delta\lambda)(2\lambda - \Delta\lambda)} \quad (4.20)$$

其值可通过下式求解:

$$\int_{\lambda - \Delta\lambda}^{\lambda + \Delta\lambda} \frac{k(\lambda_0)}{\lambda_0(\lambda_0^2 - \lambda^2)} d\lambda = \frac{k(\lambda + \Delta\lambda)}{(\lambda + \Delta\lambda)(2\lambda + \Delta\lambda)} - \frac{k(\lambda - \Delta\lambda)}{(\lambda - \Delta\lambda)(2\lambda - \Delta\lambda)}$$

$$(4.21\ a)$$

$$\int_{\lambda - \Delta\lambda}^{\lambda + \Delta\lambda} \frac{k(\lambda_0)}{\lambda_0(\lambda_0^2 - \lambda_1^2)} d\lambda = \frac{k(\lambda_1 + \Delta\lambda)}{(\lambda_1 + \Delta\lambda)(2\lambda_1 + \Delta\lambda)} - \frac{k(\lambda_1 - \Delta\lambda)}{(\lambda_1 - \Delta\lambda)(2\lambda_1 - \Delta\lambda)}$$

$$(4.21\ b)$$

由于被积函数不易采用显示方式表达,只能采用粒子的透射率实验结果进行计算,而在 $[\lambda_1, \lambda - \Delta\lambda]$ 和 $[\lambda + \Delta\lambda, \lambda_h]$ 内积分不能采用解析法直接获取。在本节计算中将实验测量区间等分为 $2N$ 个,对应每一节点采用复合辛普森(Simpson)公式进行数值求解;为了保证计算精度,需尽可能对实验测量区间划分得足够细。

为了验证该节复折射率反演模型,采用煤灰粒子作为待测颗粒并且假设煤灰粒子系为均一粒子,平均粒径为 $2\ \mu m$,体积百分比为 5×10^{-5}。采用相关文献中给出的煤灰粒子在 $0.6 \sim 13\ \mu m$ 的光学常数作为"真值",将式(4.13)计算结果作为"实验数据",代入反演模型进行计算。图 4.18 所示为反演得到的光学常数与原始数据的比较,可以看出采用反演模型计算得到的煤灰粒子的复折射率与文献结果吻合较好,说明所用模型可靠。

(2)铁酸盐复折射率反演计算。

图 4.19 所示为基于实验结果的不同铁酸盐颗粒的 n 和 k 值反演结果,计算条件如下:计算光谱区间为 $0.5 \sim 2.0\ \mu m$、压片的质量分数为 1%、压片厚度为 $0.42\ mm$、粒径按均一粒径反演、假设颗粒为球形粒子。从图 4.19(a)中可以看出,除了 $NiFe_2O_4$ 的 n 值基本维持在定值外,$CuFe_2O_4$ 以及 $Mn_{0.9}Cu_{0.1}Fe_2O_4$ 的 n 值随波长增加而增大,$CuFe_2O_4$ 的 n 值高于 $NiFe_2O_4$ 和 $Mn_{0.9}Cu_{0.1}Fe_2O_4$ 的。图

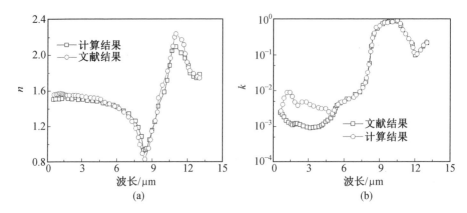

图 4.18　模型计算结果与文献结果对比

4.19(b) 给出了不同铁酸盐的 k 值反演结果,所有铁酸盐的 k 值都是随波长的增加而增大,其中 $NiFe_2O_4$ 的 k 值最低,而 $Mn_{0.9}Cu_{0.1}Fe_2O_4$ 的 k 值在近红外光谱区间最高。

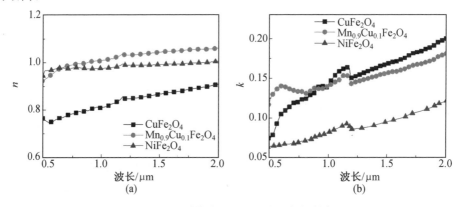

图 4.19　不同铁酸盐颗粒反演的复折射率

　　图 4.19 所示为常温条件下得到的铁酸盐复折射率,在后续计算中会用到铁酸盐在高温时的复折射率;但由于目前实验设备缺陷而不能获得温度对铁酸盐颗粒辐射物性的影响。图 4.20 所示为温度对铁酸钴薄膜复折射率的影响,可以看出温度对折射指数的影响不大,而对吸收指数的影响较大,最大相对误差为 25%。暂时采用常温铁酸盐颗粒的辐射物性替代铁酸盐颗粒高温时的辐射物性,相关高温实验系统正在搭建中。

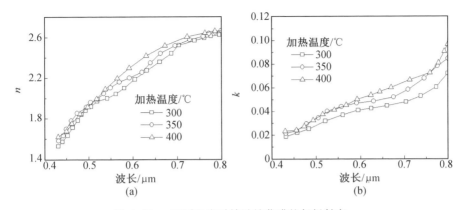

图 4.20　不同温度时铁酸钴薄膜的复折射率

4.4.3　铁酸盐颗粒平均吸收因子

在实际应用中粒子的复折射率并不能直接用于辐射换热计算,而在某些计算过程中需要利用颗粒的吸收因子。当粒子的复折射率和尺度参数已知时,其吸收因子则可通过 Mie 理论求得。为了得到制备铁酸盐颗粒在光谱区间 $0.3 \sim 2.5 \ \mu m$ 的吸收因子,采用 Mie 散射理论求得其随波长变化的吸收因子;之后基于普朗克平均吸收因子法计算得到制备铁酸盐颗粒吸收因子与温度的关系。

图 4.21 所示为基于前文计算得到的铁酸盐复折射率,采用 Mie 散射程序计算得到了其在光谱区间 $0.5 \sim 2.0 \ \mu m$ 的颗粒吸收因子。从图中看出 $NiFe_2O_4$ 颗粒的吸收因子在制备铁酸盐中最高,但是随着波长增加其值从 0.8 逐渐减小到 0.5 左右; $Mn_{0.9}Cu_{0.1}Fe_2O_4$ 颗粒的吸收因子数值在 $0.5 \sim 1.2 \ \mu m$ 之间从 0.6 急速减小到 0.3 左右,此后在光谱 $1.2 \sim 2.0 \ \mu m$ 之间数值从 0.3 逐渐缓慢减小到 0.25 左右; $CuFe_2O_4$ 颗粒的吸收因子则随波长的增加而变化不大,基本维持在 0.35 左右。

在对辐射传递方程求解过程中,如果考虑参与性介质的光谱影响则会导致求解辐射传递方程的计算工作量加大,同时也导致计算过程复杂甚至不能实现求解。因此对于制备的铁酸盐粒子的吸收因子计算采用普朗克平均吸收因子法进行处理,该方法是一种近似处理,其处理方式为将随光谱变化的吸收因子采用某种方法按照全光谱平均,得出一种与光谱无关的平均吸收因子,从而求解辐射传递方程而避免光谱的求解。

普朗克平均吸收因子计算公式如(4.22)所示:

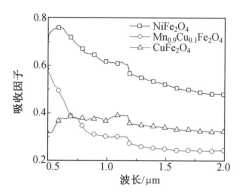

图 4.21　铁酸盐颗粒的吸收因子随波长的变化

$$\overline{Q}_{a,P} = \frac{\int_0^\infty Q_{a,\lambda} I_{b\lambda} \, d\lambda}{\int_0^\infty I_{b\lambda} \, d\lambda} = \frac{\int_0^\infty Q_{a,\lambda} E_{b\lambda}(\lambda,T) \, d\lambda}{E_b(T)} = \frac{\int_0^\infty Q_{a,\lambda} E_{b\lambda}(\lambda,T) \, d\lambda}{\sigma T^4} \quad (4.22)$$

式中,$\overline{Q}_{a,P}$ 为普朗克平均吸收因子;$Q_{a,\lambda}$ 为粒子随光谱变化的吸收因子;$E_b(T)$($E_b(T)=\sigma T^4$) 为黑体辐射力,W/m^2;$E_{b\lambda}(\lambda,T)$ 为黑体的光谱辐射力,W/m^3。通过式(4.22)可以得到不同温度下介质的普朗克平均吸收因子,关于普朗克平均吸收因子的具体计算流程参见相关文献。

基于式(4.22)利用黑体相对辐射力计算得到了颗粒温度为 300 K、600 K、900 K、1 200 K、1 500 K、1 800 K、2 000 K 时的平均吸收因子,计算结果如图 4.22 所示。从图中可以看出铁酸盐颗粒的吸收因子与温度密切相关,随着温度的升高,铁酸盐颗粒的吸收因子均升高。随着温度升高,$NiFe_2O_4$ 的吸收因子最大,其次是 $Mn_{0.9}Cu_{0.1}Fe_2O_4$,最后为 $CuFe_2O_4$。

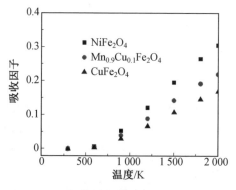

图 4.22　铁酸盐颗粒吸收因子与温度关系

在采用商用软件计算 $NiFe_2O_4$ 热解过程时,需加载 $NiFe_2O_4$ 颗粒的吸收因子。而图 4.22 计算得到的吸收因子是离散值,需要采用相关线性拟合后通过 Fluent 设置将其加载。对于 $NiFe_2O_4$ 颗粒的吸收因子采用五阶非线性拟合,拟合表达式如式(4.23)所示:

$$Q_{Ni} = 0.054\ 95 - 3.064\ 42 \times 10^{-4} T + 4.620\ 34 \times 10^{-7} T^2$$
$$- 1.440\ 24 \times 10^{-10} T^3 + 5.988\ 6 \times 10^{-15} T^4 + 2.251\ 36 \times 10^{-18} T^5$$

$$(4.23)$$

图 4.23 所示为基于 $NiFe_2O_4$ 颗粒吸收因子的非线性拟合曲线,该非线性拟合的线性相关系数为 0.993。因此,拟合公式(4.23)可真实反映 $NiFe_2O_4$ 颗粒的吸收因子与温度的变化关系。

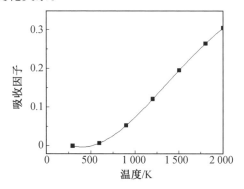

图 4.23　$NiFe_2O_4$ 颗粒吸收因子的非线性拟合曲线

此后采用五阶非线性拟合方法对 $CuFe_2O_4$ 和 $Mn_{0.9}Cu_{0.1}Fe_2O_4$ 颗粒的吸收因子进行拟合,拟合表达式如式(4.24)所示。

$$Q_{Cu} = 0.041\ 6 - 2.316\ 79 \times 10^{-4} T + 3.490\ 22 \times 10^{-7} T^2 - 1.090\ 41 \times 10^{-10} T^3$$
$$+ 3.462\ 83 \times 10^{-15} T^4 + 1.945\ 72 \times 10^{-18} T^5$$

$$(4.24\ a)$$

$$Q_{Mn} = 0.031\ 87 - 1.788\ 65 \times 10^{-4} T + 2.746\ 9 \times 10^{-7} T^2 - 9.480\ 69 \times 10^{-11} T^3$$
$$+ 8.248\ 58 \times 10^{-15} T^4 + 7.170\ 46 \times 10^{-19} T^5$$

$$(4.24\ b)$$

图 4.24 所示为基于 $CuFe_2O_4$ 和 $Mn_{0.9}Cu_{0.1}Fe_2O_4$ 颗粒吸收因子的非线性拟合曲线,两者非线性拟合的线性相关系数分别为 0.999 1 和 0.999 3。因此,拟合公式(4.24)可真实反映 $CuFe_2O_4$ 和 $Mn_{0.9}Cu_{0.1}Fe_2O_4$ 颗粒的吸收因子与温度的变化关系。

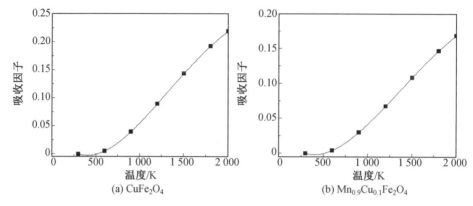

(a) CuFe$_2$O$_4$　　　　　　　　　　(b) Mn$_{0.9}$Cu$_{0.1}$Fe$_2$O$_4$

图 4.24　铁酸盐颗粒吸收因子的非线性拟合曲线

4.5　负载型泡沫结构催化剂制备方法

4.5.1　基于 TGA 的纳米氧载体材料筛选

在制备负载型泡沫结构催化剂之前,需首先对潜在的纳米氧载体活性组分进行筛选和评估。热重分析(thermogravimetric analysis,TGA)是在系统设定程序控制温度下,测量样品质量与温度之间变化关系的一种热分析技术,通过样品的质量变化曲线可以反映出其热稳定性或化学反应特性。利用 TGA 方法测试氧载体材料催化反应性能的原理是:还原阶段,氧载体材料在高温下分解,释放出氧气并导致其质量减小;氧化阶段,处于还原态的金属/金属氧化物在较低的温度下夺取 CO$_2$ 中的氧原子,其质量增加并生成 CO。最终,根据氧化/还原阶段内氧载体材料所增加/减少的总质量,可以推算出其在相应阶段所产生的 CO/O$_2$,以及氧原子转移速率等反应动力学特性信息。

当前 TGA 方法测试所设定的温度条件:还原温度为 1 300 ℃,氧化温度为 800 ℃,升/降温速率为 30 ℃/min,每个还原或氧化阶段达到设定温度后保温 40 min,且初始阶段首先加热至 200 ℃ 并保温 20 min 进行预热和样品蒸干。此外,反应气体均为高纯气体(99.999%),载气为氩气,原料气为二氧化碳,输入流量为 50 mL/min,所测样品质量为(12±2) mg。

首先对 TGA 方法测试的循环过程和通入原料气的时间进行选择。以常见的 NiFe$_2$O$_4$ 氧载体作为测试条件选择的基础材料,图 4.25(a)和图 4.25(b)展示了其在非等温循环和等温循环下的质量变化差异。图中灰色区域表示在该阶段内 CO_2 作为原料气通入反应室,白色区域则表示仅有氩气作为流通气体。从气体曲线变化来看,$NiFe_2O_4$ 氧载体在当前温度下的反应活性较低。受限于 TGA 方法反应装置(陶瓷坩埚)的尺寸和样品质量,还原反应和氧化反应均表现为持续的慢速反应,这导致样品质量在切换气体后仍有一定的变化延迟。

结合表 4.6 中所示的三种工况下两个氧化还原循环内的 O_2 释放量和 CO 产量,可以发现在当前还原温度下,$NiFe_2O_4$ 氧载体的气体产量并不高。相对而言,非等温循环在第二个还原阶段的氧气释放量更高,且 CO/O_2 摩尔比处于正常水平(理论值为 2)。根据图 4.25(c) 和表 4.6 所示的结果,在降温段的初始时刻通入 CO_2 原料气能够显著提升 $NiFe_2O_4$ 氧载体的反应活性。相比于其他工况,其第二个还原阶段的氧气释放量提升尤为明显,而 CO 产量则提高了 $4 \sim 7$ 倍。因

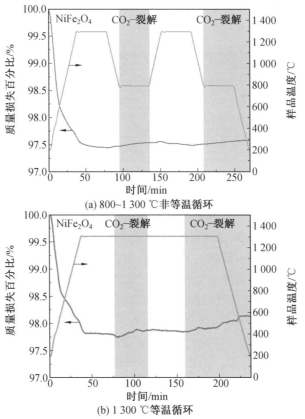

图 4.25　$NiFe_2O_4$ 纳米颗粒在不同工况下的氧化还原特性

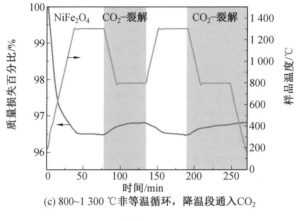

(c) 800~1 300 ℃非等温循环，降温段通入CO₂

续图 4.25

此,选择在非等温循环下,于降温段初始时间通入 CO_2 气体,作为 TGA 方法测试的最佳工况条件。

表 4.6 不同工况下 $NiFe_2O_4$ 纳米颗粒的反应动力学指标

$NiFe_2O_4$	O_2 释放量 /($\mu mol \cdot g^{-1}$)		CO 产量 /($\mu mol \cdot g^{-1}$)		CO/O_2 摩尔比	
	循环一	循环二	循环一	循环二	循环一	循环二
非等温循环	791.06	12.19	45.32	35.09	0.06	2.88
等温循环	685.76	4.87	36.88	43.68	0.05	8.96
降温段通 CO_2	1 104.11	105.27	208.05	176.11	0.19	1.67

　　基于所筛选出的最佳工况,分别对目前应用最多的氧化铈材料(CeO_2)和其他七种常见铁酸盐材料(主要金属元素包括 Ni、Co、Cu、Zn、Sr)的氧化还原特性进行了测试。如图 4.26 所示,样品质量通常在气体切换的初始阶段有着较大的变化速率,而在恒温阶段的反应速率则相对较慢。部分样品在下一反应阶段开始时仍会保持先前的反应趋势,但氧载体在各阶段的气体产量皆严格按照气体切换的时刻进行计算,以保证在相同的反应条件和时间段内进行实验结果的比较。

　　表4.7示出了根据TGA结果所计算出的各种铁酸盐氧载体材料在两个循环下的 CO/O_2 产量和摩尔比。由于所需的还原温度较高,主流氧载体材料 CeO_2 在当前反应条件下的气体产量反而最低。对比 $NiFe_2O_4$ 氧载体和 $NiO-Fe_2O_3$ 掺杂混合物,其主要差异在于 $NiFe_2O_4$ 在第二个还原阶段有较多的氧气产出,且整体 CO 产量较高,说明 $NiO-Fe_2O_3$ 在当前测试条件或掺杂比例下的催化性能不如尖晶石结构的 $NiFe_2O_4$ 氧载体。除第一个还原阶段的释氧量,$CoFe_2O_4$ 氧载体所表现出的氧化还原活性均优于 $NiFe_2O_4$ 氧载体,其对 CO 的选择性较高且 CO/O_2 摩尔比更加接近理论水平。至于

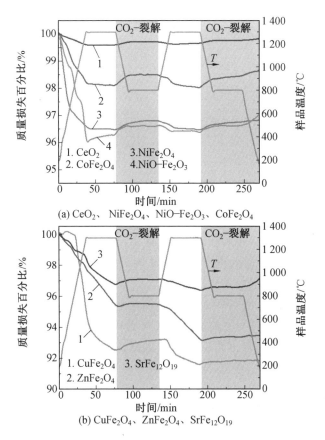

图 4.26　七种常见金属氧化物和铁酸盐的热化学反应特性

包含 Zn、Sr 的铁氧体材料,虽然还原阶段的氧气释放量均明显高于其他材料,但其对 CO_2 裂解的催化活性较低,无法实现氧的快速迁移和存储。此外,$CuFe_2O_4$ 氧载体虽然在氧气释放量和 CO 产量方面均具有较高的水平,但其在第二个循环阶段的反应活性衰减了 50% 左右,显然并非氧载体材料的最佳选择。综合考虑材料在还原阶段的氧迁移速率,对 CO 的选择性以及循环稳定性,筛选出 $NiFe_2O_4$ 和 $CoFe_2O_4$ 氧载体作为下一步掺杂改性的基础材料。

表 4.7　7 种常见金属氧化物和铁酸盐的反应动力学指标

材料	O_2 释放量 /(μmol·g^{-1})		CO 产量 /(μmol·g^{-1})		CO/O_2 摩尔比	
	循环一	循环二	循环一	循环二	循环一	循环二
CeO_2	126.36	18.87	71.22	65.49	0.56	3.47
$NiO-Fe_2O_3$	1 165.82	64.19	186.79	164.68	0.16	2.57

续表

材料	O_2 释放量 /($\mu mol \cdot g^{-1}$)		CO 产量 /($\mu mol \cdot g^{-1}$)		CO/O_2 摩尔比	
	循环一	循环二	循环一	循环二	循环一	循环二
$NiFe_2O_4$	1 104.11	105.27	208.05	176.11	0.19	1.67
$CoFe_2O_4$	596.36	148.15	232.63	281.51	0.39	1.90
$CuFe_2O_4$	2 331.84	532.77	406.25	198.18	0.17	0.37
$ZnFe_2O_4$	1 462.19	730.02	84.21	123.52	0.06	0.17
$SrFe_{12}O_{19}$	1 025.49	216.12	196.16	134.92	0.19	0.62

4.5.2 双金属氧化物掺杂改性的氧载体材料

基于所筛选出的 $NiFe_2O_4$ 和 $CoFe_2O_4$ 氧载体,本节将通过掺杂金属氧化物的方式改变其晶相结构,并对掺杂材料、掺杂比例和掺杂方法进行逐步研究,最终获得具有高反应活性的复合金属基氧载体材料。

(1)掺杂材料的选择。

纳米颗粒掺杂的主要作用是改变原催化剂的晶相结构,提高金属活性组分的分散度,增强表面含氧物质的活性和迁移速率,同时减少积碳的发生。本节选取了热化学催化材料制备过程中应用较多的四种金属氧化物材料(包括 ZrO_2、CeO_2、NiO 和 Co_2O_3),分别在 $NiFe_2O_4$ 和 $CoFe_2O_4$ 活性组分的基础上进行了掺杂材料的 TGA 方法测试。图 4.27 所示为 20%(质量分数)和 50% $NiFe_2O_4$ 纳米颗粒掺杂材料在两个热化学循环中的氧化还原性能。为方便阅读和表述,将 $NiFe_2O_4$ 掺杂 50% ZrO_2 记为 50%NF - Zr,其他材料的简写依此类推。

由图可知,NF - Co 在还原过程中的氧气释放量明显高于其他材料。随着 Co_2O_3 掺杂比例的增加,第一个还原阶段的氧气释放量升高,而在第二个还原阶段则有所降低,推测造成这种现象的主要原因是 Co_2O_3 在高温下(895 ℃)被分解为 CoO 而释放出大量的氧气。结合氧化阶段的 CO 产量,可以发现 Co_2O_3 的掺杂能够在第一个氧化阶段产生较多的 CO,且在第二个循环中几乎无衰减。尽管过多的 Co_2O_3 掺杂会使 CO 产量明显降低,但两次循环后的稳定性依旧良好,说明 Co_2O_3 的掺杂能够显著提高 $NiFe_2O_4$ 材料的循环稳定性。

另外,NiO 的掺杂同样具有显著提升 CO 产量和循环稳定性的效果,其优势在于掺杂后材料的氧原子在迁移过程中的有效利用率较高,进而能够在第二个循环中产生 CO/O_2 摩尔比更接近于 1 的合成气产物,这同样有利于提升材料的循环稳定性。相比较而言,ZrO_2 和 CeO_2 的掺杂虽然同样能够提升材料的稳定性,但对 CO_2 催化还原的活性较低,在当前温度条件下并不具备明显优势。因此,对于 $NiFe_2O_4$ 纳米颗粒,

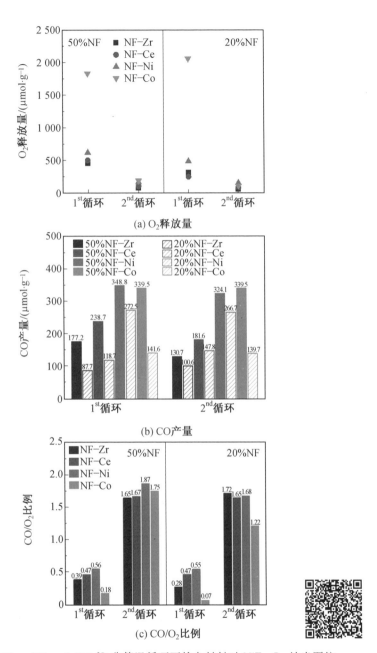

(a) O₂释放量

(b) CO产量

(c) CO/O₂比例

图 4.27　800 ～ 1 300 ℃ 非等温循环下掺杂材料对 NiFe₂O₄ 纳米颗粒
氧化还原特性的影响

NiO 和 Co₂O₃ 可以被选择作为最佳金属氧化物掺杂材料。

类似地,图 4.28 展示了 $CoFe_2O_4$ 纳米颗粒掺杂材料在两个循环内的主要催

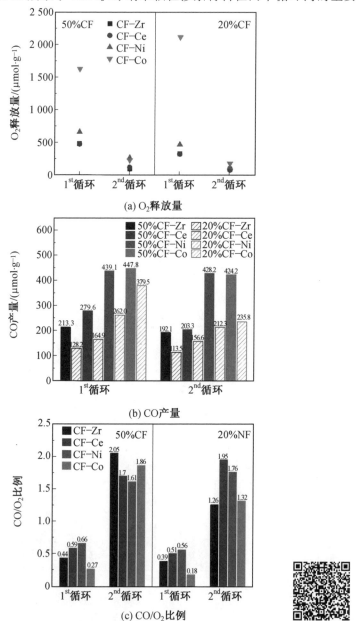

图 4.28　800 ~ 1 300 ℃ 非等温循环下掺杂材料对 $CoFe_2O_4$ 纳米颗粒
氧化还原特性的影响

化性能指标。四种金属氧化物掺杂对 $CoFe_2O_4$ 氧化还原特性的提升作用与 $NiFe_2O_4$ 相似,NiO 和 Co_2O_3 在 50% 比例下的掺杂依旧具有最高的 CO 产率和较高的 CO/O_2 摩尔比。

为方便比较具有最佳性能的四种材料,表 4.8 单独列出了 50% 下 $NiFe_2O_4$、$CoFe_2O_4$ 纳米颗粒分别掺杂 NiO、Co_2O_3 后的主要氧化还原特性参数。在氧载体材料筛选过程中,纯 $CoFe_2O_4$ 颗粒比 $NiFe_2O_4$ 表现出更高的 CO 产量,而掺杂后的 $CoFe_2O_4$ 材料同样具有更高的 CO_2 催化活性。与掺杂同种金属氧化物的 $NiFe_2O_4$ 材料相比,$CoFe_2O_4$ 颗粒的氧气释放量提升了 18% ～ 54%,而 CO 产量提升了 25% ～ 32%。值得一提的是,50%CF － Co 材料不仅具有最高的一次循环 CO 产量(447.82 $\mu mol/g$),同时其 CO/O_2 摩尔比也非常接近最佳理论值,说明其氧交换能力和 CO_2 催化活性均处于较高水平。相比之下,50%CF － Ni 颗粒的催化性能相差不多,但释氧能力和循环稳定性相对更强。基于上述讨论,将 CF － Ni 和 CF － Co 纳米颗粒掺杂材料作为下一步研究的备选材料。

表 4.8　Ni、Co 金属基掺杂材料的反应动力学指标

材料	O_2 释放量 /($\mu mol \cdot g^{-1}$)		CO 产量 /($\mu mol \cdot g^{-1}$)		CO/O_2 摩尔比	
	循环一	循环二	循环一	循环二	循环一	循环二
50%NF － Ni	621.92	172.83	348.81	324.05	0.56	1.87
50%NF － Co	1 835.68	194.12	339.51	339.52	0.18	1.75
50%CF － Ni	661.30	265.67	439.07	428.20	0.66	1.61
50%CF － Co	1 628.74	228.68	447.82	424.24	0.27	—

(2)掺杂比例的选取。

前文仅讨论了 20% 和 50% 活性组分掺杂下材料的反应特性,本节将基于所筛选出的高活性 CF － Ni 和 CF － Co 纳米颗粒,研究掺杂比例对其合成气品质和产率的影响。图 4.29 所示为 20% ～ 80% 掺杂比例范围内 CF － Ni 纳米颗粒在产气速率和合成气比例方面的变化情况。可以发现,$CoFe_2O_4$ 组分比例的升高会逐渐增加第一个还原阶段的氧气释放量,但随着分解反应的发生,第二个还原阶段的释氧量不再增加,反而随着掺杂比例呈现先增后降的分布。与氧气释放量类似,材料在两个氧化阶段的 CO 产量均在 50% 的掺杂比例下达到最高,且在该点无明显衰减。此外,掺杂比例的改变对合成气产品中的 CO/O_2 摩尔比几乎没有影响,第二个循环内的 CO/O_2 比例稳定在 1.5 ～ 1.8 范围内,说明掺杂比例可能不会改变氧化还原两阶段内的活性组分利用比例。

如图 4.30 所示,$CoFe_2O_4$ 材料中 Co_2O_3 组分的改变对气体产物的影响则呈

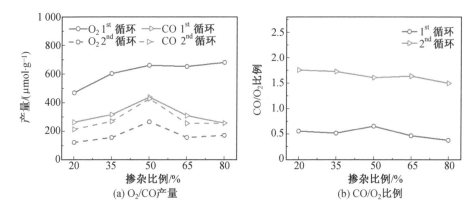

图 4.29　掺杂比例对 CF－Ni 纳米材料特性的影响

现非单调的趋势。理论上,随着复合材料中 Co_2O_3 比例的减少,第一个还原阶段的氧气释放量会逐渐降低,但 80%CF－Co 材料在该阶段的释氧量却达到了最高。此时 $CoFe_2O_4$ 与 Co_2O_3 材料物质的量之比接近 3：1,或许是当前比例下的掺杂形成了特殊的氧缺陷结构,进而导致第一个还原阶段产生出大量的氧气。但从 CO 产量来看,80%CF－Co 材料的反应活性并不高,因而不考虑做进一步研究。相比较而言,50% 掺杂比例下的 CF－Co 材料仍然具有最佳的催化还原特性,且合成气的配比更加合理。

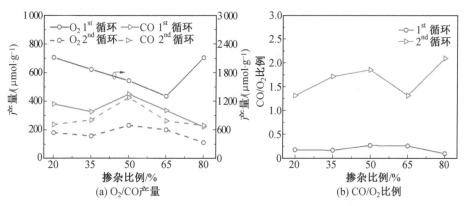

图 4.30　掺杂比例对 CF－Co 纳米材料特性的影响

比较目前所筛选出的最佳材料:50%CF－Ni 和 50%CF－Co,其氧交换能力和 CO_2 催化活性差别并不大,且所产生合成气的比例和稳定性在两个循环内均表现良好。考虑到 Co_2O_3 在高温下易分解为 CoO 同时释放大量氧气,可能会影响载体骨架表面的气体交换速率和负载结构稳定性;另外,CoO 在高温下易与二氧化硅、氧化铝等载体材料反应,具有一定的腐蚀性,因此最终选择 50% CF—Ni 掺杂纳米颗粒作为制备负载型氧载体材的活性组分。

（3）制备方法的对比。

在先前的研究中,所测试的氧载体均通过纳米颗粒直接掺杂和超声处理的纯物理方法获得,如图 4.31 中方法 1 所示。本节另外选取了两种材料掺杂和制备方法,分别测试其所制备 50%CF—Ni 氧载体颗粒的氧化还原性能。方法 2 同样基于现有的 $CoFe_2O_4$ 和 NiO 纳米颗粒,将无水乙醇作为溶剂进行掺杂并做超声处理。随后将所得悬浊液置于研钵中充分研磨,直至无水乙醇完全蒸发形成粉末。经过在 900 ℃ 条件下焙烧 6 h 后,取出板结的材料再次充分研磨制成粉末,最终得到经过高温焙烧改性后的 50%CF—Ni 氧载体材料。方法 3 基于液相分散法,首先将 $CoFe_2O_4$ 纳米颗粒溶于 $NiNO_3$ 溶液中,通过超声处理制成混合液,并在真空干燥箱中以 80 ℃ 条件保温 6 h 蒸干多余水分。随后取出样品充分研磨成粉末,并重复方法 2 中的焙烧和研磨步骤,制得 50%CF—Ni 氧载体。

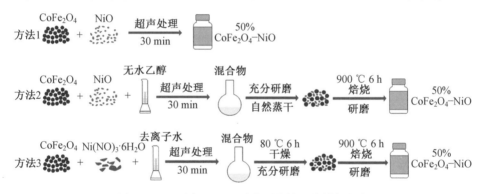

图 4.31　50%CF—Ni 纳米颗粒的三种制备方法

相比较而言,方法 1 制备流程简单、原料配比准确,但该过程仅仅是机械性掺混,很难改变材料的晶相结构。事实上,通过该方法所制备掺杂材料结构的改变往往发生在高温测试过程中,这使得材料的相关结构和反应特性变得不可控。方法 2 同样具有精确的用料配比,且烧结温度、升温速率和时间均可控,因而能够更加灵活地控制所制备材料的反应特性,但同时会严重依赖烧结条件,否则易发生团聚、分散不均等问题。方法 3 溶解度高、混合均匀,且焙烧过程中伴随着 $NiNO_3$ 的分解反应,可能有利于获得优异的反应特性,但缺点是干燥时间过长,可能会有沉淀的发生,从而影响材料的分散程度和掺杂比例。

图 4.32 比较了三种纳米颗粒制备方法下氧载体材料在两个循环内的反应特性。相比较而言,通过方法 1 直接物理掺杂所制备出的氧载体在氧气释放量、CO

产量,以及循环稳定性方面均表现出更佳的性能。

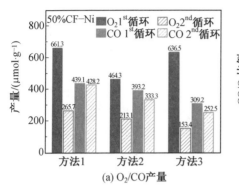 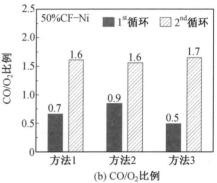

图 4.32　三种制备方法对 50％CF－Ni 材料特性的影响

结合图 4.33 所展示的扫描电镜(SEM)图像,可以发现方法 1 所制备材料在反应前后的颗粒直径均小于其他材料,且反应后的烧结团聚现象相对较轻,这可能是该氧载体材料能够获得较优催化性能的主要原因。相对而言,方法 2 和方法 3 所制备颗粒的直径更大,且反应后烧结现象严重,致使颗粒的比表面积和气体交换能力降低,最终影响材料的催化活性。整体来看,无论采用哪种制备方法,氧载体材料在经过 1 300 ℃ 反应后都会伴随着明显的烧结和团聚现象,导致颗粒直径增大 1 ～ 3 个量级,这也是材料在循环过程中催化活性逐渐降低的主要原因。尽管通过掺杂改性的方法能够在一定程度上缓解烧结问题并提高材料的循环稳定性,但从当前的结果来看其成效并不十分显著,在后续的研究中通过控制焙烧温度并从微观尺度上调整颗粒的晶相结构,或许能成为提升氧载体材料循环稳定性的有效方法。

4.5.3　实验室负载型结构化催化剂制备与表征

结构化催化剂的活性组分已经确定,之后的步骤是制备多孔泡沫陶瓷基体,并将活性组分负载于基体表面,该流程如图 4.34 所示。泡沫陶瓷基体通常为碳化硅、氧化铝或氧化锆材料,制备流程可大致总结为以下步骤:(1)预处理,将聚氨酯泡沫置于 20％NaOH 溶液中浸泡 6 h 以上,于 60 ℃ 的水浴中加热并反复搓洗,以消除聚氨酯材料多余的隔膜;(2)表面活化,采用表面活性剂(例如 1％CMC 或 5％PVA)对聚氨酯进行 4 h 以上的再次处理,以提高泡沫体与浆料之间的黏附性;(3)制备浆料,取适量陶瓷粉末置于黏结剂溶液(如磷酸二氢铝)中,调整固含量至 50％ ～ 60％,之后加入适量分散剂(如 1％PAA－NH$_4$),得到混合均匀、固含量高、流动性好的浆料;(4)涂覆,将处理好的泡沫体完全浸没在

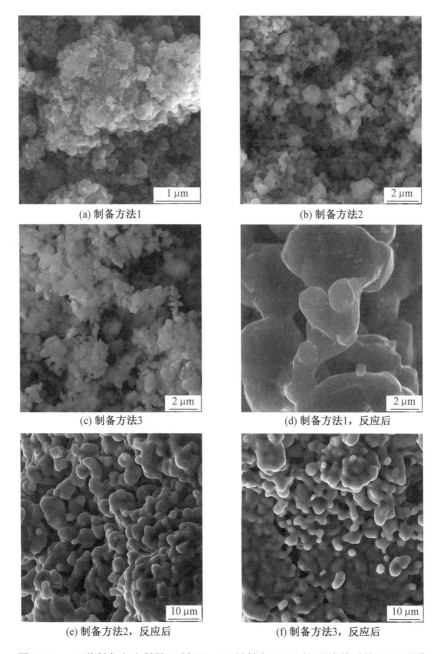

(a) 制备方法1

(b) 制备方法2

(c) 制备方法3

(d) 制备方法1，反应后

(e) 制备方法2，反应后

(f) 制备方法3，反应后

图 4.33　三种制备方法所得 50%CF－Ni 材料在 1 300 ℃ 反应前后的 SEM 图像

浆料中并反复挤压,得到充分涂覆浆料且没有孔洞堵塞的浸渍体;(5) 干燥,在烘箱中保持 80 ℃ 干燥 24 h 以上；(6) 焙烧，将干燥后的材料放置在马弗炉中，根据不同的陶瓷粉末材料，于 1 200 ～ 1 500 ℃ 保温 5 h，得到最终的泡沫陶瓷基体材料。

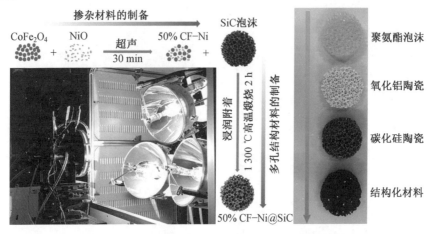

图 4.34   结构化催化剂制备过程及实验系统测试图

如图 4.35 所示，将 50%CF－Ni 活性组分涂覆在所制备的泡沫陶瓷基体表面，经过焙烧后则可制备成结构化催化剂材料，每块陶瓷基体的活性组分负载量在 8 ～ 10 g 之间。在制备过程中，本书首创性地采用无水乙醇作为活性组分的溶剂，进行陶瓷基体的涂覆过程。在涂覆完毕后于环境中自然干燥，随后将其置于马弗炉中进行高温焙烧。考虑到催化材料的实际反应温度通常高于 1 000 ℃，焙烧过程需在 1 000 ℃ 以上进行，以保证材料在反应过程中的循环稳定性。此外，采用无水乙醇作为溶剂的优势在于，自然干燥后的结构化材料所涂覆的活性组分内部仍然保留了部分乙醇，其在反应过程的高通量辐照下会逸出材料表面，从而形成具有微米级孔隙结构的多级孔材料，相关结果将在其后的讨论中给出。

涂覆完活性组分的 50%CF－Ni@SiC 结构化催化材料在焙烧过程中会发生表面形貌和晶相结构的改变，进而在一定程度上影响材料的催化性能。图 4.36 展示了制备完成的负载型结构化催化剂在焙烧前后骨架尺度和表面微观尺度的 SEM 图像。可以看到，焙烧前的骨架表面较为平整，纳米颗粒的分散度良好，仅有局部区域存在较大颗粒的团聚现象。经过 1 300 ℃ 焙烧 2 h 后，骨架表面出现了皲裂和褶皱结构，形成这种现象的主要原因是泡沫陶瓷载体与表面活性组分的热膨胀系数不同，进而导致部分骨架基体材料外露。相比于平整表面，这种沟壑结构可能更有利于表面气体交换和增强扰动。另外，表面活性组分在微米尺度下的 SEM 结果显示，焙烧过程会使原本几百纳米的颗粒团聚成微米级的不规

图 4.35　活性组分负载过程及三种泡沫陶瓷基体材料负载前后对比

则多面体结构。经过烧结过程后，活性组分的比表面积和催化性能虽然有所下降，但在低于该焙烧温度反应环境中的循环稳定性会得到大幅提升。

为了进一步确定反应前后 50%CF—Ni@SiC 结构化催化材料表面的组成分布，使用 X 射线能谱仪（EDS）对骨架表面的元素进行了定性和定量分析，其结果如图 4.37 所示。整体而言，涂覆完活性组分之后陶瓷表面的元素分布与 50% CF—Ni 的理论质量（39.29%Ni、24.35%O、23.80%Fe、12.56%Co）较为相近，只有 Fe 元素含量超过 2% 的明显降低。此外，检测到了额外 10% 左右的 C 元素，可能是局部的 SiC 泡沫陶瓷基材外露所致，说明活性组分并没有完全覆盖在基材表面，其颗粒分布的均匀度和负载量仍需进一步提高。观察经过焙烧后的催化材料，发现 Ni 和 Co 元素含量有着明显的下降，而 O 元素含量则显著增加，说明材料表面的活性组分可能因过度氧化而发生失活。此外，其他元素的含量由 10.77% 提高到了 22.83%，在一定程度上降低了反应气体与表面活性组分的接触面积和交换速率。

在 $800 \sim 1\ 300\ ℃$ 非等温条件下，利用 TGA 方法测试了 50%CF—Ni 活性组分在五次循环中的催化性能，如图 4.38 所示，相关气体分析结果列在表 4.9 中。第二个还原过程阶段过后，存在初始时刻样品质量的小幅度增加，这是由于反应室中气体流速较为缓慢，剩余的 CO_2 气体未被及时吹扫干净。在五个循环内，氧载体材料的 CO 平均产量为 $176.4\ \mu mol/g$，O_2 平均释放量为 $170.6\ \mu mol/g$。经过三个循环后，氧载体材料的催化活性趋于稳定，CO 产率达到约 $200\ \mu mol/g$，且合成气中 CO/O_2 比例接近理论值。

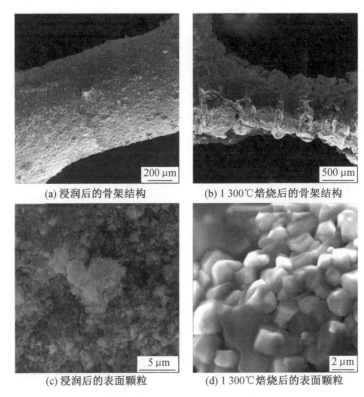

(a) 浸润后的骨架结构　　　　(b) 1 300 ℃ 焙烧后的骨架结构

(c) 浸润后的表面颗粒　　　　(d) 1 300 ℃焙烧后的表面颗粒

图 4.36　泡沫陶瓷负载活性组分后与 1 300 ℃ 焙烧后的骨架结构
与表面颗粒分布的 SEM 图像

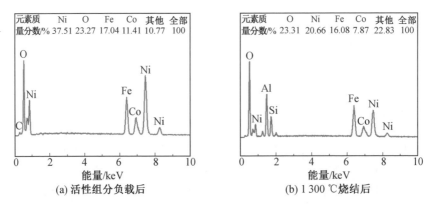

(a) 活性组分负载后　　　　　(b) 1 300 ℃烧结后

图 4.37　50％CF－Ni@SiC 催化材料的 EDS 分析
(50％CF－Ni 活性组分的理论质量比:39.29％Ni、24.35％O、23.80％Fe、12.56％Co)

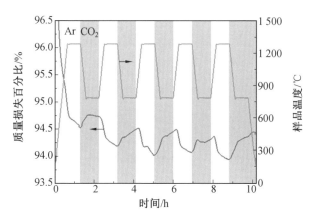

图 4.38　50%CF－Ni 活性组分在 800～1300 ℃ 五次循环中的 TGA 方法测试结果

表 4.9　50%CF－Ni 纳米材料在五次循环 TGA 方法测试中的 CO/O₂ 产量

参数	循环一	循环二	循环三	循环四	循环五
O_2 释放量 /$(\mu mol \cdot g^{-1})$	465.31	97.61	102.63	87.20	100.07
CO 产量 /$(\mu mol \cdot g^{-1})$	210.79	143.90	131.00	184.25	212.04
CO/O_2 比例	0.45	1.47	1.28	2.11	2.12

通过热重曲线的微分计算,可得到单位时间内氧载体的氧交换速率,如图 4.39 所示。图中,负值表示还原过程中氧原子从氧载体中逸出,正值则表示氧化阶段裂解 CO_2 并夺取其中的氧原子。纵坐标单位为 %/min,即表示每分钟内迁移的氧原子质量占总样品质量的百分比。由于热重分析仪的反应室内空间狭小,其内流速相对较低,因而导致气体分子与样品的有效碰撞速率较低,整体反应速率比较缓慢。在循环反应过程中,仅有约 0.1%/min 的氧原子参与反应,绝大部分氧原子则处于未激活状态。结合温度变化可知,还原温度的升高对氧释放速率有着直接的促进作用,而氧化阶段的温度降低也有着同样的促进效果。

4.5.4　批量化负载型结构化催化剂制备与表征

两步法高温太阳能热化学分解 CO_2 生成 CO 实验过程中,第一步的还原温度高达 1 600 K,第二步的氧化温度也需要 1 000 K。虽然 Fe_3O_4 的熔点为 1 867.5 K,但是现有工艺无法将 Fe_3O_4 粉末直接制备成多孔材料,因此,本节选

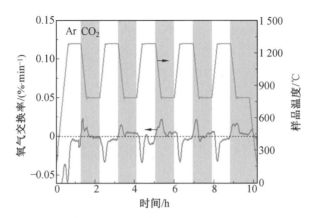

图 4.39　50%CF－Ni 活性组分在五次循环 TGA 方法测试中的氧交换速率

取 Al_2O_3 多孔陶瓷作为载体,再使用溶解干燥的方法将 Fe_3O_4 纳米颗粒附着到 Al_2O_3 多孔陶瓷表面。Al_2O_3 多孔陶瓷是一种高强度的化合物,其熔点高达 2 327 K,并且其在高温条件下可以保持稳定的化学性质,所以本节选择 Al_2O_3 多孔陶瓷作为高温太阳能热化学反应催化剂 Fe_3O_4 的载体,制备 Fe_3O_4/Al_2O_3 摩尔比为 1∶9 的表面涂覆多孔催化剂。

　　表面涂覆多孔催化剂的制作可以分为两个主要的步骤:首先需要制备出催化剂的载体,即 Al_2O_3 多孔陶瓷;其次为 Fe_3O_4 纳米颗粒涂覆。由于制备 Al_2O_3 多孔陶瓷需要专业化的设备仪器,并且其已是一个成熟的商业化产品,因此本节选择了与厂家(鞍山聚益飞陶瓷科技有限公司)合作的方式制备多孔催化剂材料。按照以上的方法,多孔催化剂材料的制备可以具体分为五个步骤,即基材切割、调料及上料、固化定形、高温瓷化以及多孔催化剂材料合成和表征。

　　(1)基材切割。

　　如图 4.40 所示,多孔催化剂材料制备的第一个步骤是用激光切割机将基材切割成多孔催化剂材料的大小。基材的材质是发泡塑料聚合物,其骨架含有很多微孔,具有较强的吸附性能。多孔陶瓷厂使用的基材为厚度 30 mm 的长方体,本节需要制备的多孔催化剂则为圆柱体,其规格为 50 mm × 60 mm(直径 50 mm、厚度 60 mm),因此可以制备规格为 50 mm × 30 mm 的多孔陶瓷,实验过程中将两块多孔催化剂叠加使用。所以,首先需要对基材进行切割加工,具体使用激光切割机进行操作。激光切割机可以将从内置的激光器发射出的激光,经光路系统聚焦成直径极小、能量密度极高的激光束,激光束照射到基材,使基材瞬间达到沸点,从而达到切割效果。使用的合力激光切割机可以与计算机进行连接,在其操作软件中绘制出多孔催化剂材料的截面形状及大小,启动切割程序,此时激光切割机会自动扫描基材的大小形状,并自动计算出切割的方式进行基材的切割工作。发泡塑料聚合物在大约 1 200 ℃ 会挥发完全,因此,在烧制多孔催化剂时温度超过 1 200 ℃ 才能保证基材挥发完全。

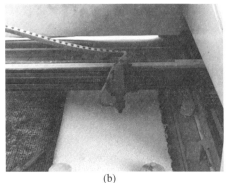

(a) (b)

图 4.40　基材切割

（2）调料及上料。

如图 4.41 所示,多孔催化剂材料制备的第二个步骤是进行调料及上料。调料即是将制备多孔陶瓷所需要的材料粉末制作成浆体,以便被发泡塑料聚合物基材骨架中的微孔吸收。在调料过程中需要加入磷酸二氢铝溶液 $Al(H_2PO_4)_3$ 作为黏结剂,磷酸二氢铝 $Al(H_2PO_4)_3$ 是无色无味极黏稠的液体,其低温无强度,中温强度高,1 000 ~ 1 300 ℃ 时开始烧结,分解挥发出 P_2O_5,形成陶瓷。首先将制备多孔陶瓷所需要的材料与磷酸二氢铝 $Al(H_2PO_4)_3$ 按适当的比例混合,调制成黏稠的浆体,接着进行上料工作。上料时需要先将基材浸泡在已经调好的原料中,然后使用压料机将附着在基材孔隙中的原料挤出,在这个过程中,为了提高压料机的挤压效率,将上好料的基材放在两片未上料的基材之间进行挤压,其可以将基材孔隙的浆体清除得更干净,防止制备成的多孔陶瓷出现孔隙堵塞的状况。最后还需用高压气体吹扫上料后的基材,将孔隙中原料吹扫干净。在上

(a) (b) (c)

图 4.41　调料及上料

料过程中,按照每块多孔陶瓷含有 0.45 mol 的 Al_2O_3 进行制备。

(3) 固化定形。

如图 4.42 所示,基材上料完成后需要进行的步骤为固化定形。上完料的基材含有一定量的水分,如果此时直接进行高温瓷化的步骤会导致烧制出的多孔陶瓷变形。这是由于进行高温瓷化的过程中,为了充分利用加热炉的空间,会将多孔材料叠加至多层进行烧制,此时由于基材几乎不具备强度,在重力作用下会发生形变,导致多孔陶瓷不合格。因此,需要先进行多孔材料的固化定形工作,防止直接高温加热过程中催化剂的变形。固化过程中,将上好料的基材放置在耐温半透明的塑料网上,使用加热箱进行 150 ℃ 恒温加热 1 h。经过固化流程后,基材中的水分完全挥发,多孔材料的质量大大减小,并且其同时也具有一定的强度。

(a)   (b)

图 4.42   固化定形

(4) 高温瓷化。

如图 4.43 所示,烧制多孔催化剂材料的最后一个步骤就是高温瓷化。将固化之后的多孔材料放置于可控温的加热炉中。加热炉的型号为箱式电阻炉,其炉内左右各安装有均布的电阻加热棒,其连接方式为并联;炉内后部安装有陶瓷外壳的 S 型热电偶,监测加热过程中炉内的温度变化。由于基材发泡塑料聚合物的挥发温度为 1 200 ℃ 左右,黏结剂磷酸二氢铝 $Al(H_2PO_4)_3$ 在 1 300 ℃ 可以挥发完全,多孔材料的瓷化温度在 1 500 ~ 1 550 ℃,因此在加热过程中采用 400 ℃/h 的升温速率加热至 1 600 ℃,保持 1 600 ℃ 恒温加热半小时,再停用箱式加热炉内的电阻加热棒,使炉内温度自然冷却降至室温。

(5) 多孔催化剂材料合成和表征。

如图 4.44(a) 所示,使用表面涂覆方法,并将 $NiFe_2O_4$ 纳米粉末涂覆在质量为 26.5 g、孔隙率为 84% 和孔径 2.54 cm 的氧化铝多孔陶瓷上。图 4.44(a) 中的

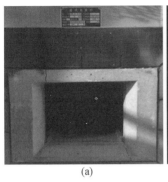

| (a) | (b) | (c) |

图 4.43　高温瓷化

a2 显示合成的 $NiFe_2O_4$ —氧化铝载体材料的质量为 35.5 g。然后,将合成的 $NiFe_2O_4$ —氧化铝载体整合到反应介质中并在 21.6 min 内加热至 1 345.98 K。

高温过程中的材料情况如图 4.44(a) 中 a3 所示。与图 4.44(a) 中 a2 相比,$NiFe_2O_4$ —Alumina 在高温热处理后保持其形态,质量损失为 8.572 g。此外,通过使用磷酸二氢铝($AlH_6O_{12}P_3$) 溶液,将 25% 的 $NiFe_2O_4$ 纳米粉末与 75% 的 Al_2O_3 纳米粉末混合,形成 $NiFe_2O_4$ — Al_2O_3 纳米复合材料的固体结构。然后,将纳米复合结构在 1 500 ℃ 下煅烧成 $NiFe_2O_4$ —氧化铝载体 RPC,持续 30 min。图 4.44(b) 中合成的新氧化还原材料具有84% 孔隙率,2.54 mm d_p 和 2.54 cm 孔径的结构参数,由 5 cm×6 cm 尺寸的储热介质组成。

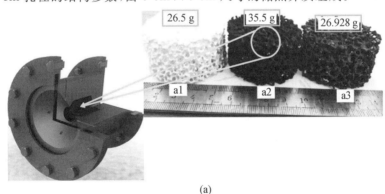

(a)

图 4.44　氧化还原氧化物材料的合成和表征 $NiFe_2O_4$ —氧化铝载体 RPC 结构 (a)(a1) Al_2O_3,(a2) $NiFe_3O_4$ 涂覆的多孔陶瓷氧化铝,(a3) $NiFe_2O_4$ —氧化铝载体 RPCs 加热至 1 300 K;(b) $NiFe_2O_4$ —氧化铝载体多孔氧化物材料,孔隙率为 0.84,d_p 为 2.54 mm,孔径为 2.54 cm;(c) ~ (e) 合成材料的热重分析(TGA)和差示扫描量热法(DSC)分析;(f)、(g) 样品(a2) 和(b) 的 XRD 图案和材料组成

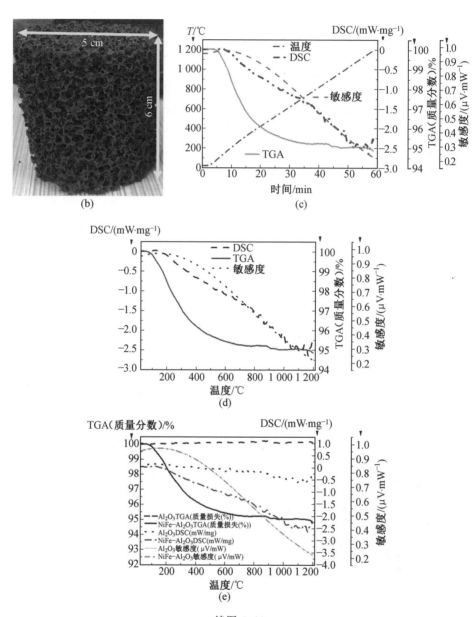

续图 4.44

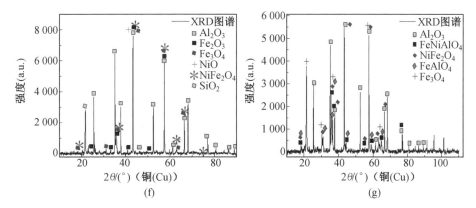

续图 4.44

此外,对合成材料进行热重分析(TGA)和差示扫描量热(DSC)分析,以得到 $NiFe_2O_4$ —氧化铝载体在 $25 \sim 1\ 200\ ℃$ 温度范围内的时间函数,如图 4.44(c) $\sim$(e) 所示。

通过 DSC 分析测定材料热特性,例如相变、吸热和放热反应,以及样品吸收更少或更多热流的能力。如图 4.44(c)、(d) 所示,就流入样品的热量而言,放热是主要过程而不是吸热过程。随着温度升高,无定形固体样品变得不那么黏稠,并且 $NiFe_2O_4$ —氧化铝载体经由放热过程经历结晶固相转变。注意到 DSC 的负值表明 $NiFe_2O_4$ —氧化铝纳米结构经历放热过程,同时提高材料温度所需的热量较少。

此外,可以从热重分析(TGA)观察材料分解行为。随着温度的升高,观察到样品的质量损失。因此,部分 Ni、Fe 和 O—空位可以离解成主要的 $NiFe_2O_4$ —氧化铝载体材料。从图 4.44(f)、(g) 可以看出,由于与氧化铝相的相互作用,Ni 和 Fe 纳米颗粒捕获在 Al_2O_3 基质中的能力导致形成新的水铝石类材料相,例如 $FeNiAlO_4$ 和 $FeAlO_4$。

通过比较 XRD 图谱和材料组成,混合 $NiFe_2O_4$ 和 Al_2O_3 纳米粉末合成的 $NiFe_2O_4$ —氧化铝载体产生了额外的 Ni—Fe—氧化铝氧化物晶相。因此,与通过完全混合纳米粉末合成的氧化还原材料相比,通过涂覆方法合成的氧化还原材料将呈现界面化学反应。

本章参考文献

[1] 倪育才.实用测量不确定度评定[M].4 版.北京:中国质检出版社,2014.

[2] 谈和平,夏新林,刘林华,等. 红外辐射特性与传输的数值计算:计算热辐射学[M]. 哈尔滨:哈尔滨工业大学出版社,2006.

[3] SELF S A. Optical properties of fly ash:DOE/PC/79903-T16[R]. United States: High Temperature Gasdynamics Laboratory Mechanical Engineeting Depatinent Stanford University,1992.

[4] SALMAN S A,KHODAIR Z T,ABED S J. Study the effect of substrate temperature on the optical properties of $CoFe_2O_4$ films prepared by chemical spray pyrolysis method[J]. International Letters of Chemistry, Physics and Astronomy,2015,61:118-127.

[5] 余其铮. 辐射换热原理[M]. 哈尔滨:哈尔滨工业大学出版社,2000.

[6] SHAHIRAH M N N,GIMBUN J,LAM S S,et al. Synthesis and characterization of a La-Ni/α-Al_2O_3 catalyst and its use in pyrolysis of glycerol to syngas[J]. Renewable Energy,2019,132:1389-1401.

[7] MODEST M F. Radiative heat transfer[M]. 3rd ed. San Diego:Academic Press,2013.

[8] MODEST M F. Radiative heat transfer[M]. Burlington:Academic Press,2003.

[9] CHENG P. Two-dimensional radiating gas flow by a moment method[J]. AIAA Journal,1964,2(9):1662-1664.

[10] CHENG P. Dynamics of a radiating gas with application to flow over a wavy wall[J]. AIAA Journal,1966,4(2):238-245.

[11] SAZHIN S S,SAZHINA E M,FALTSI-SARAVELOU O,et al. The P-1 model for thermal radiation transfer:advantages and limitations[J]. Fuel, 1996,75(3):289-294.

[12] KRÄUPL S,STEINFELD A. Experimental investigation of a vortex-flow solar chemical reactor for the combined ZnO-reduction and CH_4-reforming [C]//Proceedings of ASME 2001 Solar Engineering:International Solar Energy Conference(FORUM 2001:Solar Energy—The Power to Choose), April 21-25,2001,Washington,DC,USA. 2020:477-484.

[13] EZBIRI M,TAKACS M,STOLZ B,et al. Design principles of perovskites for solar-driven thermochemical splitting of CO_2[J]. Journal of Materials Chemistry A,2017,5(29):15105-15115.

[14] BELLAN S,ALONSO E,GOMEZ-GARCIA F,et al. Thermal performance of lab-scale solar reactor designed for kinetics analysis at high radiation fluxes[J].

Chemical Engineering Science,2013,101:81-89.

[15] MELOT M,TRÉPANIER J Y,CAMARERO R,et al. Comparison of two models for radiative heat transfer in high temperature thermal plasmas [J]. Modelling and Simulation in Engineering,2011,2011:1-7.

[16] ACKERMANN S,TAKACS M,SCHEFFE J,et al. Reticulated porous ceria undergoing thermochemical reduction with high-flux irradiation[J]. International Journal of Heat and Mass Transfer,2017,107:439-449.

[17] WANG F Q,SHUAI Y,TAN H P,et al. Thermal performance analysis of porous media receiver with concentrated solar irradiation[J]. International Journal of Heat and Mass Transfer,2013,62:247-254.

[18] SAZHIN S S,SAZHINA E M,FALTSI-SARAVELOU O,et al. The P-1 model for thermal radiation transfer:advantages and limitations[J]. Fuel, 1996,75(3):289-294.

[19] ABANADES S,FLAMANT G. Experimental study and modeling of a high-temperature solar chemical reactor for hydrogen production from methane cracking[J]. International Journal of Hydrogen Energy,2007,32 (10/11):1508-1515.

[20] ALONSO E,ROMERO M. A directly irradiated solar reactor for kinetic analysis of non-volatile metal oxides reductions[J]. International Journal of Energy Research,2015,39(9):1217-1228.

[21] COSTANDY J,GHAZAL N E,MOHAMED M T,et al. Effect of reactor geometry on the temperature distribution of hydrogen producing solar reactors[J]. International Journal of Hydrogen Energy, 2012, 37 (21): 16581-16590.

[22] WANG F Q,TAN J Y,YONG S,et al. Thermal performance analyses of porous media solar receiver with different irradiative transfer models[J]. International Journal of Heat and Mass Transfer,2014,78:7-16.

[23] XIA X L,DAI G L,SHUAI Y. Experimental and numerical investigation on solar concentrating characteristics of a sixteen-dish concentrator[J]. International Journal of Hydrogen Energy,2012,37(24):18694-18703.

[24] 赵东方. NiFe$_2$O$_4$ 纳米颗粒及复合材料的制备与性能研究[D]. 兰州:兰州理工大学,2013.

[25] 王晓文,周正发,任凤梅,等. 水溶性封闭异氰酸酯单体的解封动力学[J]. 物

理化学学报,2009,25(11):2181-2185.

[26] 马海霞. 三唑酮及其盐的合成、结构、热分解机理、非等温热分解反应动力学及理论研究[D]. 西安:西北大学,2004.

[27] 胡荣祖,高胜利,赵凤起,等. 热分析动力学[M]. 2版. 北京:科学出版社,2008.

[28] FRESNO F,FERNÁNDEZ-SAAVEDRA R,BELÉN GÓMEZ-MANCEBO M,et al. Solar hydrogen production by two-step thermochemical cycles:evaluation of the activity of commercial ferrites[J]. International Journal of Hydrogen Energy,2009,34(7):2918-2924.

[29] 程亮,张保林,徐丽,等. 腐殖酸热分解动力学[J]. 化工学报,2014,65(9):3470-3478.

[30] KANEKO H,YOKOYAMA T,FUSE A,et al. Synthesis of new ferrite, Al-Cu fferrite,and its oxygen deficiency for solar H_2 generation from H_2O [J]. International Journal of Hydrogen Energy,2006,31(15):2256-2265.

第 5 章

太阳能合成气热化学反应机理与反应特性

反 应机理是用来描述太阳能热化学转化过程中某一化学变化所经由的全部基元反应,通过对反应机理的研究可阐述复杂反应的内在联系,亦可以获得总反应与基元反应的内在联系。本章采用数值方法研究了太阳能热化学转化过程中各种物理、化学因素(如温度、压力、浓度、反应体系中的介质、催化剂、流场和温场分布、停留时间分布等)对反应速率的影响并对相应的反应机理进行了阐述。

5.1　两步法热化学反应机理

5.1.1　控制方程与边界条件

（1）控制方程。

守恒方程包括连续性方程、动量方程、能量方程、组分输运方程、状态方程、表面非守恒方程，描述如下。

连续性方程：

$$\frac{\partial u}{\partial x} - 2V - \frac{u}{\rho}\frac{\partial \rho}{\partial x} = 0 \tag{5.1}$$

动量方程：

$$\frac{\partial\left(\mu\frac{\partial V}{\partial x}\right)}{\partial x} - \rho u\frac{\partial V}{\partial x} - \rho(V^2 - W^2) - \frac{1}{r}\frac{\mathrm{d}P_\mathrm{m}}{\mathrm{d}r} = 0 \tag{5.2}$$

$$\frac{\partial\left(\mu\frac{\partial W}{\partial x}\right)}{\partial x} - \rho u\frac{\partial W}{\partial x} - 2\rho VW = 0 \tag{5.3}$$

能量方程：

$$\frac{\partial\left(k\frac{\partial T}{\partial x}\right)}{\partial x} - \sum_{k=1}^{K_\mathrm{g}}\left(c_{pk}\rho k_k V_k\frac{\partial T}{\partial x} + \dot{\omega}_k h_k M_k\right) + S_\mathrm{q}(x) = 0 \tag{5.4}$$

组分输运方程：

$$-\frac{\partial(\rho Y_k V_k)}{\partial x} - \rho u\frac{\partial Y_k}{\partial x} + M_k\dot{\omega}_k = 0 \tag{5.5}$$

状态方程：

$$P = \frac{\rho}{M}RT \tag{5.6}$$

表面非守恒方程：

$$\frac{\mathrm{d}Z_k}{\mathrm{d}t}=\frac{\dot{S}_k}{\sum\limits_{i=1}^{I}\left(\sum\limits_{k=1}^{K_g+K_s}\boldsymbol{v}_{k,i}\sigma_k\right)q_i} \tag{5.7}$$

式中，u 是轴向速度；V 是径向速度，$V=\dfrac{v}{r}$；W 是圆周速度，$W=\dfrac{w}{r}$；ρ 是质量密度；r 是径向坐标；μ 是动态黏度；P_m 是径向动量方程中空间变化的压力分量；c_p 是比定压热容；k 是导热系数；S_q 是空间分布的热能源；T 是温度；M_k 是第 k 种的分子量；h_k 是物种 k 的具体焓；$\dot{\omega}_k$ 是第 k 种的化学生产率；$\dot{S}_k$ 是表面反应净产品率；K_g 是气相物种的总数；Y_k 是第 k 种的质量分数；R 是理想的气体常数；$\overline{M}$ 是混合物的平均分子量；P 是压力；Z_k 是第 k 种的位点分数；K_s 是表面物种的总数；q_i 是反应 i 的进展速度变量；$\boldsymbol{v}_{k,i}$ 是反应 i 中物种 k 的速度矢量。

反应速率常数由 Arrhenius 方程确定如下：

$$k_{f,r}=A_rT^{\beta_r}\exp\left(-\frac{E_r}{RT}\right) \tag{5.8}$$

式中，$k_{f,r}$ 是正向反应速率常数；A_r 是指数前因子；E_r 是激活能量；R 是通用气体常数；T 是温度；β_r 是温度指数。

反向反应速率常数 $k_{b,r}$ 定义为

$$k_{b,r}=\frac{k_{f,r}}{k_r} \tag{5.9}$$

式中，k_r 是反应 r 的平衡常数。

（2）边界条件。

热边界条件来源于包括气相物种在内的表面能量平衡，如下：

$$\sigma\varepsilon(T^4-T_w^4)=\sum_{k=1}^{K}\dot{S}_kh_kM_k+Q \tag{5.10}$$

式中，σ 是 Stefan-Boltzmann 常数；ε 是表面发射率；T_w 是表面辐射的温度；Q 是表面本身的能量源，它是由电阻加热产生的。

假设入口气体温度恒定，$T=298$ K，而 T_w 是铁物质反应时的表面温度且其温度恒定。

反应物的增长率可通过反应物不同相的生成速率计算，即

$$G=\sum_{k=K_s}^{K_b}\frac{\dot{S}_kM_k}{\rho_k} \tag{5.11}$$

式中，G 是反应物增长率；ρ_k 是反应物不同相的质量密度；K_b 是反应物所含相数量。

反应中物质摩尔分数的初始条件如表 5.1 所示,数值模拟中使用的物理属性和活性物质的热物理性质分别如表 5.2 和表 5.3 所示。

表 5.1　化学成分摩尔分数初始条件

化学成分	CO_2	H_2O	N_2	$Fe_3O_4(s)$	FeO(s)	Fe(A)	总数
气相入口	0.2	0.4	0.4	0.0	0.0	0.0	1.0
表面分数	0.0	0.0	0.0	0.95	0.05	0.0	1.0
批量活动	0.0	0.0	0.0	0.0	0.0	1.0	1.0

注:(s) 为表面位点;(A) 表示块。

表 5.2　数值模拟中使用的物理属性

参数	数值	单位
开始位置	0.0	cm
结束位置	6.2	cm
入口速度	2.0	cm/s
入口温度	298	K
表面温度	1 400	K
压力	6.03	atm
位点密度	3.3×10^{-10}	mol/cm^2
散装物质质量密度	0.85	g/cm^3

表 5.3　活性物质的热物理性质

	输运系数					比热容	
	ε/k_β	σ	μ	α	Z_{rot}	c_{pk}/R	
H_2O	572.4	2.6	1.844	0.0	4.0	$4.198 - 2.03 \times 10^{-3}T + 6.52 \times 10^{-6}T^2 - 5.48 \times 10^{-9}T^3 + 1.77 \times 10^{-12}T^4$	$(200 < T < 1\,000)$
						$2.677 - 2.9 \times 10^{-3}T - 7.73 \times 10^{-7}T^2 + 9.44 \times 10^{-11}T^3 - 4.268 \times 10^{-15}T^4$	$(1\,000 < T < 6\,000)$

续表

	输运系数					比热容	
	ε/k_β	σ	μ	α	Z_{rot}	c_{pk}/R	
CO_2	244.0	3.763	0.0	2.65	2.65	$2.27 + 9.92 \times 10^{-3}\,T - 1.04 \times 10^{-5}\,T^2 + 6.86 \times 10^{-9}\,T^3 - 2.117 \times 10^{-12}\,T^4$	$(300 < T < 1\,000)$
						$4.45 + 3.14 \times 10^{-3}\,T - 1.278 \times 10^{-6}\,T^2 + 2.39 \times 10^{-10}\,T^3 - 1.66 \times 10^{-14}\,T^4$	$(1000 < T < 5\,000)$
O_2	107.4	3.458	0.0	1.6	3.8	$3.21 + 1.11 \times 10^{-3}\,T - 5.75 \times 10^{-7}\,T^2 + 1.31 \times 10^{-9}\,T^3 - 8.768 \times 10^{-13}\,T^4$	$(300 < T < 1\,000)$
						$2.677 - 2.9 \times 10^{-3}\,T - 7.73 \times 10^{-7}\,T^2 + 9.44 \times 10^{-11}\,T^3 - 4.268 \times 10^{-15}\,T^4$	$(1\,000 < T < 5\,000)$
N_2	97.53	3.621	0.0	1.76	4.0	$3.29 + 1.4 \times 10^{-3}\,T - 3.96 \times 10^{-6}\,T^2 + 5.64 \times 10^{-9}\,T^3 - 2.44 \times 10^{-12}\,T^4$	$(300 < T < 1\,000)$
						$2.92 + 1.48 \times 10^{-3}\,T - 5.68 \times 10^{-7}\,T^2 + 1.009 \times 10^{-10}\,T^3 - 6.75 \times 10^{-15}\,T^4$	$(1\,000 < T < 5\,000)$
Fe_3O_4	—					$36.198 - 1.74 \times 10^{-1}\,T + 5.25 \times 10^{-4}\,T^2 - 5.42 \times 10^{-7}\,T^3 + 1.799 \times 10^{-10}\,T^4$	$(300 < T < 1\,000)$
						$24.13 + 4.159 \times 10^{-5}\,T - 2.63 \times 10^{-8}\,T^2 + 6.6 \times 10 - 12T^3 - 5.69 \times 10^{-16}\,T^4$	$(1\,000 < T < 5\,000)$

续表

	输运系数				比热容	
	ε/k_β	σ	μ	α	Z_{rot}	c_{pk}/R	
FeO			—			$5.319 - 2.21 \times 10^{-3}T + 1.072 \times 10^{-6}T^2 - 2.79 \times 10^{-9}T^3 + 1.33 \times 10^{-12}T^4$	$(300 < T < 1\,000)$
						$5.83 + 1.42 \times 10^{-3}T - 9.32 \times 10^{-8}T^2 - 6.59 \times 10^{-12}T^3 - 2.25 \times 10^{-14}T^4$	$(1\,000 < T < 1\,650)$

（3）数值解法。

采用 CHEMKIN 软件数值研究基于铁基氧化物通过热化学循环制取 H_2 和 CO 的反应机理。铁基氧化物发生反应时涉及几个基元物理化学过程，如铁基氧化物的分解，铁基氧化物表面气相物质的吸附及解吸过程，铁表面上发生的化学反应等。与 CHEMKIN、SURFACE CHEMKIN 和 TRANSPORT UTILITY 相结合的 SPIN 有助于定义气相和表面化学反应机理以及物质运输参数等。SPIN 是 CHEMKIN 软件包提供的应用程序代码之一，用于构造和求解描述物理问题的微分方程组。SPIN 模拟化学反应流体流向气相物质可以反应的生长表面。SPIN 亦可以计算反应器内流体的速度、温度、反应物的物质摩尔分数以及铁表面生长速率。

CHEMKIN 所涉及的控制方程都按稳态问题处理。首先，数值求解过程采用有限差分近似来减少代数方程组的常微分方程边值问题。之后，通过改进的 Newton 算法求解得到非线性代数方程。表 5.2 中给出了数值模拟所涉及相关计算参数，所用其他材料的热力学参数可以在 CHEMKIN PRO 15082 版中找到。

如图 5.1 所示，每个数值计算过程都涉及三个步骤。（1）将表 5.2 所示的参数和初始条件加载，以便求解粗网格上的速度和温度分布。（2）通过插值法将粗网格求解的结果获得精细网格上的初始猜测结果。在反应过程中通过 TWOPNT 初始猜测法求解热力学参数、气相动力学、表面动力学和输运参数，以建立初始温度时的热力学组分平衡。该计算直到不需要更新网格点时停止计算。（3）通过应用阻尼修正牛顿算法（TWOPNT 求解器）解决了完全耦合问题。

基于 Fe_3O_4/FeO 工质对的太阳能热化学制取合成气的反应过程如图 5.2 所示，Fe_3O_4 在高温太阳热流辐照下分解为 FeO 和 O_2，部分 FeO 由于不稳定进一步

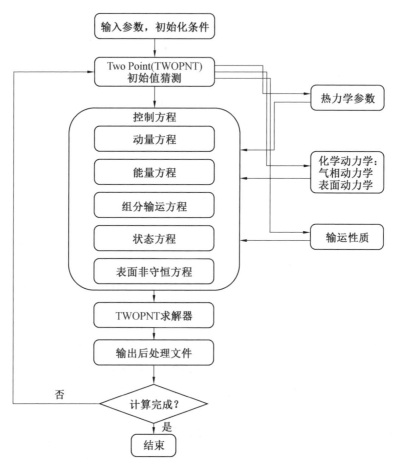

图 5.1 计算 H_2 和 CO 的生成机理和动力学分析的简化流程图

分解为 Fe；FeO 和 Fe 在 H_2O 和 CO_2 的氧化下，反应生成 Fe_3O_4 和合成气（H_2/CO）。整个热化学反应过程可用式(5.12)～(5.14)表示。

高温分解反应：

$$Fe_3O_4 \longrightarrow 3FeO + 0.5O_2 \longrightarrow 3Fe + 2O_2 \tag{5.12}$$

低温氧化反应：

$$Fe + H_2O/CO_2 \longrightarrow Fe_3O_4 + H_2/CO \tag{5.13}$$

$$3FeO + H_2O/CO_2 \longrightarrow Fe_3O_4 + H_2/CO \tag{5.14}$$

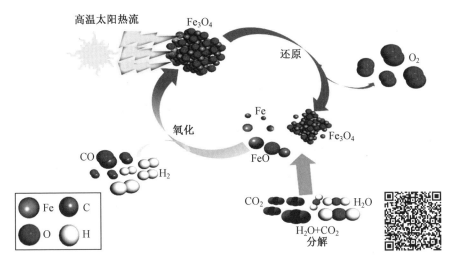

图 5.2　基于 Fe_3O_4/FeO 工质对的太阳能热化学制取合成气的反应过程

5.1.2　氢气生成机理

图 5.3 所示为 4 个连续循环过程中 H_2 产率随距离的变化。循环过程中部分计算参数如下：气体入口温度为 298 K、催化剂表面温度为 1 400 K、反应器内部压力为 6.03 atm。从图中可以看出，H_2 的摩尔质量在低温度壁面附近最低，而在高温度壁面处最大。为了深入了解成气产生机理，借助软件给出了基于 Fe_3O_4/FeO 工质对的热化学反应的反应路径图，如图 5.4 所示。箭头连接的两个物质代表可能存在的反应物－产物之间的基本化学反应，箭头上的数字代表两种物质交换的相对产率（ROP）；粗箭头表示两物质之间最大的 ROP；0% 表明两种物质不发生反应。从反应路径图中可以看出，同一物质可能由多个路径生成，因此 ROP 是所有反应之和。

从图 5.4 中可以看出，H_2 的产生来源主要涉及 H_2O、CO_2 和 Fe 三种物质。通过 H_2O 生成 H_2 的路径中，H_2O 与 CO_2 发生相互作用后将其解离成 H、OH 和 O 自由基，H 和 O 自由基进一步形成 H 和 O 原子从而加速了 H_2O 分子的分解。由于 H 和 O 自由基形成 H 和 O 原子，从而增加了反应介质中羟基物质扩散的速率。模拟结果表明，H_2O 分子解离产生的 H 和 O 自由基形成 H 和 O 原子，H 和 O 原子通过重组过程形成 H_2 和 O_2 的 ROP 为 99.7%，从而降低了介质中 H 和 O 自由基的浓度。分析表明 H 原子形成 H_2 的 ROP 为 98.2%，同时，OH 自由基也被氧化生成 HO_2、H 和 O_2。CO_2 对于 H_2 的产生起到催化作用。通过反应路径图可知 H 原子的浓度对于 H_2 的产生起到至关重要的作用。

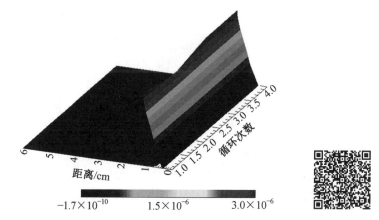

图 5.3　在 1 400 K 和 6.03 atm 下由 H_2O、CO_2 和氧化铁反应的混合物产生 H_2

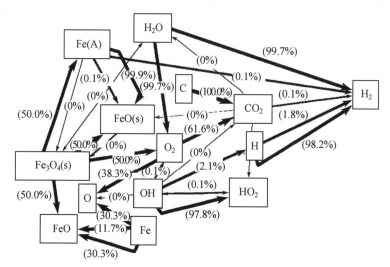

图 5.4　基于 Fe_3O_4/FeO 工质对的热化学反应的反应路径图

Fe_3O_4—— 主要的氧化铁；FeO—— 还原的氧化铁；Fe(A)—— 铁块；O_2—— 氧气；
H_2O—— 蒸汽；CO_2—— 二氧化碳；CO—— 一氧化碳；C—— 碳；H—— 氢原子；OH—— 羟基；
H_2—— 氢；(s)—— 表面位点；(A)—— 块状

在该过程中，产生的 H_2 易于解离成 H 自由基或再氧化成 H_2O 分子。由 Langmuir 动力学可知，H_2 被 FeO(s) 氧化为 H_2O 并且 Fe 气体形成 ROP 为 100%。但图 5.4 中，H_2 并没有解离生成 H 自由基(ROP 为 0%)，这意味着产生的 H_2 被介质吸收。当把反应压力降到 0.03 atm 时，不仅降低了介质中 H_2 扩散的速率，而且改善了整体化学反应性，如图 5.5 所示。受 FeO(s) 控制的 Fe(A)

与 H_2O 反应产生 H_2 的 ROP 为 100%,Fe(A) 表面的相对 ROP 为 18.9%。当在气体物质表面和铁表面上发生反应时,其 ROP 的差异是由气相物质微量传递到反应介质中铁表面速率造成的。对于 H_2 产生的第二种途径,质量传递在 H_2 生产机制中发挥重要作用。

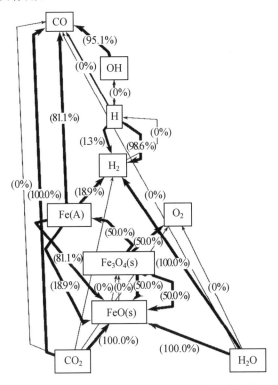

图 5.5　在 2 000 K 和 0.03 atm 下 H_2 和 CO 生成的可能反应途径

　　H_2 生成的另一种形成途径是将 $Fe_3O_4(s)$ 热分解成 FeO 和 Fe,而该过程的反应主要取决于表面温度和操作压力。当达到反应温度时,Fe 从 $Fe_3O_4(s)$ 表面扩散出来并与 H_2O 结合生成 FeO 和 H_2,该过程的 ROP 为 0.1%。根据所考虑的表面温度,当反应发生在铁块表面上时,从图5.4中所示的 $Fe_3O_4(s)$ 扩散的 Fe 与 H_2O 重新组合而形成 FeO 和 H_2,具有约 0.1% 的 ROP。大多数 Fe 通过多异构换机制氧化形成 FeO。Fe 和 H_2O 之间的氧交换产生 H_2,其结果与卡布雷拉—莫特(Cabrera—Mott) 模型一致。当然,H_2 产生的还是由介质中 H_2O 分子分解直接产生。

　　由于氧化物形成通常发生在氧化物层内,因此缺氧形式的 Fe 和 FeO 具有吸引 H_2O 蒸气中 O 原子的亲和力。该机理可以看作是 Fe 和含氧物质 H_2O 和 CO_2

发生 O 交换从而形成氧化产物诸如 FeO、H_2O 或 CO_2。在分离过程中,还原 Fe
再次被氧化从而补充 O。因此,氧化速率依赖于反应介质中扩散到氧化层的氧
以及从 Fe_3O_4 表面扩散的 Fe 或 FeO。

在制备 H_2 过程中,H_2O_2 在高温低压下形成,形成后的 H_2O_2 直接不等比例
地分解为 H_2 和羟基物质,如图 5.6 所示。从图 5.6(a) 看出,H_2O_2 解吸为 HO_2
的 ROP 为 4.1%;通过解吸失去 H 自由基而重组成 HO_2 的 ROP 为 1.3%。从图
5.6(b) 看出,H_2O_2 解吸主要生成 OH 和 H_2O,其 ROP 为 99.3%。由 H_2O_2 解吸
产生的 H_2O 立即解吸生成 H_2,其 ROP 为 98.8%。

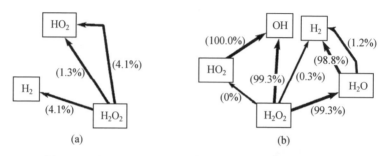

图 5.6   在 2 000 K 和 0.03 atm 下 H_2O_2 解吸反应路径

在 H 原子转化成 H_2 分子的过程中,需要 Fe(A) 以及晶格氧组成的亚微米尺
寸的颗粒存在。为了更好地理解其机理,图 5.7 给出了 H_2 和 H_2O 的摩尔分数与
反应温度的变化关系。从图中可以看出,在 600 K 以下时,H_2 的产率随 H_2O 摩
尔分数的急剧下降而升高。曲线斜率表示当 H_2O 的浓度增加到 1.25% 时 H_2 产
率的变化,类似地,它反映了 H_2O 摩尔分数在 800 K 以上对 H_2 产率的影响。上

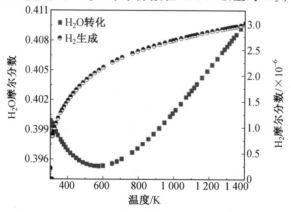

图 5.7 H_2 和 H_2O 的摩尔分数与反应温度的变化关系

述结果主要取决于 800 K 以上在气－氧化铁表面的非均相反应的机理。如前所述,在 800 K 以上时 H_2O 摩尔分数的增加将会引起副反应,其中部分羟基将重新结合成 H_2O。但由于 H_2O 摩尔分数增加且 H_2 产率持续增加直至反应结束,因此它对 H_2 产生没有太大影响。上述结果与 Stehle 在 $670 \sim 875$ K 水分解实验的水化学吸附动力学研究结果吻合。

5.1.3　一氧化碳生成机理

图 5.8 所示为不同循环过程时 CO 产率,从图中可以看出 CO 的产率随着循环过程的增加而增大,在第二个循环时 CO 的产率最大。需要对 CO 的生成机理进行深入的了解。

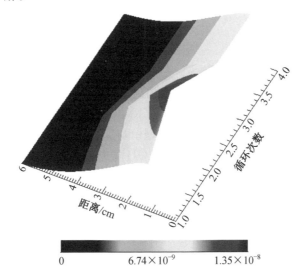

图 5.8　不同循环过程时 CO 产率

图 5.9 所示为基于 Fe_3O_4/FeO 工质对的热化学反应制取 CO 的反应路径图。从路径图中可以看出,CO 产生来源主要涉及 CO_2、H_2O 和 $Fe(A)$。涉及 CO_2 的反应路径中,CO_2 被 HO_2 活化后通过失去 O 自由基而生成 CO,其 ROP 为99.2%。该过程可以理解为低温下的 CO 存储和高温下的 CO_2 回收。涉及 H_2O 的反应路径中,当 H_2O 表面发生反应时,CO_2 与 H_2O 通过相互作用生成 CO,其 ROP 约为 100.0%。对比涉及 CO_2 和 H_2O 产生 CO 的反应路径,通过 H_2O 产生 CO 的速率较 CO_2 快得多,该结果与相关文献的结果一致。涉及 $Fe(A)$ 的反应路径中,从 Fe_3O_4 扩散出的 $Fe(A)$ 将 CO_2 的 O 获取从而形成 CO,其 ROP 为94.4%。与产生 H_2 过程类似,还原后的铁表面被快速氧化以便补充损失的晶格

氧。CO 生成机理与 Cabrera－Mott 基于铁被 CO_2 氧化的反应机理一致。

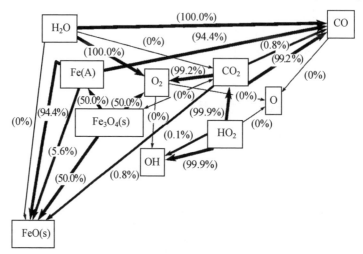

图 5.9　基于 Fe_3O_4/FeO 工质对的热化学反应制取 CO 的反应路径图

在 0.03 atm 压力时,当表面温度增加到 2 000 K,通过涉及 CO_2 的反应路径形成的 CO 和 FeO 被提高到 100% 的相对 ROP。这也表明 Fe(A) 对 CO 产生的反应性降低,有利于 H_2 的形成。在该模型中 O 原子产生后立即就被 Fe(A) 快速消耗。然而,消耗的 O 原子主要用于生成 OH 自由基和 H 原子,这对 CO 和 H_2 的形成很重要,如图 5.5 和图 5.10 所示。从图 5.5 中可以看出,通过 OH 反应路径产生 CO 的 ROP 为 95.1%。从图 5.10(a) 中看出,在该路径中 CO 生成的 ROP 为 100%,而 H 与 CO_2 反应形成 OH 的 ROP 为 100%。形成的 OH 从 CO_2 中获取 O 原子从而形成 CO 和 HO_2 的 ROP 为 92.4%。此外,如图 5.10(b) 所示,CO 被 HO_2 氧化以 ROP 为 100% 形成 CO_2 和 OH 从而补充提取的氧。之后形成的 OH 再次氧化 CO 以增加 CO_2 和 H 含量。该反应路径不仅有利于 CO 的形成,同时也有利于 H_2 的生成。在反应中由于晶格氧的参与,CO 和 CO_2 可以顺序形成;

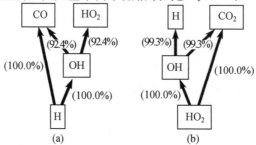

图 5.10　反应路径涉及用于 CO_2 和 CO 形成的 H 原子

同时结果表明氧的吸附是可逆的。

　　图 5.11 给出了 CO 和 CO_2 的摩尔分数随反应温度的变化关系。从图中可以看出,当温度小于 700 K 时,CO_2 的摩尔分数升高到 20.42%。这是因为当温度小于 700 K 时,大部分产生的 CO 被氧化成 CO_2,该结果与相关文献的结果很吻合。从图 5.8 和图 5.10 中可以清楚地看出,CO 从 OH 和 HO_2 中获取的晶格氧重新形成 CO_2;当温度升高时,OH 和 HO_2 对 CO 的影响减小,CO_2 对 CO 产生的影响更显著。当反应发生在 H 表面时,H 原子也与 CO_2 反应生成 CO,如图 5.10 所示。显然,当温度超过 648 K 时,CO_2 裂解生成 CO 的贡献更显著。高温低压工况有利于 CO 的产生。

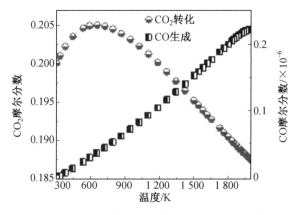

图 5.11　CO 和 CO_2 的摩尔分数随反应温度的变化关系

　　图 5.12 所示为 CO 生成模拟结果与 Stehle 等的实验研究结果的对比。从图中可以看出,模拟结果与文献实验结果吻合良好,同时 CO 产率取决于入口 CO_2 的含量并且随温度升高而增加。因此,所建立模型可用于基于氧化铁工质关于 CO 产生反应机理的描述。

　　模拟结果表明运行压力和表面温度影响反应机理,低表面温度需要高的运行压力,反之亦然。因此,在 1 400 K 和 6.03 atm 时,物质的摩尔分数对基于氧化铁工质通过太阳能热化学过程制取 H_2 过程有促进作用。对于高温低压运行工况对合成气制取过程的机理需要进一步分析。图 5.13 给出了压力和表面温度对 H_2 和 CO 产生的影响。在低压时,表明 H_2 的产率尤其是 CO 的产率均随着表面温度的升高而增大。从图 5.14 可以看出,该模型基本上可以预测氧化铁界面处的 H_2 和 CO 产生;压力越低时,Fe(A) 在高温过程中对 H_2 和 CO 产生的反应性越高。

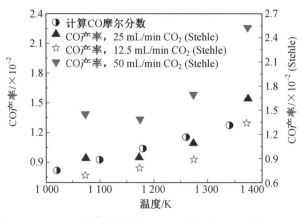

图 5.12　CO 生成模拟结果与 Stehle 等的实验研究结果的对比

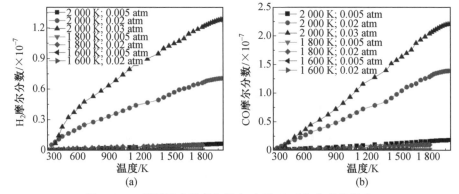

(a)　　　　　　　　　　(b)

图 5.13　不同反应温度和压力对 H_2 和 CO 产率的影响

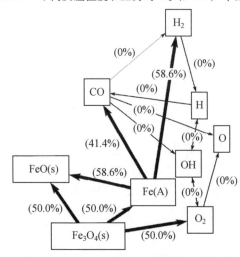

图 5.14　H_2 和 CO 生成的可能反应途径

5.2　热化学还原 CO_2 反应机理

本节将基于反应动力学参数,分别对三种中高温热还原 CO_2 技术建立反应动力学模型。从反应机理的角度来看,甲烷干重整主要以气相反应为主;两步氧化还原循环则以氧载体的表面反应为主;而甲烷辅助热还原 CO_2 过程则需要同时考虑气相反应和表面反应,建立气固相耦合的反应模型,并通过机理简化和敏感性分析得到最终的核心反应机理。

5.2.1　甲烷干重整反应模型

本研究忽略甲烷干重整过程中其他相关副反应,仅保留五个主要反应作为反应机理。相关反应速率作为温度和气体分压的函数,反应速率常数由阿伦尼乌斯公式表达,并以用户自定义函数(UDFs)为工具将相关反应机理写入多场数值模型中进行耦合。甲烷干重整过程中的五个主要反应速率表达式如表 5.4 所示。

表 5.4　甲烷干重整过程中的五个主要反应速率表达式

反应方程式及反应速率表达式	反应速率常数
$CH_4 + CO_2 \longrightarrow 2CO + 2H_2$ $\Delta H_{298}^\circ = +247.0 \text{ kJ/mol}$ $r_1 = \dfrac{k_1 K_{CO_2,1} K_{CH_4,1} P_{CH_4} P_{CO_2}}{(1 + K_{CO_2,1} P_{CO_2} + K_{CH_4,1} P_{CH_4})^2} \cdot$ $\left[1 - \dfrac{(P_{CO} P_{H_2})^2}{K_{P_1}(P_{CH_4} P_{CO_2})} \right]$	$k_1 = 1.29 \times 10^6 \exp\left(-\dfrac{102\,065}{RT}\right)$ $K_{P_1} = 6.78 \times 10^{14} \exp\left(-\dfrac{259\,660}{RT}\right)$ $K_{CO_2,1} = 2.61 \times 10^{-2} \exp\left(+\dfrac{37\,641}{RT}\right)$ $K_{CH_4,1} = 2.60 \times 10^{-2} \exp\left(+\dfrac{40\,684}{RT}\right)$
$CO_2 + H_2 \longrightarrow CO + H_2O$ $\Delta H_{298}^\circ = +41.7 \text{ kJ/mol}$ $r_2 = \dfrac{k_2 K_{CO_2,2} K_{H_2,2} P_{CO_2} P_{H_2}}{(1 + K_{CO_2,2} P_{CO_2} + K_{H_2,2} P_{H_2})^2} \cdot$ $\left[1 - \dfrac{(P_{CO} P_{H_2O})}{K_{P_2}(P_{CO_2} P_{H_2})} \right]$	$k_2 = 0.35 \times 10^6 \exp\left(-\dfrac{81\,030}{RT}\right)$ $K_{P_2} = 56.497\,1 \exp\left(-\dfrac{36\,580}{RT}\right)$ $K_{CO_2,2} = 0.577\,1 \exp\left(+\dfrac{9\,262}{RT}\right)$ $K_{H_2,2} = 1.494 \exp\left(+\dfrac{6\,025}{RT}\right)$

续表

反应方程式及反应速率表达式	反应速率常数
$CH_4 \longrightarrow C + 2H_2$ $\Delta H^{\circ}_{298} = +74.0 \text{ kJ/mol}$ $r_3 = \dfrac{k_3 K_{CH_4,3}\left(P_{CH_4} - \dfrac{P^2_{H_2}}{K_{P_3}}\right)}{\left(1 + K_{CH_4,3} P_{CH_4} + \dfrac{P^{1.5}_{H_2}}{K_{H_2,3}}\right)^2}$	$k_3 = 6.95 \times 10^3 \exp\left(-\dfrac{58\,893}{RT}\right)$ $K_{P_3} = 2.98 \times 10^5 \exp\left(-\dfrac{84\,400}{RT}\right)$ $K_{CH_4,3} = 0.21 \exp\left(-\dfrac{567}{RT}\right)$ $K_{H_2,3} = 5.18 \times 10^7 \exp\left(-\dfrac{133\,210}{RT}\right)$
$C + H_2O \longrightarrow CO + H_2$ $\Delta H^{\circ}_{298} = +131.3 \text{ kJ/mol}$ $r_4 = \dfrac{\dfrac{k_4}{K_{H_2O,4}}\left(\dfrac{P_{H_2O}}{P_{H_2}} - \dfrac{P_{CO}}{K_{P_4}}\right)}{\left(1 + K_{CH_4,4} P_{CH_4} + \dfrac{P_{H_2O}}{K_{H_2O,4} P_{H_2}} + \dfrac{P^{1.5}_{H_2}}{K_{H_2,4}}\right)^2}$	$k_4 = 5.55 \times 10^9 \exp\left(-\dfrac{166\,397}{RT}\right)$ $K_{P_4} = 1.382\,7 \times 10^7 \exp\left(-\dfrac{125\,916}{RT}\right)$ $K_{CH_4,4} = 3.49$ $K_{H_2O,4} = 4.73 \times 10^{-6} \exp\left(+\dfrac{97\,770}{RT}\right)$ $K_{H_2,4} = 1.83 \times 10^{13} \exp\left(-\dfrac{216\,145}{RT}\right)$
$C + CO_2 \longrightarrow 2CO$ $\Delta H^{\circ}_{298} = +172.0 \text{ kJ/mol}$ $r_5 = \dfrac{\dfrac{k_5}{K_{CO,5} K_{CO_2,5}}\left(\dfrac{P_{CO_2}}{P_{CO}} - \dfrac{P_{CO}}{K_{P_5}}\right)}{\left(1 + K_{CO,5} P_{CO} + \dfrac{P_{CO_2}}{K_{CO,5} K_{CO_2,5} P_{CO}}\right)^2}$	$k_5 = 1.34 \times 10^{15} \exp\left(-\dfrac{243\,835}{RT}\right)$ $K_{P_5} = 1.939\,3 \times 10^9 \exp\left(-\dfrac{168\,527}{RT}\right)$ $K_{CO,5} = 7.34 \times 10^{-6} \exp\left(+\dfrac{100\,395}{RT}\right)$ $K_{CO_2,5} = 2.81 \times 10^7 \exp\left(-\dfrac{104\,085}{RT}\right)$

注:k_i 是反应速率常数;K_i、P_i 分别是第 i 种物质的反应动力学平衡常数和分压力。

5.2.2　两步氧化还原循环反应模型

两步氧化还原反应以氧载体材料中金属元素价态的改变作为循环反应的基础,因而对该过程的数值建模不能仅考虑气相反应。在此循环过程中,氧载体材料与气相物质发生氧交换的表面反应过程是反应动力学建模的核心。然而,当前的研究对于高温热化学过程中氧载体表面反应的动力学描述十分稀少,鲜有研究能够提供建模所需的全部反应动力学参数。

事实上,无论对于多金属氧载体还是掺杂改性之后的氧载体材料,其循环反应过程的核心媒介均可视为 $Fe_2O_3(Fe_3O_4)$ / $FeO(Fe)$ 工质对,其他变价金属元素或金属氧化物掺杂的作用通常体现在增强铁氧体工质的协同催化效应,或者形成晶格缺陷以增强铁氧化物的氧输运能力。鉴于此,对 Fe_2O_3(Fe_3O_4)/FeO(Fe)工质对进行反应动力学数值建模,作为铁基氧化物在两步氧化还原循环中所发生表面反应的基础示例。该反应动力学模型将包含铁氧体材料四种价态下的所有基本转换过程,对于探究以 Fe_2O_3(Fe_3O_4)/FeO(Fe)工质对为核心的铁酸盐及其掺杂材料的反应机理,厘清铁基氧载体材料在循环过程中的核心反应路径,有着重要的研究价值和基础参考意义。

表面反应速率 r_{surf} 作为反应物浓度的函数,与反应级数相关,可表示为

$$r_{surf} = k(T) \prod_{i=1}^{I} [X_i]^n \tag{5.15}$$

式中,$k(T)$ 为反应速率常数;X_i 为第 i 种物质占总表面物质的摩尔分数;n 为反应级数。

其中,反应速率常数视为反应温度的函数,由指前因子、温度指数和反应活化能共同决定,其通用公式表述为

$$k(T) = A \left(\frac{T}{298} \right)^{\beta} \exp\left(-\frac{E_a}{RT} \right) \tag{5.16}$$

式中,A 为指前因子(基本单位 $mol/(cm \cdot s)$,具体视反应级数而定);β 为温度指数;E_a 为反应活化能,cal/mol;R 为理想气体常数,$8.314 \ kJ/(mol \cdot K)$。

铁基工质对在还原性气体的作用下,通常会经历以下形态转变:Fe_2O_3—Fe_3O_4—FeO—Fe,氧化过程的转换顺序则相反。当然,根据还原性(氧化性)气体氛围的强弱,上述四种形态转换在实际反应过程中可能不会完全出现,具体将取决于氧载体的催化性能、反应速率和反应限度。通过查询相关文献,将铁基工质对在两步氧化还原循环过程中所涉及的表面反应动力学参数整理在表 5.5 中。

表 5.5　铁基工质对两步氧化还原表面反应机理

反应方程式	$A/$ $[mol \cdot (cm \cdot s)^{-1}]$	β	$E_a/(cal \cdot mol^{-1})$	n
$3Fe_2O_3 \longrightarrow 2Fe_3O_4 + 0.5O_2$	2.77×10^{14}	0	116 344	1.264
$3Fe_2O_3 + CO \longrightarrow 2Fe_3O_4 + CO_2$	6.20×10^{-2}	0	4 778	1
$3Fe_2O_3 + H_2 \longrightarrow 2Fe_3O_4 + H_2O$	$2.30 \times 10^{-2.2}$	0	5 734	0.8
$4Fe_2O_3 + CH_4 \longrightarrow 8FeO + CO_2 + 2H_2O$	$1.15 \times 10^{10.36}$	0	59 964	0.56

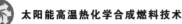

续表

反应方程式	$A/$ $[mol \cdot (cm \cdot s)^{-1}]$	β	$E_a/(cal \cdot mol^{-1})$	n
$Fe_2O_3 + 3CO \longrightarrow 2Fe + 3CO_2$	10.8	0	8 839	1
$Fe_2O_3 + 3H_2 \longrightarrow 2Fe + 3H_2O$	$2.24 \times 10^{6.96}$	0	14 095	1.16
$Fe_3O_4 \longrightarrow 3FeO + 0.5O_2$	6.43×10^{15}	0	176 427	3.242
$Fe_3O_4 + H_2 \longrightarrow 3FeO + H_2O$	2.20×10^4	0	30 866	—
$Fe_3O_4 + CO \longrightarrow 3FeO + CO_2$	5.60×10^4	0	55 902	—
$Fe_3O_4 + 4H_2 \longrightarrow 3Fe + 4H_2O$	3.17×10^{-5}	0	2 867	1
$4Fe_3O_4 + O_2 \longrightarrow 6Fe_2O_3$	3.10×10^{-2}	0	3 344.6	1
$4FeO + CH_4 \longrightarrow 4Fe + CO_2 + 2H_2O$	$6.56 \times 10^{12.46}$	0	54 947	0.91
$FeO + O \longrightarrow Fe + O_2$	4.68×10^{-10}	-0.37	728.65	2
$FeO + CO \longrightarrow Fe + CO_2$	7.66×10^{-13}	0.57	972.32	2
$FeO + H_2 \longrightarrow Fe + H_2O$	1.50×10^3	0	28 716	—
$3FeO + 0.5O_2 \longrightarrow Fe_3O_4$	$8.64 \times 10^{1.54}$	0	1 672	0.59
$3FeO + H_2O \longrightarrow Fe_3O_4 + H_2$	4.60×10^3	0	24 392	2.872
$3FeO + CO_2 \longrightarrow Fe_3O_4 + CO$	7.41×10^{-5}	0	16 484	0.794
$Fe + O_2 \longrightarrow FeO + O$	1.60×10^{-9}	-0.02	22 294.15	2
$Fe + CO_2 \longrightarrow FeO + CO$	2.32×10^{-10}	0	28 906.9	2
$3Fe + 4H_2O \longrightarrow Fe_3O_4 + 4H_2$	$1.12 \times 10^{3.5}$	0	6 450	0.75
$3Fe + 4CO_2 \longrightarrow Fe_3O_4 + 4CO$	1.10×10^5	0	25 897	—
$Fe + O_2 \longrightarrow FeO_2$	2.05×10^{-28}	-2.6	6 295	3
$FeO + O_2 \longrightarrow FeO_2 + O$	1.02×10^{-11}	0.4	16 288.2	2
$FeO + CO_2 \longrightarrow FeO_2 + CO$	6.48×10^{-9}	0	45 629.9	2
$FeO_2 \longrightarrow Fe + O_2$	8.42×10^{-3}	-4.0	89 587.5	2

5.2.3 甲烷辅助热还原CO_2反应模型

结合当前三种热化学还原CO_2体系的技术优势,提出了"甲烷辅助热还原CO_2"的技术途径。该反应体系基于两步氧化还原反应,在还原阶段通入甲烷作为辅助气,在降低反应温度的同时增强氧载体的还原程度,最终提高氧化阶段内

CO 的实际产量。需要注意的是,甲烷辅助反应体系在反应原理方面虽与甲烷化学链干重整大致相同,但两种体系在实际操作、最终目的、氧载体性能要求等方面均存在诸多差异,具体表现在:(1)添加甲烷的作用和目的不同。对于甲烷辅助反应体系,甲烷仅作为一种反应辅助性气体而非原料,其主要作用是降低反应温度并强化氧载体材料的被还原程度,最终目的是提升氧化阶段的 CO_2 转化率和 CO 产量。(2)甲烷的用法和用量不同。在甲烷化学链干重整体系下,甲烷作为主要原料,通常在燃烧床中持续大量输入;而对于甲烷辅助反应体系,则仅在还原阶段进行少量甲烷辅助气的添加。(3)催化剂性能要求不同。对于甲烷辅助反应体系,因其最终目的是实现 CO_2 的高效还原,氧载体材料无须对甲烷表现出很强的还原特性,但要求对 CO_2 有着较高的反应活性。

　　基元反应是指反应物能够一步直接转化为产物的反应过程,又称为简单反应;而化学动力学中能够概述多个基元反应的宏观化学反应,则称为总反应,或总包反应。对于甲烷辅助热还原 CO_2 的气相反应过程,仅仅依靠甲烷干重整的 5个总反应无法阐明其反应机理,因而需要从基元反应出发,结合氧载体物质的表面反应过程,才能探明氧化还原过程中的详细反应路径和动力学机理。

　　目前,已有学者对高温下甲烷的燃烧过程进行了相关研究,并形成了专业的基元反应动力学数据库。其中,GRI－Mech 3.0 是当前应用范围最广、对甲烷燃烧机理阐述最为全面的气相反应动力学数据库,包含 53 种反应组分和 325 个基元反应过程。将基于 Ansys Chemkin 17.0 软件,首先对 GRI－Mech 3.0 反应机理进行简化,并加入 26 个铁基氧载体相关的表面反应机理,形成完整的甲烷辅助热还原 CO_2 气固耦合反应机理,整合过程如图 5.15 所示。

图 5.15　甲烷辅助热还原 CO_2 气固耦合反应机理整合过程

　　机理简化过程主要基于 CHENKIN 软件包中的 DRGEP 算法和敏感性分析,通过计算组分之间的耦合关系以及各个反应过程对系统中主要成分的贡献大小,以剔除详细反应机理中对反应系统无显著影响的次要组分和反应过程,从而使整个化学反应机理得到大幅简化。

　　(1)DRG 算法和 DRGEP 算法。

　　DRG(directed relation graph) 算法能够在没有任何反应系统预研的情况下,通过求解组分间的耦合关系来识别次要组分,从而将其去除。该过程中,组分 A 与另一组分 B 的直接耦合关系被定义为,组分 B 在反应过程中所引起组分 A 生成速率变化的实时误差,其表达式为

$$r_{AB} = \frac{\sum\limits_{i=1,I} |\nu_{A,i}\omega_i\delta_{Bi}|}{\sum\limits_{i=1,I} |\nu_{A,i}\omega_i|}, \quad \delta_{Bi} = \begin{cases} 1, & \text{第 } i \text{ 个反应中包含组分 B} \\ 0, & \text{否则} \end{cases} \quad (5.17)$$

式中,i 为机理中的第 i 个反应;$\nu_{A,i}$ 为第 i 个反应中组分 A 的化学计量系数;ω_i 为第 i 个反应的反应速率。

上式中,分母代表反应机理中所有包含组分 A 的化学反应对其生成速率的绝对贡献,分子则表示包含组分 B 的化学反应所做出的贡献。基于此,DRG 算法能够对原来的详细机理进行十分高效的简化并形成核心反应机理。

DRGEP(directed relation graph with error propagation) 算法是由 DRG 算法拓展而来,同样采用实时误差 r_{AB} 来确定两个组分间的直接耦合关系。两者的区别在于,将某一组分从详细机理中移除的判断依据有所不同。在 DRG 算法中,若实时误差 r_{AB} 大于用户所指定的容差时,组分 B 的移除会给组分 A 的生成速率带来不可忽视的误差。此时,若组分 A 仍保留在最终机理中,那么组分 B 也需要保留下来。另外,当 r_{BC} 也大于容差时,由于组分 C 和组分 A 之间形成了间接耦合关系,因而同样需要被保留下来。而在 DRGEP 算法中,一旦组分 A 被保留,其他与 A 有着直接或间接耦合关系的组分都将通过一个"R 指标"进行再次检验,从而决定这些组分的取舍。该参数被定义如下:

$$R_A(B) = \max_S \{r_{ij}\} \quad (5.18)$$

式中,S 为从组分 A 到组分 B 所有反应路径的合集;r_{ij} 为所指定反应路径上边权重的链积(具体计算方法参考相关文献)。

(2)敏感性分析。

化学反应中的敏感性分析是指研究反应机理中反应参数变化对整体计算结果的影响,即计算结果对反应参数变化的敏感程度。基于敏感性分析,可以更加清楚地反映哪些基元反应对计算整体的影响较大,哪些基元反应的影响较小,从而剔除对结果影响较小的反应,实现反应机理的进一步简化。

在敏感性分析中,考虑气体温度与物质摩尔分数的一阶敏感性系数,并在适当的情况下,分析固体相物质增长率对反应速率的影响。在稳态计算过程中,将反映 Arrhenius 反应速率的指前因子 A 写入控制方程中,得到包含敏感性系数的矢量式:

$$F(\phi(\alpha); \alpha) = 0 \quad (5.19)$$

式中,F 为控制方程的计算残差;ϕ 为控制方程的解向量;α 为与指前因子相关的

参数矢量。

在这里引入了一种思想,即方程不仅依赖于相关变量,也依赖于一系列的模型参数 $\boldsymbol{\alpha}$,同时方程的残差 $\boldsymbol{F}$ 可显式或隐式地依赖于解向量 $\boldsymbol{\phi}$。在式(5.19)中对 $\boldsymbol{\alpha}$ 求微分,可以得到一个与敏感性系数相关的矩阵方程:

$$\frac{\partial \boldsymbol{F}}{\partial \boldsymbol{\phi}} \frac{\partial \boldsymbol{\phi}}{\partial \boldsymbol{\alpha}}\bigg|_{F} + \frac{\partial \boldsymbol{F}}{\partial \boldsymbol{\alpha}} = 0 \tag{5.20}$$

式中,$\partial \boldsymbol{F}/\partial \boldsymbol{\phi}$ 为原始系统的雅可比矩阵;$\partial \boldsymbol{F}/\partial \boldsymbol{\alpha}$ 为残差 $\boldsymbol{F}$ 对相关参数的偏导矩阵;$\partial \boldsymbol{\phi}/\partial \boldsymbol{\alpha}$ 即定义为敏感性系数。按列分析 $\partial \boldsymbol{F}/\partial \boldsymbol{\alpha}$ 的数值,每一列即代表一个参数与残差 $\boldsymbol{F}$ 的函数关系。而整个敏感性系数矩阵则包含各个反应的速率对温度和摩尔分数产生影响的定量信息,该矩阵结构与 $\partial \boldsymbol{F}/\partial \boldsymbol{\alpha}$ 矩阵相似,每一列都反映了解向量对某一特定化学反应的依赖程度。

对于非稳态算例中的敏感性分析,采用描述瞬态物理问题的常微分方程一般形式:

$$\frac{\mathrm{d}\boldsymbol{\varphi}}{\mathrm{d}t} = \boldsymbol{F}(\boldsymbol{\varphi}, t; \boldsymbol{\alpha}) \tag{5.21}$$

式中,$\boldsymbol{\varphi}$ 为温度、质量分数、表面位点分数等参数的向量表示。

进而,一阶敏感性系数的矩阵可表示为

$$w_{j,i} = \frac{\partial \boldsymbol{\varphi}}{\partial \boldsymbol{\alpha}_i} \tag{5.22}$$

式中,j, i 分别表示因变量和相关反应。

相应地,得到敏感系数相关的微分方程为

$$\frac{\mathrm{d}w_{j,i}}{\mathrm{d}t} = \frac{\partial \boldsymbol{F}}{\partial \boldsymbol{\varphi}} \cdot w_{j,i} + \frac{\partial \boldsymbol{F}_j}{\partial \boldsymbol{\alpha}_i} \tag{5.23}$$

敏感性分析将在经过 DRGEP 算法简化机理之后进行,以进一步缩减敏感性较低的组分,形成最终的核心反应机理。

5.2.4　甲烷辅助体系气固耦合反应机理简化

在本节中,气相反应和表面反应机理将通过 CHEMKIN 软件耦合,并基于 DRGEP 算法和敏感性分析进行机理简化过程。由于氧载体材料的循环过程包括还原和氧化两个阶段,其原料和产物的不同将严重影响机理简化的精度和效率。因此,在计算过程中需首先对两个阶段的反应机理分别进行简化,然后取两阶段简化结果的并集,作为最终的核心反应机理。

对于还原阶段的机理简化过程,所选择原料的核心组分(即直接耦合关系中的必保留组分)是 CH_4,保护气为 Ar,产物的核心组分为 H_2 和 CO;氧化阶段,原

料的核心组分为 CO_2,产物中核心组分为 CO。整个计算过程的绝对容差为 0,相对容差为 10%,两者共同决定机理简化过程的最大归一化误差:

$$E_{n\,max} = \frac{|X_m - X_s|}{R \times |X_m| + A} \tag{5.24}$$

式中,X_m、X_s 为原机理和简化机理中目标组分的值;R、A 为相对容差、绝对容差。

图 5.16 展示了还原和氧化两个阶段内的气相组分简化结果。灰色区域表示机理简化过程中被剔除的组分,浅黄色区域表示仅在还原阶段所保留的 7 种核心组分(包括 $H_2/CH_2/CH_2(s)/CH_3/CH_4/H_2O/Ar$),蓝色区域表示仅在氧化阶段所保留的两种核心组分(包括 HCO/O),绿色区域则表示两个阶段内共同保留的 4 种核心组分(包括 $H/OH/CO/CO_2$)。此外,考虑到原机理中的 26 个表面反应均十分重要,且已无须进一步简化,因而将表面反应中另外涉及的 O_2 组分保留。最终,归纳还原和氧化两个阶段的机理简化过程,形成了包含 14 种气相组分和 5 种表面组分的核心反应机理。

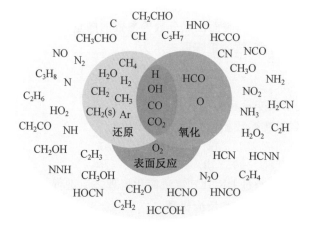

图 5.16　机理简化过程的气相核心组分筛选

表 5.6 对比了机理简化前后各个过程的组分数和反应数。对于表面反应,由于本身组分和反应数量并不冗余,因而无须经过进一步简化;对于气相反应,其组分数由原来的 53 个简化为 14 个,反应数量则由原来的 325 个基元反应缩短至 26 个核心反应,所需的运算量减少了 90% 左右。同时,最终核心反应机理取自还原过程、氧化过程,以及表面反应机理简化后的并集,在最大程度上保证了甲烷辅助热还原 CO_2 瞬态反应的模拟精度。

表 5.6　机理简化前后各个过程的组分数与反应数对比

参数	简化前		简化后		气相反应保留组分
	组分数	反应数	组分数	反应数	
还原过程	53	325	11	21	H/OH/CO/CO$_2$/H$_2$/CH$_2$/CH$_2$(s)/ CH$_3$/CH$_4$/Ar
氧化过程	53	325	6	6	H/OH/CO/CO$_2$/HCO/O
表面反应	5	26	5	26	O$_2$
最终机理	53＋5	325＋26	14＋5	26＋26	H/OH/CO/CO$_2$/HCO/O/H$_2$/ CH$_2$/CH$_2$(s)/CH$_3$/CH$_4$/Ar/O$_2$

简化后所得 26 个气相反应的动力学参数在表 5.7 列出(原数据来自 GRI－Mech 3.0),26 个表面反应的相关参数则已在表 5.5 中给出,最终形成了包含 14 种气相组分,5 种表面组分,以及 52 个相关反应过程的核心反应机理。在应用该机理解析相关反应机制与反应路径之前,应首先对其进行验证,保证简化过程对计算结果的影响在误差容许范围内。

表 5.7　简化后的气相反应核心机理动力学参数

反应方程式	$A/[\text{mol} \cdot (\text{cm} \cdot \text{s})^{-1}]$	β	$E_a/(\text{cal} \cdot \text{mol}^{-1})$
$2H + M = H_2 + M$	1×10^{18}	-1	0
$2H + H_2 = 2H_2$	9×10^{16}	-0.6	0
$2H + H_2O = H_2 + H_2O$	6×10^{19}	-1.25	0
$2H + CO_2 = H_2 + CO_2$	5.5×10^{20}	-2	0
$H + OH + M = H_2O + M$	2.2×10^{22}	-2	0
$H + CH_2(+M) = CH_3(+M)$	6×10^{14}	0	0
$H + CH_3(+M) = CH_4(+M)$	1.39×10^{16}	-0.534	5.36×10^2
$H + CH_4 = CH_3 + H_2$	6.6×10^8	1.62	1.08×10^4
$OH + H_2 = H + H_2O$	2.16×10^8	1.51	3.43×10^3
$OH + CH_3 = CH_2 + H_2O$	5.6×10^7	1.6	5.42×10^3
$OH + CH_3 = CH_2(S) + H_2O$	6.44×10^{17}	-1.34	1.42×10^3
$OH + CH_4 = CH_3 + H_2O$	1×10^8	1.6	3.12×10^3
$OH + CO = H + CO_2$	4.76×10^7	1.228	70
$CH_2 + H_2 = H + CH_3$	5×10^5	2	7.23×10^3
$CH_2 + CH_4 = 2CH_3$	2×10^6	2	8.27×10^3
$CH_2(S) + AR = CH_2 + AR$	9×10^{12}	0	6×10^2
$CH_2(S) + H_2 = CH_3 + H$	7×10^{13}	0	0
$CH_2(S) + H_2O = CH_2 + H_2O$	3×10^{13}	0	0

续表

反应方程式	$A/[\mathrm{mol} \cdot (\mathrm{cm} \cdot \mathrm{s})^{-1}]$	β	$E_a/(\mathrm{cal} \cdot \mathrm{mol}^{-1})$
$CH_2(S) + CH_4 \Longrightarrow 2CH_3$	1.6×10^{13}	0	-5.7×10^2
$CH_2(S) + CO \Longrightarrow CH_2 + CO$	9×10^{12}	0	0
$CH_2(S) + CO_2 \Longrightarrow CH_2 + CO_2$	7×10^{12}	0	0
$O + H + M \Longrightarrow OH + M$	5×10^{17}	-1	0
$O + CO(+ M) \Longrightarrow CO_2(+ M)$	1×10^{10}	0	2.39×10^3
$O + HCO \Longrightarrow OH + CO$	3×10^{13}	0	0
$O + HCO \Longrightarrow H + CO_2$	3×10^{13}	0	0
$HCO + M \Longrightarrow H + CO + M$	1.87×10^{17}	-1	1.70×10^4

在不同的温度变量下,对采用原反应机理和核心机理的算例计算结果进行了对比,如图 5.17 所示。可以发现,机理的简化对还原过程 1 000 ~ 1 050 K 温度区间的计算结果有着一定的影响,但整体趋势基本相符,且在其他温度区间内均具有很高的吻合度;至于氧化过程,反应机理的大幅简化几乎完全没有影响其计算精度。整体而言,当前机理简化过程所导致的计算误差在可接受范围内,能够在减少约 90% 计算量的同时基本保证模拟精度和可靠性。

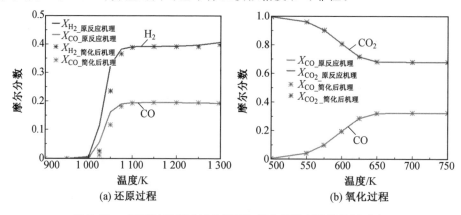

图 5.17　不同温度下原反应机理与简化后机理计算结果对比

5.2.5　甲烷辅助体系反应原理与反应路径

本节将以前文所建立的最终核心反应机理为基础,分别基于甲烷辅助热还原 CO_2 反应的还原阶段和氧化阶段,阐明循环反应过程中氧载体(Fe_3O_4)和原料气($CH_4 + CO_2$)的反应原理、反应步骤,以及反应路径。同时,给出反应温度和原料气含量对于氧载体催化程度以及合成气产量的影响规律。

（1）还原过程的反应原理与路径。

对于不添加任何氢源的两步氧化还原循环裂解 CO_2 反应，铁基氧载体的还原温度通常要高于 1 600 K，且还原过程中仅产生少量的 O_2 作为副产品。与之相比，在 CH_4 辅助还原的气氛下，不仅氧载体的还原温度能够得到大幅降低，同时在还原过程中即可产生一定数量的合成气，从而使得系统的能量转换效率得到提升。对于该过程，采用所开发的 CH_4 辅助还原 CO_2 反应机理，能够十分清晰地阐明产生该现象的主要原因，以及涉及的主要反应路径和原理。

还原阶段的稳态反应过程采用定温条件进行模拟，实际反应发生区为直径 60 mm、长度 80 mm 的泡沫陶瓷填充区域。气体入口处的操作压力为 1 atm，流量为 1 000 mL/min，采用 Ar 气作为保护气。多孔泡沫陶瓷的孔径为 2.54 mm，考虑每厘米的压降为 10 Pa。表面位点上的初始氧载体均为 Fe_3O_4，位点密度为 2×10^{-9} mol/cm^2，比表面积取 1 m^2/g。此外，计算过程的绝对容差设为 1×10^{-12}，相对容差为 1×10^{-6}。

如图 5.18(a) 所示，在不添加任何辅助性还原气体的条件下（纯 Ar 气氛），Fe_3O_4 氧载体在 1 800 K 左右才开始分解，发生脱氧反应，该过程可表示为

$$Fe_3O_4(s) \longrightarrow 3FeO(s) + 0.5O_2 \tag{5.25}$$

而在添加甲烷辅助气后，可以观察到氧载体的还原温度明显降低，Fe_3O_4 在 1 050 K 左右即开始分解，且分解速率远高于纯 Ar 气氛。此时，根据反应路径分析，Fe_3O_4 氧载体所发生的主要反应为

$$Fe_3O_4(s) + H_2 \longrightarrow 3FeO(s) + H_2O \tag{5.26}$$

其中，H_2 必然来源于 CH_4 的分解，但反应过程较为复杂，具体将在之后的反应路径分析中加以解释。由此可见，加入甲烷辅助气的最终作用是提供强还原性的 H_2，进而在较低的还原温度下实现氧载体材料的快速脱氧。

此外，从图 5.18(a) 中氧载体位点分数随温度的变化情况来看，当原料气中的甲烷体积分数从 25% 增长到 75% 时，对氧载体的还原温度和还原速率几乎没有产生明显的影响。通过读取计算结果可知，形成这一现象的原因是：当前反应器内氧载体的负载量较低，同时原料气流速较高，此时决定氧载体还原程度的主要因素并非甲烷气体的含量，而是取决于当前反应温度下的动力学限制。相比之下，体积分数为 1.0% 的辅助气显然无法实现氧载体在低于 1 800 K 反应温度下的完全还原。当还原温度超过 1 800 K 时，氧载体发生自分解反应（式(5.24)），才使得 Fe_3O_4 分解率开始再次上升，直至 2 400 K 实现完全分解。尽管如此，体积分数为 1.0% 的甲烷辅助气添加仍能够显著降低氧载体的还原温度，并使其提前发生数量可观的分解反应。

另外,甲烷辅助气的含量对于出口处合成气的产量依然有着十分重要的影响。图 5.18(b) 展示了在 1 000 K 和 1 100 K 还原温度下,在原料气中添加不同含量的甲烷辅助气时所产生合成气的摩尔分数变化。可以观察到,当甲烷辅助气体积分数低于 30%,合成气的产量会随着甲烷成分的增加而显著提高,且 H_2 产量提升更为显著;而当添加甲烷体积分数高于 30% 后,对合成气产量的提升不再明显。此外,合成气中的 H_2/CO 体积比基本维持在 2∶1,完全符合甲烷分解的理论产物比。另外值得注意的是,当原料气中甲烷体积分数低于 10% 时,两个还原温度下所生成的合成气产量几乎相同,这意味着当前温度下的还原反应主要受限于甲烷辅助气的含量,而非反应动力学。换言之,在当前还原温度下,添加超过 10% 体积分数的甲烷辅助气虽能有效提高合成气产量,但此时原料气中的甲烷并未被氧载体完全还原为合成气,因而从原料转化率的角度来讲,10% 的甲烷添加量或许能够获得最佳的投入收益比。

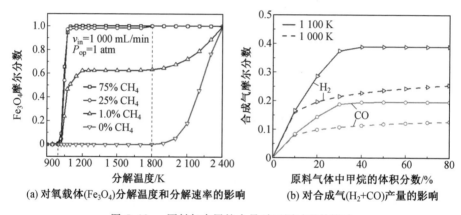

(a) 对氧载体(Fe_3O_4)分解温度和分解速率的影响　　(b) 对合成气(H_2+CO)产量的影响

图 5.18　原料气中甲烷含量对还原过程的影响

　　下面以 1 100 K 还原温度、20% 甲烷辅助气添加量下的算例为主,讨论氧载体材料(Fe_3O_4)和原料气(CH_4)在整个还原过程中的详细反应机理和反应路径。图 5.19(a) 和图 5.19(b) 分别展示了两者的具体反应路径,其反应过程和参与反应物质完全相同,仅展示角度不同。带箭头的实线表示反应物转化的方向,其粗细程度则代表了每一步的反应趋势(或反应速率)。

　　可以观察到,Fe_3O_4 氧载体的分解主要有两条反应路径,即前文中所提到的式(5.25)和式(5.26)。而在当前反应温度下,Fe_3O_4 氧载体的直接脱氧反应速率极低,显然其分解过程主要依赖于 H_2 的还原而形成 FeO。纵观整个反应路径可知,表面位点上的 FeO 是甲烷辅助热还原 CO_2 过程中的重要中间产物:一方面,FeO 是当前温度下 Fe_3O_4 氧载体分解的主要渠道;另一方面,它能够在甲烷

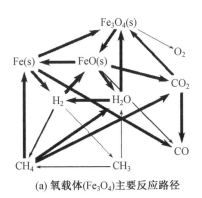

(a) 氧载体(Fe₃O₄)主要反应路径

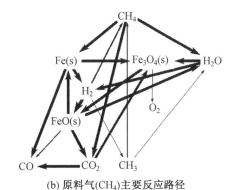

(b) 原料气(CH₄)主要反应路径

图 5.19　还原过程详细反应路径(1 100 K,20％CH₄)

气氛下被进一步还原为 Fe 单质,该过程可表示为

$$4FeO + CH_4 \longrightarrow 4Fe + CO_2 + 2H_2O \tag{5.27}$$

式(5.27)是还原过程中的另一个重要反应,其产物中具有强还原性的 Fe 单质可将反应器中的 H_2O 和 CO_2 直接还原为 H_2 和 CO,同时 Fe 再次转变为最初的 Fe_3O_4 氧载体,该过程中所发生的主要反应为

$$3Fe + 4H_2O \longrightarrow Fe_3O_4 + 4H_2 \tag{5.28}$$

$$3Fe + 4CO_2 \longrightarrow Fe_3O_4 + 4CO \tag{5.29}$$

除此之外,中间产物 FeO 也能够在一定程度上还原 CO_2,但反应速率较低,其反应方程式可表示为

$$3Fe + CO_2 \longrightarrow Fe_2O_4 + CO \tag{5.30}$$

之后,被还原出的 H_2 参与到 Fe_3O_4 氧载体的初步分解反应中,再次形成位点中间产物 FeO。上述整个过程,即是 Fe_3O_4 氧载体在甲烷气氛中被还原并生成 H_2 和 CO 的主要原因及反应路径,结合图 5.19(a) 能够十分清晰地了解其反应过程的主要脉络。由此可见,CH₄ 辅助气氛下氧载体还原过程的发生顺序可概述为:$Fe_3O_4 \longrightarrow FeO \longrightarrow Fe$。由最终的产物分析可知,当整个体系达到反应平衡时,Fe_3O_4 氧载体基本被消耗殆尽,此时反应位点上的表面物质几乎只剩下还原态的 Fe 单质,其在非稳态系统中则相当于氧化过程的催化剂原料。

另外,图 5.19(b) 中以 CH₄ 为初始物质的反应过程有着相同的反应原理,其反应路径不再赘述。事实上,该过程中还存在着诸多气相组分之间的相互转化,如 $H_2 \longrightarrow CH_3$、$CH_3 \longrightarrow CH_4$、$CH_3 \longrightarrow H_2O$ 等。相比于表面反应,这些气相反应的速率较低,对整个反应路径的影响较小,因而不再一一介绍。

(2) 氧化过程的反应原理与路径。

在当前的循环过程中,氧化阶段位点上的催化材料以 Fe 单质为主,其强还原

性能够将 CO_2 还原为 CO,并重新生成氧化态的 Fe_3O_4 氧载体。图 5.20(a) 和图 5.20(b) 分别展示了原料气中 CO_2 含量对 CO 产量,以及氧载体转化率(Fe ⟶ Fe_3O_4,也可视为表面位点分数)的影响。显然,提升反应温度或者提高原料气中 CO_2 含量,均能够在一定范围内持续增加 CO 产量和氧载体转化率。但受到催化剂负载量和反应动力学限制,当温度和 CO_2 含量提升到一定数值时,其对原料转化率和 CO 生成量将不再产生影响。例如,当原料气中的 CO_2 体积分数达到 100% 时,650 K 的氧化温度已足够将初始位点的 Fe 单质几乎完全转化为 Fe_3O_4。此时,即使再次提升氧化温度,产物中的 CO 摩尔分数依旧维持在 0.32 左右。同样地,在 700 K 氧化温度下,体积分数为 50% 的 CO_2 即可实现当前反应条件下的最高 CO 产量以及氧载体转化率。

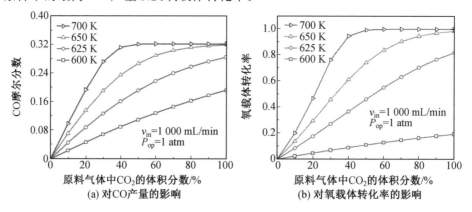

(a) 对CO产量的影响 (b) 对氧载体转化率的影响

图 5.20　原料气中 CO_2 含量对氧化过程的影响

与还原过程相比,催化材料在氧化阶段的反应原理和反应路径相对简单。如图 5.21(a) 所示,在反应入口的初始位置,CO_2 原料气中的绝大部分会在 Fe 单质的作用下被还原为 CO,同时复原 Fe_3O_4,其反应过程为式(5.28);另有少量

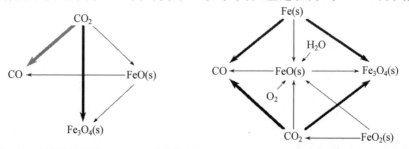

(a) 反应入口初始位置原料气(CO_2)主要反应路径　(b) $x=20$ mm处还原态氧载体(Fe)主要反应路径

图 5.21　氧化过程详细反应路径(650 K,40%CO_2)

CO_2 将 Fe 单质氧化为中间产物 FeO，该过程可表示为

$$Fe + CO_2 \longrightarrow FeO + CO \qquad (5.31)$$

随后，FeO 可继续参与 CO_2 的还原过程，参见式(5.29)。

相比之下，反应器内部距离入口 20 mm 处的反应路径则要复杂一些。如图 5.21(b) 所示，表面位点上的 Fe 单质首先将 CO_2 还原并生成 Fe_3O_4，少量还会生成 FeO，该步骤与入口初始位置相一致。不同的是，该位置处生成 FeO 中间体增加了另外的途径：其一是 Fe 单质与 H_2O 直接作用，生成 FeO 并释放 H_2；其二是 O_2 将 Fe 单质氧化，直接形成 FeO；其三是特殊形态的 FeO_2 与 CO 相结合，被还原为 FeO。虽然中间体 FeO 的存在有利于 CO_2 的转化，但以上三种途径的反应速率均较低，因而其最终对于 CO 产量的贡献并不明显。

5.3　腔体式反应器㶲分布特性

㶲作为评价能量品质的一个重要参数，对减少系统不可逆损失、提高效率和节能减排具有重要意义。在该节基于太阳能反应器热输运模型计算结果，采用㶲理论并结合 UDF 技术分析了不同工况参数时反应器内部的物理㶲和化学㶲分布特性。上述研究结果可为太阳能反应器工况参数以及反应器结构的优化提供理论基础。

太阳能反应器内体积微元的物理㶲主要包括动能㶲和热能㶲，其标准状态参数为环境温度 $T_0 = 298$ K，压力 $P_0 = 101\ 325$ Pa，计算公式如式(5.32) 所示：

$$E_p = E_k + E_{therm} \qquad (5.32)$$

式中，E_k 为动能㶲，J/mol；E_{therm} 为热能㶲，J/mol。

动能㶲可采用式(5.33) 计算：

$$E_k = 0.5 \sum x_i M_i c^2 \qquad (5.33)$$

式中，c 为控制体积内气体的绝对速度，m/s；M_i 为 i 组分的摩尔质量，g/mol；x_i 为 i 组分在封闭系统中的摩尔分数。

热能㶲可采用式(5.34) 计算：

$$E_{therm} = \sum x_i m_i \left[(h_i + h_0) - T_0 (s_i + s_0) \right] \qquad (5.34)$$

式中，h_i 为组分 i 的焓值；h_0 为标准状态参数时组分 i 的焓值；T_0 为标准状态时的环境温度；s_i 为组分 i 的熵值；s_0 为标准状态时组分 i 的熵值。在热能㶲中用到不同物质的热力学参数（不同温度的焓值、熵值等）可通过热力学计算软件 HSC

Chemistry 计算得到。

太阳能反应器内体积微元的化学㶲采用式(5.35)计算：

$$E_{ch} = \sum x_i (E_{ch,i}^0 + RT_0 \ln x_i) \tag{5.35}$$

式中，$E_{ch,i}^0$ 为组分 i 的标准摩尔化学㶲，J/mol，常见化学成分的标准摩尔化学㶲 $E_{ch,i}^0$ 可通过文献进行查取。

太阳能反应器内㶲分布计算流程如图 5.22 所示。首先根据太阳能反应器内物理㶲和化学㶲的计算公式编写 UDF 程序；其次提取 NiFe₂O₄ 颗粒在不同工况参数时太阳能反应器内温度场、浓度场、压力场等数值模拟数据；最后采用加载 UDF 程序计算 NiFe₂O₄ 颗粒在不同工况时太阳能反应器内物理㶲和化学㶲空间分布。

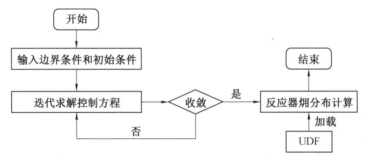

图 5.22　太阳能反应器内㶲分布计算流程

5.3.1　采光口气体流速的影响

(1) 采光口气体流速对物理㶲的影响。

图 5.23 所示为不同进口流速时反应器内的物理㶲分布场，从图中可以看出随着采光口气体流速的增大，反应器内物理㶲分布的不均匀性更加明显。当流速为 0.02 m/s 时，反应器内物理㶲趋于一致，大约在 22 000 J/mol；随着流速的增加，在反应器中间区域逐渐形成低物理㶲区域；当流速为 0.10 m/s 时，在反应器中间区域形成一个数值在 2 000～4 000 J/mol 之间的物理㶲区域。导致这种情况的原因是随着反应器采光口气体流速的增加，反应器内流体的温度逐渐减小。采光口气体流速增加，将会导致反应器内的气体未充分加热就从反应器出口排出。㶲的定义指出，系统达到平衡状态时所能够最大限度地转化为有用功的能量即为㶲。从图中可以看出进口流速低时，反应器内流体转化成有用功的能力增强，这也从侧面说明了 NiFe₂O₄ 的转化率在较低流速时最大。

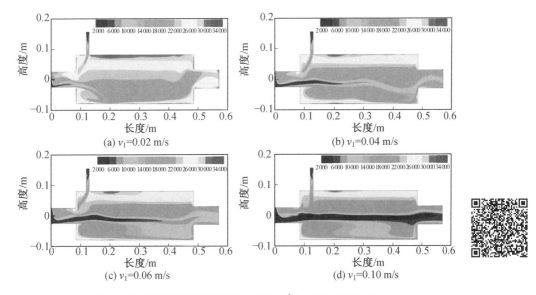

图 5.23　不同进口流速时反应器内的物理㶲分布场(单位:J/mol)

（2）采光口气体流速对化学㶲的影响。

图 5.24 所示为采光口气体流速对反应器内化学㶲分布的影响,从图中可以看出随着采光口气体流速的增大,反应器内化学㶲分布的不均匀性更加明显。

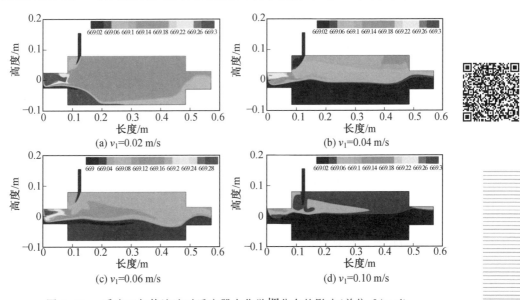

图 5.24　采光口气体流速对反应器内化学㶲分布的影响(单位:J/mol)

随着采光口气体流速的增加,反应器内化学㶲的最大值以及分布范围都在减小。由前述可知,化学㶲由系统的组分和浓度与标准环境存在不平衡引起。而 $NiFe_2O_4$ 颗粒热解的转化率与流体温度有关,温度越高则其转化率越大,反应过程产生的 O_2 也越多。随着采光口流速的增加,反应器内的流体平均温度逐渐减小,反应颗粒的转化率下降。因此随着采光口气体流速的增加,反应器内化学㶲的最大值以及分布范围都在减小。

5.3.2 反应颗粒的影响

(1)反应颗粒粒径对物理㶲的影响。

图 5.25 所示为不同反应颗粒粒径时反应器内物理㶲分布,从图中可以看出随着反应颗粒粒径的增加,反应器内物理㶲分布的不均性逐渐明显,在反应器中间部分形成低物理㶲区域。随着反应颗粒粒径的增加,反应颗粒的加热温度将会降低。反应颗粒温度降低将会降低颗粒与流体、流体与壁面之间的辐射换热。较差的换热导致流体的平均温度降低,因而导致在反应器中间形成低物理㶲区域。

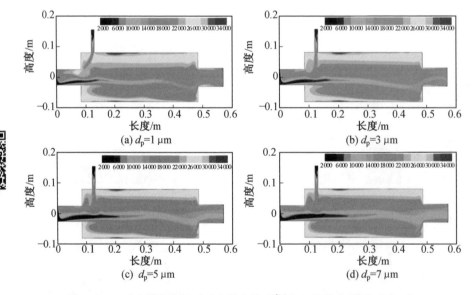

图 5.25　反应颗粒粒径对反应器内物理㶲分布的影响(单位:J/mol)

(2)反应颗粒粒径对化学㶲的影响。

图 5.26 所示为不同反应颗粒粒径时,反应器内化学㶲的分布特性,从图中可以看出随着反应颗粒粒径的增加,反应器内化学㶲的最大值急速减小,同时化学㶲分布主要集中在反应器上半部分。反应颗粒粒径增加导致颗粒加热时间增

加,同时也导致需要更多的能量来加热颗粒以维持化学反应。过多的热量用于加热颗粒温度,从而导致反应器内流体的平均温度降低。由于反应颗粒的转化率与温度有关,温度降低则导致颗粒还没发生化学反应就从反应器出口排出,因而导致反应颗粒在反应器内的化学转化率大大降低。低的化学转化率导致反应器内产生的 O_2 较少,因而导致反应器内化学㶲的最大值以及分布逐渐减小。

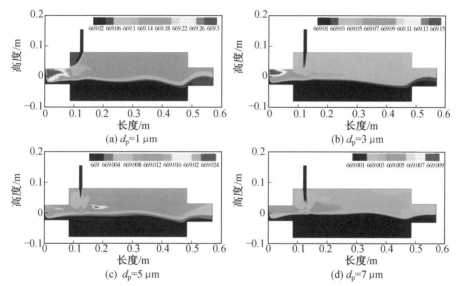

图 5.26　反应颗粒粒径对反应器内化学㶲分布的影响(单位:J/mol)

　　根据上述反应内㶲分布分析可知,反应颗粒粒径增加不利于反应器内物理㶲分布的均一性,因此在实验过程中应选取小粒径的颗粒进行实验。

　　(3)反应颗粒质量流量对物理㶲的影响。

　　图 5.27 所示为不同反应颗粒质量流量时反应器内的物理㶲分布场。从图中可以看出随着反应颗粒质量流量的增大,反应器内物理㶲分布趋于均一。在颗粒质量流量较小时,在反应器中间部分出现了一个低物理㶲区域,其值在4 000 J/mol 左右;随着反应颗粒质量流量增加,反应器内低物理㶲区域分布逐渐减少。上述现象可解释如下:对于给定粒径的反应颗粒,随着颗粒流量的增加,单位质量流量的反应颗粒数目将会增多。反应颗粒数目增多会强化颗粒与颗粒、颗粒与流体和颗粒与壁面之间的换热,从而导致流体的平均温度升高。因而反应器内的物理㶲值随反应颗粒质量流量的增加而增大。

　　(4)反应颗粒质量流量对化学㶲的影响。

　　图 5.28 所示为不同反应颗粒质量流量时反应器内的化学㶲分布场,从图中

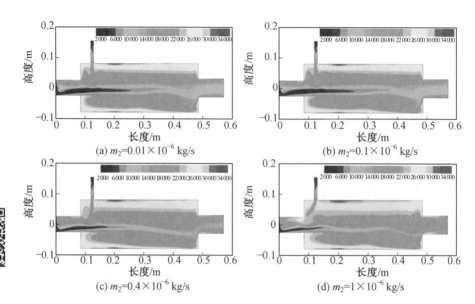

图 5.27　反应颗粒质量流量对反应器内物理㶲分布的影响(单位:J/mol)

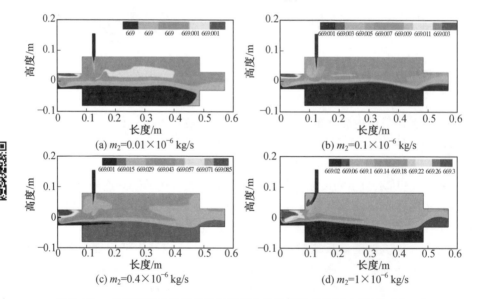

图 5.28　反应颗粒质量流量对反应器内化学㶲分布的影响(单位:J/mol)

可以看出反应器内化学㶲的最大值以及分布区域随反应颗粒质量流量的增加而增大。其产生原因与物理㶲类似,随着反应颗粒质量流量增大,将会强化反应器内颗粒与颗粒、颗粒与流体以及反应器内壁面与颗粒之间的换热。较好的换热将会使得更多颗粒温度因为充分加热而升高,使得反应颗粒的转化率大大增加,从而产生更多的 O_2。因此,反应器内化学㶲的数值及分布均随着反应颗粒质量流量的增加而增大。

5.3.3　采光口气体温度的影响

(1)采光口气体温度对物理㶲的影响。

图 5.29 所示为不同采光口气体温度时反应器内的物理㶲分布特性,从图中可以看出随着采光口气体温度的升高,反应器内物理㶲分布逐渐趋于均一。随着采光口气体温度的升高,将气体加热到反应温度时所需的能量将会减小,而减小的能量用于加热反应颗粒。颗粒温度升高将会强化颗粒与流体之间的换热,导致流体的平均温度升高,因而反应器内物理㶲分布逐渐趋于均一。

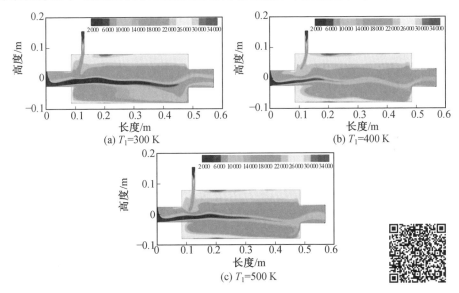

图 5.29　采光口气体温度对反应器内物理㶲分布的影响(单位:J/mol)

(2)采光口气体温度对化学㶲的影响。

图 5.30 所示为反应器内化学㶲与采光口气体温度的变化关系,从图中看出随着采光口气体温度的升高,反应器内化学㶲的最大值以及分布都升高。其原因与物理㶲类似,随着采光口进口气体温度的升高,反应器内流体平均温度将会升高。反应器内流体平均温度升高使得反应颗粒的转化率大大提高,转化率提高将会产生更多的 O_2,从而造成反应器内化学㶲的数值以及分布都变大。

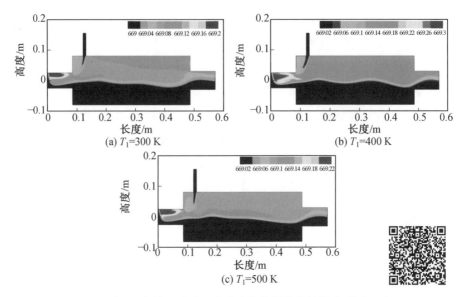

(a) T_1=300 K (b) T_1=400 K

(c) T_1=500 K

图 5.30　采光口气体温度对反应器内化学㶲分布的影响(单位:J/mol)

5.3.4　喂料口气体温度的影响

(1) 喂料口气体温度对物理㶲的影响。

图 5.31 所示为反应器内物理㶲与喂料口气体温度的变化关系,从图中可以看出随着喂料口气体温度的升高,反应器内物理㶲增大。造成太阳能反应器内物理㶲增大的原因有:随着喂料口进气温度的升高,从采光口投入反应器的太阳辐射能主要用于加热反应颗粒以及反应器内壁面温度,而加热气体所需的热量将会大大减少;此外反应器内流体的平均温度随喂料口进气温度的升高而增大。而反应器内物理㶲主要与流体的平均温度有关,因此喂料口气体温度增加将会导致反应器内物理㶲分布更均匀。

(2) 喂料口气体温度对化学㶲的影响。

图 5.32 所示为反应器内化学㶲与喂料口气体温度的变化关系,从图中可以看出随着喂料口气体温度的升高,反应器内化学㶲的数值以及㶲分布区域都在增大。随着气体温度的升高,加热气体所需的能量将会减小,减小的能量用于加热反应颗粒,从而导致反应器内流体平均温度的增加,由于反应颗粒的反应程度与温度密切相关,流体温度升高有利于颗粒的化学反应进行。较多颗粒发生化学反应,从而产生较多的 O_2,因此造成反应器内化学㶲的数值以及分布都变大。

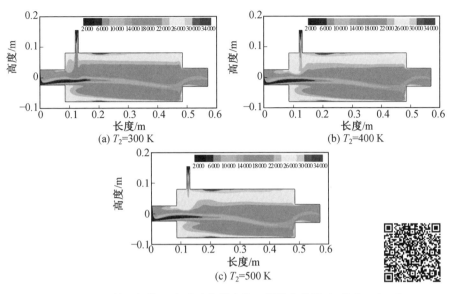

图 5.31　喂料口气体温度对反应器内物理㶲分布的影响(单位:J/mol)

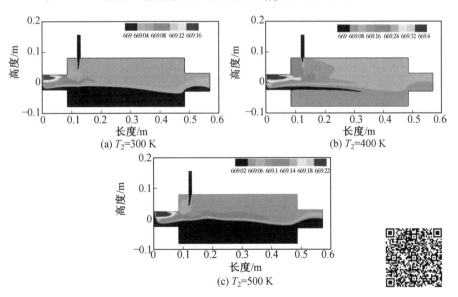

图 5.32　喂料口气体温度对反应器内化学㶲分布的影响(单位:J/mol)

5.4 高表面温度气固界面反应特性

5.4.1 高热流辐照下温度分布和化学变化

图 5.33 所示为反应器内表面温度与反应压力的变化关系。从图中可以看出

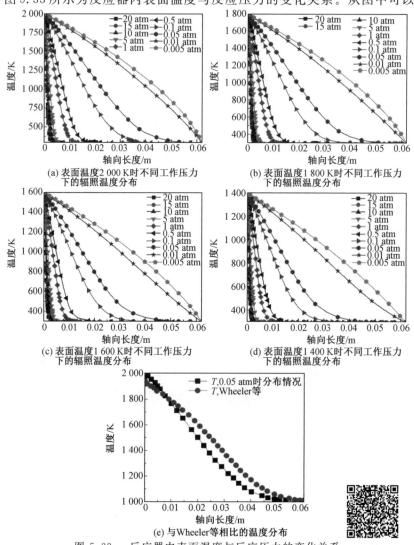

(a) 表面温度 2 000 K 时不同工作压力
下的辐照温度分布

(b) 表面温度 1 800 K 时不同工作压力
下的辐照温度分布

(c) 表面温度 1 600 K 时不同工作压力
下的辐照温度分布

(d) 表面温度 1 400 K 时不同工作压力
下的辐照温度分布

(e) 与 Wheeler 等相比的温度分布

图 5.33 反应器内表面温度与反应压力的变化关系

当压力升高到 1 atm 时,温度分布极速下降;当压力降低到 0.005 atm 时,温度分布缓慢下降。图 5.33(e) 所示为模拟表面温度与文献表面温度分布在 1 000 ~ 2 000 K 的温度范围内的对比。文献指出,大的轴向温度梯度是由高辐射热流输入和固体的高光密度引起的。反应器后半段是由热传导、热对流及热辐射加热的。对比结果表明该模型可以有效研究太阳能热化学反应系统(STRS)的热特性。因此,所涉及物质之间较高的热量和质量传递可通过提高氧载体和气相反应性而获得更高的温度分布。

图 5.34 给出了表面温度为 1 600 K、运行压力分别为 20 atm 和 0.01 atm 时,Fe_3O_4 的结构变化以及 FeO 对 CO 和 H_2 形成的反应性。压力为 0.01 atm 和 20 atm 时,高反应温度可以提高铁表面界面处短暂存在的自由基物质(H、O 和 OH)的反应性。物质的反应性取决于压力降低时气-固-气接触时间。例如,涉及 O 原子的反应路径,在 0.01 atm 时,O 原子对 CO 和 O_2 形成的反应 ROP 为 100%;当压力为 20 atm 时,CO 和 O 有吸附 O 原子的趋势。这表明该反应以辐射热传递形式通过热膨胀延伸到周围物质。化学反应进程很可能是由伴随气固扩散以及固体和气体界面微物质输运效应驱动的。

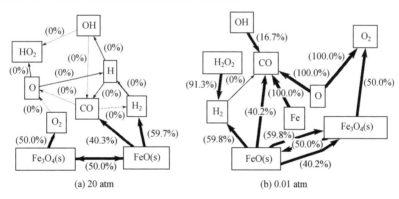

图 5.34　高通量热能中化学变化产生 H_2 和 CO 的可能反应路径

5.4.2　表面温度对合成气(H_2 和 CO)产生的影响

氧载体和气相界面反应动力学可通过反应介质内的质量传递控制。图 5.35(a) 给出了温度为 2 000 K、压力为 0.01 atm 时,4 个连续循环下 Fe_3O_4 的微观结构变化和表面反应释放的热量。从图中可以看出,随着氧化铁相改变的减少,释放的热量增加。氧化铁的转化可以释放额外的热通量,可能显著影响气相物质转化。此外,该过程的机理看起来是气体与氧化铁反应相变过程中在氧化铁的界面处产生 H_2 和 CO,如图 5.35(b) 所示。然而 H_2 和 CO 形成的反应途径

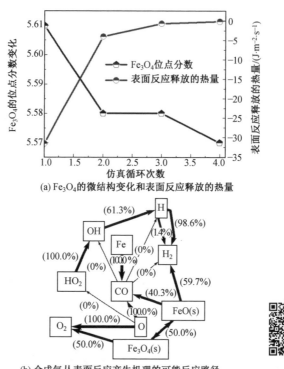

(a) Fe₃O₄的微结构变化和表面反应释放的热量

(b) 合成气从表面反应产生机理的可能反应路径

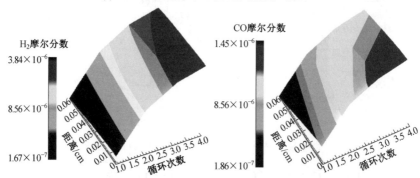

(c) 随着化学反应在反应介质中进行而产生的H₂和CO的热流

图 5.35 化学变化的热行为

主要来自气相物质和 FeO 物质的反应性。

O 和 Fe 对 CO 形成反应在 CO_2 存在下可能通过氧交换发生,而 H_2O 分解产生过量的 H 自由基原子。H_2O 和 HO 是 H_2O 向 H 原子形成持续分解的结果,其随后在反应介质中重新组合成 H_2。值得注意的是循环反应是通过晶格氧提取和从对流气体物质通量扩散到氧化铁表面以补充提取的氧来实现的。 图 5.35(c) 所示为 H_2 和 CO 含量与化学反应循环次数的变化关系,该反应机理为 FeO 对 H_2 和 CO 的生成提供了有力证据而 FeO 形成 H_2 的反应速率比 CO 快。

　　根据所描述的反应路径,物质的形成是由于对流传热的强相互作用实现的,这增强了气固接触时间,从而导致反应介质中涉及的物质之间的较高的热量和质量传递,而形成的物质可能在高通量热介质中解离。

　　图 5.36 所示为不同温度和压力对合成气产率的影响。通过比较不同反应温度下的合成气产量,从图中可以看出在 1 600 K 和 5 atm 时合成气的摩尔分数为 9×10^{-6},而在 2 000 K 和 0.005 atm 时合成气的量减少到 2×10^{-6}。在 1 600 K 和 20 atm 时合成气的摩尔分数为 6.8×10^{-5},而在 1 800 K 和 0.1 atm 时合成气的量降至 4.5×10^{-5}。为了获得较高产量的合成气,可通过优化反应腔 / 反应器结构来控制操作压力以便降低反应腔 / 反应器内的表面温度。

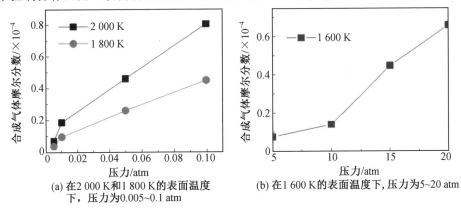

(a) 在 2 000 K 和 1 800 K 的表面温度　　　(b) 在 1 600 K 的表面温度下,压力为 5~20 atm
下,压力为 0.005~0.1 atm

图 5.36　不同温度和压力对合成气产率的影响

5.5　铁基氧载体两步循环反应特性

5.5.1　实验和反应机制

　　图 5.37 所示为作者团队成员自行设计的太阳能转化为合成气的系统的实验装置图。该系统包括太阳模拟器、太阳能反应器、气体流量计、压力计、水冷系统。太阳模拟器的光功率为 5 250 W,为太阳能反应器提供热量以便驱动 Fe_3O_4 —CH_4 混合物的热还原;气体流量计用于测量反应气体入口的体积流量;

压力计用于测量太阳能反应器内运行压力;而水冷系统用于冷却通光孔以及反应产物。

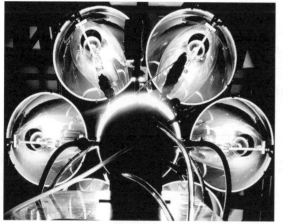

(a) 与太阳模拟器耦合的太阳能热化学反应器

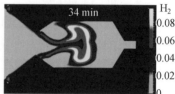

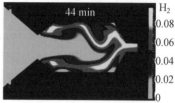

(b) 热还原过程中H_2摩尔分数的变化

图 5.37 基于太阳能热化学技术的太阳能转化为合成气的基准实验装置

从图 5.37(b) 看出,当温度为 927 ℃ 时,开始产生 H_2;当温度升高到 1 027 ℃ 时,H_2 产生迅速增加。正如文献所述,温度与 H_2 的产率密切相关,这也说明随着反应温度的升高,H_2 的产率更高。随着温度的升高,气体产率逐渐增加,这反映了动力学限制和扩散限制的转变。因此,较高的反应温度可获得较高的转化率。

图 5.38 所示为基于 Fe_3O_4 的两步太阳能热化学循环制取合成气的流程。在第一步反应中,Fe_3O_4 和 CH_4 热还原成 $FeO-Fe$ 混合物,同时释放合成气($H_2 + CO$)。在反应过程产生 54% 的 H_2、24.1% 的 CO 以及 2.7% 的碳沉积物。该热还原反应可以产生富 H_2 的合成气,其中 H_2 体积分数为 69.07%,CO 体积分数为 31.02%。在第二步反应中,采用 3∶2 的 H_2O 和 CO_2 混合物与第一步反应中的产物 $FeO-Fe$ 混合物进行反应从而再生 Fe_3O_4。与第一步相比,第二步反应时间比较短,大约 10 min;反应温度在 854~1 027 ℃ 范围内波动。数值计算表明,在连续进行第二个循环时,H_2 的产率从 48% 降低至 30%,CO 的产率从 32% 降至 23%。合成气产率的降低可归因于材料的热化学稳定性。基于高温 $Fe_3O_4-CH_4$ 还原的反应式如下。

Fe_3O_4 热还原:

$$Fe_3O_4 + CH_4 \longrightarrow 3FeO + 2H_2 + CO, \quad \Delta H^{\ominus}_{298\ K} = 280.9\ kJ/mol \quad (5.36)$$

$$FeO + CH_4 \longrightarrow Fe + 2H_2 + CO \quad (5.37)$$

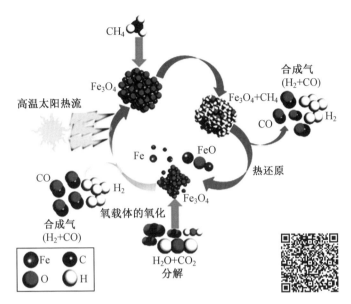

图 5.38　用于合成气生产的 Fe_3O_4 氧化还原循环的两步太阳能热化学循环重整的反应机理

净反应：

$$Fe_3O_4 + 4CH_4 \longrightarrow 3Fe + 8H_2 + 4CO \tag{5.38}$$

甲烷分解副反应：

$$CH_4 \longrightarrow C + 2H_2, \quad \Delta H_{298\,K}^{\circ} = 74.9 \text{ kJ/mol} \tag{5.39}$$

$FeO - Fe$ 混合物氧化反应：

$$Fe + H_2O \longrightarrow FeO + H_2, \quad \Delta H_{298\,K}^{\circ} = -28.3 \text{ kJ/mol} \tag{5.40}$$

$$Fe + CO_2 \longrightarrow FeO + CO, \quad \Delta H_{298\,K}^{\circ} = -12.9 \text{ kJ/mol} \tag{5.41}$$

$$3FeO + H_2O \longrightarrow Fe_3O_4 + H_2, \quad \Delta H_{298\,K}^{\circ} = -74.7 \text{ kJ/mol} \tag{5.42}$$

$$3FeO + CO_2 \longrightarrow Fe_3O_4 + CO, \quad \Delta H_{298\,K}^{\circ} = -22.3 \text{ kJ/mol} \tag{5.43}$$

CO_2 净反应：

$$Fe + 2FeO + 2CO_2 \longrightarrow Fe_3O_4 + 2CO \tag{5.44}$$

H_2O 净反应：

$$Fe + 2FeO + 2H_2O \longrightarrow Fe_3O_4 + 2H_2 \tag{5.45}$$

碳气化：

$$C + H_2O \longrightarrow H_2 + CO, \quad \Delta H_{298\,K}^{\circ} = -131.3 \text{ kJ/mol} \tag{5.46}$$

布杜阿尔(Boudouard)反应：

$$C + CO_2 \longrightarrow 2CO, \quad \Delta H_{298\,K}^{\circ} = -172.4 \text{ kJ/mol} \tag{5.47}$$

水煤气变换：

$$CO + H_2O \longrightarrow H_2 + CO_2, \quad \Delta H^o_{298\,K} = 41\ kJ/mol \qquad (5.48)$$

5.5.2　CH₄－Fe₃O₄ 的热还原

图 5.39 给出了 CH_4 转化效率和生成产物（FeO、Fe、H_2、CO、C）与温度的变化关系，计算条件：Fe_3O_4 质量分数为 0.6，CH_4 质量分数为 0.4，运行压力为 1 atm，气体入口速度为 29 mL/min。从图中可以看出，CH_4 转化效率、Fe 和 C 浓度随工作温度的升高而增加，FeO 的浓度则随着反应温度的升高而降低。当温度超过 1 000 K 时，C 的浓度增加显著，而 H_2 和 CO 的产率略有增加。

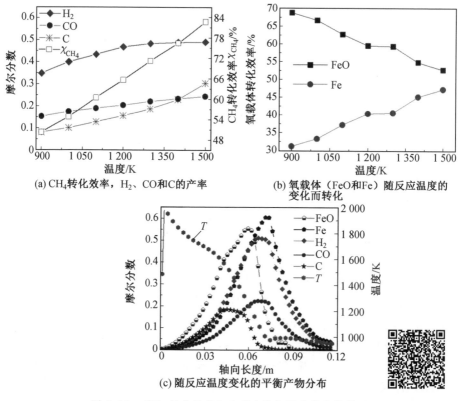

(a) CH_4 转化效率，H_2、CO 和 C 的产率

(b) 氧载体（FeO 和 Fe）随反应温度的变化而转化

(c) 随反应温度变化的平衡产物分布

图 5.39　CH_4 转化效率和生成产物与温度的变化关系

此外，研究了随反应器轴向温度变化的平衡产物分布。如图 5.39(c) 所示，FeO 的浓度首先达到最大峰值，表明 CH_4 引发 Fe_3O_4 的还原。因此，CH_4 首先与氧载体表面吸附的氧物质反应。结果，CH_4 将通过反应性体晶格氧部分转化为 CO 和 H_2。此外，Fe 的浓度增加而 FeO 的浓度减少。Fe 和碳的形成可归因于反

应程度,因为铁物种内的热扩散率较高,以及 CH_4 与 FeO 的可反应性,所以在热力学方面,H_2 和 CO 对 FeO 还原是不利的。值得注意的是,Fe 浓度的增加导致更高的 CH_4 分解,以及 H_2 和 CO 的形成。

5.5.3　运行工况对热还原的影响

图 5.40 所示为压力、反应气体流速和 CH_4 浓度对反应产物的影响,计算条件:温度为 1 300 K,Fe_3O_4 的质量分数为 0.6。如图 5.40(a) 所示,H_2 和 CO 的产率受压力影响强烈,当压力从 0.1 atm 增加到 1 atm 时,H_2 和 CO 的摩尔分数分别从 60.3% 降低到 39.6% 以及从 62% 降低到 38%。当压力范围为 5 ~ 20 atm 时,H_2 和 CO 的摩尔分数逐渐减少。因此,当压力范围为 0.1 ~ 1 atm 时,有利于 H_2 和 CO 的生成。

与低运行压力条件不同,压力升高会降低 CH_4 以及物质向 H_2 和 CO 形成的转化率。考虑到 H_2 和 CO 的产率以及运行压力的函数关系,可知高运行压力不利于 $CH_4 - Fe_3O_4$ 的热还原反应。从图 5.40(b) 可以看出,当气体流速增加到 290 mL/min 时,CH_4 的转化率以及 H_2 和 CO 的产量急剧下降,这是由于流速增加降低了反应介质中气体和固体的接触时间。因此,基于反应器结构,为了获得高的 H_2 和 CO 产率,应将反应气体流速限制在 29 ~ 60 mL/min 范围内。

从图 5.40(c) 可看出,在 1 300 K、0.5 atm 和 29 mL/min 条件下,增加 CH_4 浓度有利于产生 H_2 和 CO。因此,过量甲烷可以促进 H_2 和 CO 的产率,这是因为碳沉积的副反应可能受到动力学或热传递的限制。

从图 5.40(d) 可以看出,Fe_3O_4 向 $FeO - Fe$ 混合氧化物固溶体的热还原性随着 CH_4 浓度的增加而增加,这是因为 FeO/Fe 的比率降低导致 Fe 氧载体形成的还原程度减弱。因此,除了合成气生产之外,基于氧化铁的太阳能热化学循环重整(STCLR)可以显著促进材料工艺的发展,例如,炼铁工艺或进行 H_2O/CO_2 氧化以产生 H_2/CO。

图 5.40(e) 所示为 FeO 计算结果与文献结果的对比,随着 CH_4 浓度的增加,FeO 的摩尔分数与文献结果吻合良好。因此,增加 CH_4 的浓度可以提高 Fe_3O_4 还原成 $FeO - Fe$ 混合氧化物的反应性。

图 5.40(f) 所示为 CH_4/O_2 比例对合成气摩尔分数的影响,当 CH_4/O_2 比例从 0.2 增加到 1.3 时,H_2 和 CO 浓度都达到最大值。降低氧浓度可以促进 H_2 和 CO 的产生。当 CH_4/O_2 比例在 2.0 ~ 2.5 范围时,CH_4 转化率降低从而导致 H_2 和 CO 产生量减少。但是,将 CH_4/O_2 比例从 2.5 增加到 4 时,反应过程中只有 H_2 产率提高了。

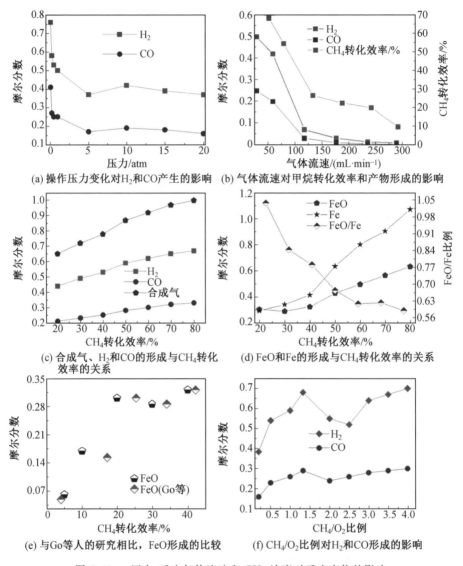

(a) 操作压力变化对H₂和CO产生的影响　(b) 气体流速对甲烷转化效率和产物形成的影响

(c) 合成气、H₂和CO的形成与CH₄转化效率的关系　(d) FeO和Fe的形成与CH₄转化效率的关系

(e) 与Go等人的研究相比，FeO形成的比较　(f) CH₄/O₂比例对H₂和CO形成的影响

图 5.40　压力、反应气体流速和 CH₄ 浓度对反应产物的影响

与 H_2 产率相比，CO 的产率对 CH_4/O_2 比例更敏感，这是由于在较低的晶格氧浓度下可能会出现碳沉积。因此，使用过量 CH_4 可以避免 CH_4 完全燃烧，从而促进反应物向 H_2 和 CO 的转化。但是当铁氧化物表面可用晶格氧被消耗完时，反应会出现碳沉积现象。

5.5.4　FeO－Fe 固溶体对合成气的影响

图 5.41 所示为 FeO－Fe 固溶体对合成气摩尔分数的影响,计算条件:CO_2 和 H_2O 的质量分数均为 0.2,温度为 1 300 K,压力为 1 atm,气体流速为 29 mL/min。从图中可以看出,随着反应温度降低到 748.9 K,H_2 和 CO 出现并迅速增加到最大峰值,这是因为提高反应温度限制了 H_2 和 CO 形成的反应动力。

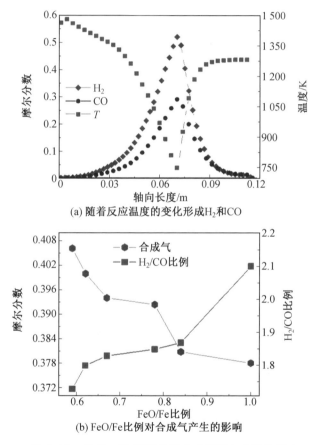

(a) 随着反应温度的变化形成H_2和CO

(b) FeO/Fe比例对合成气产生的影响

图 5.41　FeO－Fe 固溶体对合成气摩尔分数的影响

如图 5.41(b) 所示,当 FeO－Fe 固溶体以 FeO 为主时,合成气的产量逐渐下降,因为较少的 Fe 降低了反应性。当 FeO－Fe 固溶体成分由 37%FeO 和 62.88%Fe 组成时,合成气的产量较高,这是因为 FeO 和 Fe 的协同作用可以有效地产生 H_2 和 CO。增加 H_2/CO 和 FeO/Fe 的比例表明,FeO 的反应性有利于 H_2

的生成,而 Fe 的反应性有利于 CO 的生成。

图 5.42 所示为氧化还原反应过程中 H_2、CO 及合成气的产率,从图中看出 H_2 和 CO 都在还原和氧化反应过程中产生。H_2 在还原反应过程中的产率为 60.38%,在氧化反应过程中为 39.62%;CO 在还原反应过程中的产率为 49.57%,在氧化过程中为50.43%。因此,Fe_3O_4/FeO 反应工质对与 CH_4 的耦合反应将为太阳能燃料的合成发展提供新的思路。

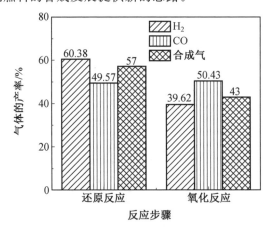

图 5.42 基于 Fe_3O_4 氧化还原循环在 1 300 K 和 29 mL/min 气体流速下,在 两步 SCLR 中产生的 H_2、CO 和合成气

5.5.5 氧化温度和运行压力的影响

表 5.8 所示为氧化反应过程中不同温度和压力对合成气产率的影响,计算条件:H_2O 和 CO_2 的质量分数均为 0.2。从表中可以看出,增加压力不会促进 SCLR 生产大量合成气,但是温度升高会提高合成气的产率。例如,温度为 1 000 K 时,当运行压力从 1 atm 提高到 20 atm 时,合成气产率从 32.6% 降低到 23.3%;运行压力为 1 atm 时,当温度从 1 000 K 增加到 1 300 K 时,合成气产率从 32.6% 增加到 42%。因此,根据表 5.8 的计算结果,氧化过程中运行压力以 1 atm 为宜。

表 5.8 在氧化反应过程中操作温度和压力对合成气产率的影响

运行温度 /K	合成气产率(摩尔分数)				
	0.1 MPa	0.5 MPa	1 MPa	1.5 MPa	2 MPa
1 000	0.326	0.254	0.236	0.238	0.233

续表

运行温度 /K	合成气产率(摩尔分数)				
	0.1 MPa	0.5 MPa	1 MPa	1.5 MPa	2 MPa
1 100	0.361	0.304	0.275	0.275	0.284
1 200	0.404	0.359	0.3	0.305	0.307
1 300	0.42	0.363	0.31	0.32	0.321

图 5.43 所示为 H_2 和 CO 的摩尔分数与压力的变化关系,H_2 和 CO 的摩尔分数均随温度的升高而增加。这是因为氧化过程中氧化所需的氧分压增加,因而较高的反应温度有利于反应过程中物质之间的氧交换。因此,将反应温度限制在 1 000 K 以上将显著利于 H_2O/CO_2 分裂。

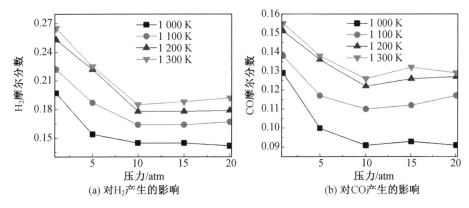

(a) 对 H_2 产生的影响　　　　　(b) 对 CO 产生的影响

图 5.43　在混合气体流速为 29 mL/min 下氧化温度和压力对 H_2 和 CO 产生的影响

图 5.44 所示为 H_2 和 CO 的摩尔分数与温度和压力的变化关系,从图中可以看出,随着温度升高,H_2 和 CO 的摩尔分数均增加;当运行压力为 1 atm 时,H_2 和 CO 的摩尔分数较高。高压产生的 H_2 量之间的比较表明,氢产量可以在任何反应温度和 5 atm 下获得。高温低压(5 atm)与低温高压(20 atm)的 CO 产量对比表明,太阳能热化学系统的反应转化率可通过改变运行工况来实现。在高压下,Fe_3O_4 与 CH_4 的两步热化学氧化还原反应中高温不利于合成气的生产。根据勒夏特列(Le Chatelier)原理,当压力较高时,热化学平衡会向降低压力方向移动。因此,对于 Fe_3O_4 与 CH_4 的两步热化学氧化还原反应运行工况应限制在 1 300 K 和 1 atm。

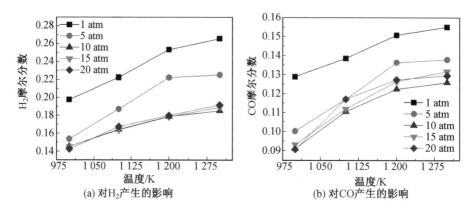

(a) 对H₂产生的影响   (b) 对CO产生的影响

图 5.44   在混合气体流速 29 mL/min 下操作压力和温度对 H₂ 和 CO 产生的影响

5.5.6   H₂O/CO₂ 比例和混合气体流量的影响

图 5.45 所示为不同 H_2O/CO_2 比例(γ)对 H_2 和 CO 摩尔分数的影响,计算条件:温度为 1 300 K,压力为 1 atm,混合气体流速为 29 mL/min。从图中可以看出,γ 的增加使化学反应向有利于 H_2 生成的方向进行,Fe 的反应性对在 γ 高于 1.5 时减弱,而 FeO 表现出良好的反应性提高了 H_2 的产率。对于 CO 生成来说,随着 γ 的增加,其产率降低;较低的 CO_2 的浓度降低了 Fe 和 FeO 的反应性。与 Fe 相比,FeO 对 H_2O 和 CO_2 分解更敏感。因此,Fe_3O_4/FeO 氧化还原对是最适合生产氢的循环。然而,Fe_3O_4 可以显著促进 SCLR 合成气的生产过程。

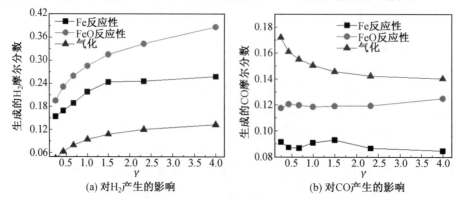

(a) 对H₂产生的影响   (b) 对CO产生的影响

图 5.45   不同 H_2O/CO_2 比例(γ)对 H_2 和 CO 摩尔分数的影响

表 5.9 给出了 γ 值对 H_2 和 CO 摩尔分数的影响,从表中可以看出,H_2 的产生量以及 H_2/CO 比例随 γ 值的增加而增大。增加原料中 H_2O 的浓度将促进水煤气的转移,从而增加 H_2 的浓度。对于基于合成气的化工行业,提高 γ 值可以获得

H_2 比例较高的合成气,诸如柴油、甲醇、乙醇和丁醇合成,需要 γ 值高于 1。此外,在图 5.46 中,在 $\gamma = 1.5$ 时减少约 40% 的二氧化碳排放。

表 5.9　γ 值对 H_2 和 CO 摩尔分数的影响

γ （γ 为 H_2O/CO_2 比例）	产生的合成气（摩尔分数）		
	H_2	CO	H_2/CO
0.25	0.445	0.367	1.21
0.43	0.513	0.36	1.425
0.67	0.545	0.333	1.636
1.0	0.64	0.318	2.01
1.5	0.66	0.312	2.115
2.33	0.677	0.309	2.19
4.0	0.713	0.286	2.49

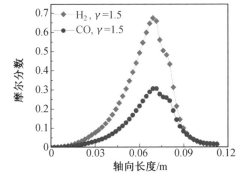

图 5.46　反应器轴向的 H_2 和 CO 摩尔分数(在 1 300 K、1 atm 和 29 mL/min 的混合气体流速下,H_2O/CO_2 的比例为 1.5)

图 5.47 所示为 $\gamma = 1.5$ 时,混合气体流速对 H_2、CO、H_2/CO 比值的影响。与氧载体 FeO 和 Fe 的反应性相比,碳气化更受流速的影响,如图 5.47(a) 和图 5.47(b) 所示。此外,如图 5.47(d) 所示,H_2/CO 比例随流速的增加表明 CO 产生量减少而不是 H_2 的减少。

辐射传热促进了氧化还原反应的速度,这是因为扩散和对流效应增强了反应器内反应物之间的传热传质过程。反应器入口气体流速增加会导致反应器内的流速增加从而使得反应物快速流出反应器出口,这会降低还原性气体与氧载体表面的晶格氧之间的热交换和化学反应。因此,增加流速会降低热能吸收并限制气固接触或混合时间,导致较少的 H_2 和 CO 形成,如图 5.47(c) 所示。

图 5.48 所示为基于 STCLR 反应生成 H_2、CO、H_2/CO 的潜力,从图中可以看出 H_2 和 CO 的产量较高,因为混合氧化物固溶体(37.12% 的 FeO 和 62.88%

太阳能高温热化学合成燃料技术

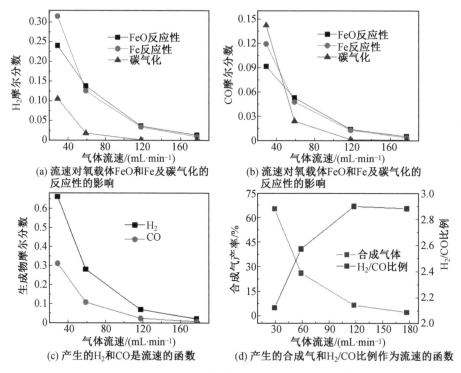

(a) 流速对氧载体FeO和Fe及碳气化的
反应性的影响

(b) 流速对氧载体FeO和Fe及碳气化的
反应性的影响

(c) 产生的H₂和CO是流速的函数

(d) 产生的合成气和H₂/CO比例作为流速的函数

图 5.47　1 300 K 和 1 atm 下混合气体流速对 H_2、CO 和合成气产率的影响

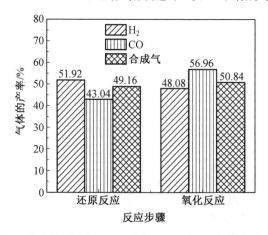

图 5.48　基于 Fe_3O_4 在 1 300 K 和 29 mL/min 气体流速下，两步
SCLR 中产生的 H_2、CO 和合成气

的 Fe）的热还原程度较高。由于 CH_4 的消耗较高，不可避免产生碳沉积，这表明
甲烷对 Fe_3O_4 的氧供体没有吸引力。FeO 氧化和碳气化分别表现出对 H_2 和 CO

生成具有更高的氧交换能力。然而，对于两步法合成气生产 STCLR 的过程，FeO 和 Fe 的协同作用不容忽视。为了更好地控制生成产物，第一步具有较高的 H_2 选择性，而碳气化倾向于在第二步促进 CO 产生。

5.6　甲烷辅助反应机理与反应特性

与化石燃料的利用相反，在基于氧化铁氧化还原循环的太阳能热化学过程中使用 CH_4 被认为是可持续运输清洁燃料生产的过渡技术。使用甲烷驱动还原的优点是反应温度降低以及分离蒸汽 $/CO_2$ 混合气体更容易。图 5.49 所示为 CH_4 与 $NiFeO_4$ 发生氧化还原反应制取合成气的循环示意图。

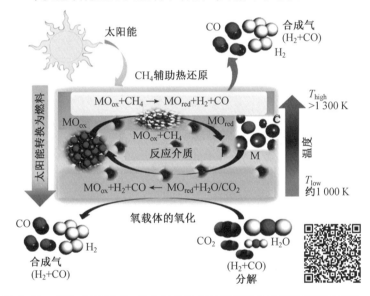

图 5.49　CH_4 与 $NiFeO_4$ 发生氧化还原反应制取合成气的循环示意图

基于 CH_4 与 $NiFe_2O_4$ 的氧化还原反应可采用下式表示：

$$Me_xO_y + CH_4 \longrightarrow 2H_2 + CO + Me_xO_{y-1} \tag{5.49}$$

$$CH_4 \longrightarrow C + 2H_2 \tag{5.50}$$

$$Me_xO_{y-1} + H_2O(CO_2) \longrightarrow H_2(CO) + Me_xO_y \tag{5.51}$$

$$C + H_2O \longrightarrow CO + H_2 \tag{5.52}$$

$$C + CO_2 \longrightarrow 2CO \tag{5.53}$$

$$H_2O + CO \longleftrightarrow CO_2 + H_2 \tag{5.54}$$

反应(5.50)是 CH_4 在高温时的裂解反应,而反应(5.52)和(5.53)分别是碳气化和 Boudouard 反应。未参与反应的 CH_4 在氧化期间可与蒸汽发生重整反应,其反应式为

$$CH_4 + H_2O(CO_2) \longrightarrow CO + H_2 \tag{5.55}$$

5.6.1 CH_4 气氛中 $NiFe_2O_4$ 的热还原分析

图 5.50 所示为 $NiFe_2O_4$ 与 CH_4 的热还原模拟结果,计算条件:热流密度为 437.69 kW/m²,运行压力为 1 MPa,入口速度为 0.1 m/s,$NiFe_2O_4$ 与 CH_4 的摩尔分数分别为 0.6 和 0.4。从图 5.50(a) 看出,$NiFe_2O_4$ 与 CH_4 热还原反应的反应产物较多且与温度密切相关,NiO 和 Fe_2O_3 的反应性在低温区域相对较高,而 FeO 在高温区域形成。图 5.50(b) 和图 5.50(c) 所示为不同反应物对 H_2 和 CO 产生的影响,可以看出在 $NiFe_2O_4$ 的第一次分解过程中,H_2 和 CO 的产生都可以进行,随着 NiO 和 FeO 等金属氧化物的形成,其摩尔分数逐渐增加。

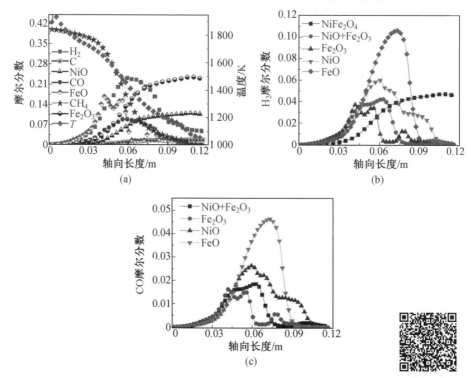

图 5.50　$NiFe_2O_4$ 与 CH_4 的热还原模拟结果

由于金属 Fe-Ni 的协同作用,$NiO-Fe_2O_3$ 复合物对 H_2 和 CO 生成的还原

能力明显高于 Fe_2O_3。然而,FeO 对 H_2 和 CO 的产生表现出更高的氧载体活性。所研究的氧载体的活性顺序如下:$FeO > NiO > NiFe_2O_4 > NiO-Fe_2O_3$ 混合物 $> Fe_2O_3$。因此,在 $CH_4-NiFe_2O_4$ 反应过程中,反应物的反应性受到晶格氧提取以及从气体反应物扩散到含氧化物表面以补充提取的氧限制。此外,反应物呈现出氧空位越多、其氧交换能力越好的现象。

图 5.51 所示为不同热流密度对反应产物的影响,从图中可以看出随着热流密度的增加,H_2 和 CO 的摩尔分数亦增加,并且产量平稳。因此,提高热流密度有利于 H_2 和 CO 的形成,但对 $NiO-Fe_2O_3$ 固溶体的形成不利。从图 5.51(c)可以看出,当热流密度从 46.95 kW/m^2 增加到 113.94 kW/m^2 时,$NiO-Fe_2O_3$ 混合物的质量分数迅速从 18.5% 升高到 26%,之后随着热流密度升高其浓度缓慢增加。

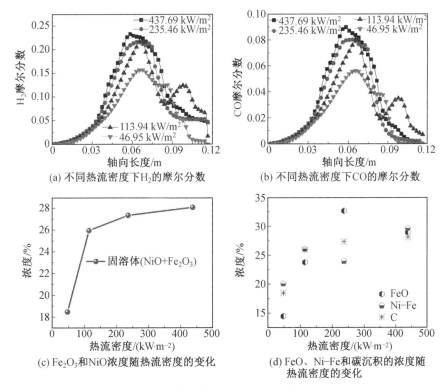

(a) 不同热流密度下 H_2 的摩尔分数

(b) 不同热流密度下 CO 的摩尔分数

(c) Fe_2O_3 和 NiO 浓度随热流密度的变化

(d) FeO、Ni—Fe 和碳沉积的浓度随热流密度的变化

图 5.51　不同热流密度对反应产物的影响

从图 5.51(d) 中看出,FeO、双金属 Ni—Fe 和碳沉积的浓度随着热流密度的升高而增加,但是,高热流密度有利于 FeO 的形成。当热流密度为

235.46 kW/m² 时,FeO 的质量分数从 23.83% 增加到 32.72%,而 Ni—Fe 的质量分数从 26.16% 减少到 24.02%。当热流密度为 437.69 kW/m² 时,FeO 的质量分数从 32.72% 降低至 29.6%,而 Ni—Fe 质量分数从 24.02% 增加至 29.7%,这是 FeO 和 Ni—Fe 固溶体在高热流密度下的不稳定物理结构造成的。由于太阳能热化学系统需要高温氛围,因此后续研究以热流密度为 437.69 kW/m² 进行模拟,从而达到最大的物质转化率以及更快的还原动力学。

图 5.52 所示为热流密度为 437.69 kW/m² 时,反应压力对反应过程的影响。从图 5.52(a) 和图 5.52(b) 可以看出,当反应压力降低到 0.05 MPa 时,H_2 和 CO 的摩尔分数较高。这可能是因为在热流低压力时,气体反应产物的扩散系数和气相物质向固体物种的扩散速率升高所致。从图 5.52(c) 看出,碳沉积随着总压力的降低而降低。0.05 MPa 时碳沉积的比例为 21.36%,当压力升高至 1 MPa 时碳沉积比例增加至 26.62%。同时可以看出,随着总压力从 0.05 增加到 1 MPa,合成气的总量从 34.7% 降低至 17.13%,这表明较高的压力不利于高热流密度下的合成气生产。当总压力从 0.05 增加到 1 MPa 时,H_2/CO 比例从 2.54 增加到 3.02,表明增加总压力有利于 H_2 的产生。这是因为增加总压力会导致碳沉积的增加,从而减少 CO 的产生。因此,在高热流密度时,压力降低会使合成气产量最大,亦使碳沉积最小。

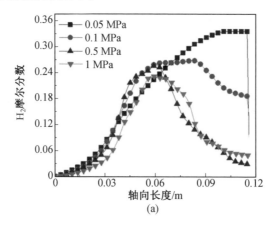

图 5.52   热流密度为 437.69 kW/m² 时,反应压力对反应过程的影响

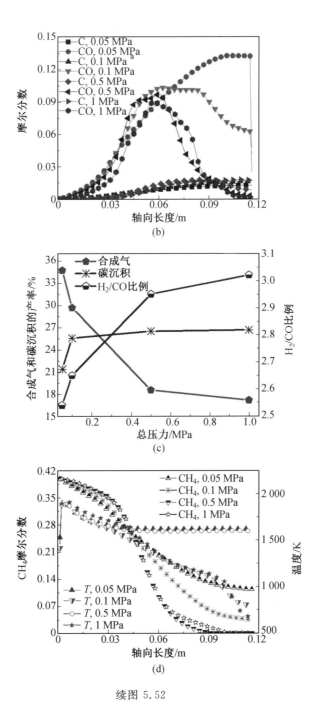

续图 5.52

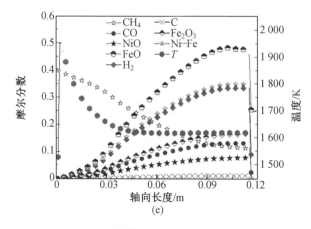

续图 5.52

从图 5.52(d) 可以看出,随着总压力降低,反应器轴向的辐射温度变化更均匀。这表明低压条件导致热扩散系数和对流热通量的增加,从而导致整个反应器中温度分布更高。而 CH_4 的转化与温度密切相关,均匀高温可使 CH_4 的转化率迅速达到最大。由于热还原动力学受 CH_4 转化动力学控制,因此在 0.05 MPa 的操作条件下,通过 CH_4 的最大转化率将获得总物种的最大转化率,如图 5.52(e) 所示。因此,在 437.69 kW/m^2 和 0.05 MPa 下处理热还原将导致更高的物质转化率,低碳沉积和具有 2.54 的 H_2/CO 比例的高质量合成气生产。

5.6.2 CH_4 浓度的影响

图 5.53(a) 所示为 CH_4 浓度(体积分数)对 $CH_4-NiFe_2O_4$ 的混合物反应过程的影响,从图中可以看出随着 CH_4 浓度的增加,反应器内轴向温度逐渐降低,这是因为较多能量用于加热 CH_4 到反应温度,从而使得反应内有效反应温度降低,进而影响其转化率和产物气体产量。如图 5.53(b) 和图 5.53(c) 所示,H_2 和 CO 的产率很大程度上取决于 CH_4 的浓度;CO 生成高于碳沉积,因为高的反应温度形成 CO。在热还原期间,应保持 CH_4 浓度小于 40%,超过 40% 会降低 H_2 和 CO 的产量。

图 5.53(d) 所示为 CH_4 的浓度对 FeO、$Ni-Fe$ 混合物和合成气的影响。当 CH_4 体积分数为 40% 时,合成气摩尔分数、FeO 的摩尔分数分别达到 26.52% 和 26.74%;而 CH_4 的体积分数从 30% 增加到 80% 时,$Ni-Fe$ 混合物的摩尔分数从 23.71% 增加到 25.81%。基于 CH_4 浓度对合成气产率以及 H_2/CO 比例的影响,在 $NiFe_2O_4$ 的热还原过程中最好使 CH_4 的体积分数超过 40%。

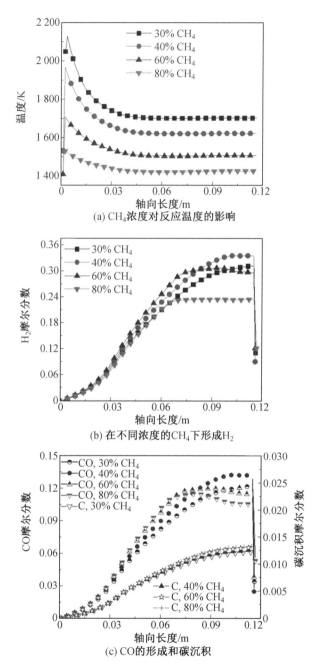

(a) CH$_4$浓度对反应温度的影响

(b) 在不同浓度的CH$_4$下形成H$_2$

(c) CO的形成和碳沉积

图 5.53　CH$_4$ 浓度对热还原反应过程中物种转化率的影响(热流密度为 437.69 kW/m^2,压力为 0.05 MPa,气流入口速度 0.1 m/s)

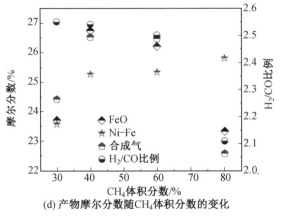

(d) 产物摩尔分数随CH$_4$体积分数的变化

续图 5.53

5.6.3 工作压力的影响

图 5.54 所示为 CH$_4$ 与 NiFe$_2$O$_4$ 热还原模拟过程,其中氧化物的热还原导致活性氧载体由 65% 的 FeO、35% 的 Ni—Fe 和 2.6% 的碳沉积组成,随后用 20% 的 H$_2$O 和 40% 的混合物氧化。如图 5.54(a) 所示,H$_2$ 和 CO 的摩尔分数随反应温度的降低而升高,当温度达到 1 068 K 时,达到最大值;之后随着反应温度的升高,其产率逐渐降低。因此,低反应温度可以有效促进反应物向合成气的转化过程。图 5.54(b) 和图 5.54(c) 所示为所选氧载体和温度对 H$_2$ 和 CO 的影响,在氧载体中,C 在 H$_2$O 和 CO$_2$ 的混合物中表现出更高的氧化动力学,用于形成 H$_2$ 和 CO。正如文献所述,由于氧载体的存在,促进了碳转化过程。活性金属 Fe 的氧化动力学比 FeO 快,因为由 Fe 反应产生的 H$_2$ 和 CO 迅速达到最大峰值。H$_2$ 的最大峰值是由 FeO 产生的,而 CO 的最大峰值是由 Fe 产生的,因此限制 FeO 的形成会提高 H$_2$ 的产率。如图 5.54(d) 所示,提高 CH$_4$—NiFe$_2$O$_4$ 向 FeO、Ni—Fe 以及 C 沉积的转化,可提高氧化过程中 H$_2$ 和合成气的产率,这是因为高的氧载体浓度可以提供更多的氧空位,从而促进更多的 H$_2$ 和 CO 形成。正如文献所述,金属 Ni 不能被 CO$_2$ 氧化成 NiO。然而,NiO 表现出良好的还原性,并且其还原产物(Ni) 易于引起 CH$_4$ 裂解,因为它不能从 H$_2$O 和 CO$_2$ 气氛中回收晶格氧。

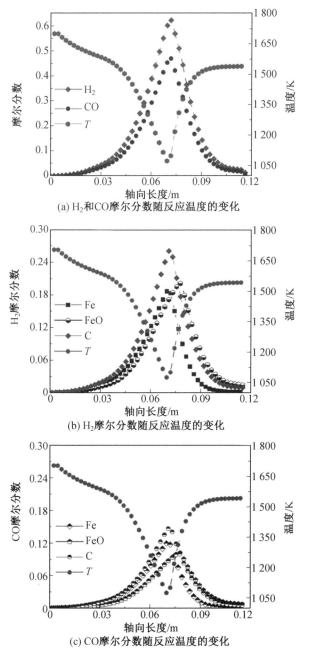

(a) H_2和CO摩尔分数随反应温度的变化

(b) H_2摩尔分数随反应温度的变化

(c) CO摩尔分数随反应温度的变化

图 5.54　CH_4 与 $NiFe_2O_4$ 热还原模拟过程

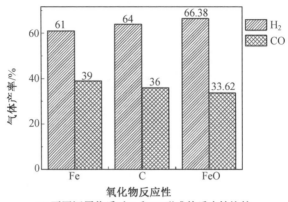

(d) 不同还原物质对H₂和CO形成的反应性比较

续图 5.54

图 5.55 所示为运行压力对反应过程的影响,可以看出增加系统压力会降低反应温度,从而限制反应物的反应性。当压力为 0.5 MPa 时,反应温度下降至 1 144 K;当系统压力增加至 5 MPa 时,反应温度下降至 917 K。如图 5.55(b) 和图 5.55(c) 所示,在 1 MPa 下观察到 H₂ 和 CO 产生的最大峰值,其反应温度降至 1 068 K。当系统压力高于 2 MPa 时,H₂ 的产率从 52.9% 减少到 47.1%,而 CO 的产率从 45.5% 增加到 54.5%。考虑到合成气的产量,因此将运行压力限制在 1 MPa,如图 5.55(d) 所示。

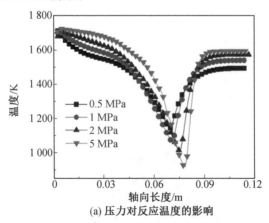

(a) 压力对反应温度的影响

图 5.55 运行压力对反应过程的影响

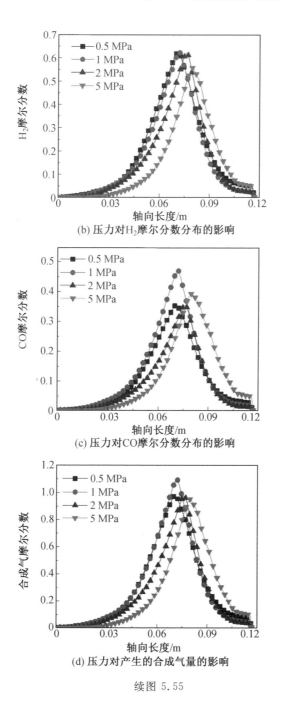

(b) 压力对H_2摩尔分数分布的影响

(c) 压力对CO摩尔分数分布的影响

(d) 压力对产生的合成气量的影响

续图 5.55

5.6.4 氧化温度和气体反应物比例的影响

图 5.56 所示为氧化温度对 CH_4 与 $NiFe_2O_4$ 热还原模拟过程的影响,计算条件:压力为 1 MPa,混合气体入口速度为 0.1 m/s。如图 5.56(a) 所示,不同氧化温度时反应器内反应温度的变化趋势都类似,说明反应器内壁面和反应流体之间的辐射换热起主要作用。如图 5.56(b) 所示,当氧化温度为 1 000 K 时,反应温度与氧化温度的温差为 469.85 K;而氧化温度为 1 600 K 时,其温差为 325.2 K。由于反应温度对反应物转化起决定作用,因此氧化温度可能影响反应物的反应活性,如图 5.56(c)、图 5.56(d) 和图 5.56(e) 所示。

图 5.56(c) 所示为不同反应温度下 FeO 对 CO 和 H_2 的产率影响,可以看出在 1 200 K 时 CO 和 H_2 的产率最高。因此,当反应温度高于 1 200 K,时将会提高 FeO 的反应性,从而使 H_2 和 CO 产量更多。

图 5.56(d) 所示为不同反应温度下 Fe 对 CO 和 H_2 的产率影响。与 FeO 反应性不同,在 1 600 K 时 CO 和 H_2 的产率最高,这是因为 Fe 在高温下的反应性最好。因此,高温可促进 Fe 与 H_2O 和 CO_2 的反应程度。

图 5.56(e) 所示为不同反应温度下碳气化对 CO 和 H_2 的产率影响。碳气化一方面降低了碳沉积的风险,另一方面提高了 CO 和 H_2 的产量。因此,碳气化的反应温度应足够高。

如图 5.56(f) 所示,随着反应温度的升高,合成气的占比迅速升高,当温度达到 1 600 K 时,合成气占比达 28.35%。但是随着反应温度的升高,合成气中 H_2/CO 比例在 1 200 K 时到达峰值,随后迅速降低;这是因为反应物 H_2O/CO_2 的比例不同,通过改变反应物的比例可以得到不同比例的合成气以便工业应用。

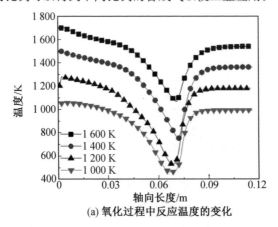

(a) 氧化过程中反应温度的变化

图 5.56 氧化温度对 CH_4 与 $NiFe_2O_4$ 热还原模拟过程的影响

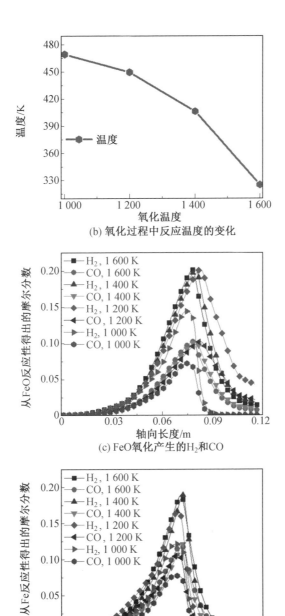

(b) 氧化过程中反应温度的变化

(c) FeO氧化产生的H_2和CO

(d) Fe氧化产生的H_2和CO

续图 5.56

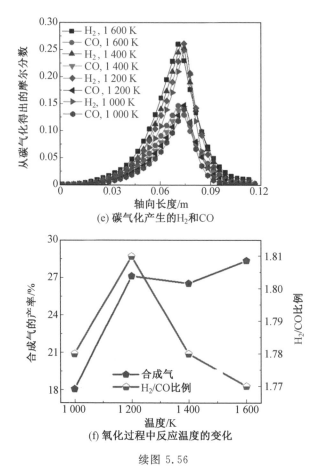

(e) 碳气化产生的H_2和CO

(f) 氧化过程中反应温度的变化

续图 5.56

图 5.57 所示为不同气体反应物 H_2O/CO_2 比例对 CH_4 与 $NiFe_2O_4$ 热还原模拟过程的影响,如图 5.50(a) 和图 5.50(b) 所示,H_2O/CO_2 比例从 0.5 增加到 1.5 时,H_2 产率从 27.94% 增加到 38.23%,但是 CO 产率变化不大。气体反应物中 H_2O 占比多则有利于 H_2 形成。如图 5.57(c) 所示,当 H_2O/CO_2 的比例从 0.5 增加到 1.5 时,合成气的产率从 29.53% 增加到 36.87%,H_2/CO 的比例从 1.77 增加到 2.34。根据文献所述,蒸汽体积分数为 56.33% 可以提高碳的转化效率。因此,使用 H_2O/CO_2 为 1.5 时,将会得到比值接近 2 的富氢的合成气。

图 5.58 所示为氧化过程和还原过程中产生的 H_2、CO 和合成气的对比,H_2 在热还原和氧化过程的产率分别为 45.5% 和 54.5%,CO 在还原和氧化过程中产率分别为 43.48% 和 56.52%。对于整个过程,45% 的合成气在第一步产生,而 55% 的合成气在第二步完成。因此,基于 $NiFe_2O_4$ 工质的太阳能热化学循环

裂解 H_2O/CO_2 和甲烷制取太阳能燃料将是一项具有前景的技术。

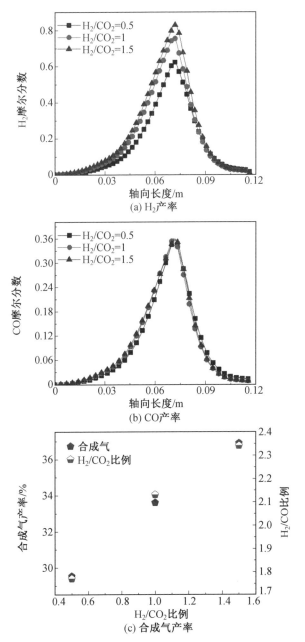

(a) H_2产率

(b) CO产率

(c) 合成气产率

图 5.57　不同气体反应物 H_2O/CO_2 比例对 CH_4 与 $NiFe_2O_4$ 热还原模拟过程的影响

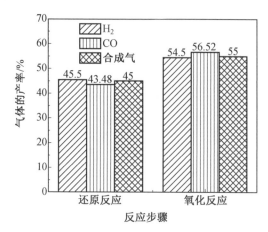

图 5.58　氧化过程和还原过程中产生的 H_2、CO 和合成气的对比

5.6.5　Ni/Fe、CO_2/CH_4 和 RWGS 对 CO_2 利用的影响

图 5.59 所示为 CH_4 和 CO_2 参与的太阳能热化学两步反应制取合成气的示意图。上述热化学反应的热源为聚集太阳辐射，CH_4 流入 $NiFeAlO_3$ 多孔陶瓷，部分 CH_4 分解为 CO 和 H_2，$NiFeAlO_3$ 多孔陶瓷材料被还原成低价态氧化物和由 Ni、Fe、NiO 和 FeO 组成的氧载体。之后还原的氧化物材料被 CO_2 氧化成主要氧化物，同时释放出 CO 和 H_2。此外，未反应的 CH_4 通过甲烷二氧化碳重整

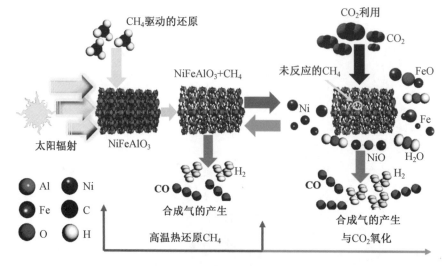

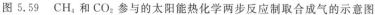

图 5.59　CH_4 和 CO_2 参与的太阳能热化学两步反应制取合成气的示意图

(CDRM) 反应促进了 CO_2 的利用。在高温热还原和氧化步骤中，H_2O 被 CH_4 和逆水煤气变换反应(RWGSR)利用。对于在热还原和氧化过程中产生合成气，CH_4 辅助 CO_2 分解为 CO_2 的利用提供了有效途径。此外，$NiFeAlO_3$ 氧化还原材料的质量损失主要由于产生了诸如 Ni、Fe、NiO 和 FeO 的氧载体催化剂。太阳能热化学两步法的效率与氧化还原材料稳定性、氧载体的反应性、CH_4 和 CO_2 的高转化率以及高合成气产生有关。

　　图 5.60 所示为不同 Ni/Fe 填充量对 CO_2 利用和合成气产生的影响，计算条件：温度为 1 300 K，压力为 1 atm，入口气体流速为 0.1 m/s。如图 5.60(a) 和图 5.60(b) 所示，随着陶瓷氧化铝结构基体中 Ni 和 Fe 填充量的增加，H_2 和 CO 质量分数亦增加。如图 5.60(c) 所示，碳沉积含量大体保持一致，而合成气产量随着反应介质中固体氧化物质量的增加而增加，这是由于添加 Fe 对 Ni—Al_2O_3 催化剂的促进作用和 Ni 的催化活性。此外，Fe 掺杂 Ni—Al_2O_3 催化剂可以通过控制碳扩散和沉积速率来提高催化稳定性。因此，复杂的偶联催化剂活性和氧载体反应性可显著改善 CO_2 对化学燃料(H_2 和合成气)的利用过程。如图5.60(d) 所示，减少 Al_2O_3 的质量对 H_2 的产量影响不大。据报道，产生较高合成气质量分数的最佳成分为 $73\%Al_2O_3$ 负载 $32.5\%Ni/45\%Fe$，如图 5.60(e) 所示。此外，双金属 Ni—Fe 的协同效应也显著影响合成气和碳沉积的产生。

　　如图 5.60(f) 所示，当 Ni/Fe 比例增加到 0.7 时，合成气产量和碳沉积都随之增加。此外，当 Ni/Fe 比例增加到 0.72 时，合成气产量随着碳沉积的减少而增加。然而，与碳沉积物相比，Ni/Fe 比例增加至 0.74 不利于合成气生产。Ni—Fe 混合物在 CH_4 辅助 CO_2 的利用过程中相互作用，因为 Ni 具有破坏 C—H 和 C—C 键的催化能力，而 Fe 起到氧载体的作用，可以有效地将 CO_2 转化并控制碳沉积。据报道，与 H_2O 裂解相比，Fe 对 CO_2 分解的反应性最高。因此，通过降低 Fe 含量方式提高 Ni 含量会降低合成气产量，反之亦然。因此，采用 Ni/Fe 比例为 0.72 的氧化物可有效提高合成气的产率。

　　图 5.61 所示为 CO_2/CH_4 浓度比值对反应过程的影响，计算条件：温度为 1 300 K，压力为 1 atm，气体入口速度为 0.1 m/s、Al_2O_3 多孔结构含有质量分数为 32.5% 的 Ni 和 45% 的 Fe。如图 5.61(a) 和图 5.61(b) 所示，当 CO_2/CH_4 浓度比值从 0.25 增加到 1.5 时，H_2 和 CO 质量分数亦增加；当 CO_2/CH_4 浓度比值为 4 时，H_2 和 CO 质量分数减少。如图 5.61(c) 所示，当 CO_2/CH_4 浓度比值从 0.25 增加到 1.5 时，H_2 和 CO 的产量分别升高到 32.6% 和 22.79%；当 CO_2/CH_4 浓度比值高于 1.5 时，未观察到 H_2 和 CO 的产率增加。

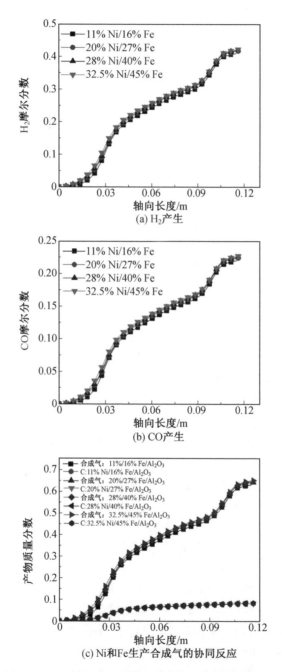

图 5.60　不同 Ni/Fe 填充量对 CO_2 利用和合成气产生的影响

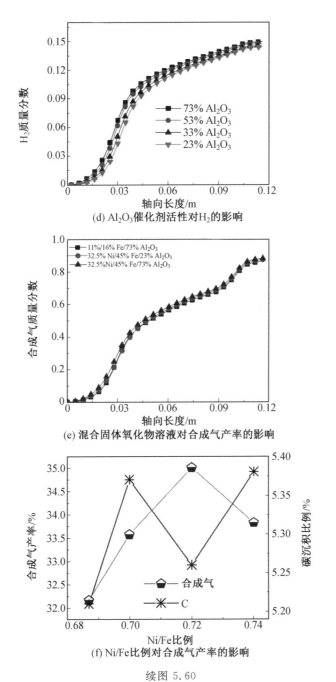

(d) Al$_2$O$_3$催化剂活性对H$_2$的影响

(e) 混合固体氧化物溶液对合成气产率的影响

(f) Ni/Fe比例对合成气产率的影响

续图 5.60

如图 5.61(d) 所示,当 CO$_2$/CH$_4$ 比例增加到 4 时,碳沉积量增加。因此,过

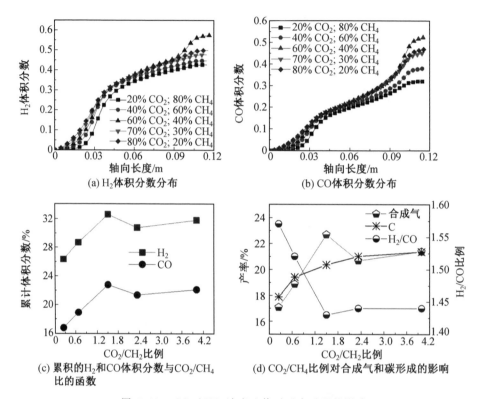

(a) H_2体积分数分布

(b) CO体积分数分布

(c) 累积的H_2和CO体积分数与CO_2/CH_4
比的函数

(d) CO_2/CH_4比例对合成气和碳形成的影响

图 5.61　CO_2/CH_4 浓度比值对反应过程的影响

量使用 CO_2 和 CH_4 不会促进 H_2 和 CO 的产率。例如,增加低温度气体反应物会显著降低反应温度,从而导致碳沉积。

下面通过考虑反应介质中 CO_2 和 H_2O 的量来评估逆水煤气变换(RWGS)反应对 CO_2 利用过程的影响。如图 5.62(a) 所示增加反应介质中 CO_2 浓度可以通过 RWGS 和 Boudouard 反应促进 CO 的形成。与 Boudouard 反应相比,RWGS反应具有产生更多 CO 的趋势。如图 5.62(b) 所示,当 H_2O 的质量分数增加到0.3 时,H_2 和 CO 的产率都增加;当 H_2O 的质量分数增加到 0.4 时,H_2 和 CO 的产率略微下降,似乎高浓度的 H_2O 有利于 H_2 的形成。但是,过量的水会影响合成气的产率,因为水煤气变换(WGS)反应会通过导致 CO_2 形成而降低 CO产率。

图 5.62(c) 和图 5.62(d) 所示为 CO_2 和 H_2O 气化对 CO 和 H_2 产率的影响,计算条件:CO_2 质量分数为 0.6,H_2O 质量分数为 0.3,温度为 1 300 K,压力为1 atm。副反应 RWGS 和 Boudouard 反应与反应温度密切相关。CO_2 气化反应

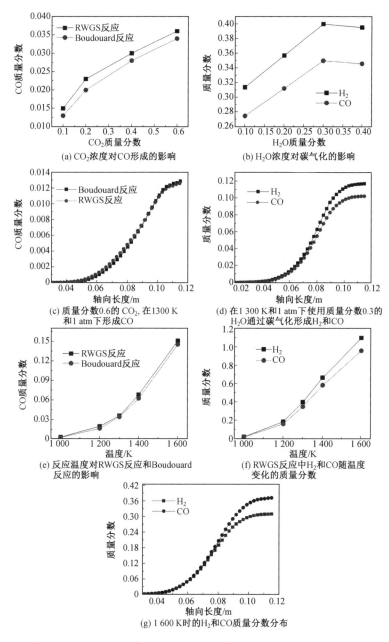

(a) CO_2 浓度对CO形成的影响

(b) H_2O 浓度对碳气化的影响

(c) 质量分数0.6的 CO_2，在1300 K 和1 atm下形成CO

(d) 在1 300 K和1 atm下使用质量分数0.3的 H_2O 通过碳气化形成 H_2 和CO

(e) 反应温度对RWGS反应和Boudouard 反应的影响

(f) RWGS反应中 H_2 和CO随温度 变化的质量分数

(g) 1 600 K时的 H_2 和CO质量分数分布

图 5.62　RWGS 反应和 Boadouard 反应对 H_2 和 CO 生成的影响

主要是通过提高反应温度来实现的。因此,Boudouard 反应可以是在高温下减少焦炭沉积的另一种方法。考虑到图 5.62(e) 中的 RWGS 反应,当反应温度从

1 000 K升至1 600 K时,CO体积分数从0增加至0.15。如图5.62(f)所示,当温度从1 000 K升至1 600 K时,H_2的产率从2.2%增加到97.8%。由扩散步骤控制的反应速率可能比化学反应步骤控制的反应速率更快,因为在高温时更多气体形成。图5.62(g)描述了RWGS反应对CO_2利用过程的影响,RWGS反应和Boudouard反应可以进一步提高CO产量。因此,RWGS反应可以通过促进CO形成而不是H_2来显著促进CO_2利用过程。

本章参考文献

[1] SU X,YANG X L,ZHAO B,et al. Designing of highly selective and high-temperature endurable RWGS heterogeneous catalysts:recent advances and the future directions [J]. Journal of Energy Chemistry, 2017, 26 (5): 854-867.

[2] KEE R J,RUPLEY F M,MILLER J A. A program for modeling one-dimensional rotating-disk/stagnation-flow chemical vapor deposition reactors[M]. San Diego:Sandia National Laboratories,2000.

[3] SWIHART M T,GIRSHICK S L. An analysis of flow,temperature,and chemical composition distortion in gas sampling through an orifice during chemical vapor deposition[J]. Physics of Fluids,1999,11(4):821-832.

[4] PAOLUCCI S. Filtering of sound from the Navier-Stokes equations [M]. Livermore:Sandia National Laboratories,1982.

[5] ROBERTS M W,WOOD P R. The mechanism of the oxidation and passivation of iron by water vapour—an electron spectroscopic study[J]. Journal of Electron Spectroscopy & Related Phenomena, 1977, 11 (4): 431-437.

[6] ABANADES S,VILLAFAN-VIDALES H I. CO_2 and H_2O conversion to solar fuels via two-step solar thermochemical looping using iron oxide redox pair[J]. Chemical Engineering Journal,2011,175:368-375.

[7] STEHLE R C,BOBEK M M,HOOPER R,et al. Oxidation reaction kinetics for the steam-iron process in support of hydrogen production [J]. International Journal of Hydrogen Energy,2011,36(23):15125-15135.

[8] STEHLE R C,BOBEK M M,HAHN D W. Iron oxidation kinetics for H_2 and CO production via chemical looping [J]. International Journal of Hydrogen Energy,2015,40(4):1675-1689.

[9] MOTT N F. Oxidation of metals and the formation of protective films[J]. Nature,1940,145(3687):996-1000.

[10] MOTT N F. The theory of the formation of protective oxide films on metals.—Ⅲ [J]. Transactions of the Faraday Society, 1947, 43 (0):

429-434.

[11] GÁLVEZ M E,LOUTZENHISER P G,HISCHIER I,et al. CO₂ splitting via two-step solar thermochemical cycles with Zn/ZnO and FeO/Fe₃O₄ redox reactions: thermodynamic analysis[J]. Energy & Fuels, 2008, 22 (5):3544-3550.

[12] SCHUNK L O,HAEBERLING P,WEPF S,et al. A receiver-reactor for the solar thermal dissociation of zinc oxide[J]. Journal of Solar Energy Engineering,2008,130(2):021009(1-6).

[13] MÜLLER R,LIPIŃSKI W,STEINFELD A. Transient heat transfer in a directly-irradiated solar chemical reactor for the thermal dissociation of ZnO[J]. Applied Thermal Engineering,2008,28(5/6):524-531.

[14] EZBIRI M,TAKACS M,STOLZ B,et al. Design principles of perovskites for solar-driven thermochemical splitting of CO₂[J]. Journal of Materials Chemistry A,2017,5(29):15105-15115.

[15] WHEELER V M,BADER R,KREIDER P B,et al. Modelling of solar thermochemical reaction systems[J]. Solar Energy,2017,156:149-168.

[16] STAMATIOU A,LOUTZENHISER P G,STEINFELD A. Solar syngas production via H₂O/CO₂-splitting thermochemical cycles with Zn/ZnO and FeO/Fe₃O₄ redox reactions[J]. Chemistry of Materials,2010,22(3): 851-859.

[17] COSTANDY J,EL GHAZAL N,MOHAMED M T,et al. Effect of reactor geometry on the temperature distribution of hydrogen producing solar reactors[J]. International Journal of Hydrogen Energy, 2012, 37 (21): 16581-16590.

[18] MUHICH C,HOES M,STEINFELD A. Mimicking tetravalent dopant behavior using paired charge compensating dopants to improve the redox performance of ceria for thermochemically splitting H₂O and CO₂ [J]. Acta Materialia,2018,144:728-737.

[19] WARREN K J,REIM J,RANDHIR K,et al. Theoretical and experimental investigation of solar methane reforming through the nonstoichiometric ceria redox cycle[J]. Energy Technology,2017,5(11):2138-2149.

[20] NASR S,PLUCKNETT K P. Kinetics of iron ore reduction by methane for chemical looping combustion [J]. Energy & Fuels, 2014, 28 (2): 1387-1395.

[21] ZHU X,WANG H,WEI Y G,et al. Hydrogen and syngas production from two-step steam reforming of methane over CeO₂-Fe₂O₃ oxygen carrier[J]. Journal of Rare Earths,2010,28(6):907-913.

[22] MONAZAM E R,BREAULT R W,SIRIWARDANE R,et al. Kinetics of the reduction of hematite (Fe₂O₃) by methane (CH₄) during chemical looping combustion: a global mechanism [J]. Chemical Engineering

Journal,2013,232:478-487.

[23] ACKERMANN S,SCHEFFE J R,DUSS J,et al. Morphological characterization and effective thermal conductivity of dual-scale reticulated porous structures[J]. Materials,2014,7(11):7173-7195.

[24] STEINFELD A, KUHN P, KARNI J. High-temperature solar thermochemistry:production of iron and synthesis gas by Fe_3O_4-reduction with methane[J]. Energy,1993,18(3):239-249.

[25] GO K S,SON S R,KIM S D,et al. Hydrogen production from two-step steam methane reforming in a fluidized bed reactor[J]. International Journal of Hydrogen Energy,2009,34(3):1301-1309.

[26] KRENZKE P T, FOSHEIM J R, DAVIDSON J H. Solar fuels via chemical-looping reforming[J]. Soler Energy,2017,156:48-72.

[27] KRENZKE P T,DAVIDSON J H. Thermodynamic analysis of syngas production via the solar thermochemical cerium oxide redox cycle with methane-driven reduction[J]. Energy & Fuels,2014,28(6):4088-4095.

[28] MORE A,BHAVSAR S,VESER G. Iron-nickel alloys for carbon dioxide activation by chemical looping dry reforming of methane[J]. Energy Technol,2016,4(10):1147-1157.

[29] LI W J,JIN J,WANG H S,et al. Full-spectrum solar energy utilization integrating spectral splitting, photovoltaics and methane reforming[J]. Energy Conversion and Management,2018,173:602-612.

[30] PLOU J,DURÁN P,HERGUIDO J,et al. Purified hydrogen from synthetic biogas by joint methane dry reforming and steam-iron process:behaviour of metallic oxides and coke formation[J]. Fuel,2014,118:100-106.

[31] MICHALSKY R,NEUHAUS D,STEINFELD A. Carbon dioxide reforming of methane using an isothermal redox membrane reactor[J]. Energy Technology, 2015,3(7):784-789.

[32] WANG F Q,CHENG Z M,TAN J Y,et al. Energy storage efficiency analyses of CO_2 reforming of methane in metal foam solar thermochemical reactor[J]. Applied Thermal Engineering,2017,111:1091-1100.

[33] JANG J T,YOON K J,BAE J W,et al. Cyclic production of syngas and hydrogen through methane-reforming and water-splitting by using ceria-zirconia solid solutions in a solar volumetric receiver-reactor[J]. Soler Energy,2014,109:70-81.

[34] DAVENPORT T C,YANG C K,KUCHARCZYK C J,et al. Implications of exceptional material kinetics on thermochemical fuel production rates [J]. Energy Technology,2016,4(6):764-770.

[35] ZHANG S,SAHA C,YANG Y C,et al. Use of Fe_2O_3-containing industrial wastes as the oxygen carrier for chemical-looping combustion of coal: effects of pressure and cycles [J]. Energy & Fuels, 2011, 25 (10): 4357-4366.

［36］ GÁLVEZ M E,FREI A,ALBISETTI G,et al. Solar hydrogen production via a two-step thermochemical process based on MgO/Mg redox reactions—thermodynamic and kinetic analyses［J］. International Journal of Hydrogen Energy,2008,33(12):2880-2890.

［37］ JERNDAL E,MATTISSON T,LYNGFELT A. Thermal analysis of chemical-looping combustion［J］. Chemical Engineering Research and Design,2006,84(9):795-806.

［38］ HUANG Z,DENG Z B,HE F,et al. Reactivity investigation on chemical looping gasification of biomass char using nickel ferrite oxygen carrier［J］. International Journal of Hydrogen Energy,2017,42(21):14458-14470.

［39］ WANG F Q,SHUAI Y,WANG Z Q,et al. Thermal and chemical reaction performance analyses of steam methane reforming in porous media solar thermochemical reactor［J］. International Journal of Hydrogen Energy,2014,39(2):718-730.

［40］ HUANG Z,HE F,CHEN D Z,et al. Investigation on reactivity of iron nickel oxides in chemical looping dry reforming［J］. Energy,2016,116:53-63.

［41］ KUO Y L,HSU W M,CHIU P C,et al. Assessment of redox behavior of nickel ferrite as oxygen carriers for chemical looping process［J］. Ceramics International,2013,39(5):5459-5465.

［42］ FERNÁNDEZ-SAAVEDRA R,GÓMEZ-MANCEBO M B,CARAVACA C,et al. Hydrogen production by two-step thermochemical cycles based on commercial nickel ferrite:kinetic and structural study［J］. International Journal of Hydrogen Energy,2014,39(13):6819-6826.

［43］ CHEIN R Y,HSU W H,YU C T. Parametric study of catalytic dry reforming of methane for syngas production at elevated pressures［J］. International Journal of Hydrogen Energy,2017,42(21):14485-14500.

［44］ LIU K,SONG C,SUBRAMANI V. Hydrogen and syngas production and purification technologies［M］. New Jersey:John Wiley & Sons,2009.

［45］ HUANG Z,JIANG H Q,HE F,et al. Evaluation of multi-cycle performance of chemical looping dry reforming using CO_2 as an oxidant with Fe-Ni bimetallic oxides［J］. Journal of Energy Chemistry,2016,25(1):62-70.

［46］ GO K S,SON S R,KIM S D. Reaction kinetics of reduction and oxidation of metal oxides for hydrogen production［J］. International Journal of Hydrogen Energy,2008,33(21):5986-5995.

［47］ FAN S. Reactor & process design in sustainable energy technology［M］. ［S. l.］:Elsevier,2014.

［48］ JOHNSON G B,HJALMARSSON P,NORRMAN K,et al. Biogas catalytic reforming studies on nickel-based solid oxide fuel cell anodes［J］. Fuel Cells,2016,16(2):219-234.

［49］ ROSTRUP-NIELSEN J R. New aspects of syngas production and use［J］.

Catalysis Today,2000,63(2/3/4):159-164.

[50] AICART J,LAURENCIN J,PETITJEAN M,et al. Experimental validation of two-dimensional H_2O and CO_2 co-electrolysis modeling[J]. Fuel Cells,2014,14 (3):430-447.

[51] KOTISAARI M,THOMANN O,MONTINARO D,et al. Evaluation of a SOE stack for hydrogen and syngas production: a performance and durability analysis[J]. Fuel Cells,2017,17(4):571-580.

[52] KODAMA T,SHIMIZU T,SATOH T,et al. Stepwise production of CO-rich syngas and hydrogen via methane reforming by a WO_3-redox catalyst [J]. Solar Energy,2003,28(11):1055-1068.

[53] BAYAT N,REZAEI M,MESHKANI F. Methane decomposition over Ni-Fe/Al_2O_3 catalysts for production of CO_x-free hydrogen and carbon nanofiber[J]. International Journal of Hydrogen Energy, 2016, 41 (3): 1574-1584.

[54] AL-FATESH A S,FAKEEHA A H,IBRAHIM A A,et al. Decomposition of methane over alumina supported Fe and Ni-Fe bimetallic catalyst:effect of preparation procedure and calcination temperature[J]. Journal of Saudi Chemical Society,2018,22(2):239-247.

[55] THEOFANIDIS S A,GALVITA V V,POELMAN H,et al. Enhanced carbon-resistant dry reforming Fe-Ni catalyst: role of Fe [J]. ACS catalysis,2015,5(5):3028-3039.

[54] DONG L S,WU C F,LING H J,et al. Development of Fe-promoted Ni-Al catalysts for hydrogen production from gasification of wood sawdust[J]. Energy & Fuels,2017,31(3):2118-2127.

[55] KUSTOV L M, TARASOV A L, TKACHENKO O P, et al. Nickel-alumina catalysts in the reaction of carbon dioxide re-forming of methane under thermal and microwave heating [J]. Industrial & Engineering Chemistry Research,2017,56(45):13034-13039.

[56] HE P,XIAO Y,TANG Y,et al. Simultaneous low-cost carbon sources and CO_2 valorizations through catalytic gasification[J]. Energy & Fuels,2015, 29(11):7497-7507.

[57] ZHENG X Y,YING Z,WANG B,et al. CO_2 gasification of municipal solid waste in a drop-tube reactor: experimental study and thermodynamic analysis of syngas[J]. Energy & Fuels,2018,32(4):5302-5312.

第6章

太阳能热化学合成燃料系统实验与性能分析

为了考察太阳能聚光器的聚集特性、粒子的光谱特性、运行工况对太阳能热化学转换过程及太阳能—化学能转化效率的影响,研究团队成员设计并搭建了不同类型的太阳能热化学反应实验系统。本章针对不同类型的实验系统及其研究进展进行介绍。

6.1　室外腔体式太阳能热化学实验系统设计与搭建

6.1.1　室外多碟聚光太阳能热化学反应器实验系统设计

为了考察太阳能聚光器的聚集特性、粒子的光谱特性、尺度特性以及太阳能两步热化学循环制氢过程的运行参数对粒子化学反应程度以及太阳能－化学能转化效率的影响,本节在前文所提到各类太阳能热化学反应腔的基础上,设计并搭建了太阳能热化学反应实验系统(系统图如图 6.1 所示,实物图如图 6.2 所示)。该实验系统主要由太阳能多碟聚光器、太阳能反应器、温度传感器、冷却系统、气体加热器、太阳辐照参数记录仪、保护气体系统、红外热像仪等组成。

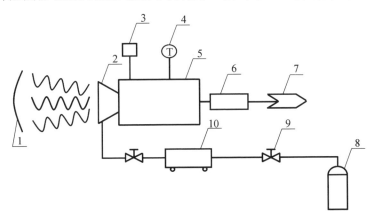

图 6.1　太阳能热化学反应实验系统图

1— 多碟聚光器;2— 采光口;3— 喂料器;4— 温度传感器;5— 太阳能反应器;

6— 急冷设备;7— 排气口;8—N_2 瓶;9— 流量计;10— 气体加热器

(1)太阳能多碟聚光器。

太阳能多碟聚光器采光的当量直径为 5.2 m,峰值功率大于 10 kW,理论最大聚光比为625。太阳能多碟聚光器由16块焦距为3.25 m、直径为1.05 m的抛物面碟式反射镜组成,反射镜由多个条形镜片采用高强度黏合剂贴在抛物型托盘上。该条形镜片的镜面反射率大于0.90。太阳能多碟聚光器采用双轴自动跟踪控制系统。

(a) 实验连接图

(b) 多碟聚光器与太阳能反应器

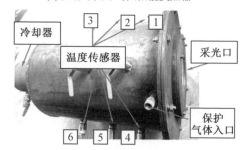

(c) 太阳能反应器实物图

图 6.2　实验系统实物图

（2）太阳能反应器。

太阳能反应器通常是一个外表覆盖保温材料的腔式吸热器,由太阳能聚光器所聚集的太阳辐射通过采光口进入腔体内。考虑到热化学反应所需的高温环境,反应腔内壁面材料为耐高温氧化铝陶瓷,在陶瓷外侧分别包裹低导热系数的保温材料(硅酸铝和硅酸钙纤维),最外侧为304不锈钢外壳,其实物图如图6.2(c)所示。

（3）温度传感器。

太阳能热化学反应与温度密切相关,采用不同类型的温度传感器测量太阳能反应器不同位置壁面温度,温度传感器的布置图及型号如图6.3所示,该温度传感器由淮安三丰仪表科技有限公司生产,温度传感器测量精度分别为 $\pm0.002\,5t$(B型)、$\pm0.004t$(S型)、$\pm2.5\,℃$(K型)、$\pm1\,℃$(T型)。

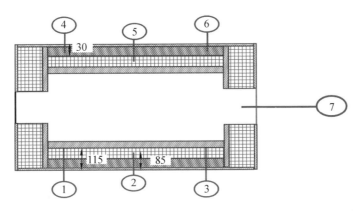

图 6.3　太阳能反应器温度传感器的布置图及型号(单位:mm)

1—S 型热电偶;2—B 型热电偶;3—B 型热电偶;4—K 型热电偶;

5—S 型热电偶;6—K 型热电偶;7—T 型热电偶

(4) 气体加热器。

考虑到保护气体的加入会从投入的太阳辐射能量中吸收部分能量来加热自身温度,因此在本实验系统中设计并加工了一个气体加热器,其可用于 N_2 的加热,具体参数如下:气体流量为 $0 \sim 2$ g/s、加热温度为 $0 \sim 650$ ℃、加热丝材质为镍铬铝合金、保温材料为硅酸铝棉、加热功率为 4 kW。

(5) 太阳辐照参数记录仪。

实验过程中环境参数,诸如太阳辐射热流敏度、环境温度、风速等参数,采用由锦州阳光气象科技有限公司生产的型号为 PC-2-T 的太阳辐射标准观测站测得。太阳总辐射测量精度小于 2%、太阳直射辐射测量精度小于 2%、风速测量精度为 ±(0.3+0.03) m/s、环境温度测量精度为 ±0.4 ℃。

(6) 安捷伦数据采集仪。

太阳能反应器壁面温度由美国安捷伦公司生产的型号为 34970A 的多通道数据采集仪采集,该采集仪对热电偶测量的准确度为 1 ℃。

(7) 红外热像仪。

对于太阳能反应器内壁面温度场分布采用由广州飒特红外有限公司生产的型号为 G95 的红外热像仪采集,该红外热像仪的工作波段为 $8 \sim 14$ μm、空间分辨率为 1.3 mrad、自动对焦、测温范围为 $-20 \sim 2\,000$ ℃。

6.1.2　实验结果与分析

太阳能热化学制氢过程中,反应器的温度对化学反应的发生有重要影响。基于搭建的实验系统,采用该系统研究了两种不同工况时的太阳能反应器侧壁面温度分布情况:(1)反应器采光口无石英玻璃且无保护气体(N_2)通入;(2)反应器采光口有石英玻璃且通入保护气体。

(1)反应器采光口无石英玻璃且无保护气体通入时壁面温度分布。

在2015年7月31日(天气晴朗,空气中略有雾霾),通过实验研究了太阳能反应器在无石英玻璃且无保护气体通入时反应器侧壁面温度分布以及反应器内壁面温度分布,该实验在上午9:30开始测量,13:50结束测量。实验期间太阳半球空间总辐射以及直射辐射热流密度随时刻变化如图6.4所示,从图中可以看出太阳半球空间总辐射值随时间的增加而增大,在正午12:00左右达到最大值,约为850 W/m^2,正午过后其值随时间增加而逐渐减小;直射辐射变化规律与总辐射类似,其峰值约为500 W/m^2。

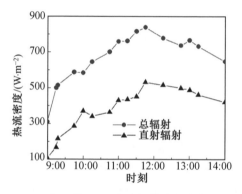

图6.4　2015年7月31日太阳辐射热流密度随时刻变化

图6.5给出了太阳能反应器不同位置的温度随实验时间的变化关系,从图中可以看出不同位置的热电偶所测温度均不同。由于在反应器出口安装了冷却系统,因而7号传感器温度基本保持不变;而传感器1、4、6所测温度均随实验时间的增加而增大。传感器1所测温度先随着时间的增加而增大,达到峰值(约为450 ℃)后温度逐渐下降。

图6.6所示为采用G95红外热像仪于11:56时拍摄到的太阳能反应器采光口处温度场分布,其中根据红外热像仪说明书提供的材料发射率参数,将采光口保温材料的表面发射率设为0.85。从图中可以看出采光口处表面温度场最高温度为942 ℃,如果太阳直射热流密度达到850 W/m^2,采光口处的温度场最高温度将会超过1 000 ℃,而反应器内部温度场也会达到铁酸镍颗粒热分解的温度。

图6.7所示为在实验结束后采用红外热像仪拍摄到的不同时刻太阳能反应器内壁面温度场分布,其中设置反应器内壁面材料的表面发射率为0.5。从图中可以看出在实验结束后10 min也就是14:00,太阳能反应器内壁面表面温度最

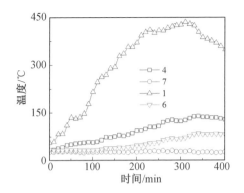

图 6.5　太阳能反应器不同位置的温度随实验时间的变化关系

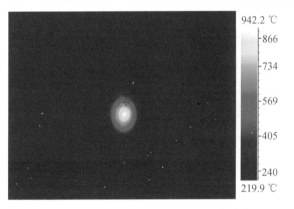

图 6.6　11:56 时反应器采光口处红外热像图

高值为 773.6 ℃,考虑到当天的太阳直射热流密度只有 500 W/m² ,如果直射热流密度达到 850 W/m² 时,反应器内部温度将会达到或者超过 $NiFe_2O_4$ 颗粒热分解的温度。从图 6.7(b)、(c)中可以看出,反应器内壁面温度下降迅速,在短短 15 min 内,内壁面最高温度从 759.6 ℃ 下降到 657.1 ℃,下降率达到 11%。文献指出太阳能热化学反应器的热损失主要是由采光口的辐射热损失引起的,因此作者认为造成反应器内表面温度急速下降的原因亦是内表面通过采光口向外界环境的辐射热损失。因此,在实验过程中,应当采取相应的措施来降低由辐射热损失引起的温度下降。

(2) 反应器采光口有石英玻璃且通入保护气体时壁面温度分布。

太阳能热化学反应过程中加入惰性气体的目的主要是降低石英玻璃的表面温度、阻止生成产物污染石英玻璃等。因此,本实验系统亦采取相应措施来降低石英玻璃温度。保护气由 N_2 瓶提供,气瓶出口连接管径为 16 mm、长度为 15 m

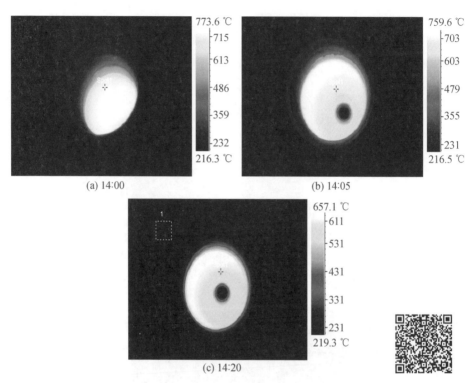

(a) 14:00   (b) 14:05

(c) 14:20

图 6.7   实验结束后不同时刻太阳能反应器内壁面红外热像图

的金属软管,在末端采用一个四通阀将气体分成 3 股,分配后的气体由管径为 10 mm 的软管输送到反应器内。在采光口保温材料设置 3 个保护气孔,每个间隔 120°,孔径为 10 mm,如图 6.8 所示。

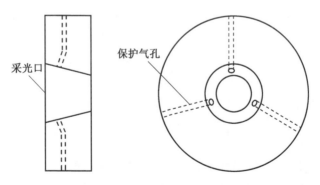

图 6.8   太阳能反应器保护气管路布置图

2015 年 8 月 1 日(天气晴朗,能见度好,2 级风),通过实验研究了太阳能反应

器在石英玻璃和保护气体存在时,反应器侧壁面温度分布情况,该实验在上午
10:30 开始测量,14:30 结束。太阳半球空间总辐射以及直射辐射热流密度随时
刻变化如图 6.9 所示,其变化规律与 7 月 31 日类似,但是由于天气能见度较好,从
而其太阳直射辐射值比 7 月 31 日大,其值在实验期间均大于 500 W/m²,正午时
分峰值达到 630 W/m²。

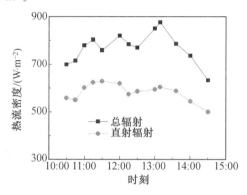

图 6.9　2015 年 8 月 1 日太阳辐射热流密度随时刻变化

　　表 6.1 给出了保护气体流量随时刻的变化关系,由于采用气瓶供气,内部压
力随实验进度推移逐渐减小,因而导致气瓶出口流量不稳定。

表 6.1　保护气体流量随时刻的变化关系

时刻	10:30	10:45	11:00	11:15	11:30	12:30	13:00
流量 /(kg·h⁻¹)	0.2	0.1	0.3	0.2	0.1	0.3	0

　　图 6.10 给出了在 N_2 存在时,反应器不同侧壁面温度随时间的变化关系,从
图中可以看出传感器 1、4 所测温度均随实验时间的增加而增大。传感器 1 所测
温度先随着实验进度的增加而增大,达到峰值后温度逐渐下降。当通入 N_2 时传
感器 1 温度峰值比没有 N_2 的要低,这是由于 N_2 从投入的太阳辐射获取能量使自
身温度升高,从而降低了反应器内壁面温度;同时也可以看出温度下降时刻与大
流量时刻存在延迟。因此,如果加入 N_2 应当对其进行加热,可降低其自身吸热
对反应器内壁面温度的影响。

　　图 6.11 给出了红外热像仪在不同时刻拍摄到的太阳能反应器采光口石英玻
璃的表面温度场分布,其中石英玻璃的表面发射率设为 0.9。对比图 6.11(a) 和
(b) 并结合不同时刻气体流量变化,可以看出在不同气体流量时,反应器石英玻
璃表面温度场峰值不同;当流量大时,表面温度较低,这也说明 N_2 存在对石英玻
璃具有冷却作用。图 6.11(c) 给出了当反应器没有 N_2 提供时,石英玻璃表面温
度场的分布。从图中可以看出当没有气体存在时,石英玻璃的表面温度高于气

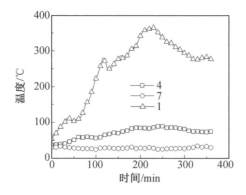

图 6.10   反应器不同侧壁面温度随时间的变化关系

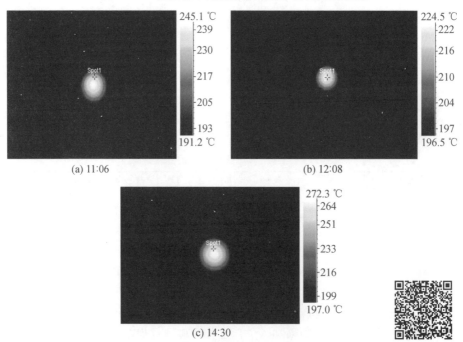

图 6.11   不同时刻石英玻璃表面红外温度分布图像

体存在时,这是由内部壁面温度对石英玻璃的加热作用造成的。由于石英玻璃存在,无法获得太阳能反应器内壁面温度分布场。

6.2　室内泡沫结构太阳能热化学实验系统设计与搭建

6.2.1　结合太阳模拟器的室内热化学实验台搭建

进行两步法高温太阳能热化学分解 CO_2 生成 CO 实验,首先需要完成实验台的搭建。基于 Fe_3O_4 两步太阳能热化学分解 CO_2 实验系统如图 6.12 所示。实验系统主要由 6 个部分构成,分别为热源单元、太阳能热化学反应器、气体进口控制单元、出口气体分析单元、温度监测单元以及水冷循环单元。气体经过气瓶减压阀以及流量控制器调节控制后通过进气口进入到反应器内腔中。CO_2 气体在多孔区域内加热升温并与催化剂反应裂解生成 CO。气体随气流经反应器出口排出后进入气体分析仪分析气体成分。由于实验过程中为了保护太阳能热化学反应器采光口前端石英玻璃,防止其在高温下破裂,因此设置了前端水冷法兰盘对其进行冷却降温;为了对高温反应器出口气体进行分析及收集,也需要对其进行降温冷却,因此反应器出口安装了一个水槽进行冷却。冷却循环单元由水冷机提供冷却水,并通过气动管将前端水冷及后端水冷串联。采用温度传感器对反应器温度进行测量并通过数据采集仪在计算机上实时监测。

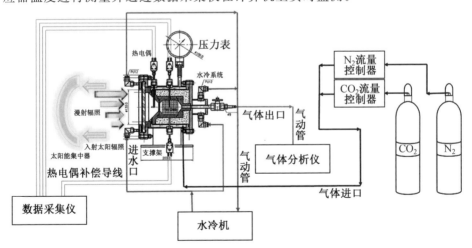

图 6.12　基于 Fe_3O_4 两步太阳能热化学分解 CO_2 实验系统

图 6.13 所示为搭建的太阳能热化学实验系统实物图。太阳能热化学反应器置于可调节高度的升降平台上,气瓶减压阀出气口连接到流量控制器进口处,流

量控制器出口与反应器进气口连接,反应器出气口与气体分析仪连接,气体分析仪通过数据线与计算机端口连接,在计算机气体分析仪的操作界面中监测所采集气体成分。前端水冷和后端水冷通过气动管和水冷机连接成水冷循环系统。反应器的热电偶通过热电偶补偿导线与数据采集仪连接,数据采集仪通过数据线与计算机端口连接,在计算机数据采集仪的操作界面监测采集温度数据。

图 6.13　搭建的太阳能热化学实验系统实物图

6.2.2　太阳模拟器单灯辐射加热反应器实验

为了精确测量太阳能热化学分解 CO_2 过程产生的 O_2,在加热太阳能热化学反应器之前采用保护气体(N_2)将反应器内部的空气吹扫干净。根据前述模拟结果可知,小流量的气体可以有效地增强与多孔介质之间的换热,从而有利于太阳能热化学分解 CO_2。

吹扫反应器时,反应器内腔的 O_2 含量会逐渐降低。图 6.14 所示为吹扫过程中反应器内 O_2 含量随时间的变化,可以看出 N_2 刚开始吹扫反应器时,O_2 含量迅速减小;随着吹扫时间的增加,O_2 含量逐渐减小。当经过 1 902 s 吹扫时间后,反应器内 O_2 完全吹扫干净。

实验过程中反应器放置于一个可移动的升降平台上,为了使太阳模拟器的光斑可以聚集在反应器内,需要调节太阳能热化学反应器的位置。在打开太阳模拟器氙灯前,首先调节反应器升降平台的高度,使反应器石英玻璃窗口的中心高度为 110 cm,之后平移升降平台,使反应器石英玻璃窗口与 4♯ 氙灯灯罩的边缘处距离为 69 cm,并使反应器与 4♯ 氙灯灯罩平面互相平行且中心对齐。经过

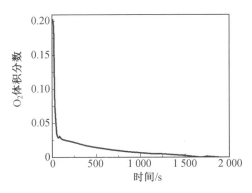

图 6.14　反应器腔体内 O_2 含量随时间的变化

太阳能热化学升降平台的调节,反应器的位置已经粗略调整完成。完成反应器位置的粗略调整后,还需要对反应器进行进一步调整,使太阳模拟器的焦平面与反应器石英玻璃窗口的中心对齐。

Solar S—Ⅱ 10 kW 辐射功率聚焦型太阳模拟器由 7 个氙灯组成,4♯ 氙灯位于中央位置。因此,选择打开 4♯ 氙灯,并根据 4♯ 氙灯的焦平面进一步调整反应器的位置。因为调整反应器是通过观测氙灯焦平面的位置来确定的,所以调整位置时为了保证反应器安全以及操作人员安全,需要使用氙灯的最小功率。如图 6.15 所示,此时 4♯ 氙灯工作的功率为 1 kW。

图 6.15　太阳模拟器 4♯ 氙灯控制箱

打开 4♯ 氙灯控制箱的触发开关后,通过观察反应器 Al_2O_3 保温层光圈周围亮斑的位置进一步调整反应器升降平台的高度以及升降平台上反应器的位置,如图 6.16 所示,将反应器的中心与 4♯ 氙灯的中心对齐,并使太阳模拟器的焦平面位于反应器石英玻璃窗口后部。调整完成太阳能热化学反应器的位置后即可进行太阳能热化学循环实验。

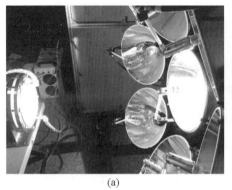

(a)　　　　　　　　　　(b)

图 6.16　调整反应器位置

为了降低反应器腔体材料的热冲击强度,对加热反应器的氙灯功率分 3 个阶段进行调节,从而使反应器内温度逐渐升高,如表 6.2 所示。

表 6.2　4♯ 氙灯功率调节时间表

时间 /s	4♯ 氙灯功率 /kW
0 ～ 960	1.0
960 ～ 1 560	2.5
1 560 ～ 1 840	3.3

图 6.17 所示为使用 4♯ 氙灯加热反应器时,位于反应器前端、多孔区域以及保温层 3 支热电偶测得的温度数据。从图中可以看出在实验开始阶段多孔区域的温度最高,反应器前端的温度次之,保温层的温度最低;当反应器加热 590 s 后,反应器前端的温度开始高于多孔区域的温度,并继续快速升高,保温层的温度依然缓慢升高。加热结束后,保温层的温度仅升高至 480.3 K,这表明反应器的保温效果较为理想。反应器加热过程中,其前端以及多孔区域的温度有 3 段明显的上升过程,分别为 0 ～ 960 s、960 ～ 1 560 s 以及 1 560 ～ 1 840 s,这正对应着 4♯ 氙灯的 3 次功率调节增大过程。反应器前端热电偶监测的温度在 1 650 s 后升高趋势不平缓,温度曲线开始变得不光滑,并且在 1 840 s 后温度显示为 990 K,这表示在这段时间段内反应器前部的 S 型热电偶出现了损坏。

太阳能热化学反应器在采用单灯调节功率加热后,反应器内多孔材料温度缓慢升高至 967.04 K,这远远低于太阳能热化学第一步催化剂还原反应的温度。因此,需要使用太阳模拟器多个氙灯进行加热。

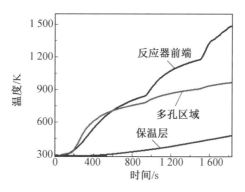

图 6.17　反应器前端温度、多孔区域温度以及保温层温度

6.2.3　太阳能热化学实验

（1）第一步催化剂还原实验。

由前述可知采用单灯加热反应器达不到热化学反应所需温度，因此在实验过程中采用 1♯、2♯、4♯、6♯ 以及 7♯ 氙灯加热反应器，如图 6.18 所示。实验过程中氙灯功率调节如表 6.3 所示，在整个加热实验过程中，1♯、2♯、6♯、7♯ 这 4 个氙灯的功率保持在 1.0 kW；在 0～300 s 时间段内保持 4♯ 氙灯的功率为 1.0 kW，进行反应器位置的调整，在 300～1 220 s 时间段内保持 4♯ 氙灯的功率为 3.3 kW，在 1 220～2 140 s 时间段内将 4♯ 氙灯的功率增大到 4.9 kW，进行太阳能热化学反应器的加热实验。

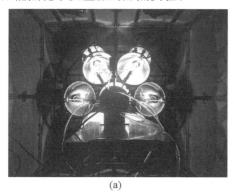
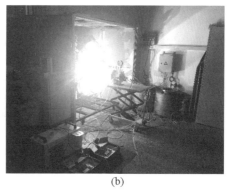

(a)　　　　　　　　　　　　　(b)

图 6.18　使用 1♯、2♯、4♯、6♯、7♯ 氙灯加热反应器实验图

311

表 6.3   第一步催化剂还原实验的氙灯功率

时间 /s	氙灯功率 /kW				
	1#	2#	4#	6#	7#
0 ~ 300	1.0	1.0	1.0	1.0	1.0
300 ~ 1 220	1.0	1.0	3.3	1.0	1.0
1 220 ~ 2 140	1.0	1.0	4.9	1.0	1.0

图 6.19 所示为太阳能热化学第一步催化剂还原实验过程中,多孔区域以及保温层温度的变化。从图中看出多孔区域温度经历了 3 段明显的上升过程,分别为 0 ~ 300 s、300 ~ 1 220 s 以及 1 220 ~ 2 140 s,这正好对应着 4# 氙灯的 3 次功率调节增大的过程。经过 1#、2#、4#、6#、7# 这 5 个氙灯在功率为 1.0 kW 时加热 300 s 后,多孔区域温度升高至 336.52 K,4# 氙灯功率调大至 3.3 kW 并加热 920 s 后,多孔区域温度升高至 1 272.68 K;4# 氙灯功率调大至 4.9 kW 并加热 920 s 后,多孔区域温度升高至 1 790.32 K。多孔区域温度在 3 段升温过程中,温度上升的速度逐渐降低,反应器内部逐渐达到热平衡状态。除此之外,保温层的温度上升过程较为平缓光滑,温度曲线没有出现和多孔区域温度一样的 3 段升温过程,经过太阳模拟器 2 140 s 加热后,保温层的温度从 293.08 K 升高至 751.70 K。

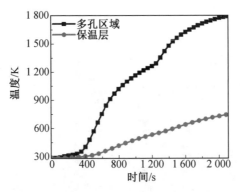

图 6.19   第一步催化剂还原实验中多孔
区域及保温层温度的变化

图 6.20 所示为实验过程中产生 O_2 的产率及产量随时间的变化关系。从图 6.20(a) 可知,当加热时间为 1 866 s 时,催化剂 Fe_3O_4 开始分解产生 O_2,此时多孔区域的温度为 1 733.09 K;当加热时间小于为 1 884 s 时,O_2 产率随之增大,此时 O_2 的产率达到最大值 2.38 mL/s;当加热时间大于 1 884 s 时,O_2 产率逐渐

降低；当加热时间为 2 110 s 时，O_2 的产率降为 0。图 6.20(b) 所示为 O_2 的产量随实验时间的变化，加热反应器到 1 866 s 时产生 O_2，实验进行到 2 110 s 时，O_2 的产量达到最大，其体积为 86.94 mL，之后 O_2 的产量便不再增加。此时，太阳能热化学反应的第一步就已经完成，需要通入反应气体 CO_2 并调节氙灯功率进行第二步分解 CO_2 制 CO 的实验。

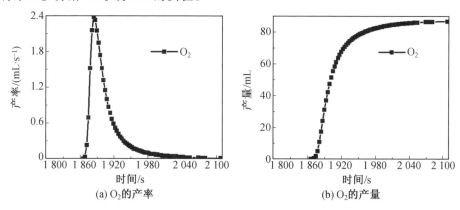

图 6.20　第一步催化剂还原实验产生 O_2 的产率及产量随时间的变化

（2）第二步分解 CO_2 制 CO 实验。

基于 Fe_3O_4 循环工质的太阳能热化学制取 CO 的温度相对较低，因此在实验过程中依旧采用 5 个氙灯加热反应器，但是其加热功率却有改变。实验过程中各个氙灯的功率大小如表 6.4 所示，在 2 140 s 时，将 4♯ 氙灯的功率从 4.9 kW 调低至 1.0 kW；在 2 550 s 时将 4♯ 氙灯的功率调至 2.5 kW；在 3 560 s 时将 4♯ 氙灯的功率重新调低至 1.0 kW。太阳模拟器加热反应器 3 650 s 后实验结束。

表 6.4　第二步分解 CO_2 制 CO 实验的氙灯功率

时间 /s	氙灯功率 /kW				
	1♯	2♯	4♯	6♯	7♯
2 140 ~ 2 550	1.0	1.0	1.0	1.0	1.0
2 550 ~ 3 560	1.0	1.0	2.5	1.0	1.0
3 560 ~ 3 650	1.0	1.0	1.0	1.0	1.0

图 6.21 所示为制取 CO 过程中多孔区域以及保温层的温度变化，可以看出多孔区域温度有 3 段明显的下降过程，而保温层温度则下降较为平缓，上述结果主要与实验过程中氙灯功率调节过程有关。

图 6.22 所示为制取 CO 过程中 CO 产率与产量的变化。从图 6.22(a) 中可知，当实验时间为 2 205 s 时开始产生 CO，之后 CO 的产率迅速增大，当实验时间

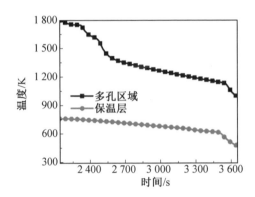

图 6.21　第二步分解 CO_2 制 CO 实验多孔区域
及保温层温度变化

为 2 293 s 时,CO 的产率达到最大值 0.10 mL/s;CO 产率达到最大值后迅速降低,并在产率为 0.01 mL/s 时维持一段时间;当实验时间为 3 040 s 时,没有 CO 生成。图 6.22(b) 所示为 CO 的产量随实验时间的变化,从 CO 产生至实验结束,共生成 25.29 mL 的 CO。此时,太阳能热化学的第二步实验就已经完成,太阳能热化学实验的一个循环也同时完成。

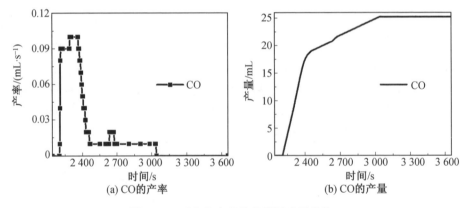

图 6.22　CO 的产率及产量随时间变化

(3) 一个循环后催化剂的变化。

由实验结果可知,催化剂还原实验过程中多孔区域温度的升温速率高,同时 O_2 产量较大,其产率也较高,其最大值达 2.38 mL/s;而制备 CO 的实验过程中,CO 的产量较低,其产率也较低,其最大值才达到 0.10 mL/s。对比 O_2 和 CO 的产率可知,实验过程中的催化剂应该产生了变化。图 6.23 给出了反应前后表面涂覆多孔催化剂的实物对比,从图中可以看出实验过后作为支撑结构的 Al_2O_3

多孔陶瓷熔化情况严重,Al_2O_3 多孔陶瓷熔化待冷却后又重新凝结成块状的大结构,并且其结构表面具有晶状 Fe_3O_4 固体。多孔催化剂熔化是因为加热过程中氙灯功率的调节速度过快,导致多孔催化剂局部温度过高熔化。因此,为了保持多孔催化剂结构的完整,提高太阳能热化学循环实验的效率,在后续实验过程中,太阳模拟器氙灯功率的调节速度需要减缓,以此保证多孔催化剂升温均匀。

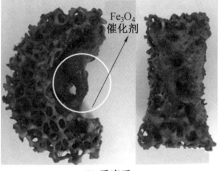

(a) 反应前   (b) 反应后

图 6.23   反应前后表面涂覆多孔催化剂的实物对比

6.2.4 表面涂覆多孔催化剂分解 CO_2 多次循环实验

在汲取太阳能热化学单次循环实验的经验后,进行了太阳能热化学分解 CO_2 多次循环实验,实验过程中更换了新的表面涂覆纳米 Fe_3O_4 多孔催化剂。

(1) 循环实验过程中氙灯功率的调节。

利用表面涂覆多孔催化剂,进行了 3 个太阳能热化学分解 CO_2 循环实验。其中每个循环实验可以分为两个步骤:第一步为多孔催化剂的还原实验,其反应温度较高;第二步为分解 CO_2 制 CO,同时将还原态的催化剂氧化,重新生成氧化态的 Fe_3O_4,作为接下来的循环实验的催化剂。汲取上节太阳能热化学分解 CO_2 制 CO 单次循环实验的经验,太阳能热化学表面涂覆多孔催化剂分解 CO_2 的 3 个循环实验过程中,各个氙灯的功率如表 6.5 所示。

在 3 个太阳能热化学分解 CO_2 生成 CO 循环实验中,第 1 次循环的第一步催化剂还原实验过程中,打开 N_2 流量控制器,控制 N_2 的体积流量为 120 mL/min 通入反应器内。为了防止多孔催化剂局部熔化现象,保持 4♯ 氙灯最小功率 1.0 kW 加热 1 230 s;之后将氙灯功率调至 3.3 kW 加热大约 10 min;最后将 4♯ 氙灯功率调至 4.9 kW 加热约 15 min 后,第 1 次循环的第一步催化剂还原实验结束。由于第二步分解 CO_2 制 CO 的反应温度较低,将 4♯ 氙灯的功率调至 1 kW 后打开 CO_2 流量控制器,控制 CO_2 的体积流量为 120 mL/min 通入反应器内,并

保持加热时间约 15 min 后关闭 CO_2 流量控制器,继续保持 N_2 的体积流量为
120 mL/min 通入反应器内,此时第 1 次循环实验就结束了。第 2 次与第 3 次循环实验中的氙灯功率调节大小和时间、CO_2 流量控制器打开、关闭的时间及方式和第 1 次循环实验类似,不再一一赘述。由于上一次循环的第二步实验过程中 4# 氙灯的功率保持在 1.0 kW,因此第 2 次和第 3 次循环实验的第一步催化剂还原实验过程中,4# 氙灯的功率调节只需要分别进行两次。

表 6.5 表面涂覆多孔催化剂分解 CO_2 多次循环实验的氙灯功率

循环次数		时间 /s	氙灯功率 /kW				
			1#	2#	4#	6#	7#
第 1 次	第一步	0 ~ 1 230	1.0	1.0	1.0	1.0	1.0
		1 230 ~ 2 110	1.0	1.0	3.3	1.0	1.0
		2 110 ~ 2 740	1.0	1.0	4.9	1.0	1.0
	第二步	2 740 ~ 3 690	1.0	1.0	1.0	1.0	1.0
第 2 次	第一步	3 690 ~ 4 260	1.0	1.0	3.3	1.0	1.0
		4 260 ~ 5 180	1.0	1.0	4.9	1.0	1.0
	第二步	5 180 ~ 6 090	1.0	1.0	1.0	1.0	1.0
第 3 次	第一步	6 090 ~ 6 680	1.0	1.0	3.3	1.0	1.0
		6 680 ~ 7 600	1.0	1.0	4.9	1.0	1.0
	第二步	7 600 ~ 8 520	1.0	1.0	1.0	1.0	1.0

(2) 多孔区域和保温层的温度变化。

图 6.24 所示为太阳能热化学表面涂覆多孔催化剂分解 CO_2 多次循环实验过程中反应器多孔区域以及保温层的温度变化。由图中可知,反应器多孔区域及保温层的温度显然经历了 3 次升高、降低的循环变化。实验开始时,第 1 次循环的第一步催化剂还原实验过程中,多孔区域温度迅速升高,在经历了 3 个明显的升温过程后达到最大值,这正对应着实验过程中加热氙灯的 3 个不同功率。氙灯加热 1 230 s 过程中,4# 氙灯的功率为 1.0 kW,多孔区域的温度从室温292.97 K 升高至 1 182.42 K。在该过程中,反应器向外散热量逐渐增大导致多孔区域温度的升高速率逐渐降低。在实验进行 1 230 s 后,4# 氙灯的功率调高至 3.3 kW,多孔区域升温速率再次提高。当实验时间为 2 110 s 时,多孔区域的温度升高至 1 645.75 K;实验进行 2 110 s 后,4# 氙灯的功率调高至 4.9 kW,并加热到 2 740 s,此时多孔区域的温度升高到极大值 1 787.73 K;保温层温度在第1 次循环的第一步加热实验过程中,经过 2 740 s 的太阳模拟器氙灯加热后,其温

度由 293.08 K 升高至 828.49 K。在第 1 次太阳能热化学分解 CO_2 循环的第一步催化剂还原实验后,紧接着进行第二步分解 CO_2 制 CO 的实验。由于其所需的反应温度低于第一步反应的温度,因此调低 4♯ 氙灯的功率至 1.0 kW,以降低反应器内腔中多孔区域的温度。经过 950 s 的降温过程,多孔区域温度由 1 787.73 K 降至 1 301.29 K,其温度下降速率逐渐减小;而保温层的温度由 828.49 K 降至 720.53 K。由于保温材料具有较高的比热容,因此保温层的温度下降速率较为缓慢。当加热反应器时间为 3 690 s 后,第 1 次表面涂覆多孔催化剂分解 CO_2 的循环实验就结束了。第 2 次循环和第 3 次循环操作流程与第 1 次循环类似,不再一一赘述。

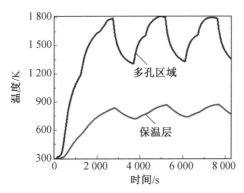

图 6.24　表面涂覆多孔催化剂分解 CO_2 多次循环实验过程中保温层和多孔区域温度变化

(3)O_2 和 CO 的产率及产量。

图 6.25 所示为 3 个热化学循环过程中 O_2 和 CO 的产率随时间的变化,由图中可知,只有第 1 次循环产生了 O_2,其产率的最大值远远大于 CO 的产率;但是 3 次循环过程中都有 CO 的产生,并且每次循环 CO 的产率及产量都逐渐降低。

由图 6.25 中的结果可知,实验开始时 O_2 和 CO 的产率都为 0。当实验进行到 1 218 s 后有 O_2 产生,此时多孔区域的温度为 1 178.09 K;随着实验时间的增加,多孔区域的温度增大,O_2 的产率迅速增大。当实验进行到 1 385 s 时,O_2 的产率达到最大值 1.08 mL/s,此时多孔区域的温度为 1 355.26 K。之后的实验过程中,O_2 的产率逐渐降低,当实验进行到 2 279 s 时,O_2 的产率降为 0,此时多孔区域的温度为 1 695.32 K。在随后的第 2 次及第 3 次循环实验的第一步催化剂还原实验过程中,O_2 的产率一直为 0,实验过程中没有 O_2 的生成。

第 1 次循环的第二步分解 CO_2 生成 CO 的实验过程中,当实验进行到 2 798 s 时有 CO 产生,此时多孔区域的温度下降为 1 674.11 K;此后 CO 的产率逐渐升

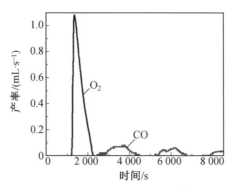

图 6.25 表面涂覆多孔催化剂分解 CO_2 循环实验过程中 O_2 和 CO 的产率

高,当实验进行到 3 287 s 时,CO 的产率达到最大值 0.07 mL/s,并保持这个产率反应了一段时间,此时多孔区域的温度降为 1 362.09 K;之后 CO 的产率就逐渐降低,当实验进行到 4 490 s 时,CO 的产率降为 0,但是此时已经是第 2 次循环的第一步催化剂还原实验时间段,这是由于实验过程中产生的 CO 需要经过一段时间后才可以随着反应器内部的气流流出反应器进入到气体分析仪内,进行气体成分的分析。第 2 次循环的第二步分解 CO_2 生成 CO 的实验过程中,当实验进行到 5 220 s 时有 CO 产生,此时多孔区域的温度下降为 1 717.66 K;此后 CO 的产率逐渐升高,当实验进行到 6 125 s 时,CO 的产率达到最大值 0.06 mL/s;之后 CO 的产率就逐渐降低,当实验进行到 6 750 s 时,CO 的产率降为 0。第 3 次循环的第二步分解 CO_2 生成 CO 的实验过程中,当实验进行到 7 717 s 时有 CO 产生,此时多孔区域的温度下降为 1 603.26 K;此后 CO 的产率逐渐升高,当实验进行到 8 081 s 时,CO 的产率达到最大值 0.03 mL/s;第二步实验进行到 8 520 s 结束后,仍然有 CO 产生。

图 6.26 所示为循环实验过程中 O_2 和 CO 的产量随时间的变化。 从图 6.26(a) 可以看出,第 1 次循环中 O_2 的产生过程共持续 1 061 s,其总产量达到了 519.86 mL;而在第 2 次循环及第 3 次循环过程中均无 O_2 的产生。 从图 6.26(b) 可知,3 个循环过程中均有 CO 的产生,但各个循环过程时长以及产量各不相同。第 1 次循环过程中,CO 的产量经过 1 692 s 共生成 81.58 mL;第 2 次循环过程中,CO 产生的时长降为 1 530 s,产量降为 54.61 mL;第 3 次循环过程中,CO 产生的时长继续降为 1 268 s,产量降低至 26.53 mL。图 6.26(c) 所示为 3 个循环中 O_2 和 CO 总产量的对比,从图中可以看出虽然第 2 次和第 3 次循环过程中均无 O_2 的产生,但是第 1 次循环过程中 O_2 的总产量远高于 3 次循环过程中 CO 的总产量。除此之外,每个循环过程中 CO 的总产量随着循环次数逐渐降低。

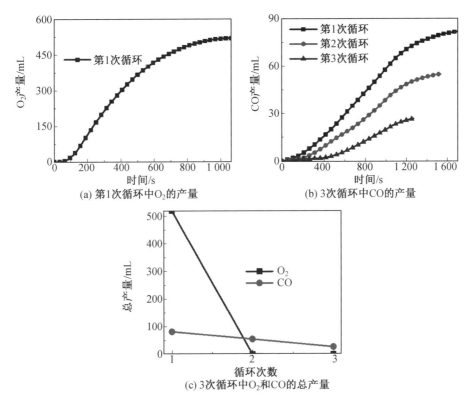

图 6.26　表面涂覆多孔催化剂分解 CO_2 循环实验过程中 O_2 和 CO 的产量

（4）表面涂覆多孔催化剂转化率。

图 6.27 展示出了太阳能热化学 3 次循环实验过程中,表面涂覆多孔催化剂转化率的变化。催化剂的转化率是根据图 6.25 所示实验结果计算得出的,图中 O_2 和 CO 产率与时间轴所形成的图形面积即为实验过程中 O_2 和 CO 的产量,由此可以计算出与之反应的 Fe_3O_4 催化剂摩尔数;实验过程使用两块表面涂覆 0.05 mol Fe_3O_4 纳米颗粒的 Al_2O_3 多孔陶瓷,共有 0.1 mol 的 Fe_3O_4 纳米颗粒作为催化剂进行太阳能热化学反应;将参加反应的 Fe_3O_4 催化剂摩尔数与催化剂原有的 Fe_3O_4 摩尔数相除,就计算得出了催化剂的转化率。

由图中的结果可知,随着第 1 次循环第一步催化剂还原实验过程中 O_2 的产生,实验进行到 1 218 s 后,催化剂的转化率逐渐提高;当实验进行到 2 279 s,即 O_2 停止产生时,催化剂的转化率达到最大值 92.8%。随着第 1 次循环第二步催化剂氧化实验过程中 CO 的产生,催化剂的转化率逐渐降低;当实验进行到 4 490 s 时,第 1 次循环过程中 CO 停止生成后,催化剂的转化率降为 85.1%。当实验进行到 5 220 s 时,随着第 2 次循环第二步催化剂氧化实验过程中 CO 的产生,催化剂的转化率逐渐降低;当实验进行到 6 750 s 时,第 2 次循环过程中 CO 停止生成后,催化剂的转化率降为 80.3%。当实验进行到 7 717 s 时,随着第 3 次循环第二步催化剂氧化实验过程中 CO 的产生,催化剂的转化率逐渐降低;当实验进行到 8 520 s,第 3 次循环过程结束时,催化剂的转化率降为 77.8%。

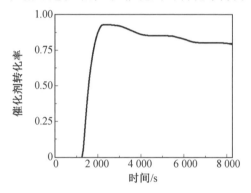

图 6.27　表面涂覆多孔催化剂转化率

根据图 6.26 所示表面涂覆多孔催化剂分解 CO_2 循环实验过程中 O_2 和 CO 的体积产生速率的变化,以及图 6.27 所示表面涂覆多孔催化剂转化率的变化结果可知,在第 1 次循环过程中,O_2 的产率及催化剂的转化率较为理想,但是之后的两次循环过程中均无 O_2 的生成,多孔催化剂无法有效地转化为还原态的 Fe_3O_4,导致后续循环过程中 CO 的产率降低。由以上的分析可知,表面涂覆多孔催化剂在太阳能热化学实验过程中循环效率较低,不是太阳能热化学理想的多孔催化剂。

(5)循环实验后的表面涂覆多孔催化剂变化。

图 6.28 展示出了经过 3 次循环实验后,反应器内腔中的表面涂覆多孔催化剂。经过长时间高温环境进行的太阳能热化学循环分解 CO_2 生成 CO 实验后,反应腔内的多孔催化剂整体的温度很高,通体发红,透过石英玻璃可观察出多孔催化剂的形状。同时观察出经过 3 次循环实验后,多孔催化剂没有出现如图 6.23 所示单次循环实验后出现的熔化现象,仍然保持了较为完整的形态,这意味着改进后的加热阶段氙灯功率调节方法更科学合理,有利于太阳能热化学循环分解 CO_2 实验。

经过表面涂覆多孔催化剂分解 CO_2 多次循环实验后,发现实验中使用的以 Al_2O_3 多孔陶瓷作为支撑材料,表面涂覆 Fe_3O_4 纳米材料的多孔催化剂循环性能较差,多孔催化剂表面的 Fe_3O_4 材料经过加热后挥发很多,如图 6.29 所示,这是

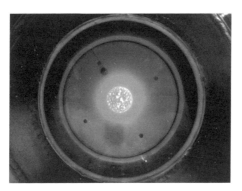

图 6.28　循环实验后反应腔内的表面涂覆多孔催化剂

O_2 只在第 1 次循环实验中出现,而之后两次循环实验无 O_2 产生的原因。其次,该多孔材料的厚度为 30 mm,实验过程中反应器中的反应腔内需要填充两块多孔催化剂,叠加在一起的多孔催化剂会降低太阳能热化学反应器内的传热传质性能。因此,表面涂覆多孔催化剂不是太阳能热化学理想的多孔催化剂,需要研制新型的多孔催化剂,以此提高太阳能热化学分解 CO_2 生成 CO 的循环效率。

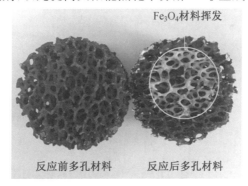

图 6.29　反应前与反应后表面涂覆多孔催化剂对比图

6.3　单活性组分结构化材料实验测试

在使用表面涂覆多孔催化剂进行了 3 次太阳能热化学分解 CO_2 的循环实验后,发现其循环催化效果不理想,因此不适合作为太阳能热化学分解 CO_2 循环实验的催化剂。根据图 6.29 所示表面涂覆多孔催化剂材料反应前后的对比图可知,导致表面涂覆多孔催化剂循环效率降低的原因是经过高温加热后,表面涂覆的 Fe_3O_4 纳米颗粒挥发。因此,本节直接使用 Al_2O_3 与 Fe_3O_4 混合材料作为原料,制备出新型的多孔催化剂材料,这样就可以直接避免表面涂覆多孔催化剂的挥发。

6.3.1 新型多孔催化剂制备

新型多孔催化剂的制备步骤除了不需要表面涂覆多孔催化剂制备过程的最后一个步骤 ——Fe_3O_4 纳米颗粒涂覆外,其余的步骤同本章第 6.1 节介绍的相同。重新配制了 Al_2O_3 与 Fe_3O_4 混合材料作为原料,并烧制成新型的 Fe_3O_4/Al_2O_3 多孔催化剂,其规格为 50 mm × 60 mm(直径 50 mm、厚度 60 mm),用于接下来的太阳能热化学分解 CO_2 制 CO 循环实验中。新型多孔催化剂的结构参数同表面涂覆多孔催化剂相同,即孔隙率 $\varepsilon_p = 0.9$,平均孔径大小 $d_p = 1$ mm。新型多孔催化剂的原料配比也与表面涂覆多孔催化剂相同,由于表面涂覆多孔催化剂的规格为 50 mm × 30 mm,而新型多孔催化剂的规格为 50 mm × 60 mm,因此制备出的新型多孔催化剂每块需要含有 0.90 mol 的 Al_2O_3 纳米颗粒以及 0.10 mol 的 Fe_3O_4 纳米颗粒,Fe_3O_4/Al_2O_3 摩尔比保持为 1∶9。其烧制成的新型 Fe_3O_4/Al_2O_3 多孔催化剂如图 6.30 所示。

图 6.30　新型的 Fe_3O_4/Al_2O_3 多孔催化剂

(1) 循环实验过程中氙灯功率的调节。

利用新型多孔催化剂,进行了 3 个太阳能热化学分解 CO_2 生成 CO 循环实验。根据上节表面涂覆多孔催化剂太阳能热化学分解 CO_2 的 3 次循环实验的经验,太阳能热化学新型多孔催化剂分解 CO_2 生成 CO 的 3 个循环实验过程中,各个氙灯的功率如表 6.6 所示。在实验过程中,为了保持反应器受热均匀,使用了和表面涂覆多孔催化剂循环实验中相同的氙灯,即太阳模拟器中央的 4# 氙灯以及 1#、2#、6#、7# 周向对称的 4 个氙灯,同时保持这 4 个氙灯的功率同表面涂覆多孔催化剂循环实验中的相同,始终保持为 1.0 kW,只通过调节 4# 氙灯的功率来控制反应器内部的温度。

在 3 个新型多孔催化剂太阳能热化学分解 CO_2 的循环实验中,第 1 次循环的第一步催化剂还原实验过程中,首先打开保护气体 N_2 流量控制器,控制 N_2 的体积流量为 120 mL/min 通入反应器内,为了防止反应器升温过快,实验过程中保持 4# 氙灯最小功率 1.0 kW 加热 2 570 s,紧接着调高氙灯功率至 2.5 kW 加热 18 min,然后继续调高氙灯功率至 3.3 kW 加热约 10 min,最后将 4# 氙灯功率调高至 4.9 kW 加热约 15 min 后,第 1 次循环的第一步催化剂还原实验就结束了;进行第二步分解 CO_2 制 CO 实验时,调低 4# 氙灯的功率至 1 kW,此时打开 CO_2 流量控制器,控制 CO_2 的体积流量为 120 mL/min 通入反应器内,并保持加热约 15 min 后关闭 CO_2 流量控制器,继续保持 N_2 的体积流量为 120 mL/min 通入反应器内,此时第 1 次循环实验就结束了。第 2 次以及第 3 次循环实验中的氙灯功率调节大小和时间,以及 CO_2 流量控制器打开、关闭的时间及方式与第 1 次循环实验类似。

表 6.6　新型多孔催化剂分解 CO_2 多次循环实验的氙灯功率

循环次数		时间 /s	氙灯功率 /kW				
			1#	2#	4#	6#	7#
第 1 次	第一步	0 ~ 2 570	1.0	1.0	1.0	1.0	1.0
		2 570 ~ 3 650	1.0	1.0	2.5	1.0	1.0
		3 650 ~ 4 260	1.0	1.0	3.3	1.0	1.0
		4 260 ~ 4 870	1.0	1.0	4.9	1.0	1.0
	第二步	4 870 ~ 5 790	1.0	1.0	1.0	1.0	1.0
第 2 次	第一步	5 790 ~ 6 400	1.0	1.0	3.3	1.0	1.0
		6 400 ~ 7 300	1.0	1.0	4.9	1.0	1.0
	第二步	7 300 ~ 8 240	1.0	1.0	1.0	1.0	1.0
第 3 次	第一步	8 240 ~ 8 820	1.0	1.0	3.3	1.0	1.0
		8 820 ~ 9 740	1.0	1.0	4.9	1.0	1.0
	第二步	9 740 ~ 10 650	1.0	1.0	1.0	1.0	1.0

(2) 多孔区域和保温层的温度变化。

图 6.31 展示了太阳能热化学新型多孔催化剂分解 CO_2 多次循环实验过程中,反应器多孔区域以及保温层的温度变化。由图中结果可知,反应器多孔区域及保温层的温度明显经历了 3 次升高、降低的循环变化,并且多孔区域的温度始终高于保温层的温度。实验开始时,第 1 次循环的第一步催化剂还原实验过程中,多孔区域温度迅速升高,在 4 个明显的升温过程中达到了最大值,这正对应着实验过程中加热氙灯的 4 个不同功率。当氙灯加热 2 570 s 后,这段时间 4♯ 氙灯的功率为 1.0 kW,多孔区域的温度从室温 290.67 K 升高至 1 129.21 K;实验进行 2 570 s 后,4♯ 氙灯的功率调高至 2.5 kW,多孔区域温度曲线出现转折点,多孔区域的温度升高速率再次提高,当实验时间为 3 650 s 时,多孔区域的温度升高至 1 313.97 K;实验进行 3 650 s 后,4♯ 氙灯的功率调高至 3.3 kW 并加热至 4 260 s,多孔区域的温度升高至 1 440.78 K;实验进行 4 260 s 后,4♯ 氙灯的功率调高至 4.9 kW,并加热到 4 870 s,此时多孔区域的温度升高到最大值 1 602.33 K;保温层在第 1 次循环的第一步加热实验过程中,经过 4 870 s 的太阳模拟器氙灯加热后,其温度由室温 290.67 K 升高至 752.85 K。在第 1 次太阳能热化学分解 CO_2 循环的第一步新型催化剂还原实验后,紧接着进行第二步分解 CO_2 制 CO 的实验,由于其所需的反应温度低于第一步催化剂进行还原反应的温度,因此调低 4♯ 氙灯的功率至 1.0 kW,经过 920 s 的降温过程,多孔区域温度由 1 602.33 K 降至 1 215.13 K,在此过程中其温度下降速率逐渐减小;保温层的温度由 752.85 K 降至 676.07 K。当太阳模拟器加热反应器 5 790 s 后,第 1 次新型多孔催化剂分解 CO_2 的循环实验就结束了,接下来调高 4♯ 氙灯的功率,继续进行第 2 次循环实验。

第 2 次太阳能热化学分解 CO_2 循环的第一步催化剂还原实验过程中,首先将 4♯ 氙灯的功率由 1.0 kW 调高至 3.3 kW 加热反应器 610 s 后,多孔区域温度由 1 215.13 K 升高至 1 374.43 K;继续调高 4♯ 氙灯的功率至 4.9 kW 加热反应器 900 s 后,多孔区域温度升高至 1 608.88 K,此时保温层的温度也升高至 758.18 K。第 2 次太阳能热化学分解 CO_2 循环的第一步新型多孔催化剂还原实验结束后,将 4♯ 氙灯的功率调低至 1.0 kW,进行循环的第二步实验,经过 940 s 的加热时间后,多孔区域温度降低至 1226.82 K,同时保温层的温度降低至 678.98 K。紧接着进行第 3 次太阳能热化学分解 CO_2 循环的第一步新型多孔催化剂还原实验,首先将 4♯ 氙灯的功率由 1.0 kW 调高至 3.3 kW 加热反应器 580 s 后,多孔区域温度由 1 226.82 K 升高至 1 417.22 K;继续调高 4♯ 氙灯的功率至 4.9 kW 加热反应器 920 s 后,多孔区域温度升高至 1 598.80 K,此时保温层的温度也升高至 759.02 K。第 3 次太阳能热化学分解 CO_2 循环的第一步新型多孔催化剂还原实验结束后,将 4♯ 氙灯的功率调低至 1.0 kW,进行循环的第二步实验,经过 910 s 的加热时间后,多孔区域温度降低至 1 224.63 K,同时保温层的温度降低至 679.28 K。经过以上 4♯ 氙灯的调节功率后,就结束了太阳能热化学新型多孔催化剂分解 CO_2 的 3 次循环实验。

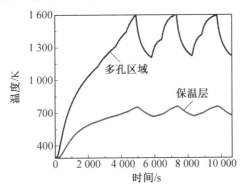

图 6.31　新型多孔催化剂分解 CO_2 多次循环实验过程中多孔
区域和保温层温度变化

6.3.2　O_2 和 CO 的产率及产量

图 6.32 展示出了太阳能热化学新型多孔催化剂多次循环实验过程中,O_2 和 CO 的产率。由图中结果可知,在 3 次太阳能热化学新型多孔催化剂循环实验过程中,均产生了 O_2,其产率的最大值远远大于同一循环过程中 CO 的产率;并且每次循环 O_2 的产率和 CO 的产率及产量都随着循环次数的增加而逐渐降低。

由图 6.32 中的结果可知,实验开始时,O_2 和 CO 的产率都为 0。当实验进行到 3 725 s 后有 O_2 产生,此时多孔区域温度为 1 336.47 K;随着实验时间的增加,多孔区域温度增大,O_2 产率逐渐增大,当实验进行到 4 578 s 时,O_2 产率达到最大值 0.52 mL/s,此时多孔区域温度为 1 540.58 K;之后的实验过程中,O_2 产率逐渐降低,当实验进行到 5 306 s 时,O_2 的产率降为 0,此时已经是第 1 次循环的第二步实验时间段,这是由于实验过程中产生的 O_2 需要经过一段时间后才可以随着反应器内部的气流流出反应器进入到气体分析仪内,进行气体成分的分析。第 1 次循环的第二步分解 CO_2 制 CO 的实验过程中,当实验进行到 5 036 s 时有 CO 产生,此时多孔区域的温度下降为 1 428.02 K;此后 CO 的产率逐渐升高,当实验进行到 5 555 s 时,CO 的产率达到最大值 0.20 mL/s,此时多孔区域的温度降为 1 247.65 K;之后 CO 的产率就逐渐降低,当实验进行到 6 876 s 时,CO 的

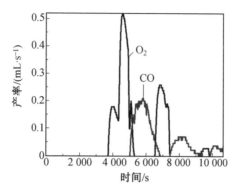

图 6.32　新型多孔催化剂分解 CO_2 多次循环
实验过程中 O_2 和 CO 的产率

产率降为 0，但是此时已经是第 2 次循环的第一步催化剂还原实验时间段，其与上述第 1 次循环的第二步实验时间段有 O_2 生成的原因相同。

第 2 次循环的第一步催化剂还原实验过程中，当实验进行到 6 543 s 后重新有 O_2 产生，此时多孔区域的温度为 1 458.11 K；随着实验时间的增加，O_2 的产率逐渐增大，当实验进行到 6 813 s 时，O_2 的产率达到最大值 0.26 mL/s，此时多孔区域的温度为 1 552.24 K；之后的实验过程中，O_2 的产率逐渐降低，当实验进行到 7 458 s 时，O_2 的产率降为 0，此时已经是第 2 次循环的第二步实验时间段。第 2 次循环的第二步分解 CO_2 制 CO 的实验过程中，当实验进行到 7 459 s 时有 CO 产生，此时多孔区域的温度下降为 1 586.97 K；此后 CO 的产率逐渐升高，当实验进行到 7 999 s 时，CO 的产率达到最大值 0.07 mL/s，此时多孔区域的温度降为 1 259.24 K；之后 CO 的产率就逐渐降低，当实验进行到 9 185 s 时，CO 的产率降为 0，但是此时已经是第 3 次循环的第一步催化剂还原实验时间段。

第 3 次循环的第一步催化剂还原实验过程中，当实验进行到 9 248 s 后重新有 O_2 产生，此时多孔区域的温度为 1 558.80 K；随着实验时间的增加，O_2 的产率逐渐增大，当实验进行到 9 466 s 时，O_2 的产率达到最大值 0.03 mL/s，此时多孔区域的温度为 1 582.37 K；之后的实验过程中，O_2 的产率逐渐降低，当实验进行到 9 840 s 时，O_2 的产率降为 0，此时已经是第 3 次循环的第二步实验时间段。第 3 次循环的第二步分解 CO_2 制 CO 的实验过程中，当实验进行到 9 882 s 时有 CO 产生，此时多孔区域的温度下降为 1 453.36 K；此后 CO 的产率逐渐升高，当实验进行到 10 070 s 时，CO 的产率达到最大值 0.04 mL/s，此时多孔区域的温度降为 1 350.09 K；此后 CO 的产率逐渐降低，第二步实验进行到 10 715 s 结束后，仍然有 CO 产生。

图 6.33 展示了新型多孔催化剂循环实验过程中 O_2 和 CO 的产量随气体产生时长的变化,以及各次循环过程中 O_2 和 CO 的产量对比。 图 6.33(a) 和图 6.33(b) 中,每次循环开始产生 O_2 和 CO 时计时,至 O_2 和 CO 产生结束,展示了各次循环中 O_2 和 CO 的产量随时间的变化。图 6.33(a) 展示了各次循环过程中 O_2 的产量随气体产生时长的变化。由图中结果可知,3 次循环过程中 O_2 产生的时长及产量逐渐降低。例如,第 1 次循环中,O_2 的产生过程共持续 1 581 s,其总产量达到了 394.77 mL;第 2 次循环过程中,O_2 产生的时长降为 915 s,产量降为 176.39 mL;第 3 次循环过程中,O_2 产生的时长继续降为 572 s,其总产量只有 13.68 mL。图 6.33(b) 展示了各次循环过程中 CO 的产量随时间的变化。由图中结果可知,3 次循环过程中 CO 的产量逐渐降低,但是产生时长无明显规律。例如,第 1 次循环过程中,CO 经过 1 840 s 共生成了 233.21 mL;第 2 次循环过程中,CO 产生的时长增加到 1 966 s,但是其产量却降低至 78.66 mL;第 3 次循环过程中,CO 产生的时长降为 833 s,其产量也降低至 26.02 mL。图 6.33(c) 展示了各

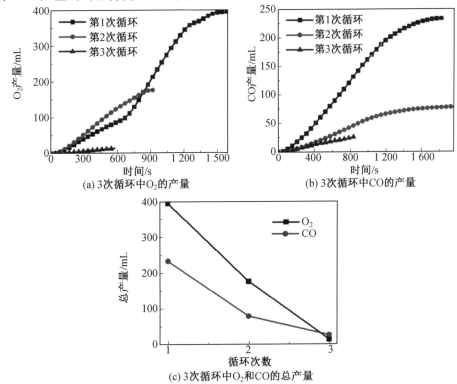

图 6.33　新型多孔催化剂多次循环实验过程中 O_2 和 CO 的产量变化

次循环中，O_2 和 CO 总产量的对比。由图中结果可知，各个循环过程中，O_2 和 CO 的总产量随着循环次数的增加逐渐降低。除此之外，第 1 次和第 2 次循环过程中，O_2 的总产量均高于 CO 的总产量；但是第 3 次循环过程中，CO 的总产量高于 O_2 的总产量。

6.3.3 Fe_3O_4/Al_2O_3 多孔催化剂分解 CO_2 反应活性分析

图 6.34 展示出了太阳能热化学 3 次循环实验过程中，新型多孔催化剂转化率的变化。催化剂转化率的计算方法与图 6.32 的计算方法相同，实验过程中使用一块新型多孔催化剂，其中含有 0.1 mol 的 Fe_3O_4 纳米颗粒作为催化剂进行太阳能热化学反应。

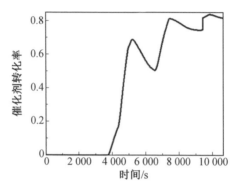

图 6.34 新型多孔催化剂转化率

由图中的结果可知，随着第 1 次循环第一步催化剂还原实验过程中 O_2 的产生，实验进行到 3 725 s 后，催化剂的转化率逐渐提高；当实验进行到 5 306 s，即 O_2 停止产生时，催化剂的转化率达到极大值 68.1%。随着第 1 次循环第二步催化剂氧化实验过程中 CO 的产生，催化剂的转化率逐渐降低；第 1 次循环第二步实验结束，即实验进行 5 790 s 后，催化剂的转化率降为 60.9%。由于此时仍然有 CO 的生成，所以催化剂的转化率继续降低；当实验进行到 6 564 s 时，此时已经处于第 2 次循环的第一步实验时间段，因为之前 CO 的产率等于 O_2 的产率，催化剂的转化率达到极小值 50.5%。催化剂的转化率达到极小值后，第 2 次循环的第一步实验时间段 O_2 的产率大于第 1 次循环的第二步实验时间段 CO 的产率，催化剂的转化率逐渐上升；当反应时间进行到 7 458 s 时，催化剂的转化率达到极大值 81.2%。随着第 2 次循环第二步催化剂氧化实验过程中 CO 的产生，催化剂的转化率逐渐降低。当反应时间进行到 9 248 s 时，此时已经处于第 3 次循环的第一步实验时间段，催化剂的转化率达到极小值 74.3%。催化剂的转化率达到极小值后,第 3 次循环的第一步实验时间段 O_2 的产率大于第 2 次循环的第二步实验时间段 CO 的产率,催化剂的转化率逐渐上升;当反应时间进行到 9 840 s 时,催化剂的转化率达到极大值 83.6%。随着第 3 次循环第二步催化剂氧化实验过程中 CO 的产生,催化剂的转化率逐渐降低。当第 3 次循环第二步实验结束后,即反应时间进行到 10 715 s 时,催化剂的转化率降低至 81.3%。

由图 6.34 中催化剂转化率的实验结果可知,相比于每次循环的第一步实验,第二步实验的效果较为不理想,即 CO_2 分解成 CO 的实验效率较低,这导致了后续循环实验的效率降低。

为了分析实验过程中使用的新型 Fe_3O_4/Al_2O_3 多孔催化剂分解 CO_2 的实验效果,将使用新型 Fe_3O_4/Al_2O_3 多孔催化剂的第 1 次循环实验的 O_2 和 CO 的体积产量,同文献中不同金属离子掺杂的铁酸盐做比较,对比了 Fe_3O_4/Al_2O_3 多孔催化剂与不同金属离子掺杂的铁酸盐分解 CO_2 反应活性,如图 6.35 所示。由图中结果可知,Fe_3O_4/Al_2O_3 催化剂 O_2 的产量可达到 17.0 mL/$g_{铁酸盐}$,这一数据优于金属催化剂 $NiFe_2O_4/SiO_2$、$Ni_{0.5}Sr_{0.5}Fe_2O_4/SiO_2$、$Co_{0.5}Ni_{0.5}Fe_2O_4/SiO_2$、$Co_{0.6}Cr_{0.2}Fe_2O_4/SiO_2$ 以及 $Co_{0.2}Cr_{0.4}Fe_2O_4/SiO_2$,但是相比于金属催化剂 $Ni_{0.5}Cu_{0.5}Fe_2O_4/SiO_2$、$Ni_{0.5}Mg_{0.5}Fe_2O_4/SiO_2$、$Co_{0.5}Mn_{0.5}Fe_2O_4/SiO_2$、$Co_{0.6}Ce_{0.2}Fe_2O_4/SiO_2$ 以及 $Co_{0.2}Ce_{0.4}Fe_2O_4/SiO_2$,$Fe_3O_4/Al_2O_3$ 催化剂 O_2 的产量存在着很大的差距。除此之外,Fe_3O_4/Al_2O_3 催化剂 CO 的产量为 10.1 mL/$g_{铁酸盐}$,这一数据仅优于金属催化剂 $Ni_{0.5}Sr_{0.5}Fe_2O_4/SiO_2$ 和 $Co_{0.2}Cr_{0.4}Fe_2O_4/SiO_2$。由 Fe_3O_4/Al_2O_3 催化剂同其他类型铁酸盐的对比结果可知,新型 Fe_3O_4/Al_2O_3 多孔催化剂分解 CO_2 的反应活性处于中等水平,但是由于价格低廉,因此其具有一定的竞争力。

钙钛矿也是两步法太阳能热化学分解 CO_2 实验过程中经常使用的催化剂,如图 6.36 所示,比较了 Fe_3O_4/Al_2O_3 催化剂与钙钛矿分解 CO_2 的反应活性。图 6.36(a) 展示了 Fe_3O_4/Al_2O_3 和铁酸镧($LaFeO_3$)分解 CO_2 的 3 次循环实验过程中的反应活性,结果表明,在第 1 次循环实验中,Fe_3O_4/Al_2O_3 催化剂分解 CO_2 的反应活性高于 $LaFeO_3$,催化剂 Fe_3O_4/Al_2O_3 生成 CO 的最大速率可达到 0.518 mL/(min·$g_{材料}$);但是第 2 次和第 3 次循环实验过程中,Fe_3O_4/Al_2O_3 催化剂生成 CO 的最大速率低于 $LaFeO_3$。图 6.36(b) 展示了第 1 次循环过程中 Fe_3O_4/Al_2O_3 催化剂和钙钛矿 $La_x A_{1-x} Fe_y B_{1-y} O_3$(A = Sr,Ce;B = Co,Mn)分解 CO_2 的反应活性对比。实验结果表明,使用 Fe_3O_4/Al_2O_3 催化剂时 CO 的产量可达到 10.1 mL/$g_{材料}$,而钙钛矿 $La_x A_{1-x} Fe_y B_{1-y} O_3$ 材料中最大的 CO 产量仅为 6.29 mL/$g_{材料}$,这远远低于 Fe_3O_4/Al_2O_3 催化剂两步法太阳能热化学实验的

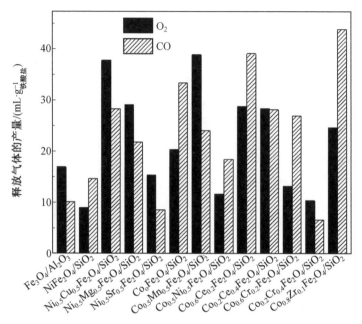

图 6.35　Fe_3O_4/Al_2O_3 催化剂与不同金属离子掺杂的铁酸盐分解 CO_2 反应活性比较

CO 产量。根据以上分析结果可知,使用 Fe_3O_4/Al_2O_3 催化剂两步法太阳能热化学分解 CO_2 的实验效果优于钙钛矿 $La_xA_{1-x}Fe_yB_{1-y}O_3$。

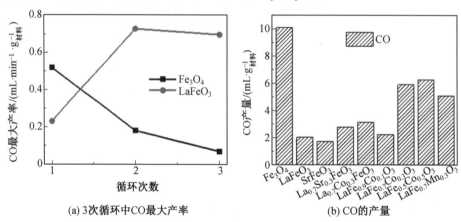

(a) 3次循环中CO最大产率　　　　(b) CO的产量

图 6.36　Fe_3O_4/Al_2O_3 催化剂与钙钛矿分解 CO_2 反应活性比较

6.3.4　新型多孔 $NiFe_2O_4$ 铝酸盐催化剂氧化还原反应实验测量

（1）实验过程和材料表征。

新型多孔 $NiFe_2O_4$ 铝酸盐催化剂氧化还原反应实验测量系统如图 6.37 所示。太阳能反应器直接耦合到高通量太阳模拟器，在焦斑中心测量的最大能量密度为 $2\ MW/m^2$。

图 6.37　新型多孔 $NiFe_2O_4$ 铝酸盐催化剂氧化还原
反应实验测量系统

将被认为是潜在催化剂和氧化还原材料的 $NiFe_2O_4$ —氧化铝载体多孔陶瓷结构填充到反应室中。N_2 气体被认为是氧气载体，而 CH_4 和 CO_2 分别被认为是热充电和放电期间的反应气体。入口流速由连接到入口管的气流控制器控制。通过调节焦斑辐射功率来加热包括反应介质的反应器腔接收器。通过将功率设置为 $2.0 \sim 5.0\ kW$，反应室达到化学反应所需的温度，反应温度最高达到 $1\ 500\ K$。通过 CH_4 辅助热还原的过程以提高合成气的产率和化学能储存密度。此外，通过连接到反应器出口管的气体分析仪分析产物气体。

通过混合 $NiFe_2O_4$ 纳米粉末和 Al_2O_3 纳米粉末，合成氧化还原材料 NiFe—铝酸盐氧化物多孔陶瓷结构。将磷酸二氢铝（$AlH_6O_{12}P_3$）溶液作为黏结剂溶解 $NiFe_2O_4$ — Al_2O_3 的混合纳米复合粉末。图 6.38（a）所示的多孔结构是通过在 $1\ 500\ ℃$ 下烧结纳米复合氧化物材料而获得的。合成的多孔材料氧化铝负载的 NiFe 纳米结构具有 0.84 的孔隙率和 2.54 mm 的孔隙直径。此外，通过 XRD 图谱表征新材料，如图 6.38（b）所示。从图 6.38（b）中可以看出，在主样品中检测到包括 Al_2O_3、$FeNiAlO_4$、$FeAl_2O_4$、$NiFe_2O_4$ 和 Fe_3O_4 的不同相。关于合成的材料组成，通过形成复杂的氧化还原材料，如 $FeNiAlO_4$ 和 $FeAl_2O_4$，可以将活性金属 Ni 和 Fe 包埋在 Al_2O_3 基质中。

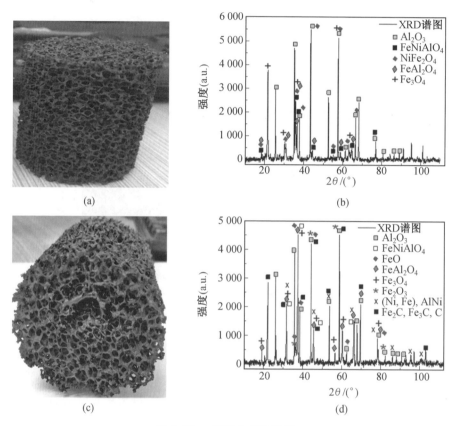

图 6.38　材料合成和表征

此外,合成的 NiFe－铝酸盐多孔 RPCs 分别用于 CH_4 和 CO_2 的高温热还原和氧化反应。高温(高达 1 500 K)热处理后的废料如图 6.38(c) 所示。似乎材料受高温和热化学应力的影响较小,除了被聚集太阳光损坏的一些部件,材料保持了完整性。材料的高稳定性和更高的热阻可归因于氧化铝载体。此外,废料的 XRD 图如图 6.38(d) 所示。分析结果表明,与合成的材料相比,存在包括 FeO、NiAl、Fe_2O_3、(Ni,Fe) 和 (Fe_2C,Fe_3C,C) 的新相。低氧化物相的存在可归因于高温热还原的影响,导致与产物气体释放相关的还原氧载体的形成。至于碳(C)的形成,它可能与 CH_4 分解和 CO_2 分裂有关。两种 XRD 谱图都表明存在潜在的催化剂和氧化还原材料,可以实现有效的太阳能热转换。因此,NiFe－铝酸盐支撑多孔结构可以被认为是用于太阳能－化学能转换技术的低成本氧载体材料。

（2）氧化还原反应的热化学特性。

NiFe$_2$O$_4$ － 氧化铝载体多孔氧化还原材料的热化学特性如图 6.39 所示。采用 0.84 孔隙率和 2.54 mm 孔隙直径的 NiFe$_2$O$_4$ － 氧化铝载体，在 2.0 ～ 5.0 kW,150 mL/min 的气体流速和 0.5 atm 下进行实验。接收辐射功率的目标表面被 1 cm 厚的石英玻璃覆盖。如图 6.37 所示,反应器的正面由太阳模拟器直接加热。由于注入载气的作用,通过石英玻璃的辐射能热流被反应室中的热存储介质吸收。结果,反应室被加热,如图 6.39(a) 所示。通过增加太阳模拟器的焦斑辐射功率可以增加腔接收器的加热速率。而且,对入口流速进行控制有助于提高反应器的加热速率。在该过程中,与出口区域处的背面相比,多孔介质靠近光圈的前表面被加热后温度最高。从图 6.39(b) 中可以看出,材料热稳定性、耐热性和耐久性是高温热化学能储存的最重要因素。

(a) 腔接收器的热特性

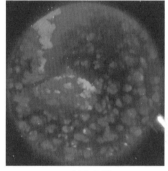

(b) 多孔介质

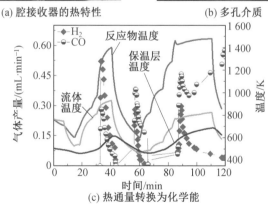

(c) 热通量转换为化学能

图 6.39　NiFe$_2$O$_4$ － 氧化铝载体多孔氧化还原材料的热化学特性

太阳能反应器的热化学反应特性如图 6.39(c) 所示。在热充电期间,将流速为 150 mL/min 的 N$_2$ 气体注入反应器直至所需的还原温度。然后,将流速为 200 mL/min 的 CH$_4$ 和 N$_2$ 的混合物注入反应器中,以完成氧化物材料的部分氧化。结果,CH_4 分解之后形成合成气(H_2 和 CO),最大比率接近 1.85。当温度为 1 175~1 400 K,在 32~43 min 时间段内观察到 H_2 和 CO 的形成。较高的热化学应力导致在样品基质中产生 O 空位,部分氧化是可能的。

随后的热排放以 50 mL/min 的 CO_2 流速在 599.157~1 404 K 的相对低的反应温度下进行。使用具有 150 mL/min 流速的 N_2 将产物气体泵送至反应器的出口。由于 CO_2 转化为 CO 的效率较高,在热排放步骤中可获得 H_2/CO 比为 0.48 的合成气。

此外,反应室的温度升高到 1 481.475 K 后,通过保持上述流速恒定来进行 CO_2 还原和 CH_4 分解。由于 CO_2 和 CH_4 是生成 CO 和 H_2 的主要原料气,CO_2、CH_4 转化为合成气的反应动力对提高合成气的产量和质量有重要影响。

(3)热化学能量转换效率。

辐射光谱分布接近太阳光谱的聚焦高通量太阳模拟器用于向反应器模拟提供高温太阳辐射能量流。反应器腔接收器以及用作热吸收器和氧化还原材料的 $NiFe_2O_4$—氧化铝多孔载体,通过调节随时间变化的入射太阳热流而被加热。在热充电阶段,从太阳能到热能储存的能量平衡计算如下:

$$Q_{sun} = Q_{storage} + Q_{loss} \tag{6.1}$$

式中,Q_{sun} 是目标弧度表面接收的热通量;$Q_{storage}$ 是反应器中储存的热通量;Q_{loss} 是对环境的热量损失。

考虑在反应器接收表面处的太阳入射辐射通量和在接收器中储存的热通量,太阳能—热能转化效率可以如下定义:

$$\eta_{solar-to-thermal} = \frac{Q_{storage}}{Q_{sun}} \tag{6.2}$$

此外,考虑循环中的平均化学能通量密度,可通过以下等式计算系统的热化学能转换效率:

$$\eta_{thermal-to-chemical} = \frac{Q_{ChemEnerg}}{Q_{storage}} \tag{6.3}$$

$$Q_{ChemEnerg} = \frac{n_{H_2} HHV_{H_2}}{A_{receiver} \Delta t} + \frac{n_{CO} HHV_{CO}}{A_{receiver} \Delta t} \tag{6.4}$$

式中,$Q_{ChemEnerg}$ 是接收器中的化学能通量密度;n_{H_2} 和 n_{CO} 分别是每个周期产生的 H_2 和 CO 的量;HHV_{H_2} 和 HHV_{CO} 分别是 H_2 和 CO 的较高热值;$A_{receiver}$ 是接收器表面积;Δt 是循环时间。

采用三个热电偶来监测反应器的热行为。在图 6.39(c)中可以看到不同的温度变化,包括反应物、流体和保温层。此外,反应器的热转换效率在表 6.7 中描述为操作时间的函数。可以看出,腔接收器中的热通量密度随着太阳热通量的增加而增加。反应器中太阳能辐射热通量的总量在很大程度上取决于运行时间和隔热性能。如图 6.39(c) 和表 6.8 所示,在该过程中较低的热损失提高了太阳能－热能转换效率。据报道,在 5.0 kW 的功率输入下,运行时间为 40 min 的效率更高,达到 80.33%。此外,腔体接收器中的平均热通量可用于计算可存储的化学能通量密度和热化学转换效率,如表 6.8 所示,结果显示在第一个方案(♯1)中获得更高的热化学转换效率。

表 6.7　太阳能－热能转换效率

名称	时间 /min	功率 kW	Q_{sun} /(kW · m⁻²)	Q_{use} /(kW · m⁻²)	Q_{loss} /(kW · m⁻²)	η_t /%
♯ 1	19	2.0	215	108.553	106.449	50.48
♯ 2	31	3.0	342.23	226.221	116.01	66.10
♯ 3	40	5.0	492.567	395.679	96.888	80.33

表 6.8　化学能通量密度和热化学转换效率

名称	Q_{use} /(kW · m⁻²)	化学能量通量密度 /[kJ · (m² · min)⁻¹]	η_{Chem} /%
♯ 1	243.84	223.229	95.4
♯ 2	271.377	120.110	44.3
♯ 3	374.261	175.307	42.03
♯ 4	151.367	49.914	32.97

氧化还原性能与 $NiFe_2O_4$ －氧化铝载体的热稳定性、催化剂活性和氧载体的反应性、CH_4 和 CO_2 转化效率有关。热还原在高于 1 050 K 的反应温度下进行。通过调节功率来增加腔接收器的加热速率。对 N_2 气体和活性气体(CO_2/CH_4)体积流量的控制可以获得更高的热化学转换效率。此外,更高的热效率和化学能通量密度也能产生更高的热化学转换效率。

6.4　双活性组分结构化材料实验测试

本节主要基于所制备的 50%CF－Ni@SiC 双活性组分结构化材料,进行两步氧化还原循环实验步骤设计及催化性能评估。

6.4.1　循环实验步骤设计

根据两步氧化还原循环过程的热力学特征以及以往的相关研究,还原阶段氧载体的裂解反应为强吸热反应,因而需要较高的反应温度;氧化阶段为放热反应,较低的温度更加有利于反应进行。实验操作时,太阳模拟器在还原阶段内需保持较高的电功率输入(7.5 kW 左右),以实现所需的高温反应条件(1 500 K 左右);氧化阶段则需降低功率(4.5 kW 左右),从而使温度降低至更加合理的区间(1 200 K 左右)。太阳模拟器的电功率输入调节由旋钮和 LED 显示屏完成。同时,还原阶段需通入氩气作为吹扫气体,以降低反应腔内部的氧分压;氧化阶段则通入 CO_2 + Ar 混合气。默认情况下,氩气流量为 200 mL/min,CO_2 流量为 100 mL/min,总流量由氩气作为补充以保持 200 mL/min 不变。将使用高精度流量控制器对上述两种气体的开关及流量大小进行控制,同时使用气相色谱仪对出口产物气体进行实时在线分析。气相色谱的检测周期约为 12.5 min,实验过程中保证每个阶段在温度相对稳定后有 3 ~ 5 个气体数据监测点。

6.4.2　反应器热性能评估

反应器的热效率评估基于实验所测得温度数据与相关的理论计算。根据所测的温度数据和热辐射公式 $q_{loss\_surf} = -\varepsilon_{surf}\sigma(T_{surf}^4 - T_0^4)$,可以推算出反应器表面和窗口的辐射热损失。由于原料气经过反应器外围通道预热后才被送入反应腔,因而此处忽略对流热损失。反应器表面的发射率简化为 0.3,环境温度为 298.15 K。反应器整体热效率由 $\eta_{thermal} = (Q_{input} - Q_{loss\_surf} - Q_{loss\_wind})/Q_{input} \times 100\%$ 进行计算。此外,估算太阳模拟器的电 — 热转换效率为 24%,则反应器接收的总热能为 $Q_{input} = 0.24 \times P_{electric}$。

图 6.40 展示了三个氧化还原循环下反应区中心温度、陶瓷壁面温度,以及反应器瞬态热效率随时间的变化情况。在氧化铝隔热层的作用下,反应中心与陶瓷外表面之间的平均温差维持在 500 K。此处的保温陶瓷还起到一定的蓄热作用,可以小幅度提升下一个循环的反应温度。由于太阳模拟器电功率的实时调节,瞬态热效率会随着功率的改变发生突变,并随着温度的稳定而逐渐趋于稳态。在氧化阶段,反应器在 4.5 kW 电功率、1 250 K 温度下逐渐达到稳定运行,其稳态热效率约为 44%。

图 6.41 分别示出了反应器表面温度和石英窗口热损失随时间的变化曲线。整体来看,两者的热损失在数量上处于大致相同的水平。受到保温层的影响,反应器外表面的温度响应呈现出一定的滞后性,从而导致第一个还原阶段内前端

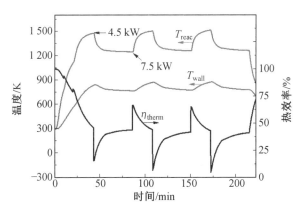

图 6.40   三个氧化还原循环下的温度和瞬态热效率

窗口的辐射热损失占据主导地位。之后，随着热量的传导，以及保温陶瓷的蓄／放热过程，反应器表面热损失逐渐占据主导地位。

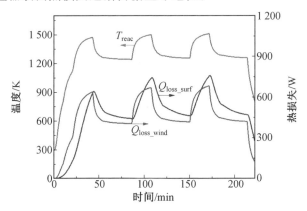

图 6.41   反应器表面温度和窗口热损失变化

6.4.3   催化材料性能测试

从催化材料表征结果中可以看到，焙烧过程对于催化剂表面活性组分的颗粒直径、形貌和晶相结构均有着重要影响。为了比较 $50\%CF - Ni@SiC$ 结构化催化材料在焙烧前后的反应性能，在所搭建的热化学实验系统中分别对负载活性组分后未经过焙烧过程，以及负载后经过 1 300 ℃ 焙烧 2 h 的结构化泡沫陶瓷催化材料进行了实验测试。

（1）未焙烧材料催化性能测试。

为检验催化剂在经过多次循环后的状态差异，前两个循环结束后即中断实验,并利用 SEM 方法对催化剂进行表征,之后再对该材料重新进行两个循环测试和表征,得到如图 6.42 所示的未焙烧 50%CF-Ni@SiC 结构化催化材料在先后四次氧化还原循环过程中的气产率,单位为 mL/(min·g)。图中太阳模拟器电功率 $P_{0\sim5}$ 分别对应 0、1.5、4.5、6.0、7.5、9.0 (kW),白色区域表示仅通入 200 mL/min 氩气作为载气,灰色区域则表示通入 CO_2 原料气和氩气各 100 mL/min。

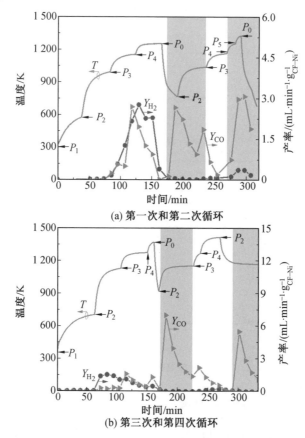

图 6.42　未焙烧 50%CF-Ni@SiC 结构化催化剂热化学循环测试

四次循环中的气体产量和相关数据计算结果在表 6.9 中给出。结合图 6.42 所示气体产量变化结果,可以发现催化材料在前两个循环内的反应活性较低,而后两个循环内的气体产量明显升高。在第三个循环仅 1 372.64 K 的还原温度下,氧化阶段的最高 CO 产率达到了 7.0 mL/(min·g),CO 总产量为 1 689.43 mL,而相应的 CO_2 转化率最高达到了 45.5%,证明所制备催化材料在较低的反应温度下即具有很高的催化活性和选择性。从文献调研结果来看,本研究所制备结构化催化材料的催化活性在当前两步氧化还原循环裂解 CO_2 反应所用的各类催化剂中处于明显的领先水平。但值得注意的是,材料在第四个循环内的催化活性明显衰退,说明其循环稳定性有待进一步提高。相比于前两个循环,第四个循环内氧载体材料的催化性能仍然表现突出。

表 6.9　四次循环中的 CO_2 转化率和 CO 产率

参数	循环一	循环二	循环三	循环四
最高还原温度 /K	1 258.53	1 329.35	1 372.64	1 417.30
平均氧化温度 /K	944.05	1 070.48	1 133.02	1 174.02
CO_2 最大转化率 /%	17.36	20.02	45.5	35.75
CO 最大产率 /(mL·min^{-1}·g^{-1})	2.67	3.08	7.00	5.50
CO 平均产率 /(mL·min^{-1})	9.95	11.31	31.28	14.63
CO 总产量 /mL	596.80	541.94	1 689.43	629.18

可以发现,前两个循环内的最高 CO 产率在 2.8 mL/(min·g) 左右,而第二次实验中两个循环内的 CO 产率提升了近两倍。推测其主要原因有两点:一是后两次循环中的氧化温度均高于前两次循环,而氧化温度与催化剂还原 CO_2 的能力呈正相关;二是经过第一次实验的高温烧结,催化材料的表面形貌发生了较大的变化,形成了诸多微米级孔隙结构,如图 6.43 所示。这些孔隙结构可能是涂覆材料中所剩余的无水乙醇在高通量太阳辐照下逸出造成的。两次循环过后,材料表面经过高温膨胀和催化反应过程,形成了许多凹陷和沟壑结构,在一定程度上增大了反应的比表面积。同时,催化剂表面形成了许多直径为 $2 \sim 20~\mu m$ 不等的球状颗粒,且该颗粒仅存在于前两次循环过后,可能与第三次循环中催化剂性能的大幅提升有关。对该球形颗粒和催化材料表面的其他位置进行 EDS 单点扫描,其结果如图 6.44 所示。根据两个位置的元素比例分布,可以推测出球状颗粒的主要成分即为活性组分 $50\%CF-Ni$,但其中另外掺杂了部分陶瓷基底材料中的 Si 元素。此外,材料表面上其他位置的 O、Al、P、Si 元素含量占比最多,而几乎没有活性组分中的 Fe、Co、Ni 元素。这说明在经过两次高温循环后,催化材料表面所涂覆的活性组分大多团聚形成球状颗粒,而露出了下面的 SiC 陶瓷基底。同时,最外层表面的 SiC 被氧化形成 SiO_2,而 Al 元素则来源于陶瓷材料中的 Al_2O_3 杂质以及作为黏结剂的磷酸二氢铝。经过四次循环后,催化剂表面的微米级孔隙结构依然存在,但活性组分所团聚形成的球状颗粒逐渐消失,这可能是造成第四次循环内催化活性降低的主要原因。

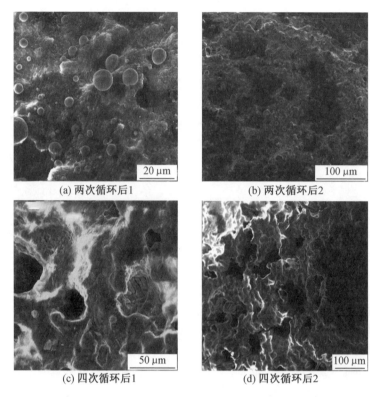

(a) 两次循环后1　　　　　　　　　(b) 两次循环后2

(c) 四次循环后1　　　　　　　　　(d) 四次循环后2

图 6.43　未焙烧 50%CF－Ni@SiC 结构化催化剂两次／四次热化学循环测试的 SEM 结果

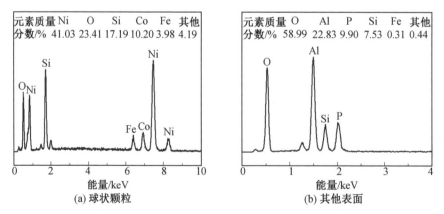

(a) 球状颗粒　　　　　　　　　　　(b) 其他表面

图 6.44　两次循环后催化材料的 EDS 单点扫描结果

（50%CF－Ni 活性组分理论质量分数：$w(\text{Ni}) = 39.29\%$，$w(\text{O}) = 24.35\%$，

$w(\text{Fe}) = 23.80\%$，$w(\text{Co}) = 12.56\%$）

在反应过程中还可以观察到，第一个还原阶段内产生了一定数量的 H_2 和 CO，而非理论上由氧载体裂解所产生的 O_2。考虑到制备结构化催化材料过程中加入了无水乙醇作为溶剂，推测该阶段产生 H_2 和 CO 的主要原因是催化材料中残存的乙醇发生了部分氧化反应，即

$$C_2H_6O + 0.5O_2 \longrightarrow 2CO + 3H_2 \tag{6.5}$$

此外，气体分析仪数据显示，该阶段还产生了少量的 CO_2，说明在氧气含量足够的情况下，部分乙醇发生了完全氧化反应：

$$C_2H_6O + 3O_2 \longrightarrow 2CO_2 + 3H_2O \tag{6.6}$$

相关反应在不同温度下的动力学参数在图 6.45 中示出，吉布斯自由能负值表示反应在等温等压条件下能够自发进行。在 1 100 ℃ 左右的还原温度下，乙醇的部分氧化反应以及 SiC 基底的氧化反应均存在自发进行的较大可能性，这一结果能够进一步支撑前文中的内容。此外，推测发生了乙醇氧化反应的另一个主要原因是，仅在第一个还原阶段检测到大量的 H_2 和 CO，而之后的循环中几乎不再产生氢气，说明能够产生 H_2 和 CO 的原料随着温度的升高逐渐被消耗殆尽。另外，第二个还原阶段仍然产生了少量的 CO，其原因可能是氧化阶段反应剩余的 CO_2 随着温度的升高被再度转化。由于 H_2 和 CO 在反应过程中的持续存在，还原阶段氧载体材料裂解所释放的氧气被实时消耗，因而在产出气中并未检测到氧气成分。

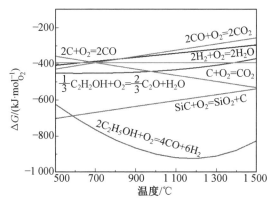

图 6.45　主要热化学反应的吉布斯自由能随温度的变化关系

（2）焙烧后材料催化性能测试。

将涂覆完活性组分的结构化催化剂置于马弗炉中，在 1 300 ℃ 高温下焙烧 2 h，加热速率为 5 ℃/min，得到烧结改性后的催化材料。其在三个氧化还原循环中的测试结果如图 6.46 所示，具体转化率和气体数据结果在表 6.10 中给出。

尽管经过 1 300 ℃ 焙烧过程,材料在第一个还原阶段仍然产生了大量的 H_2 和 CO,推测其主要原因是泡沫陶瓷前端在高通量热流下会产生较高的局域温度,进而破坏涂层表面并将其中的乙醇进一步反应。在第一个还原阶段结束后,氢气几乎不再产生,表明其内的乙醇已经被消耗殆尽。至于第二和第三个还原阶段内产生的 CO,则可能来自于反应器内剩余 CO_2 气体在温升的促进作用下裂解产生。此外,最后一个氧化阶段的 CO 产率明显下降,其主要原因是加热速率过高导致结构化催化剂前端部分熔化(实验后可观察到)。

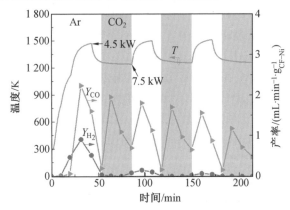

图 6.46　焙烧后催化材料的反应特性

表 6.10　烧结后 50%CF－Ni 纳米材料在 18 kW 系统测试中的具体转化率和气体数据

阶段	参数	循环一	循环二	循环三
还原阶段	O_2 释放率 /(mL·min⁻¹·g⁻¹)	2.24	1.81	1.56
	H_2 产率 /(mL·min⁻¹·g⁻¹)	0.91	0.16	0.07
	CO 产率 /(mL·min⁻¹·g⁻¹)	1.96	1.71	1.17
氧化阶段	H_2 产率 /(mL·min⁻¹·g⁻¹)	0.02	0	0
	CO_2 转化率 /%	15.68	13.68	9.36

采用数据拟合方法处理前五个阶段内的最大 CO 产率,可得到 CO 产率与循环次数的函数关系:$R_{CO\_max} = 2.254 \times n^{-0.21}$。此处,当某一循环阶段内 CO 产率较上一阶段衰减小于 1.0% 时,即认为催化剂的性能已达到稳定状态。当前实验结

果表明,经过第十一次氧化还原循环后($n = 22$),催化剂可实现稳定的 CO 产率$1.18\ \mathrm{mL/(min \cdot g)}$。

此外,图 6.47 对比了三个循环内的 CO 产量,结合表 6.10 中的数据结果可以发现,结构化催化材料在经过 1 300 ℃ 高温焙烧后,其转化率和 CO 产量均降低为原来的 1/3,但催化稳定性获得了一定程度的提升,且在还原阶段也可产生大量的 CO。

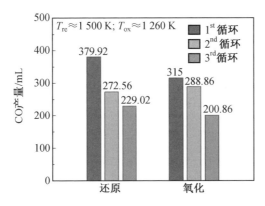

图 6.47　三个循环内材料的气体产量

为了验证还原阶段 CO 产量与温度之间的相关性,图 6.48 展示了不同氧化温度下四个循环内的实验结果。该过程中控制最高还原温度和加热速率尽量相同,而相关的氧化温度则分别对应于太阳模拟器的不同功率。在第一个 $700 \sim 1\ 200\ \mathrm{K}$ 氧化还原循环中,并没有检测到气体产生。此后,随着温度的升高,乙醇的部分氧化反应发生,第二个还原阶段内产生了一定量的 H_2 和 CO。同时,在

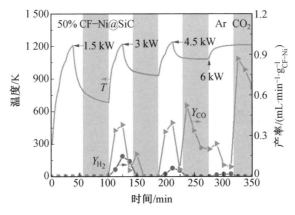

图 6.48　不同氧化温度下的催化材料测试

930 K 的氧化温度下由 CO_2 裂解所产生的 CO 开始出现,该温度可能是 CO_2 还原反应所需的最低温度下限。此后,随着氧化温度的升高,CO 产量也逐渐升高。图6.49更加直观地展示了氧化温度对 CO_2 转化率和 CO 产率的影响。该结果表明,氧化温度的升高可能更有利于 CO_2 裂解反应的进行,同时热化学系统实验中的等温循环反应可能比非等温循环反应具有更高的 CO_2 转化率和 CO 产率。

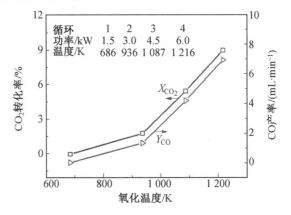

图 6.49   氧化温度对催化性能的影响

6.5   甲烷辅助热还原 CO_2 循环实验

如前所述,相比于两步氧化还原循环,甲烷辅助热还原 CO_2 过程在降低反应条件和提高合成气收益方面均有着一定的优势,因而表现出更高的未来发展潜力。本节将同样基于所制备的 $50\%CF-Ni@SiC$ 结构化氧载体材料,通过实验测试探究该材料在甲烷辅助热还原 CO_2 过程中的具体催化性能。此外,将进一步对比非等温循环与近等温循环测试中的主要性能参数,以探寻当前催化体系下的最佳反应条件。

6.5.1   非等温循环测试

在上一节的讨论中我们发现,未经过焙烧处理的结构化氧载体材料在最初的循环中虽有着较好的催化性能,但其循环稳定性较差;而焙烧处理后的氧载体材料虽在稳定性方面得到了很好的提升,但催化性能指标却有着明显的下降。造成这一现象的主要原因仍在于过高的还原反应温度所引起的材料烧结现象。若想获得良好的循环稳定性,氧载体材料在制备过程中必须经过高于实际反应温度的焙烧处理,而当前绝大多数材料在 1 200 ℃ 以上的焙烧过程中均会存在不同程度的烧结现象,进而导致活性位点被覆盖,催化活性持续降低。在此情况下,甲烷辅助气的添加能够形成有利于氧载体裂解脱氧的还原性氛围,从而大幅降低还原反应所需的温度。这样一来,结构化材料的焙烧过程即可控制在 1 200 ℃ 以内,在提高材料循环稳定性的同时尽可能地保证其催化活性不受烧结问题的影响。

　　结构化氧载体材料的制备过程与前述基本相同,仍然以高导热碳化硅泡沫陶瓷为基底,以无水乙醇为溶剂将 50%CF－Ni 活性组分涂覆在碳化硅陶瓷表面(负载量为 8.7 g)并进行高温焙烧处理。不同之处在于,当前反应体系下的氧载体仅需在 1 000 ℃ 焙烧 2 h 即可。这样既能够提高催化材料的循环稳定性,又能够在一定程度上防止高温烧结所引起的位点失活。

　　根据前文反应机理的计算结果,甲烷辅助热还原 CO_2 体系的最佳还原温度约为 1 150 K,最佳氧化温度则在 650 K 左右。本节将按照该反应温度开展相应的实验步骤。图 6.50 示出了所制备的 50%CF－Ni@SiC 结构化氧载体材料在甲烷辅助热还原 CO_2 非等温五次循环下的反应温度变化,以及单位质量催化材料的合成气产率。实验过程中,在高温还原阶段持续通入 50 mL/min 的甲烷(图中浅灰色(窄)背景标示区域)作为辅助性还原气体;在低温氧化阶段持续通入 200 mL/min 的 CO_2(图中浅灰色(宽)背景标示区域)作为原料气。此外,利用氩气作为补充性载气,将气体总流量控制在 400 mL/min。出口气体由气相色谱仪进行实时在线检测(数据采集时间间隔约为 12.5 min),得到各产气和原料气在总气体产物中的百分比。出口处各气体流量的计算方法与前述相同,仍采用将出口总流量视为与入口总流量相同的保守计算方法(实际过程中甲烷裂解必然会导致出口流量大于入口流量,因而此方法计算所得流量会小于真实值)。

　　具体的实验步骤如下:首先开启单个 1.5 kW 氙灯将反应器预热至 200 ℃ 左右,然后开启三灯(共 4.5 kW)快速加热至 1 150 K 左右,该升温过程如图 6.50 中温度曲线所示。此时,甲烷辅助气的通入会明显降低反应温度,其主要原因是被输送至反应腔内的甲烷与氧载体表面的活性组分接触,发生强吸热的部分氧化反应并带走了大量热量,从而直接导致反应温度下降。结合第一个还原阶段的温度曲线可以发现,关闭甲烷气体后腔内的反应温度再次持续上升,证明了甲烷与温度变化的直接相关性。之后,仅保留单个 1.5 kW 氙灯,待温度降低至 800 K 左右时通入 CO_2 原料气,进行氧载体的氧化反应以及 CO_2 的裂解过程。整个氧化过程将持续半小时左右,之后关闭 CO_2 并再次开启三灯进行下一个循环,最终完成近 8 h 的五个完整氧化还原循环测试。

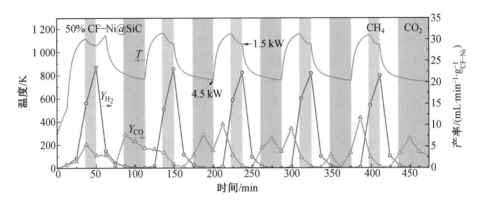

图 6.50　800 ～ 1 150 K 非等温五次循环下的温度和合成气产率变化

此外,通过图中单位质量活性组分的合成气产率来看,还原阶段的 H_2 最高产率为 23.5 mL/(min · g),CO 最高产率为 11.6 mL/(min · g),明显优于两步氧化还原循环过程中的 CO 产率(7.0 mL/(min · g))。五次循环之后,H_2 最大产率降低至 21.6 mL/(min · g),与首次循环相比下降了 8.1%;氧化阶段 CO 最大产率同样下降,但其变化趋势却有所不同。有趣的是,除首次循环之外,单个循环内 CO 最大产率通常出现在关闭 CO_2 气体之后的升温阶段。此时所产出的 CO 主要来自于反应腔内残留 CO_2 原料气的裂解,导致该阶段 CO 产率突然上升的关键因素可能是反应温度的升高。也就是说,对于当前氧载体材料所构建的反应体系,氧化温度的升高可能更加有利于 CO_2 裂解反应的进行,该现象在两步氧化还原循环过程中同样有所体现。

图 6.51 展示了 CH_4 和 CO_2 在五次非等温循环中的体积分数变化情况,图中窄灰色区域和宽灰色区域分别表示 CH_4 和 CO_2 在气体输入端的理论控制量。对比原料气体理论控制量与实际检测量的差别,可以大致反映出原料在反应器中的转化情况。理论上,根据同一时间点内两者之间的数值关系,能够得到该时间点所对应的 CH_4/CO_2 转化率。但是,在实际过程中由于各气体的转换操作和反应器内的扩散都需要一定的时间,因而实际气体含量相对于理论控制量而言总会存在一定的滞后。就当前数据结果而言,通过面积计算可以大致推算出,单次循环内 CH_4 的总转化率在 40% ～ 60% 之间,而 CO_2 总转化率不超过 5%。

基于所测气体浓度的积分计算,可得到各阶段合成气的总产量。图 6.52 展示了非等温循环中还原阶段和氧化阶段的 H_2 和 CO 总产量。整体而言,还原阶段 H_2 的产出相对稳定,单个循环内总产量维持在 4 L 以上。同时,还原过程中有少量的 CO 产出,但其总产量在五次循环后却有着明显的衰减。理论上,CH_4 在还原阶段的完全分解应当产生 H_2/CO 为 2 的合成气。但经过五次循环后,H_2 与

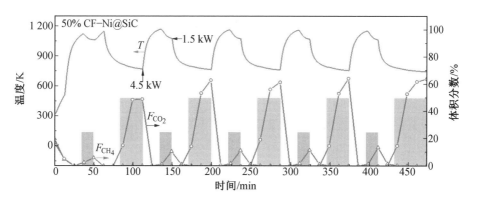

图 6.51　800 ～ 1 150 K 非等温五次循环下的原料气控制量及实际检测量

CO 产量的比值却超过了 13,而气体产物中检测出了未反应的 CH₄。从反应机理角度来看,该过程中有很大可能发生了甲烷的直接裂解反应(CH₄ ⟶ C + 2H₂),从而导致 CO 的产出受阻。同时,甲烷裂解所产生的碳颗粒会堵塞催化剂表面的活性位点,在一定程度上降低材料的循环稳定性。事实上,受到反应动力学的限制,很难通过控制实验条件来消除甲烷直接裂解所引起的碳沉积现象,但在循环过程中可以利用 Boudouard 反应和碳气化反应在一定程度上缓解催化材料表面的碳沉积程度,从而使被碳颗粒堵塞的活性位点再次复原。

由图 6.52(b) 所示氧化阶段的气体产量可知,CO 的总产量在多次循环后受到了一定的影响,整体呈现下降的趋势。五次循环内的平均 CO 产量超过 2 L,与还原阶段的 H₂ 总量保持着 1∶2 的近似关系。此外,氧化阶段有着极少量的 H₂ 产生,其主要来源是还原阶段所产生的部分 H₂ 仍残留在反应腔内。随着循环次数的增加,该部分的 H₂ 似乎能够被完全消除。整体上,氧化和还原两个阶

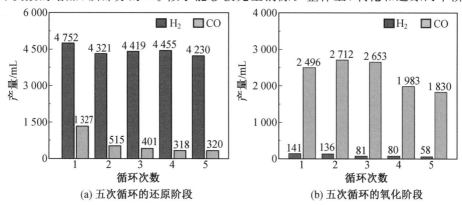

图 6.52　非等温五次循环中还原阶段和氧化阶段的合成气产量

段的实验数据表明,一方面甲烷辅助热还原 CO_2 体系能够较好地实现各阶段内燃料气体的原位分离,因而无须增加额外的气体分离装置,这是该反应体系相对于甲烷干重整体系最大的优势。另一方面,甲烷辅助热还原 CO_2 在还原阶段内即可产生数量十分可观的 H_2 和少量 CO,填补了两步氧化还原循环在还原阶段几乎无高附加值燃料气产出的弊端(仅有少量氧气且浓度很低),更加合理地利用了入射高通量太阳辐照,因而理论上具有更高的能量利用效率。

6.5.2　近等温循环测试

如前所述,不论对于两步氧化还原循环还是甲烷辅助热还原 CO_2 反应体系,氧化阶段反应温度的升高对 CO_2 的催化转化均体现出了十分明显的促进效果。同时最新研究表明,对于两步反应体系,等温或近等温循环在固体显热回收、缓解反应器和材料热应力等方面具有显著优势,进而表现出更优的能量转化效率和更高的研究价值。然而,以往的绝大多数研究认为,由于氧化反应步骤是放热反应,所以越低的氧化温度越有利于 CO_2 的裂解。针对这一问题,本节在相同的反应条件和实验操作步骤下,继续使用上次实验过后的氧载体材料(已反应 8 h)进行了甲烷辅助热还原 CO_2 反应的五次近等温循环测试,以探究氧化阶段反应温度对 CO_2 裂解速率的影响。

循环过程中的反应温度以及合成气产率变化如图 6.53 所示。需要注意的是,虽然实验过程中太阳模拟器一直维持着 4.5 kW 的输入功率,但通入甲烷气体时反应温度会产生明显的下降,其原因在上一节中已经解释。因此,本节所提到的等温循环实际上指的是控制入射辐照不变,而非真正意义上的等温过程,因而称之为近等温循环。

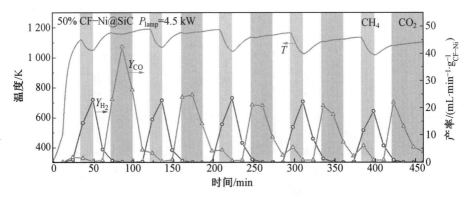

图 6.53　近等温五次循环下的温度和合成气产率变化

由图中的温度变化曲线可知,循环过程中每次通入 CH_4 都会使反应温度降低 120 K 左右。尽管关闭 CH_4 之后反应温度会再次升高,但其升温速率显然低于还原阶段的降温速率,因而导致实际的反应温度会在循环过程中不断降低,这可能会在一定程度上影响后续循环的性能参数。观察五次循环中的合成气产率变化,发现第一个循环内氧化阶段的 CO 产率明显高于其他循环(最大 CO 产率达 42.5 mL/(min·g)),是两步氧化还原最高产率的六倍,非等温循环的四倍;而 H_2 的产率则相对稳定,每个循环内的最高产率维持在 20 mL/(min·g)以上,最大值为 24.8 mL/(min·g)。造成第一个氧化阶段 CO 产量突然升高的原因可能是:该材料在上一次 8 h 循环测试的结束阶段一直处于 CO_2 气体氛围中,氧化过程中积累了一定量的碳颗粒,同时经过本次循环第一个还原阶段的 CH_4 裂解积碳,材料表面的碳颗粒已经累积到了一定数量;当通入 CO_2 气体时,大量的碳颗粒与 CO_2 气体接触并发生碳气化反应($C + CO_2 \longrightarrow 2CO$),因而在该氧化阶段释放了大量的 CO。

　　类似地,图 6.54 示出了近等温五次循环中每个还原阶段和氧化阶段的合成气产量。与非等温循环不同的是,一方面还原阶段内的 CO 产量在逐渐上升,可能的原因是部分甲烷被完全氧化,所产生 H_2O 分子与氧载体表面的碳颗粒发生 Boudouard 反应($C + H_2O \longrightarrow CO + H_2$),在一定程度上缓解了上一个氧化过程所残留的碳沉积并产出了更多的 CO。另一方面,氧化阶段的 CO 产量随着循环次数的增加呈明显的下降趋势,主要原因可能在于氧化阶段内较高的反应温度加剧了碳沉积所造成的位点堵塞。根据氧化阶段 CO 产量数据的拟合,可以推算出当前的氧载体材料将在经过 50 次循环后达到相对稳定状态(衰减率小于 1%),稳定后单次循环内的 CO 产量约为 1 462 mL。

　　图 6.55 对比了近等温循环与非等温循环过程中的合成气累计产量。可以发现,一方面由于还原阶段的反应温度大致相同(约为 1 150 K),五次循环后两个过程的 H_2 总产量并无明显区别;另一方面,近等温循环过程中氧化温度的提升对于 CO_2 裂解为 CO 的反应过程有着十分明显的促进效果,其 CO 总产量稳定维持在非等温循环 CO 产量的两倍以上。此外,图 6.56 展示了近等温与非等温循环过程中 H_2/CO 比例的变化。随着循环次数的增加,两个过程中的 H_2/CO 比例均在逐渐上升。而在数值上,非等温循环的 H_2/CO 比例一直保持在近等温循环的 3 倍左右。

　　除此之外,基于 H_2 和 CO 的燃烧热值,可以计算出每个循环内所产合成气的总热值,并以首次循环结束时间为原点,得到以总热值为代表的催化反应活性随时间的变化情况,如图 6.57 所示。显然,不论对于近等温过程还是非等温过程,

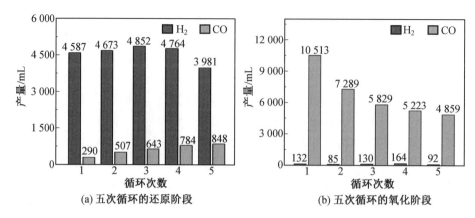

(a) 五次循环的还原阶段   (b) 五次循环的氧化阶段

图 6.54   近等温五次循环中还原阶段和氧化阶段的合成气产量

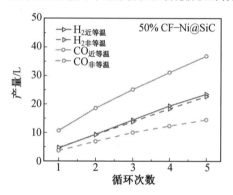

图 6.55   近等温与非等温循环总产量对比

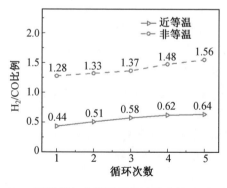

图 6.56   近等温与非等温循环过程中的 H_2/CO 比例

当前氧载体材料在经过 8 h 循环反应后对合成气的催化产出能力都有着显著的下降。相对而言,近等温过程由于平均反应温度更高,催化剂在循环过程中更加容易受到碳沉积和高温烧结的影响,因而失活速率相对较快。

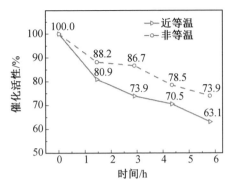

图 6.57　近等温与非等温循环的催化稳定性对比

以往的研究认为,热化学循环氧化阶段内催化材料的复原反应属于放热反应,因而需要调整反应器输入热量并尽可能地降低氧化反应温度,以实现最大程度的 H_2O/CO_2 催化转化。然而,本节的实验研究表明,实际操作过程中无须特意降低氧化阶段的反应温度,采用近等温循环可能比非等温循环有着更高的 CO_2 转化率。对比两个过程中的合成气产量可以发现,近等温循环的 CO 产量以及出口燃料气的总热值是非等温循环的 $2 \sim 3$ 倍。形成这一现象的具体原因尚不明朗,但可以猜测其必然与光热催化的协同效应有关:由于制备结构化催化剂的多孔基载体碳化硅为半导体材料,入射的高通量太阳辐照会在其材料内部激发出光生电子,从而增加有利于催化反应的电子－空穴对数量,提高晶格氧的转移速率并加快 CO_2 原料的裂解,最终实现氧化阶段内 CO 产量的大幅提升。

6.5.3　循环时间周期的影响

经过上一节的讨论,确定了近等温循环在实际的实验测试中比非等温循环有着更高的 CO_2 催化性能。本节将继续使用同一个 $50\%CF-Ni@SiC$ 结构化氧载体材料(已循环 15.5 h)进行不同时间周期下的循环测试,以进一步筛选出有利于循环反应的最佳操作条件,并探究所制备氧载体材料的循环稳定性。

考虑到前序实验的循环周期较长($T_{cycle} = 96.2$ min),且存在较多时间分布下原料转化率较低的问题,本节将分别开展慢速近等温循环($T_{slow} = 74.7$ min)和快速近等温循环($T_{fast} = 49.8$ min)下的材料性能测试。图 6.58 给出了该氧载体材料在慢速近等温循环三个周期内的温度变化及合成气产率情况。可以发现,此次循环的反应温度始终维持在 1 000 K 左右,较上次循环有所降低。可能的原因是反应器预热过程不充分,且光学窗口存在固体颗粒附着导致透过率变低等问题。观察反应过程中的合成气产率,发现较上次长时间周期下的近等温循环测试,本次循环初始阶段的合成气产率有所提升,但三次循环过后 H_2 和 CO 的单位质量产率均恢复到 20 mL/(min·g),导致首个循环产率较高的原因在上一节中已经解释,而整体产率提升的原因则在于更正了出口流量的计算方法。

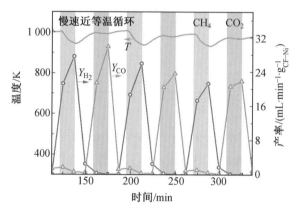

图 6.58　慢速近等温循环下的温度变化及合成气产率

气相色谱仪所监测的气体含量通常为体积分数。在前序实验中,我们控制反应器入口的气体总流量保持恒定,并认为出口流量等于入口流量,以此计算各出口气体组分的流量值。由于甲烷裂解反应通常会使气体的总体积增大,因而使用该计算方法所得数据往往偏低,属于相对保守的计算方法。通过所得实验结果发现,实际的出口流量往往与采用以上方法所得结果存在较大的偏差。因此,此次循环实验采用固定的 Ar 流量(400 mL/min),并以最终出口气体中 Ar 所占百分比来反推反应器出口的总流量。采用该方法所得实际出口流量以及两种方法之间的计算误差如图 6.59 所示。可以发现,与改进后的计算方法相比,原方法所引起的最大计算误差接近 40%。

图 6.60 展示了快速近等温循环下的材料性能测试结果。可以看出,当前循环内的最高合成气产率虽略有下降,但在时间分布上更加合理,且气体产量趋于稳定。此外,图 6.61 示出了快速和慢速近等温循环中合成气总产量随时间的变化关系。令人意外的是,在当前两个不同的循环周期下($T_{fast}=49.8$ min,$T_{slow}=74.7$ min),单位时间内的 H_2 和 CO 产量竟几乎一致。排除反应温度和循环稳定性等次要影响因素,造成这一现象最可能的原因是实际测试中的氧载体材料始终处于"满负荷"工作状态,也就是说,当前所通入原料气(包括 CH_4 和 CO_2)的流量始终超过氧载体材料所能分解的最大值,此时合成气的最终产量仅取决于氧载体的催化活性,而与循环反应的时间周期无关。

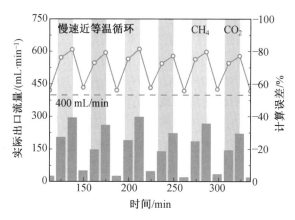

图 6.59　实际出口流量与计算误差

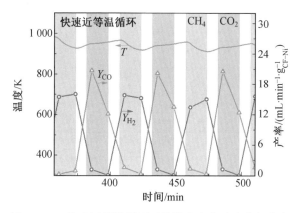

图 6.60　快速近等温循环下的温度变化及合成气产率

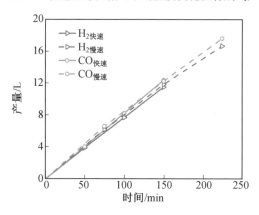

图 6.61　快速和慢速近等温循环中合成气总产量随时间的变化关系

太阳能高温热化学合成燃料技术

为了验证上述猜想,同时进一步了解原料气随时间的转化情况,图 6.62 和图 6.63 分别给出了慢速和快速近等温循环下的原料气体转化率。可以发现,两种循环周期下还原阶段的 CH_4 转化率均不超过 50%(入口流量 100 mL/min),氧化阶段 CO_2 最高转化率则在 90% 左右(入口流量 100 mL/min)。由此可见,当前的原料气输入量的确始终高于氧载体材料的催化效率,因而导致循环时间周期对最终的合成气总产量几乎没有影响。需要注意的是,慢速近等温循环纯 Ar 氛围中(图中空白背景区域)突然升高的转化率主要是关闭原料气体之后其浓度下降所导致。整体而言,CO_2 转化率几乎是 CH_4 转化率的两倍,因此当前反应条件下的最佳原料气配比(CH_4/CO_2 比例)应为 0.5。

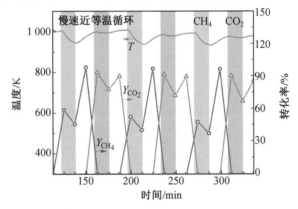

图 6.62　慢速近等温循环下的原料气转化率

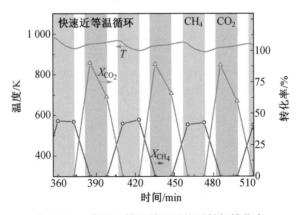

图 6.63　快速近等温循环下的原料气转化率

相比较而言,若对快速近等温循环的反应条件进行优化(例如调整原料气比例和流量),则其在合成气稳定高效产出方面应当有着更加合理的时间分布。

图 6.64 和图 6.65 分别展示了快速近等温循环下各阶段的合成气产量,以及快速近等温循环和慢速循环过程中氧载体材料催化稳定性的对比。可以看到,一方面快速近等温循环下合成气的 H_2/CO 比例接近于 1,且两种气体分别在还原阶段和氧化阶段产出,几乎无须经过分离。另一方面,快速近等温循环过程中氧载体材料在经过长达 24 h 的实验测试后,催化活性几乎没有衰减,可以认为该材料已经实现了最终的稳定循环。此时,氧载体材料在整个快速近等温循环过程中的 H_2 平均产率为 77.0 mL/min,CO 平均产率为 82.8 mL/min。

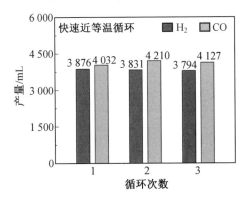

图 6.64　快速近等温循环下的合成气产量

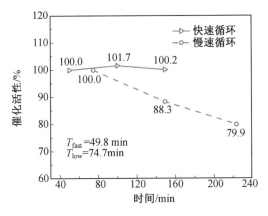

图 6.65　快速与慢速近等温循环的催化稳定性对比

6.5.4　系统性能及主要问题分析

本节将对整个太阳能热化学系统的性能进行分析,同时对限制当前反应系统效率的关键因素进行简要讨论。首先对快速近等温循环下的反应器热性能进行评估,反应中心温度、保温陶瓷层温度,以及光－热转换效率随时间的变化如图 6.66 所示。其中,反应器热效率的评估方法与前文所介绍的计算方法一致,均是根据实验所测温度数据推算出各表面的热损失来计算整体热效率。通过温度变化曲线可以发现,反应中心温度随时间的变化与保温层温度变化呈现出几乎相反的趋势。尤其是在还原阶段通入 CH_4 气体时,中心温度由于吸热反应的发生有明显下降,而保温陶瓷层温度的升高则可能是切换气体时预热通道内所产生的温度变化所致(热电偶直接穿过气体预热通道)。先前的研究表明,稳态下反应器外表面的热损失与前端窗口的辐射热损失各占总热损失的 50% 左右,因而还原阶段的热效率在经过两者叠加后呈现出先降后升的变化趋势。整体而言,当前循环体系下反应器的太阳能－热能转换效率为(64±4)%。

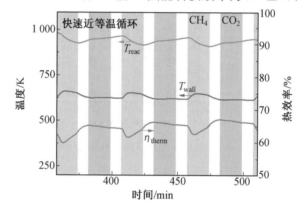

图 6.66   反应中心温度、保温层温度与热效率

其次,基于所产合成气燃烧热值与输入功率比值的计算,图 6.67 示出了反应系统太阳能－燃料(化学能)瞬时转化效率随时间的变化情况。图中黄色实线表示未去除 CH_4 输入气体热值的转换效率,虚线则表示去除 CH_4 热值的净转换效率。由于 CH_4 本身即为高热值的可燃性气体,目前很多学者对以甲烷为原料的反应体系存在一些争议。作者认为,能否将 CH_4 作为原料气或辅助气的评判依据有两点:(1)考虑其对整个系统能量转换效率的直接或间接贡献是否大于其自身的燃烧热值;(2)在整个过程中是否会产生额外的碳排放。对比图中两条效率曲线的差异可知,在当前快速近等温循环反应条件下,还原阶段内合成气的产出恰好抵消 CH_4 辅助气的热值消耗。同时,CH_4 的添加提升了氧载体材料的还原程度,进而显著增加了氧化阶段的 CO 产量,使当前系统的最大转化效率提升至4.1%。由此可见,CH_4 辅助气的添加对原料物质转化和系统能量效率的提升均有着积极且显著的促进效果。在当前反应体系和操作条件下,甲烷辅助热还原

CO_2 系统的太阳能－燃料平均转化效率为 3.23%，净效率为 2.14%，持续 2.5 h 的循环反应内催化性能几乎无衰减（测试前已经历 21.5 h 反应）。

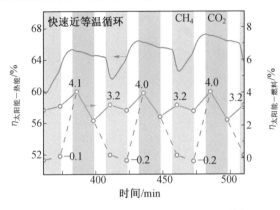

图 6.67　快速近等温循环下的热化学效率

　　为了更进一步地比较两步氧化还原循环与甲烷辅助热还原 CO_2 两种反应体系的主要特征，表 6.11 列出了两种反应体系在实验测试中的关键性能参数。整体上，两步氧化还原循环由于较高的反应温度（还原温度大于 1 300 K），所使用的氧载体材料在催化活性和循环稳定性方面一般难以兼顾。在高温反应环境下，活性组分有可能在催化反应开始之前就已经被烧结成块，或被沉积下来的碳颗粒附着而失去活性。因此，两步氧化还原循环的合成气产率较低，特别是仅以 CO_2 为原料的催化反应体系（H_2O 的裂解反应相对容易）。同时，反应器表面的辐射热损失与温度的四次方成正比，这意味着高温条件下反应器的热效率会相对更低，从而限制最终的系统能量转换效率。

表 6.11　两步氧化还原循环与甲烷辅助热还原 CO_2 关键性能参数对比

参数	文献	本研究	
反应体系	两步反应	两步反应	甲烷辅助反应
氧载体－负载量	CeO_2—1 728 g	50%CF－Ni—9.2 g	50%CF－Ni—8.7 g
原料气	CO_2	CO_2	CH_4、CO_2
产物	O_2、CO	O_2、CO	H_2、CO
氧载体焙烧温度 /K	1 873	1 573	1 273
反应温度 /K	1 000 ～ 1 773	1 000 ～ 1 600	800 ～ 1 200
反应压力(还原／氧化)/bar	0.01/1	1/1	1/1

续表

参数	文献	本研究	
反应体系	两步反应	两步反应	甲烷辅助反应
最高 H_2 产率 /(mL·min^{-1}·g^{-1})	—	—	23.5
最高 CO 产率 /(mL·min^{-1}·g^{-1})	1.2	7.0	42.5
最高 O_2 产率 /(mL·min^{-1}·g^{-1})	0.4	2.4	—
单循环最高 H_2 产量 /L	—	—	4.9
单循环最高 CO 产量 /L	—	0.69	10.5
最高 CO_2 转化率 /%	65	45.5	94.2
最高太阳能－热转化效率 /%	35(估算)	44	68
最高太阳能－燃料转化效率 /%	5.25	0.89	4.1

相比较而言，甲烷辅助热还原 CO_2 反应体系并不需要很高的反应温度（1 000 K 左右），高温烧结和积碳问题相对较轻，且实际测试中的辐射热损失更低，因而在反应条件和热性能方面均有着一定的优势。本研究在两种反应体系下均采用相同的结构化氧载体材料，即 50%CF－Ni@SiC 多孔材料。在实验操作方面，甲烷辅助热还原 CO_2 过程仅比两步氧化还原循环增加了 CH_4 气体的输入，但其单位质量氧载体的 CO 产率却是两步氧化还原体系的 6 倍；单循环内 CO 产量是其 15 倍；CO_2 转化率是其 2 倍；太阳能－热能转化效率提升了 24%；太阳能－燃料转化效率是其 4.5 倍，且催化剂在长时间测试中无明显失活。

由此可见，相比于两步氧化还原循环，甲烷辅助热还原 CO_2 体系在催化性能和系统能量转化效率方面有着显著的优势和未来发展潜力。值得一提的是，一方面该反应体系下的甲烷仅仅作为一种用量较少的辅助性气体而非原料，因而并不会过度影响该体系的实际适用性。另一方面，由于当前反应体系与工程应用还有一段距离，因而难以准确评估其经济性。但从系统能量的净转化效率来看，即使直接采用工业甲烷气体进行生产，所得合成气产品的经济性收益仍可得到一定的保障。就高温热还原 CO_2 技术目前的发展阶段而言，甲烷辅助热还原 CO_2 体系显然十分适合作为实现工业化热还原 CO_2 制合成气的关键途径，或是作为无附加氢源直接热还原 CO_2 技术走向成熟的重要过渡。

为进一步明确限制当前系统能量转换效率的主要因素，表 6.11 同时将本研究在两步氧化还原循环与甲烷辅助热还原 CO_2 实验中所测量的主要参数与 Steinfeld 研究团队所得实验结果进行了对比。值得一提的是，尽管该文献中的研究结果在 2017 年就已被发表，但该系统所测得 5.25% 的太阳能－燃料转化效率仍然是两步法热化学循环体系到目前为止所能得到的最高效率,因而具有十分重要的参考价值。

　　通过与文献中的实验数据对比可知,尽管在反应体系和反应条件方面存在许多不同之处,但系统最终的太阳能－燃料转化效率表明,限制实验系统效率的关键因素之一是氧载体材料的负载量,或者说是当前反应器的规模尺寸。当前反应腔为 $\phi60\ \mathrm{mm}\times80\ \mathrm{mm}$ 的圆柱形设计,氧载体负载量约为文献中的 1/200。但在催化性能方面,本节所制备的 50％CF－Ni 氧载体能够在更低的反应温度下实现更高的 CO_2 转化率,以及单位质量下显著提高的合成气产量。此外,所设计的反应器已具有较高的热效率,而催化剂在测试过程中一直处于满负荷工作状态,表明反应器的热效率和氧载体的催化活性并非限制当前系统效率的主要因素。因此,在下一步的研究中,首要任务是扩大当前的反应器规模,以大幅提高反应腔内的氧载体负载量,进而有望突破当前的能量转化效率限制。

本章参考文献

[1] 董献宏. 一种多孔容积式太阳能吸热器的高温热转换特性研究[D]. 哈尔滨：哈尔滨工业大学, 2015.

[2] VILLAFÁN-VIDALES H I, ABANADES S, ARANCIBIA-BULNES C A, et al. Radiative heat transfer analysis of a directly irradiated cavity-type solar thermochemical reactor by Monte-Carlo ray tracing[J]. Journal of Renewable and Sustainable Energy, 2012, 4(4):043125.

[3] ABANADES S, CHARVIN P, FLAMANT G. Design and simulation of a solar chemical reactor for the thermal reduction of metal oxides：case study of zinc oxide dissociation[J]. Chemical Engineering Science, 2007, 62(22): 6323-6333.

[4] JIANG Q Q, TONG J H, ZHOU G L, et al. Thermochemical CO_2 splitting reaction with $La_x A_{1-x} Fe_y B_{1-y} O_3$ ($A = Sr, Ce, B = Co, Mn; 0 \leqslant x, y \leqslant 1$) perovskite oxides[J]. Solar Energy, 2014, 103:425-437.

[5] KANG D, LIM H S, LEE M, et al. Syngas production on a Ni-enhanced Fe_2O_3/Al_2O_3 oxygen carrier via chemical looping partial oxidation with dry reforming of methane[J]. Applied Energy, 2018, 211:174-186.

第 7 章

太阳能热解废弃塑料制高品位油

由 于环境可降解性低,塑料垃圾在自然界中迅速积累,这会破坏生态系统并对生物造成伤害。热解被认为是替代塑料废物填埋处理的一种可行方法,同时还可以产出类似于商业汽、柴油的液态燃料。本章对废弃塑料的热解动力学及其产物调控手段进行介绍。

7.1　遗传算法结合热重分析法研究废弃塑料热解动力学

7.1.1　实验及反应动力学建模

为了指导废弃聚乙烯（WPE）和废弃塑料（WP）化学回收的进一步应用,本研究采用遗传算法（GA）与热重分析法（TGA）相结合的方法,研究纯聚乙烯（PE）、WPE 和 WP 在氩气中 5 ～ 20 ℃/min 加热速率下的热解过程。采用了三种等值转换的方法来计算活化能值,这些结果为 GA 计算的动力学参数提供了一个参考。此外,还研究了三个具有代表性的反应模型,以确定可以最精确描述 WPE 和 WP 热解过程的模型。

（1）实验材料。

如图 7.1 所示,本研究中使用的纯 PE、WPE 和 WP 由 Lukplast Ind.（ES － Brazil）提供。WPE 是从塑料袋、塑料薄膜、牛奶桶等废弃的聚乙烯制品中经过一定的选择回收而来;而 WP 是未经挑选的回收塑料,主要由聚乙烯（PE）和少量的聚苯乙烯（PS）和聚对苯二甲酸乙二醇酯（PET）组成。

（2）热重测试。

热重测试使用 NETZSCH STA 449F3 热分析仪进行,大约 13.0 mg 粉末测试样品以四种代表性加热速率（即 5、10、15、20（℃/min））从 20 ℃ 加热到 700 ℃,载气使用的是 60 mL/min 流速的氩气。

（3）热解反应描述。

根据文献,塑料的热解可以被简化为一步反应:
$$\text{plastic} \longrightarrow v\,\text{residue} + (1-v)\text{gas} \tag{7.1}$$
式中,v 代表反应化学计量系数。

基于上述式(7.1),本研究采用阿伦尼乌斯定律计算塑料热解过程中的质量损失率(MLR),其表达式如下:

(a) 纯 PE

(b) WPE

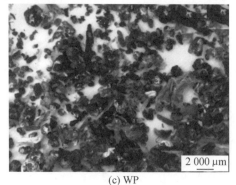

(c) WP

图 7.1　实验中使用的纯 PE、WPE 和 WP

$$\mathrm{MLR} = (1 - v)Af(\alpha)\exp(-E/(RT)) \tag{7.2}$$

式中，A、α、$f(\alpha)$、E、R 和 T 分别代表指前因子（$\mathrm{s^{-1}}$）、转化率、对转化率的依赖性函数、活化能（$\mathrm{kJ/mol}$）、通用气体常数（$8.314\ \mathrm{J/(mol \cdot K)}$）和温度（K）。

因此，测试样品的质量分数可以使用以下公式计算：

$$y = 1 - \int_0^t \mathrm{MLR} \mathrm{d}t \tag{7.3}$$

式中，y 和 t 分别代表质量分数和热解时间（s）。

（4）反应模型。

表 7.1 列出了三种有代表性的反应模型，即反应级数模型、扩展普劳特－汤普金斯（Prout－Tompkins）模型和谢斯塔克－伯格伦（Sestak－Berggren）模型，都是描述废弃塑料热解的潜在反应模型。

7.1　三种有代表性的反应模型

反应模型	公式
反应级数模型	$f(\alpha) = (1-\alpha)^n$
扩展 Prout$-$Tompkins 模型	$f(\alpha) = \alpha^m \cdot (1-\alpha)^n$
Sestak$-$Berggren 模型	$f(\alpha) = \alpha^m \cdot (1-\alpha)^n \cdot [-\ln(1-\alpha)]^p$

（5）等值转换法。

在本研究中,采用了表 7.2 所列的三种有代表性的等值转换方法来计算塑料热解的活化能,即积分法（KAS）、微分法（Friedman）和 AIC 法。

表 7.2　三种有代表性的等值转换法

等值转换法	公式
KAS	$\ln\left(\dfrac{\beta}{T^2}\right) = -\dfrac{E}{RT} + \text{const}$
Friedman	$\ln\left(\beta\dfrac{d\alpha}{dT}\right) = -\dfrac{E}{RT} + \text{const}$
AIC	$\Phi(E) = \sum_{i=1}^{n}\sum_{j\neq i}^{n}\dfrac{I(E,T_i)/\beta_i}{I(E,T_j)/\beta_j}$ 其中 $I(E,T_i) = \int_0^{T_i}\exp(-\dfrac{E}{RT})dT$

注:β 和 E 分别代表加热速率（℃/min）和活化能（kJ/mol）。

（6）遗传算法（GA）。

本研究采用的遗传算法在图 7.2 中描述。在每一代中,有 N 个具有特定基因的个体,如活化能 E、指前因子 A、反应级数 n 等,这些个体作为父级。随后,N 个父级可以产生 N 个子级,这个过程被称为繁衍,其也伴随着变异。图 7.2 列明了算术表达式,其中 i 和 j 表示个体和基因的数量;r^{ij} 是一个从 0 到 1 的随机数;ν_{mut} 是突变的可能性,等于 0.05;s 是一个从 -0.5 到 0.5 的随机数。接下来的程序是计算每个个体的适配度。健身性是通过实验和预测的 MLR 和质量分数来计算的。健身性被作为目标函数。φ 是权重系数,等于 0.5。此外,具有最大健身值的最佳个体被选中。最后,根据健身值对子代进行选择。健身值低于最大健身值一半的个体,将被这一代的最佳个体所取代,这个过程被称为替换。因此,下一次的继承将重复上述过程。在本研究中,个体和世代的数量分别为 500 和 200。

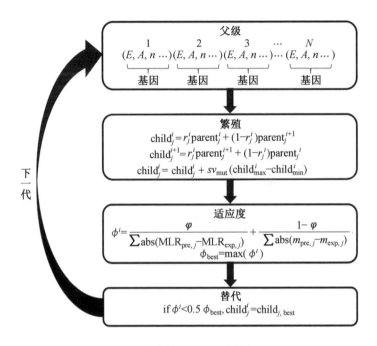

图 7.2　遗传算法（GA）计算流程图

7.1.2　热重分析

　　图 7.3 所示为在氩气气氛下以不同升温速率热解纯 PE、WPE 和 WP 得到的质量损失率（MLR）和相对质量损失（TG）的实验曲线。在相同的实验处理下将实验样品均从室温加热到 973.15 K。总的来说，无论升温速率如何变化，MLR 和 TG 曲线的形状都保持不变。另外，PE、WPE 和 WP 的 MLR 峰值随着升温速率的增加而增加。例如，如图 7.3(a) 所示，当升温速率从 5 K/min 增加到 20 K/min 时，PE 的 MLR 峰值从 0.229 6%/s 增加到 0.875 1%/s。此外，当升温速率增加时，MLR 和 TG 曲线会明显地向更高温度横向移动，这可能是由升温速率增加时热解机理转变引起的。

　　图 7.4 显示了在氩气气氛下升温速率为 5 K/min 时 PE 的 MLR 曲线中的起始温度 T_o、终止温度 T_e 和最大降解温度 T_m，T_o、T_e 和 T_m 可用于评估塑料热解过程。如表 7.3 所示，由于热解机制的转变，PE、WPE 和 WP 的 T_o、T_e 及 T_m 随着升温速率的增加而增加。例如，当升温速率从 5 K/min 增加到 20 K/min 时，PE、WPE 和 WP 的起始温度 T_o 分别从 699 K、700 K 和 697 K 开始逐渐增加。对比可知，WP 的 T_e 和 T_m 在不同升温速率下的平均值最高，而 PE 的最低。至于

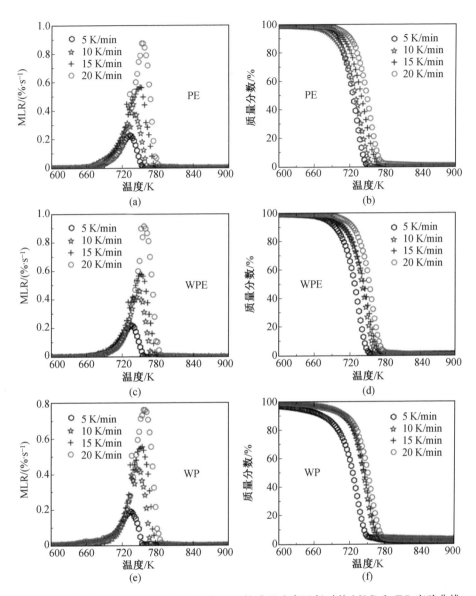

图 7.3　在氩气中以 5、10、15 和 20(K/min) 的升温速率运行时的 MLR 和 TG 实验曲线

T_o、PE、WPE 和 WP 在不同升温速率下均没有明显的规律性。然而,尽管升温速率发生变化,但 T_o 和 T_e 之间的差值几乎恒定,约为 60 K。参考 MLR 最大值可知 PE、WPE 和 WP 在氩气气氛下的热解过程相对较快。例如,在 20 K/min 时 WPE 的 MLR 达到最大值 0.914 2%/s。此外,在升温速率从 5 K/min 增加到

20 K/min 时,PE、WPE 和 WP 的 MLR 最大值分别从 0.229 6%/s 增加到 0.875 1%/s、0.223 3%/s 增加到 0.914 2%/s 和从 0.191 2%/s 增加到 0.778 4%/s。由此可以认为,在氩气气氛下 WPE 经历了相对较快的热解过程,而 WP 则经历了相对较慢的热解过程。

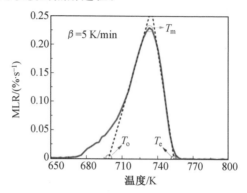

图 7.4 从氩气气氛下升温速率为 5 K/min 的聚乙烯
MLR 曲线得出的 T_o、T_e 和 T_m

表 7.3 氩气中 PE、WPE 和 WP 的起始、终止和最大降解温度以及最大 MLR

材料	升温速率 /(K · min^{-1})	T_o/K	T_e/K	T_m/K	MLR$_{max}$/(% · s^{-1})
	5	699	754	733	0.229 6
PE	10	699	764	739	0.445 1
	15	707	773	750	0.566 4
	20	719	777	753	0.875 1
	5	700	756	735	0.223 3
WPE	10	711	768	747	0.461 7
	15	711	776	750	0.582 0
	20	725	780	757	0.914 2
	5	697	757	735	0.191 2
WP	10	714	770	748	0.444 2
	15	716	775	753	0.553 8
	20	723	781	756	0.778 4

PE、WPE 和 WP 的 TG 曲线如图 7.3 所示,曲线表明它们在热解过程中分解为气态产物(在实验环境下)。纯 PE、WPE 和 WP 从室温加热至 973.15 K 后,在不同升温速率下残留物的质量分数列于表 7.4 中。塑料热解产物可分为炭、蜡/

油和气体。此外,产物的分布受到升温速率的影响,因此,纯 PE、WPE 和 WP 在不同升温速率下的残留物是不同的。在升温速率为 10 K/min 和 15 K/min 下,热解过程结束时纯 PE 没有残留物。然而,在 5 K/min 和 20 K/min 下,纯 PE 分别存在质量分数为 0.02% 和 0.90% 的残留物。由于与原始质量相比这些值可以忽略不计,因此,可以认为纯 PE 在氩气气氛下经过热解后可以彻底分解。而在 WPE 热解过程结束后会留下少量残留物。如表 7.4 所示,在氩气气氛下 WP 热解过程结束时则会留下大量残留物,其残留量均值为 2.15%。

表 7.4　纯 PE、WPE 和 WP 在不同升温速率下残留物的质量分数　　　%

材料	升温速率 /(K · min^{-1})			
	5	10	15	20
PE	0.02	0	0	0.9
WPE	1.15	0.31	0.19	0.49
WP	1.08	3.16	2.1	2.26

7.1.3　基于等转化方法的热解动力学

利用四组不同升温速率下的 TG 数据,采用三种等转化方法计算了纯 PE、WPE 和 WP 的活化能 E。如表 7.5 所示,用 KAS、Friedman 和 AIC 方法计算的纯 PE 的活化能值随转化率的不同而变化。然而,当转化率从 0.3 变化到 0.9 时,活化能值的差异几乎可以忽略不计。另外,当转化率低于 0.2 时活化能相对较低,这是因为 PE 固有的弱连接位点的存在,初始降解相对容易。此外,KAS 和 AIC 计算的 PE 活化能值非常接近,而 Friedman 方法计算的 PE 活化能值与 KAS 和 AIC 方法有很大不同,这与 Das 等人的研究结果一致。这表明 KAS 和 AIC 计算的活化能值在一定程度上更具有说服力。并且 Encinar 等人计算的低密度 PE 活化能值为 285 kJ/mol,它接近于本研究中计算的纯 PE 的平均活化能值。然而,在 Das 等人、Xu 等人和 Wang 等人的研究中,通过 KAS 计算得到的低密度 PE 活化能值分别为 162 ~ 242 kJ/mol、174.46 kJ/mol 和 130.04 ~ 193.10 kJ/mol。不同文献中活化能的计算结果存在较大差异,这可能是由原材料来源不同和制造工艺不同造成的。采用与计算纯 PE 相同的三种等转化法计算 WPE 和 WP 的活化能,结果分别列于表 7.6 和表 7.7 中。在不同转化率下通过 KAS、Friedman 和 AIC 方法计算的纯 PE、WPE 和 WP 的活化能如图 7.5 所示。由图可知:利用 KAS 和 AIC 方法计算的活化能之间差异几乎可以忽略不计;纯 PE 的活化能比 WPE 和 WP 的活化能大,这表明 WPE 和 WP 的可燃性较高,而纯 PE 的可燃性相对较低;纯 PE、WPE 和 WP 的活化能差值随着转化率的增加而减小。

表 7.5　用 KAS、Friedman 和 AIC 方法计算纯 PE 活化能 E 的结果

转化率	KAS /(kJ · mol^{-1})	Friedman /(kJ · mol^{-1})	AIC/ (kJ · mol^{-1})
0.1	236.67	239.97	237.00
0.2	250.12	266.66	250.43
0.3	260.39	260.24	260.70
0.4	266.85	249.27	267.15
0.5	265.02	255.90	265.32
0.6	268.30	257.03	268.61
0.7	270.58	271.33	270.88
0.8	272.91	276.17	273.21
0.9	263.12	197.59	263.43
平均值	261.55	252.68	261.86

表 7.6　用 KAS、Friedman 和 AIC 方法计算 WPE 活化能 E 的结果

转化率	KAS/ (kJ · mol^{-1})	Friedman/ (kJ · mol^{-1})	AIC/ (kJ · mol^{-1})
0.1	177.68	208.35	178.04
0.2	215.85	245.45	216.17
0.3	234.80	264.89	235.11
0.4	240.37	241.46	240.67
0.5	254.52	257.79	254.81
0.6	257.34	271.78	257.62
0.7	258.96	254.77	259.23
0.8	260.94	258.39	261.22
0.9	257.31	217.88	257.59
平均值	239.75	246.75	240.05

表 7.7　用 KAS、Friedman 和 AIC 方法计算 WP 活化能 E 的结果

转化率	KAS/ (kJ · mol^{-1})	Friedman/ (kJ · mol^{-1})	AIC/ (kJ · mol^{-1})
0.1	126.75	162.39	127.20

续表

转化率	KAS/ (kJ·mol⁻¹)	Friedman/ (kJ·mol⁻¹)	AIC/ (kJ·mol⁻¹)
0.2	174.64	215.20	175.02
0.3	213.99	285.69	214.32
0.4	228.82	285.04	229.14
0.5	241.26	267.45	241.57
0.6	244.28	257.55	244.60
0.7	251.43	244.72	251.74
0.8	254.55	274.89	254.86
0.9	258.38	254.81	258.70
平均值	221.57	249.75	221.91

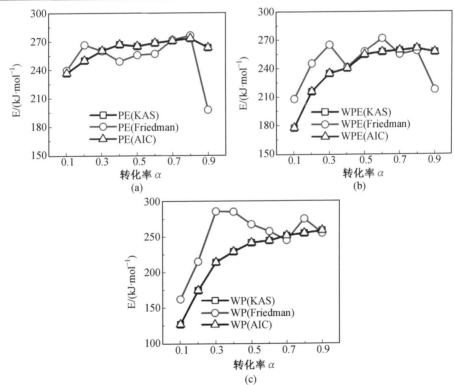

图 7.5　用不同等转化法计算的纯 PE、WPE 和 WP 的活化能

7.1.4 最优反应模型的确定

为了确定哪种反应模型能够准确描述 PE 热解过程,本研究采用了三种有代表性的反应模型,即反应级数模型、扩展 Prout－Tompkins 模型和 Sestak－Berggren 模型,将这三种反应模型分别与遗传算法(GA)结合,研究获得纯 PE 的最佳热解动力学参数。最终,采用反应级数、扩展 Prout－Tompkins 和 Sestak－Berggren 模型得到的 PE 热解动力学参数的优化值列于表 7.8 中。采用反应级数模型、扩展 Prout－Tompkins 模型和 Sestak－Berggren 模型计算得到的优化 PE 活化能值分别为 241.55、221.21 和 217.86(kJ/mol);而 KAS、Friedman 和 AIC 方法计算的 PE 活化能值分别为 261.55、252.68 和 261.86(kJ/mol)。相比之下,采用经 GA 优化的反应级数模型计算的活化能接近于等转化法测定的值。

表 7.8 采用反应级数模型、扩展 Prout－Tompkins 模型和 Sestak－Berggren 模型优化的 PE 热解动力学参数值

参数	优化值		
	反应级数模型	扩展 Prout－Tompkins 模型	Sestak － Berggren 模型
$\ln(A/s^{-1})$	34.52	31.78	31.23
$E/(kJ \cdot mol^{-1})$	241.55	221.21	217.86
n	0.58	1.08	1.12
m	—	0.30	0.29
p	—	—	0.07

因此,预测的 MLR 和 TG 曲线如图 7.6 所示,其中在不同加热速率下采用反应级数模型、扩展 Prout－Tompkins 模型和 Sestak－Berggren 模型对 PE 进行 GA 优化。可以看出,利用三种反应模型结合 GA 预测的 MLR 和 TG 曲线与实验曲线基本一致。此外,采用不同反应模型得到的纯 PE 的实验数据与预测数据之间的准确系数列于表 7.9 中。在三个反应模型中,预测的质量分数都比预测的 MLR 更精确,且质量分数和 MLR 的平均准确系数约为 0.998 和 0.971。在反应级数模型、扩展 Prout－Tompkins 模型和 Sestak－Berggren 模型中,总体平均准确系数逐渐增加,然而,增加的值几乎可以忽略不计。不同反应模型的 MLR 和质量分数的 R^2 没有明显差异。更准确地说,反应级数模型和扩展 Prout－Tompkins 模型在质量分数的预测上更加准确;而 Sestak－Berggren 模型可以更精确地描述 MLR。至于活化能,GA 优化的反应级数模型的值与等转化法计算

的值一致。虽然等转化方法计算的活化能没有实际的化学意义,不能用于广义的学术结论,但是活化参数可以使用等转化方法获得,并且可以为塑料回收行业提供指导,所以我们决定使用活化参数作为基值。因此,选择结合 GA 的反应级数模型来建立聚乙烯热解动力学模型,以及研究 WPE 和 WP 的热解过程。

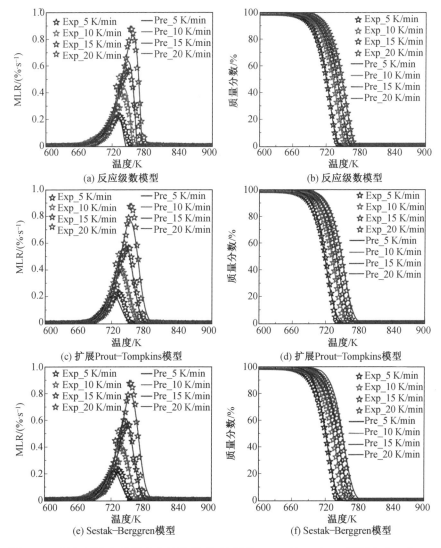

图 7.6　氩气环境中采用反应级数模型、扩展 Prout－Tompkins 模型和 Sestak－Berggren 模型,在 5、10、15 和 20(K/min)下得出的纯 PE 的 MLR 和 TG 曲线的实验值和预测值

表 7.9　采用反应级数模型、扩展 Prout － Tompkins 模型和 Sestak － Berggren 模型得出的纯 PE 实验数据与预测数据之间的 R^2

升温速率 /(K · min^{-1})	反应级数模型		扩展 Prout － Tompkins 模型		Sestak － Berggren 模型	
	Mass	MLR	Mass	MLR	Mass	MLR
5	0.994 8	0.964 5	0.994 9	0.953 3	0.996 6	0.961 7
10	0.999 2	0.969 6	0.998 2	0.971 3	0.996 8	0.964 8
15	0.999 5	0.961 5	0.999 7	0.983 2	0.999 2	0.982 7
20	0.999 0	0.987 1	0.999 6	0.975 9	0.999 1	0.976 0
R^2 平均值	0.998 1	0.970 7	0.998 1	0.970 9	0.997 9	0.971 3
R^2 总体平均值	0.984 4		0.984 5		0.984 6	

7.1.5　GA 计算的动力学参数

根据前一小节的讨论,采用 GA 结合反应级数模型来计算最佳热解动力学参数,即纯 PE、WPE 和 WP 的指前因子 A、活化能 E 和反应级数 n。由表 7.10 可知,纯 PE 的热解动力学参数 $\ln A$、E 和 n 的优化值分别为 34.52 s^{-1}、241.55 kJ/mol 和 0.58;WPE 的分别为 33.84 s^{-1}、239.82 kJ/mol 和 0.51;WP 的分别为 33.06 s^{-1}、234.51 kJ/mol 和 0.71。采用 GA 结合反应级数模型计算得到的纯 PE 活化能值最大,而计算得到的 WP 活化能值最小,这与 KAS 和 AIC 方法计算的结果一致。此外,利用 GA 计算与等转化方法计算的 E 的差值相对较小。这表明了 GA 优化的纯 PE、WPE 和 WP 热解动力学参数值的可靠性。

表 7.10　采用反应级数模型优化的纯 PE、WPE 和 WP 的热解动力学参数值

参数	优化值		
	纯 PE	WPE	WP
$\ln(A/\text{s}^{-1})$	34.52	33.84	33.06
$E/(\text{kJ} \cdot \text{mol}^{-1})$	241.55	239.82	234.51
n	0.58	0.51	0.71

图 7.7 给出了在氩气气氛下不同升温速率时 PE、WPE 和 WP 的 MLR 和 TG 的实验及预测曲线。预测的 MLR 和质量分数分别通过式(7.2)和式(7.3)计算。由于动力学参数均由 GA 计算,所以变量仅是温度和热解时间,并且温度仅由特定热解时间内的升温速率决定。因此,随后可以计算不同升温速率下的

MLR 和质量分数。这表明实验数据与预测数据之间具有高度的一致性。此外，不同升温速率下的实验数据和预测数据之间的准确系数列于表 7.11 中。在各升温速率下，WPE 质量分数的准确系数均大于 0.999。然而，WPE 的 MLR 的准确系数相对较低，平均值在 0.977，而且 PE 和 WP 表现出与 WPE 相同的趋势。综上所述，预测的 PE、WPE 和 WP 热解动力学参数相对可靠和准确。另外，GA 与 TGA 结合可以应用于更实际的热解环境，比如具有可变的升温速率，这将在以后的研究中讨论。

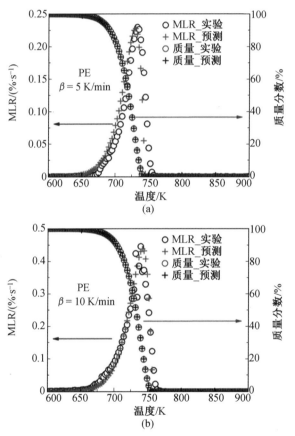

图 7.7　在氩气气氛下不同升温速率时 PE、WPE 和 WP 的 MLR 和 TG 的实验及预测曲线

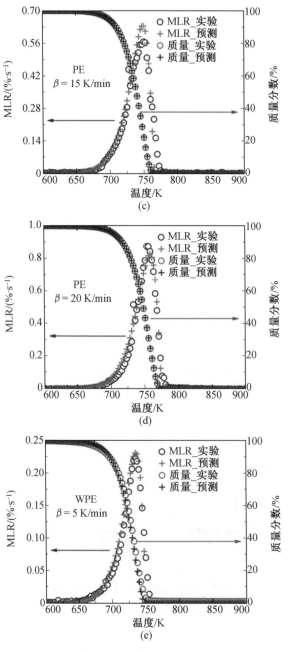

续图 7.7

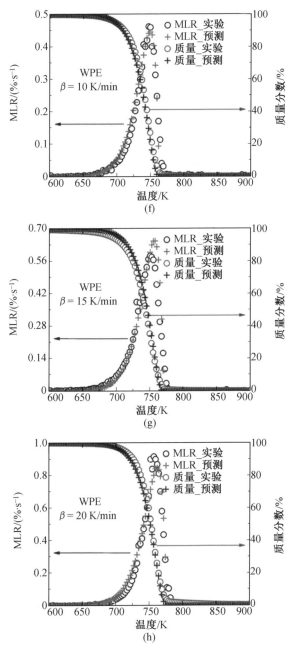

续图 7.7

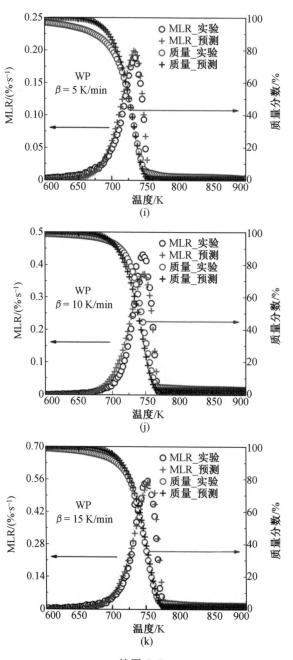

续图 7.7

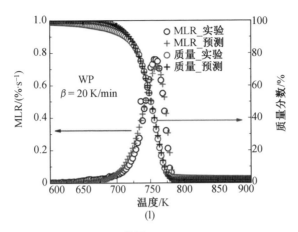

续图 7.7

表 7.11　不同升温速率下纯 PE、WPE 和 WP 的实验数据与预测数据之间的 R^2

升温速率 /(K·min^{-1})	纯 PE		WPE		WP	
	质量分数	MLR	质量分数	MLR	质量分数	MLR
5	0.994 8	0.964 5	0.999 2	0.994 5	0.996 6	0.995 6
10	0.999 2	0.969 6	0.999 3	0.980 0	0.996 6	0.943 4
15	0.999 5	0.961 5	0.999 0	0.954 3	0.999 0	0.975 2
20	0.999 0	0.987 1	0.999 2	0.979 9	0.999 2	0.980 1
R^2 平均值	0.998 1	0.970 7	0.999 2	0.977 2	0.997 9	0.973 6
R^2 总体平均值	0.984 4		0.988 2		0.985 7	

7.2　在半间歇式反应器中热解废弃聚乙烯生产液体燃料

7.2.1　材料和方法

（1）材料。

实验中使用的废弃聚乙烯由中国安徽省皖北塑料回收发展基地提供,且废弃聚乙烯是从城市固体废物中回收并被切割成约 3 mm 的颗粒。

（2）实验设备。

图 7.8 所示为废弃聚乙烯热解生产液体燃料的实验示意图,使用的反应器为 200 mL 的小规模半间歇式反应器。每次实验均使用重约 5 g 的废弃聚乙烯,在

每次实验前用流速为100 mL/min的氮气吹扫反应器30 min以确保塑料热解时的惰性气氛,然后将氮气流速调至目标值。在整个实验过程中反应器的内压保持在0.1 MPa不变,每次实验均将反应器以6 ℃/min的升温速率从室温(20 ℃)加热至目标温度,随后反应器在指定的时间(停留时间)内保持目标温度不变。

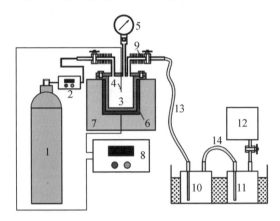

图 7.8　废弃聚乙烯热解生产液体燃料的实验示意图
1— 氮气;2— 气体流量控制器;3— 半间歇式反应器;4— 热电偶;5— 压力计;
6— 加热元件;7— 隔热材料;8—PID 控制器;9— 金属散热片;10— 玻璃瓶 1;
11— 玻璃瓶 2;12— 气袋;13— 橡胶管 1;14— 橡胶管 2

废弃聚乙烯被热解生成挥发性产物(液体燃料和气体),这些挥发性产物由载气通过出口管吹扫出反应器外。出口管的外壁装有金属翅片,所以挥发性产物经由出口管可冷却至50 ℃左右,在这个过程中部分挥发性产物被冷凝成了液体燃料,这些液体燃料通过橡胶管进入玻璃瓶中,剩余的挥发性产物经由冰水混合物(0 ℃)冷凝成液体并在玻璃瓶中被收集,最后的气体在气袋中被收集。值得注意的是,实验过程中的液体燃料在第一个玻璃瓶中被完全收集,而在第二个玻璃瓶中没有收集到任何液体燃料。实验结束后立即将反应器从加热装置中取出,并迅速用水冷却,反应器中剩余的是焦炭和不挥发的残留物,将反应器冷却至20 ℃后开启反应器,收集反应器中的残留物并称重。

上述的半间歇式反应器与两个玻璃瓶通过橡胶管连接。由于液体燃料仍在金属出口管和橡胶管内产生,所以为了减小实验误差,将两个玻璃瓶和两个橡胶管均称重,并将金属出口管内的物质收集称重。液体燃料的质量可由下面的公式计算得到:

$$W_{liquid} = (W_{b1,f} + W_{b2,f} + W_{t1,f} + W_{t2,f}) - (W_{b1,i} + W_{b2,i} + W_{t1,i} + W_{t2,i}) + W_{op}$$

$$(7.4)$$

式中，W_{liquid}、$W_{b1,f}$、$W_{b2,f}$、$W_{t1,f}$、$W_{t2,f}$、$W_{b1,i}$、$W_{b2,i}$、$W_{t1,i}$、$W_{t2,i}$ 和 W_{op} 分别为液体燃料的质量、玻璃瓶 1 的最终质量、玻璃瓶 2 的最终质量、橡胶管 1 的最终质量、橡胶管 2 的最终质量、玻璃瓶 1 的初始质量、玻璃瓶 2 的初始质量、橡胶管 1 的初始质量、橡胶管 2 的初始质量和金属出口管内的物质质量。

气体的质量可由下式计算：

$$W_{gas} = W_{WPE} - W_{liquid} - W_{residue} \tag{7.5}$$

式中，W_{gas}、W_{WPE} 和 $W_{residue}$ 分别为气体、初始废弃聚乙烯和残渣的质量。

实验采用中心复合设计来确定液体燃料生产的最佳操作条件。本研究共进行了 15 次实验并得到实验结果，在此基础上利用人工神经网络(ANN)建立了以温度、停留时间和载气流速为自变量的数学表达式，对液体燃料的生产进行了研究。如表 7.12 所示，每次实验均在不同操作条件下进行，并用 E1 到 E15 对这 15次实验进行编号。另外进行了 4 个附加实验，验证了人工神经网络建立的数学表达式的可行性，用 V1 到 V4 对这 4 个验证实验进行编号。为了确保实验的再现性，每个实验都进行了两次。

表 7.12　在不同工作条件下进行的实验

编号	温度 /℃	停留时间 /min	载气流速 /(mL · min^{-1})
E1	425	20	20
E2	425	20	100
E3	425	40	60
E4	425	60	20
E5	425	60	100
E6	475	20	60
E7	475	40	20
E8	475	40	60
E9	475	40	100
E10	475	60	60
E11	525	20	20
E12	525	20	100
E13	525	40	60
E14	525	60	20
E15	525	60	100

太阳能高温热化学合成燃料技术

续表

编号	温度 /℃	停留时间 /min	载气流速 /(mL·min⁻¹)
V1	450	30	80
V2	450	50	40
V3	500	30	80
V4	500	50	40

（3）人工神经网络。

图 7.9 描述了用于确定液体燃料产率的人工神经网络的网络结构。人工神经网络利用已有的输入输出数据确定网络结构参数,该网络结构连接由 IF — THEN 模糊规则建立。网络结构有 3 个输入变量(温度、停留时间和载气流速)和一个输出变量(液体燃料产率)。根据文献[21],将温度分为高、中、低 3 个等级;停留时间分为高、低两个等级;载气流速分为高、低两个等级。将输入的隶属度函数组合成 12 条模糊规则,这些模糊规则由高斯依赖函数确定。常量类型的输出隶属函数用作去模糊化函数。模糊规则的权重值由输入和输出隶属函数计算。最后将这 12 条模糊规则的加权值相加即为液体燃料产率。人工神经网络在相关文献中有详细描述。

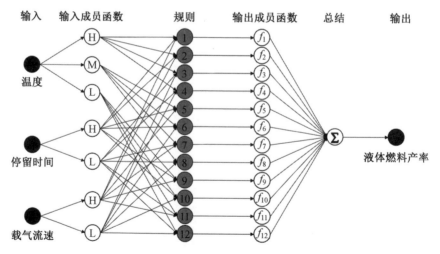

图 7.9　用于确定液体燃料产率的 ANN 网络结构

（4）遗传算法。

遗传算法(GA)是一种源自进化论被广泛使用的优化方法。遗传算法的核心内容是个体基因的变异和交叉,以及每一代的优胜劣汰。在本研究中,操作条件（温度、停留时间和载气流速）是 3 个"基因"；液体燃料组分是每个人的适合度。遗传算法与人工神经网络相结合用于优化操作条件，以最大限度地提高液体燃料产率。世代和个体数量均为 1 000，个体基因突变和交叉的概率均为0.005。

（5）傅里叶变换红外光谱仪。

本研究通过傅里叶变换红外光谱仪（FTIR）测定液体燃料的主要官能团，并使用 Thermo Nicolet 6700 FTIR 光学光谱仪以 4 cm⁻¹ 分辨率记录 4 000 ～400 cm⁻¹ 范围内的 FTIR 光谱。

（6）气相色谱－质谱法。

本研究采用气相色谱－质谱法（GC－MS）测定液体燃料的具体成分。实验使用 Thermo Fisher（美国）的 TSQ 9000 三重四极杆质谱仪联用的低分辨率Thermo Scientific TRACE 1300/1310 气相色谱仪。气相色谱前入口和质谱联用仪传输线的温度设置为 280 ℃，气相色谱的前入口以分流模式运行，使用流速为 1 mL/min 的氦气作为载气，并使用极性相 ZB－5MS 毛细管柱（30 m×0.25 mm，内径为 0.25 μm 薄膜）；气相色谱炉子设置为初始 70 ℃ 并保温 2 min，然后以 10 ℃/min 的升温速率升至 250 ℃ 并保温 10 min，最后以 20 ℃/min 的升温速率升至 300 ℃ 并保温 27.5 min。质谱联用仪在以下条件下运行：离子源温度为 230 ℃；全扫描，30 ～ 800 Da。液体燃料组分由美国国家标准及技术协会（NIST）质谱库鉴定。

7.2.2　液体燃料生产

（1）人工神经网络的准确性。

图 7.10 说明了在不同操作条件下实验和人工神经网络预测的液体燃料产率。值得注意的是，液体燃料在室温下的外观类似于蜡。图 7.10（a）所示人工神经网络预测的液体燃料产率结果与实验结果（E1 ～ E15）非常接近，并且预测值与实验值之间的相对误差在 1.3% 以内。此外，实验和人工神经网络预测的液体燃料产率之间的 R^2 为 0.993 4。图 7.10（b）通过四个附加实验（V1 ～ V4）展示了人工神经网络的可行性，并且预测值与实验值之间的相对误差在 1.4% 以内。这表明了人工神经网络预测液体燃料产率是准确可靠的。

（2）停留时间和载气流速对液体燃料产率的交互影响。

图 7.11（a）、（b）、（c）分别展示了在 425 ℃、475 ℃ 和 525 ℃ 温度下停留时间和载气流速对液体燃料产率的交互影响。在 425 ℃ 时液体燃料产率变化范围为65.32% ～ 82.43%，在 475 ℃ 时液体燃料产率变化范围为 79.05% ～ 83.00%，

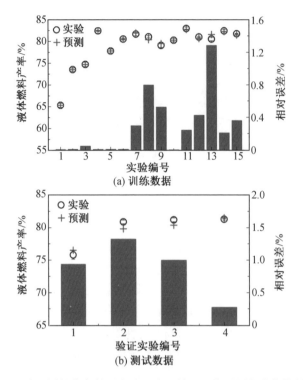

图 7.10　在不同操作条件下实验和人工神经网络预测的液体燃料产率

在 525 ℃ 时液体燃料产率变化范围为 80.65% ～ 82.73%。Das 和 Tiwari 在 1 000 mL 的半间歇式反应器中进行原始聚乙烯的热解实验,在 400 ℃、8 h 和 200 mL/min 操作条件下获得了约 81.4% 的液体燃料;他们还在同一个半间歇式反应器中,在 500 ℃、30 min 和 100 mL/min 的操作条件下获得了约 82.7% 的液体燃料。Onwudili 等人使用半间歇式反应器在 425 ℃ 下获得了 89.5% 的液体燃料。然而,Quesada 等人在 450 ℃ 下热解废弃聚乙烯获得的液体燃料产率相对较低,从 13.61% 到 48.38% 不等,这是因为他们在较高的升温速率(20 ～ 50 ℃/min)下进行了实验。

　　如图 7.11(a) 所示,在 425 ℃ 下,较高的载气流速可以在较短的停留时间下增加液体燃料产率。例如,当停留时间为 20 min,将载气流速从 20 mL/min 增加到 100 mL/min 时,液体燃料产率从 65.32% 增加到 73.54%。Muhammad 等人研究了在 450 ～ 460 ℃ 下线性低密度聚乙烯热解产生液体燃料,当载气流速从 0 增加到 60 mL/min 时,液体燃料产率从 45.0% 增加到 75.0%,这与本研究的结果是一致的。液体燃料产率的增加可以归因于较高的载气流速,较高的载气

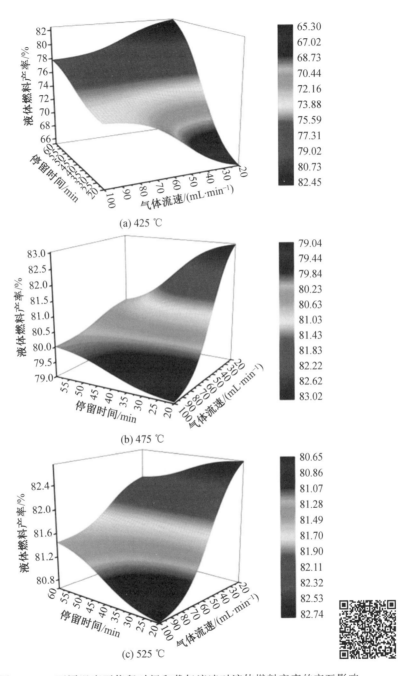

图 7.11　不同温度下停留时间和载气流速对液体燃料产率的交互影响

流速可以快速地将挥发性产物吹扫出反应器,从而抑制了能够消耗液体燃料的二次反应。然而,在 425 ℃ 下停留时间较长时,随着载气流速的增加,液体燃料产率下降。例如,当停留时间为 60 min 时,将载气流速从 20 mL/min 增加到 100 mL/min 时,液体燃料产率从 82.43% 下降到 77.81%。此时,液体燃料产率的减少可归因于较高的载气流速抑制了热解气体通过缩聚和再聚合反应形成液体燃料。而对于更高温度下的液体燃料生产,如图 7.11(b) 和 (c) 所示,在 20～60 min 的停留时间范围内,增加载气流速会抑制液体燃料的生产,这是因为较高的温度可以促进液体燃料二次裂解产生短链热解气体。

(3) 温度和载气流速对液体燃料产率的交互影响。

图 7.12(a)、(b)、(c) 分别显示了停留时间为 20 min、40 min 和 60 min 时温度和载气流速对液体燃料产率的交互影响。无论停留时间如何变化,液体燃料产率在较高载气流速下具有相同的变化趋势。当温度从 425 ℃ 增加到 525 ℃ 时,任意停留时间内的液体燃料产率均增加,分别从 73.54% 增加到 80.65%(20 min),从 75.53% 增加到 81.02%(40 min),从 77.81% 增加到 81.45%(60 min)。液体燃料产率的增加可以归因于废弃聚乙烯在较高温度下发生更强烈的随机断裂反应。而在最低载气流速(20 mL/min)下,温度对液体燃料产率的影响更为复杂,这是由于废弃聚乙烯的随机断裂反应与液体燃料的二次裂化反应之间的相互作用。如图 7.12(a) 所示,当温度从 425 ℃ 升高到 488 ℃ 且停留时间为 20 min 时,液体燃料产率首先从 65.32% 增加到 83.63%。在此温度范围内,温度升高对促进废弃聚乙烯随机断裂反应影响较大,因此,液体燃料产率随着温度的升高而增加。然而,在较高温度范围内液体燃料的二次裂化反应占据主导地位,所以当温度从 488 ℃ 升高到 525 ℃ 且停留时间为 20 min 时,液体燃料产率从 83.63% 下降到 82.73%。而停留时间为 60 min 时,液体燃料产率的变化趋势如图 7.12(c) 所示,其变化趋势与停留时间为 20 min 时相反,这表明在最长停留时间(60 min)下,废弃聚乙烯随机裂解反应和液体燃料二次裂解反应的主导地位发生了逆转。

(4) 温度和停留时间对液体燃料产率的交互影响。

图 7.13(a)、(b)、(c) 分别显示了载气流速为 20 mL/min、60 mL/min 和 100 mL/min 时温度和停留时间对液体燃料产率的交互影响。在所有载气流速下,当停留时间较短时,温度对液体燃料产率具有更显著的影响。在较高温度下,停留时间对液体燃料产率几乎没影响。如图 7.13(c) 所示,无论温度如何,液体燃料产率都会随着停留时间的增加而增加。这是因为:废旧聚乙烯可以通过反应器中的随机裂解反应完全分解为具有较长停留时间的短链烃,因此,与较短

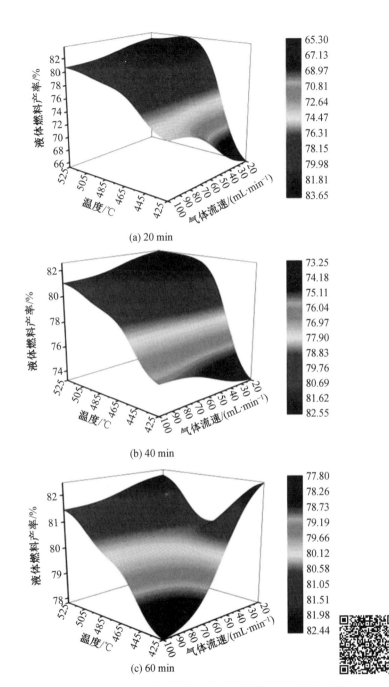

图 7.12 不同停留时间下温度和载气流速对液体燃料产率的交互影响

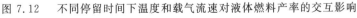

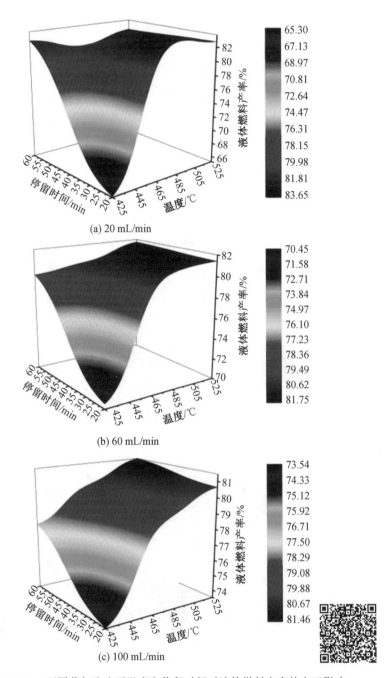

图 7.13　不同载气流速下温度和停留时间对液体燃料产率的交互影响

停留时间相比,较长停留时间下液体燃料产率较高。由于热化学转化是吸热反应,因此升高温度有利于废旧聚乙烯的热裂解,所以较高的温度可以提高液体燃料产率。值得注意的是,当载气流速为 20 mL/min 时,在停留时间较低的范围内,液体燃料产率随着温度高于 500 ℃ 后下降。Sharuddin 等人也提出,500 ℃ 以下的温度更有利于液体燃料的产生,这可以归因于:液体燃料在超过 500 ℃ 的温度下发生 β 裂解反应而进一步分解为低分子热解气体。

7.2.3　气体生产

(1) 人工神经网络的准确性。

图 7.14 描绘了不同操作条件下的实验和人工神经网络预测的产气结果。如图 7.14(a) 所示,人工神经网络预测的气产率均接近实验值(E1 ～ E15),且预测值与实验值之间的相对误差在 4.6% 以内。此外,实验与人工神经网络预测气产率之间的 R^2 为 0.971 9。相对来说,预测的气产率不如预测的液体燃料产率准确。这是因为气产率是根据初始废旧聚乙烯质量减去液体燃料和残渣质量计算

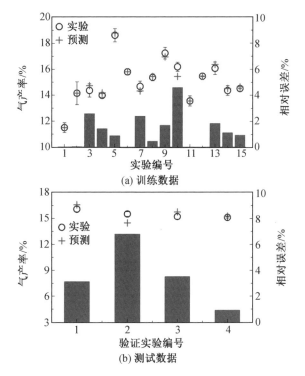

图 7.14　不同操作条件下的实验和人工神经网络预测的产气结果

的。气产率误差不断累积,气产率变得更加不准确。图 7.14(b)表明了人工神经网络预测气产率的可行性,预测值与实验值之间的相对误差在 6.8％ 以内。Quesada 等人采用自适应神经模糊模型来预测废旧聚乙烯热解的能源转化效率,最大相对误差约为 6.4％。本研究预测的气产率误差在合理范围内,因此人工神经网络适合预测气产率。

(2)停留时间和载气流量对气产率的交互影响。

图 7.15(a)、(b)、(c)分别说明了在 425 ℃、475 ℃ 和 525 ℃ 温度下停留时间和载气流速对气产率的交互影响。气产率在 425 ℃ 时变化范围为 11.50％ ～ 18.75％,在 475 ℃ 时变化范围为 12.40％ ～ 16.93％,在 525 ℃ 时变化范围为 13.54％ ～ 16.35％。Onwudili 等人在间歇式反应器中进行低密度聚乙烯的热解实验,在 425 ℃ 和 450 ℃ 温度下分别获得10％和25％的气体产量。这些结果与文献[8]阐述的结果相似。在 350 ～ 400 ℃ 的温度范围内热解原始低密度 PE 和高密度 PE,分别获得 16.58％ ～ 22.53％ 和 17.80％ ～ 27.52％ 的气产率,并且在 500 ℃ 的温度下获得了大约 17％ 的气体。

如图 7.15(a)所示,温度为 425 ℃ 时,在最低(20 mL/min)和最高(100 mL/min)载气流速下,较长的停留时间会增加气产率。当停留时间从 20 min 增加到 60 min,载气流速为 20 mL/min 和 100 mL/min 下的气产率分别从 11.50％ 增加到 14.17％ 和从 14.14％ 增加到 18.75％。Onwudili 等人还发现:在 450 ℃ 下,将停留时间从 0 min 增加到 30 min 时,气产率从 8.70％ 增加到 16.30％。这是因为在低温下废弃聚乙烯的随机裂解反应不剧烈无法产生热解气体,而延长停留时间可以使 WPE 的随机裂解反应进行得更彻底,从而获得更高的产气量。如图 7.15(b)所示,当温度为 475 ℃ 时,在最低停留时间(20 min)下载气流速对气产率有较强的影响。当载气流速从 20 mL/min 增加到 64 mL/min 时,气产率首先从 12.40％ 增加到 15.82％,这是因为低载气流速会抑制热解气体的缩聚和再聚合反应;而过高的载气流量会降低反应器内部的传热效率,从而抑制产气。因此,当载气流速从 64 mL/min 变化到 100 mL/min 时,气产率从 15.82％ 下降到 14.72％。线性低密度聚乙烯在 450 ～ 460 ℃ 热解也有类似的现象:当载气流速从 0 mL/min 增加到 30 mL/min 时,气产率首先从 15.5％ 增加到 20.0％,然后当载气流量从 30 mL/min 变化到 60 mL/min 时,气产率从 20.0％ 下降到 17.5％。如图 7.15(c)所示,当温度为 525 ℃ 时,在最低载气流速(20 mL/min)下停留较长的时间会增加气产率。当停留时间从 20 min 增加到 60 min 时,气产率从 13.54％ 增加到 14.49％,这是因为较长的停留时间增加了 β 裂解反应生成热解气的可能性。

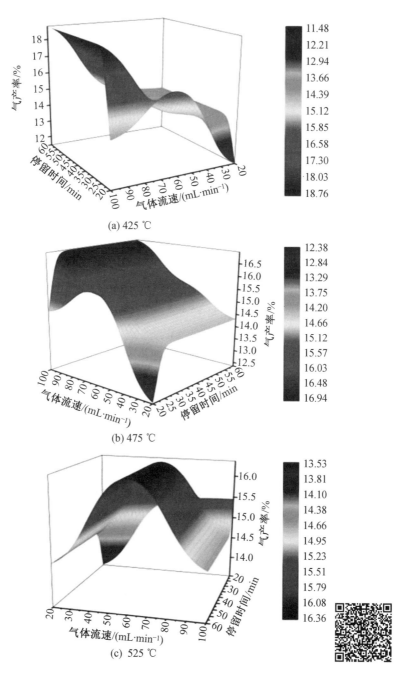

(a) 425 ℃

(b) 475 ℃

(c) 525 ℃

图 7.15　不同温度下停留时间和载气流速对气产率的交互影响

(3) 温度和载气流速对气产率的交互影响。

图 7.16(a)、(b)、(c) 分别显示了停留时间为 20 min、40 min 和 60 min 时温度和载气流速对气产率的交互影响。在最低温度(425 ℃)下,无论停留时间如何变化,都是载气流速对气产率的影响更大。如图 7.16(a) 所示,在最低(20 mL/min)和最高(100 mL/min)载气流速下,温度对气产率具有类似的影响:气体产量均随温度升高而增加,这是因为在高温下液体燃料的二次裂解反应更加剧烈而产生热解气体。然而,在中等(60 mL/min)载气流速下,温度对气产率产生相反的影响,当温度从 425 ℃ 升高到 525 ℃ 时,气产率从 16.17% 下降到 15.30%。这是因为温度升高促进热解气体的缩聚和再聚合反应,导致气体产量减少。这还表明,在中等载气流速(60 mL/min)下,与液体燃料的二次裂化反应相比热解气体的缩聚和再聚合反应起着主导作用。如图 7.16(b) 和图 7.16(c) 所示,在 40 min 和 60 min 的停留时间下,温度和载气流量对气产率具有相同的影响。最低气产率均在温度为 425 ℃、载气流速为 20 mL/min 下获得,而最高气产率均在 425 ℃ 和 100 mL/min 下获得。这表明,在 40 min 和 60 min 停留时间下,较高的载气流速可以抑制消耗热解气体的缩聚和再聚合反应。

(4) 温度和停留时间对气产率的交互影响。

图 7.17(a)、(b)、(c) 分别展示了载气流速为 20 mL/min、60 mL/min 和 100 mL/min 时温度和停留时间对气产率的交互影响。如图 7.17(a) 所示,无论停留时间如何变化,在载气流速为 20 mL/min 的情况下,温度都可以提高气产率。如图 7.17(b) 和(c) 所示,在载气流速为 60 mL/min 和 100 mL/min 下,温度和停留时间对气产率的交互影响变得更加复杂。例如,如图 7.17(b) 所示,在温度 425 ℃ 和载气流速 60 mL/min 下,当停留时间从 20 min 增加到 60 min 时,气产率从 16.17% 减少到 14.71%。气产率减少的原因是较长的停留时间促进了热解气体的聚合反应。同时,在 525 ℃ 和 60 mL/min 下,当停留时间从 20 min 变化到 60 min 时,气产率从 15.30% 增加到 16.35%。这是因为较长的停留时间增加了焦炭气化和 β 裂解反应的可能性,生成了热解气体。如图 7.17(c) 所示,在 100 mL/min 载气流速下的停留时间对气产率的影响与 60 mL/min 载气流速下的相反:在 425 ℃ 下停留时间越长,气产率越高;而在 525 ℃ 时则抑制产气。

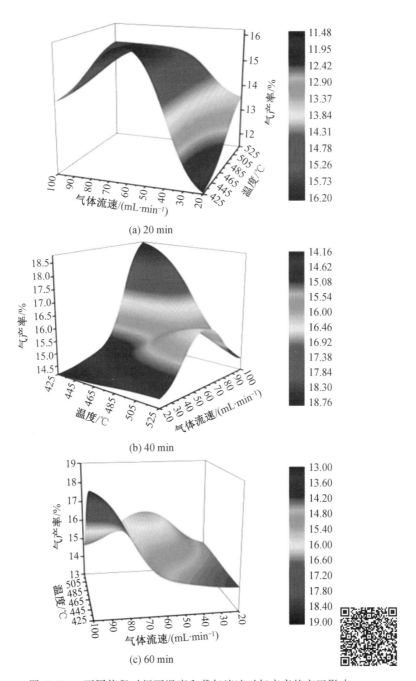

(a) 20 min

(b) 40 min

(c) 60 min

图 7.16　不同停留时间下温度和载气流速对气产率的交互影响

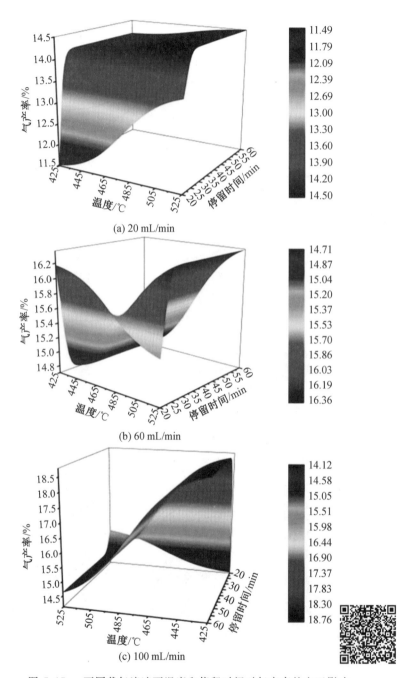

图 7.17 不同载气流速下温度和停留时间对气产率的交互影响

7.2.4　通过 GA 优化操作条件

正如 3.1 节中讨论的,操作条件(温度、停留时间和载气流速)对液体燃料生产具有非常复杂的交互影响。为了获得最大的液体燃料产率,本课题采用遗传算法来确定最佳操作条件。图 7.18(a) 展示了 1 000 个个体在 1 000 次迭代中适应度的平均值和最优值的变化。在本次研究中,遗传算法(GA) 中的适应度是液体产率,最优值在 100 次迭代后达到稳定,而平均值在 800 次迭代后稳定。

图 7.18(b) 显示了遗传算法优化后操作条件是 488 ℃、20 min、20 mL/min,在该操作条件下得到最高的液体燃料产率为 83.63%。Rodríguez－Luna 等人发现在半间歇式反应器中热解高密度 PE 产生液体燃料的最合适温度为 500 ℃。Quesada 等人的实验在卧式管式反应器中进行,他们得出液体燃料生产的最佳操作条件为 500 ℃ 和 120 min,该最佳温度接近本研究中的温度,而最佳停留时间比本研究中的最佳停留时

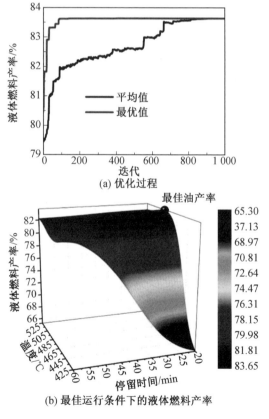

(a) 优化过程

(b) 最佳运行条件下的液体燃料产率

图 7.18　利用 GA 优化运行条件的图示

间长得多。这是因为 Quesada 等人的实验是在较高的加热速率(20 ~ 50 ℃/min)和较快的载气流速(833 mL/min)下进行的。Sharuddin 等人也得出结论:500 ℃ 以下的温度适合液体燃料生产。

为了验证 GA 预测的结果,本实验在 GA 给出的最佳操作条件(488 ℃、20 min、20 mL/min)下进行。实验得到的液体燃料产率为 83.50% ± 0.59%,预测值与实验值之间的相对误差在 0.16% 以内,这表明 GA 预测的结果准确可靠。

7.2.5　红外光谱分析

图 7.19 展示了本研究和 Quesada 等人的液体燃料的 FTIR 结果,发现液体燃料的主要官能团在不同的操作条件下不会发生变化。因此,选择最佳操作条件(488 ℃,20 min,20 mL/min)下的液体燃料进行 FTIR 分析。如图 7.19 所示,确定了本研究液体燃料中的以下官能团:C—H 在 2 916 ~ 2 848 cm^{-1} 处拉伸;C=C 在 1 642 cm^{-1} 和 1 462 cm^{-1} 处拉伸;C—H 在 1 377 cm^{-1} 处缩短并弯曲;C—H 在 909 cm^{-1} 处平面弯曲;C—H 在 719 cm^{-1} 处弯曲。直链烷烃是通过分子间氢转移反应生成的,而 β 裂解与分子间氢转移反应共同影响 WPE 热解过程中的烯烃产率。Quesada 等人的液体燃料样品是在 500 ℃、80 min、833 mL/min 下获得的,图 7.19 还展示了柴油和液体燃料的 FTIR 结果。本研究的液体燃料具有与文献[12]中相同的特征峰,这还表明操作条件不会改变废弃聚乙烯热解为液体燃料的主要官能团,此外,本研究中的液体燃料具有与柴油相似的特征峰。

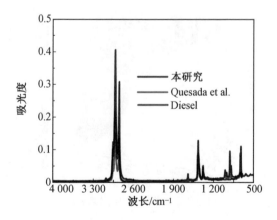

图 7.19　本研究和 Quesada 等人对液体燃料和柴油进行的傅里叶变换红外分析

7.2.6　气相色谱－质谱(GC－MS) 分析

本研究进行 GC－MS 分析以确定液体燃料的具体成分。图 7.20 所示为最佳操作条件(488 ℃、20 min、20 mL/min) 下的液体燃料色谱图,在最佳操作件下液体燃料中存在的已识别化合物列于表 7.13 中。液体燃料的成分主要为从 C7 到 C36 的 1－烯烃和正烷烃,液体燃料的平均分子量为 291 g/mol。图 7.21 中 1 ～ 15 分别显示了液体燃料 E1 ～ E15 的色谱图,液体燃料 E1 ～ E15 与最佳操作条件下的液体燃料具有相同的组分类型(主要是 C7 ～ C36 的 1－烯烃和正烷烃),但液体燃料的具体成分比例不同,这表明操作条件对废弃聚乙烯热解产生的液体燃料的成分有影响。液体燃料分为轻质组分(C7 ～ C11)、中质组分(C12 ～C20) 和重质组分(C21 ～ C36)。

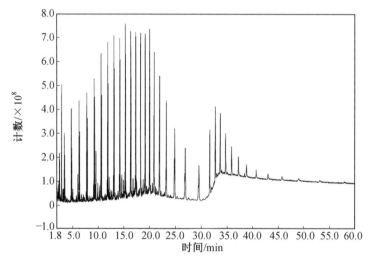

图 7.20　在最佳操作条件(488 ℃、20 min 和 20 mL/min) 下对液体燃料进行气相色谱－质谱分析

表 7.13　在最佳操作条件下液体燃料中存在的已识别化合物

峰	时间 /min	组分	相对面积 /%	摩尔质量 /(g · mol⁻¹)
1	2.32	cyclopentane(C7)	0.71	98
2	2.38	n－heptane(C7)	0.63	100
3	2.76	1－octene(C8)	1.67	112
4	2.98	n－octane(C8)	0.20	114
5	3.31	1－nonene(C9)	1.41	126

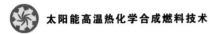

续表

峰	时间/min	组分	相对面积/%	摩尔质量/(g·mol⁻¹)
6	3.40	n — nonane(C9)	0.74	128
7	4.66	1 — decene(C10)	1.33	140
8	4.79	n — decane(C10)	0.78	142
9	6.19	1 — undecene(C11)	1.51	154
10	6.31	n — undecane(C11)	1.01	156
11	7.70	1 — dodecene(C12)	1.53	168
12	7.82	n — dodecane(C12)	1.21	170
13	9.15	1 — tridecene(C13)	1.75	182
14	9.26	n — tridecane(C13)	2.12	184
15	10.50	1 — tetradecene(C14)	2.09	196
16	10.60	n — tetradecane(C14)	1.47	198
17	11.78	1 — pentadecene(C15)	2.18	210
18	11.87	n — pentadecane(C15)	1.66	212
19	12.99	1 — hexadecene(C16)	2.45	224
20	13.07	n — hexadecane(C16)	2.01	226
21	14.13	1 — heptadecene(C17)	2.62	238
22	14.20	n — heptadecane(C17)	2.08	240
23	15.21	1 — octadecene(C18)	2.87	252
24	15.28	n — octadecane(C18)	2.39	254
25	16.24	1 — nonadecene(C19)	2.74	266
26	16.30	n — nonadecane(C19)	2.35	268
27	17.21	1 — eicosene(C20)	2.54	280
28	17.27	n — eicosane(C20)	2.50	282
29	18.15	1 — heneicosene(C21)	2.66	294
30	18.20	n — heneicosane(C21)	2.64	296
31	19.04	1 — docosene(C22)	2.62	308
32	19.09	n — docosane(C22)	2.89	310
33	19.90	1 — tricosene(C23)	2.24	322
34	19.94	n — tricosane(C23)	2.63	324
35	20.79	1 — tretacosene(C24)	2.10	336
36	20.83	n — tretacosane(C24)	2.75	338
37	21.83	1 — pentacosene(C25)	1.93	350
38	21.88	n — pentacosane(C25)	2.76	352

续表

峰	时间/min	组分	相对面积/%	摩尔质量/(g·mol⁻¹)
39	23.11	1－hexacosene(C26)	1.66	364
40	23.17	n－hexacosane(C26)	2.71	366
41	24.71	1－heptacosene(C27)	1.22	378
42	24.79	n－heptacosane(C27)	2.59	380
43	26.75	1－octacosene(C28)	1.31	392
44	26.84	n－octacosane(C28)	2.60	394
45	29.36	1－nonacosene(C29)	0.88	406
46	29.47	n－nonacosane(C29)	2.37	408
47	31.56	1－triacontene(C30)	0.82	420
48	31.60	n－triacontane(C30)	2.27	422
49	33.60	n－hentriacontane(C31)	2.18	436
50	34.64	n－dotriacontane(C32)	1.80	450
51	35.81	n－tritriacontane(C33)	1.54	464
52	37.16	n－tetratriacontane(C34)	1.00	478
53	38.76	n－pentatriacontane(C35)	0.72	492
54	40.67	n－hexatriacontane(C36)	0.58	506

图 7.21 显示了不同操作条件下的液体燃料占比和平均分子量,轻质、中质和重质组分分别为 3.61% ～ 6.79%、28.65% ～ 42.54% 和 50.72% ～ 66.83%,此外,液体燃料的平均分子量从 291.00 g/mol 变化到 325.23 g/mol。

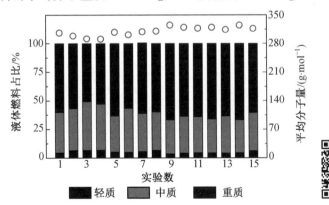

图 7.21　不同操作条件下的液体燃料占比和平均分子量

图 7.22 显示了操作条件对液体燃料占比和平均分子量的影响,利用 E3、E8 和 E13 样品来分析温度对液体燃料成分的影响。 如图 7.22(a)所示,当温度从

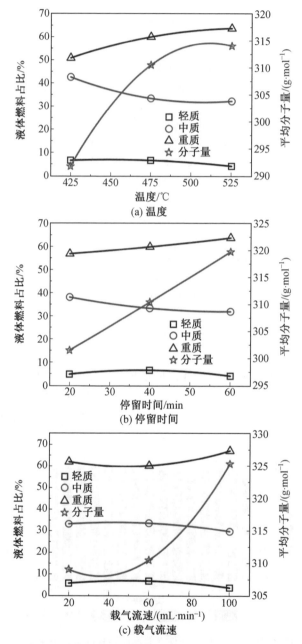

图 7.22　操作条件对液体燃料占比和平均分子量的影响

425 ℃ 升高到 525 ℃ 时，轻质组分和中质组分分别从 6.74% 下降到 4.25% 和从

42.54% 下降到 32.22%,相比之下,当温度从 425 ℃ 升高到 525 ℃ 时重质组分从 50.72% 增加到 63.53%,此外,液体燃料的平均分子量也从 291.78 g/mol 增加到 313.96 g/mol。这表明高温有利于液体燃料中重质组分的形成,这可以归因于:更高的温度会增加液体燃料的轻质和中质组分的二次反应的可能性,该反应会产生热解气体。图 7.22(b) 说明了停留时间对液体燃料组分和平均分子量(E6、E8 和 E10)的影响,当停留时间从 20 min 增加到 60 min 时,中质组分从 38.18% 下降到 32.02%,而重质组分从 56.80% 增加到 63.73%。当停留时间从 20 min 增加到 40 min 时,轻质组分首先从 5.02% 增加到 6.73%;但当停留时间从 40 min 变化到 60 min 时,轻质组分从 6.73% 降低到 4.25%。较长的停留时间增加了液体燃料轻质和中质组分发生 β 裂解反应的可能性,因此,当停留时间从 20 min 增加到 60 min 时,液体燃料的平均分子量从 301.54 g/mol 增加到 319.73 g/mol。图 7.22(c) 显示载气流速对液体燃料组分和平均分子量(E7、E8 和 E9)的影响。轻质、中质和重质组分分别从 3.61% 增加到 6.73%、从 29.57% 增加到 33.42% 和从 59.86% 增加到 66.82%。此外,当载气流速从 20 mL/min 增加到 100 mL/min 时,液体燃料的平均分子量从 309.02 g/mol 增加到 325.23 g/mol。液体燃料平均分子量的增加可以归因于较高的载气流速,较高的载气流速可以快速将挥发性产物带出反应器,从而抑制液体燃料重质组分的 β 裂解反应以及能产生轻质与中质组分液体燃料的热解气体缩聚和再聚合反应。

7.3　活性炭异位催化热解废弃聚乙烯产油的优化

7.3.1　实验与方法

(1)材料。

WPE(约为 3 mm 颗粒)从城市生活垃圾中回收并由中国舟山金科再生资源有限公司提供。AC 样品购自德国 Sigma — Aldrich(100 mesh,CAS:7440 — 44 — 0)。AC 的 BET 表面积、平均孔径和平均粒径分别为 876.45 m²/g、3.33 nm 和 19.27 μm。图 7.23 显示了 WPE 的热重分析,将样品以 6 ℃/min 的加热速率从 20 ℃ 加热至 550 ℃,热重分析后剩余 2.81% 的残留物。WPE 的起始、终止和最大降解温度分别为 452.1 ℃、494.1 ℃ 和 474.9 ℃。此外,最大质量损失率为 21.44%/min。

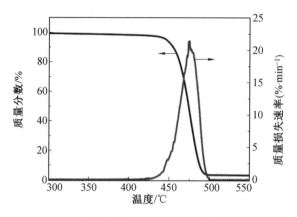

图 7.23　WPE 的热重分析

（2）实验。

图 7.24 展示了 AC 异位催化热解 WPE 的实验装置，氮气作为吹扫气体（在 100 mL/min 下吹扫 30 min）为 WPE－AC 催化热解创造无氧气氛。氮气流量由气体流量控制器控制，变化范围为 0～250 mL/min。在 99%Al$_2$O$_3$ 坩埚（ϕ40 mm×60 mm，壁厚 3 mm）中进行热解，坩埚放置在 200 mL 反应器中。如图7.24所示，约 2 gWPE 均匀地铺在坩埚底部，第二、三、四层为石英棉、AC、石英

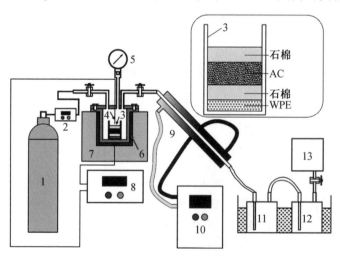

图 7.24　用活性炭异位催化热解 WPE 的实验装置

1—N$_2$ 气体；2—气体流量控制计；3—Al$_2$O$_3$ 坩埚；4—热电偶；5—压力表；6—加热元件；7—隔热层；8—PID 控制器；9—冷凝器；10—冷水机；11—玻璃瓶 1；12—玻璃瓶 2；13—气袋

棉。反应器以 6 ℃/min 的加热速率加热至目标温度,并保持目标温度 20 min。热解油经冷水机冷凝器冷却并在置于冰水混合物中的玻璃瓶中冷凝,最后用 10 L 气袋收集热解气体。表 7.14 展示了基于中心复合设计的 AC 异位催化热解 WPE 的实验设计。温度、AC/WPE 质量比和载气流速分别在 425 ～ 525 ℃、1 ～ 2 和 10 ～ 30 mL/min 范围内进行研究。进行 R1 ～ R16 这 16 次实验以获得 ANN－GA 的训练数据,以及进行 V1 ～ V6 这 6 次实验以获得测试数据。

表 7.14　用活性炭异位催化热解 WPE 的实验设计

编号	温度 /℃	AC/WPE 质量比	载气流速 /(mL · min^{-1})
R1	425	1	10
R2	425	1	30
R3	425	1.5	20
R4	425	2	10
R5	425	2	30
R6	475	1	20
R7	475	1.5	10
R8	475	1.5	20
R9	475	1.5	30
R10	475	2	20
R11	475	2	30
R12	525	1	10
R13	525	1	30
R14	525	1.5	20
R15	525	2	10
R16	525	2	30
V1	450	1	10
V2	450	1.25	25
V3	450	1.75	15
V4	479	1	10
V5	500	1.25	25
V6	500	1.75	15

(3)回收油的表征方法。

采用 FTIR(Thermo Nicolet 6700) 和 GC/MS(Thermo Scientific TRACE 1300/1310 联用 Thermo Fisher TSQ 9000) 分析来鉴定回收油的官能团和具体成分,操作细节在之前的研究中有完整描述。

（4）ANN－GA。

图 7.25 展示了 ANN 与 GA 结合的流程示意图，这在之前的研究中已详细描

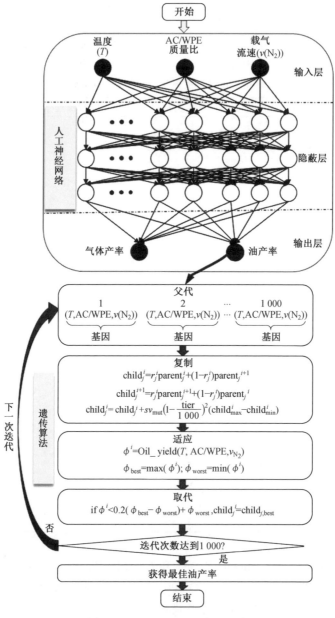

图 7.25　ANN－GA 流程示意图

述。本研究采用 ANN－GA 来研究三重参数：热解温度、AC/WPE 质量比和载气流量。神经网络在三元组组合下训练油气的实验产量，然后用参数三元组表达油气产量的数学表达式，随后通过 GA 优化出油率以获得最高值。为了验证 ANN－GA 的适用性，本研究使用 ANN－GA 来优化 WPE 气化过程中所需的热量和㶲效率。Hasanzadeh 等人研究了温度和蒸汽与聚乙烯废物比（S/P 比）对 WPE 气化所需热量和㶲效率的相互作用，他们使用反应曲面法（RSM）建立了所需热量和㶲效率的数学表达式，以温度和 S/P 比表示。本研究总共进行了 13 组测试以获得训练数据，RSM 和 ANN－GA 预测结果的比较在文献[11]中有详细描述。ANN－GA 预测结果比 RSM 预测结果与原始数据更吻合，也更准确，由此可以得出结论，ANN－GA 可以预测和优化其他研究的数据。

7.3.2　ANN 的准确性

图 7.26 显示了训练集和测试集中 WPE－AC 催化热解得到的石油和天然气产率的实验值与 ANN 预测值。石油和天然气的实验产率分别在 56.31% ～ 69.63% 和 21.18% ～ 42.46% 之间波动。值得注意的是，在相同温度范围 425 ～ 525 ℃ 下，WPE 热裂解的石油产率（65.31% ～ 83.50%）高于 WPE－AC 催化裂解的产率，而 WPE 热裂解的气产率（11.50% ～ 18.59%）低于 WPE－AC 催化裂解的产率，这是因为 WPE 在催化剂作用下可以分解为短链烃。Santos 等人在相对较低的温度范围（430 ～ 470 ℃）下，使用 H－ZSM－5(1%) 进行高密度 PE 催化热解，回收了 21% ～59% 的石油和 16% ～ 50% 的气体。Zhang 等人在 430 ～ 571 ℃ 的温度范围内，通过 AC 催化热解低密度 PE，回收了 38.5% ～ 73.0% 的优质油和 10.9% ～ 44.8% 的气体。这些结果接近本研究中提出的值。

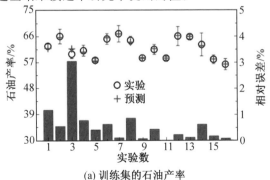

(a) 训练集的石油产率

图 7.26　训练集和测试集中 WPE－AC 催化热解得到的石油和天然气产率的实验值与 ANN 预测值

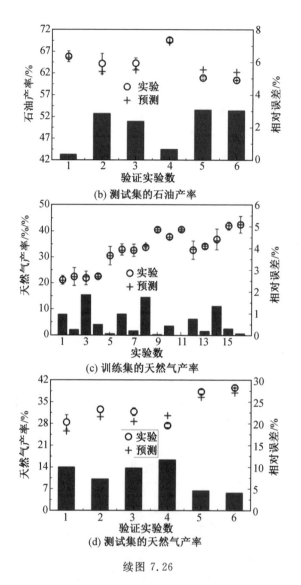

(b) 测试集的石油产率

(c) 训练集的天然气产率

(d) 测试集的天然气产率

续图 7.26

图 7.26 还说明了石油与天然气产量的实验值与 ANN 预测值之间的相对误差(ARE)。可以看出,预测的石油产率(ARE 在 3.1% 以内)比预测的天然气产量(ARE 在 11.8% 以内)更加准确,这可能是由于气产率采用差分法计算,因此气产率误差累积。此外,在训练和测试中,实验值和 ANN 预测值的准确系数和平均 ARE 分别为 0.999 2 和 0.60%、0.983 0 和 5.01%,高准确系数和低平均 ARE 表示了 ANN 预测的石油和天然气产量的高精度。

7.3.3　温度和 AC/WPE 质量比的相互作用

图 7.27 给出了不同载气流速下温度和 AC/WPE 质量比对石油和天然气产率的影响。不同载气流速下石油和天然气产率变化范围如表 7.15 所示,可以发现,当 AC/WPE 质量比最高为 2 时,无论载气流速如何变化,在 425 ~ 475 ℃ 范围内,随着温度的升高,油产率增加,较高的温度也加剧了 WPE 的随机断裂,导致生成更多的易挥发产物,因此,当温度升高时,气产率也会增加。但升温至 475 ℃ 以上,加剧了热解油的二次裂解,导致油产率减少、气产率增加。值得注意的是,在载气流速为 30 mL/min 下,温度对石油与天然气产率的影响更为复杂(图 7.27(e)、(f))。在 AC/WPE 质量比最低为 1 时,产油率从 425 ℃ 时的 65.68％下降,到 475 ℃ 时达到最低产率58.53％,此后不断增加。在较高温度下

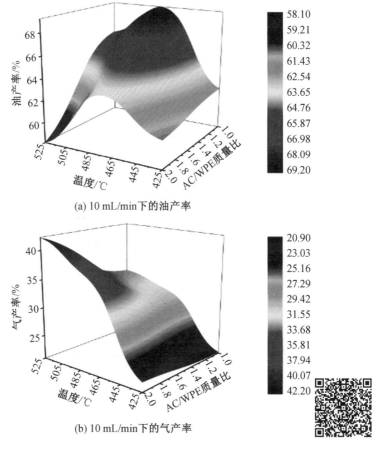

(a) 10 mL/min下的油产率

(b) 10 mL/min下的气产率

图 7.27　不同载气流速下,温度和 AC/WPE 质量比对油气产率的影响

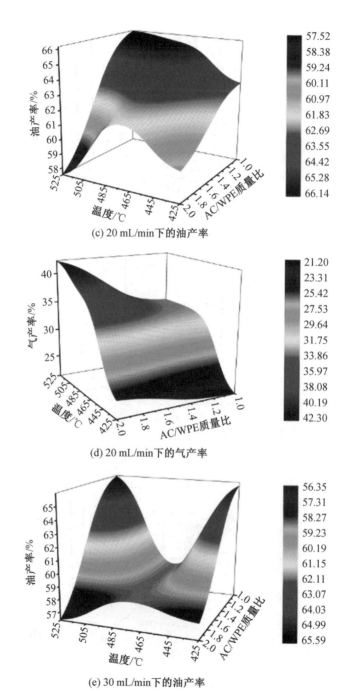

(c) 20 mL/min下的油产率

(d) 20 mL/min下的气产率

(e) 30 mL/min下的油产率

续图 7.27

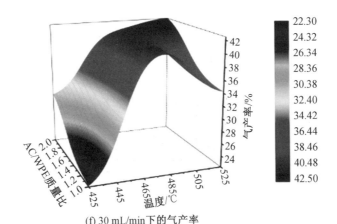

(f) 30 mL/min 下的气产率

续图 7.27

气体再凝结可能会导致石油产率的增加。从这个角度来看,随着温度从 475 ℃
升高到 525 ℃,气产率下降了 6.15%(从 40.40% 降至 34.25%),这可能归因于
AC 促进了能芳香化气体的第尔斯－阿尔德(Diels－Alder)反应。

表 7.15　不同载气流速下的 WPE 催化热解油气产率

温度:425 ~ 525 ℃;AC/WPE 质量比:1.0 ~ 2.0

载气流速 /(mL·min⁻¹)	10	20	30
石油产率 /%	58.12 ~ 69.16	57.53 ~ 66.13	56.36 ~ 65.90
天然气产率 /%	20.97 ~ 42.11	21.29 ~ 42.20	22.39 ~ 42.50

7.3.4　AC/WPE 质量比与载气流速的相互作用

图 7.28 说明了不同温度下 AC/WPE 质量比与载气流速对石油和天然气产
率的影响。表 7.16 给出了不同温度下石油和天然气产率的变化范围,可以得出
结论:无论载气流速和温度如何变化,较高的 AC/WPE 质量比都会减少石油产
率并提高天然气产率。这是因为更多的催化位点加剧了 WPE 主链裂解和石油
二次裂解,从而导致石油产率下降和天然气产率增加。在 10 mL/min、425 ℃ 条
件下,AC/WPE 质量比对油产率影响很小(图 7.28(a)),随着 AC/WPE 质量比的
增加,石油产率仅下降 1.27%,这可能归因于部分多烯自由基也在催化位点通过
重排、环化和芳构化形成了轻质油。 然而,当载气流速增加到 30 mL/min(图
7.28(b))时,石油二次裂化比气体再冷凝反应更加剧烈,导致石油产率随着
AC/WPE 质量比增加急剧下降(8.11%)。

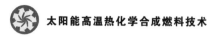

在载气流速 30 mL/min 和温度 475 ℃ 条件下,AC/WPE 质量比对石油和天然气产率影响不明显(图 7.28(c)、(d))。Fan 等人还发现当 MgO/LDPE 质量比从 1/10 提高到 1/3 时,石油产率几乎没有变化,他们将其归因于过量的催化剂不会进一步促进二次裂解反应。另一方面,较高的载气流速将导致石油产率增加,这可能会堵塞 AC 的孔隙,降低催化剂活性,从而导致随着 AC/WPE 质量比的增加,石油和天然气产率几乎恒定。然而,在载气流速 10 mL/min 和温度 475 ℃ 下,增加 AC/WPE 质量比导致石油产率下降 5.70%,气体产率增加 6.47%。另外,在温度 525 ℃ 下,无论载气流速如何变化,当 AC/WPE 质量比从 1 增加到 2 时,石油产率下降约 8%,气体产率增加约 8%。这表明较高的 AC/WPE 质量比可以提供更多的活性位点来促进石油二次裂解,从而消耗石油产生天然气。

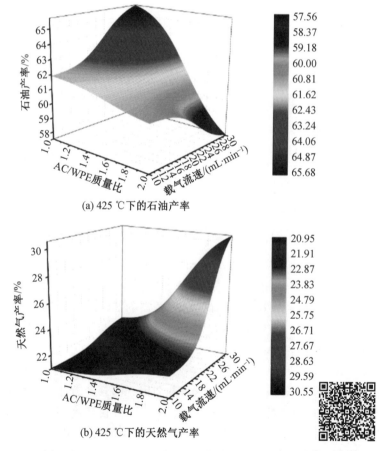

(a) 425 ℃下的石油产率

(b) 425 ℃下的天然气产率

图 7.28　不同温度下 AC/WPE 质量比和载气流速对油气产率的影响

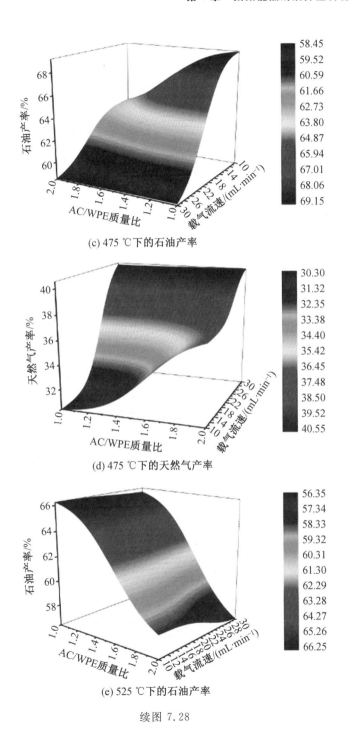

(c) 475 ℃下的石油产率

(d) 475 ℃下的天然气产率

(e) 525 ℃下的石油产率

续图 7.28

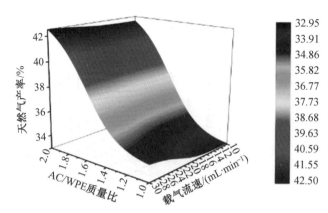

(f) 525 ℃下的天然气产率

续图 7.28

表 7.16　不同温度下的 WPE 催化热解油气产率

载气流速:10 ~ 30 mL/min;AC/WPE 质量比:1.0 ~ 2.0			
温度 /℃	425	475	525
石油产率 /%	57.57 ~ 65.68	58.48 ~ 69.10	56.36 ~ 66.24
天然气产率 /%	20.97 ~ 30.52	30.31 ~ 40.54	32.99 ~ 42.50

7.3.5　载气流速和温度的相互作用

图 7.29 显示了在不同 AC/WPE 质量比下载气流速和温度对石油和天然气产率的影响。表 7.17 列出了在不同 AC/WPE 质量比下石油和天然气产率的变化范围。如图 7.29(a)(AC/WPE 质量比为 1)、图 7.29(c)(AC/WPE 质量比为 1.5) 和图 7.29(e)(AC/WPE 质量比为 2)所示,在最低温度 425 ℃ 下,提高载气流速导致油产率分别增加了 3.78%、增加 0.11%、减少 3.06%,较大的载气流速可以抑制石油的二次裂解,从而提高石油产率,而另一方面,增加载气流速可以更快地将生成的挥发物吹扫出反应器,从而抑制部分多烯自由基通过重排、环化和芳构化形成轻质油。

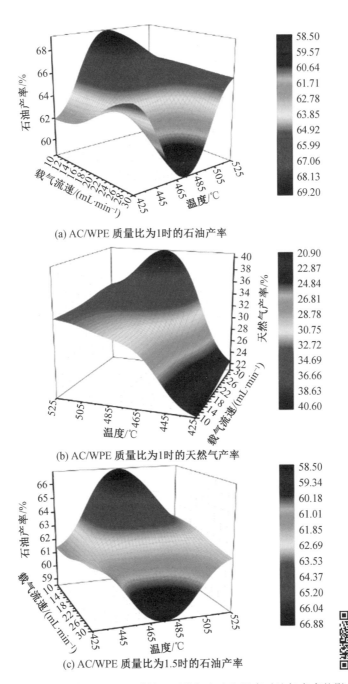

(a) AC/WPE 质量比为1时的石油产率

(b) AC/WPE 质量比为1时的天然气产率

(c) AC/WPE 质量比为1.5时的石油产率

图 7.29　不同 AC/WPE 质量比下载气流速和温度对油气产率的影响

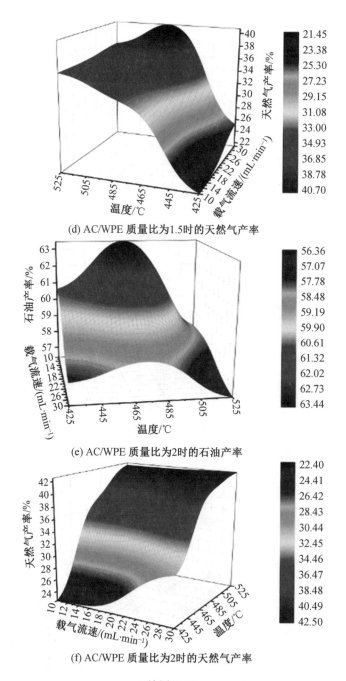

(d) AC/WPE 质量比为1.5时的天然气产率

(e) AC/WPE 质量比为2时的石油产率

(f) AC/WPE 质量比为2时的天然气产率

续图 7.29

表 7.17　不同 AC/WPE 质量比下的 WPE 催化热解油气产量

	温度:425 ~ 525 ℃;载气流速:10 ~ 30 mL/min		
AC/WPE 质量比	1	1.5	2
石油产率 /%	58.53 ~ 69.16	58.51 ~ 66.86	56.36 ~ 63.42
天然气产率 /%	20.97 ~ 40.58	21.49 ~ 40.69	22.48 ~ 42.50

随着载气流速的增加,当气体再凝结反应比油二次裂解更剧烈时,石油产率提高;当油二次裂解占主导地位时,石油产率降低。可以看出,在450~500 ℃的中温范围内,石油的二次裂解占主导地位,因此,在所有 AC/WPE 质量比下,提高载气流速都会导致石油产率下降和气体产量增加。然而,当温度高于 500 ℃时,载气流速就成为影响石油和气体产量的一个不重要的参数,可以认为较高的温度会增加石油中的重质组分并减少天然气中的烯烃,而石油的二次裂解和气体的再凝结均处于低反应性,因此在较高温度下石油和天然气产率不随载气流速的变化而变化。

7.3.6　ANN － GA 算法优化

图 7.30 显示了 AC 异位催化热解 WPE 产油的 ANN － GA 优化过程和最佳条件。如图 7.30(a) 所示,在第 200 次迭代时确定了最高油产率。图 7.30(b) 表明,在温度为 479 ℃、AC/WPE 质量比为 1、载气流速为 10 mL/min 条件下,ANN － GA 计算出的最佳油产率为 69.16%,这一结果表明,适中的温度(≤500 ℃)、较低的 AC/WPE 质量比和较低的载气流量有利于石油生产。在最佳参数下由实验得到的石油产率为 69.63%,实验与 ANN － GA 确定的石油产率的绝

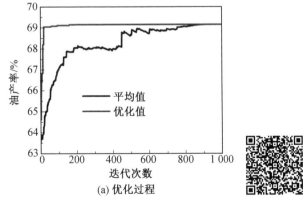

图 7.30　AC 异位催化热解 WPE 产油的 ANN － GA 优化过程和最佳条件

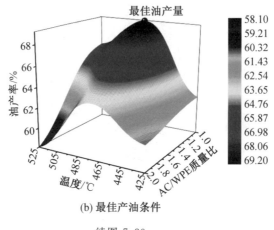

(b) 最佳产油条件

续图 7.30

对相对误差为 0.67%,这体现了 ANN-GA 的高准确度。此外,WPE 热解的最佳温度为 488 ℃,该值高于 WPE-AC 催化热解的最佳温度,因此可以得出结论, AC 的存在会降低 WPE 的最佳热解温度。

7.3.7 FTIR 分析

图 7.31 所示为不同条件下石油样品的 FTIR 分析(R3、R6、R7、R8、R9、R10 和 R14)。可以看出,油品的 FTIR 特征峰不随温度、AC/WPE 质量比和载气流速的变化而变化。这些油由烯烃、环烷烃、烷烃和芳烃组成,表明 WPE-AC 催化热解经历了随机和 β 断裂、氢转移(分子间和分子内)、分子环化和芳构化。

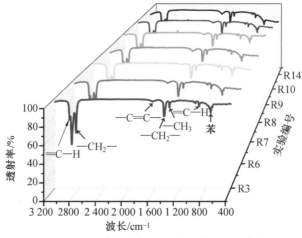

图 7.31　不同条件下石油样品的 FTIR 分析

7.3.8 GC－MS 分析

图 7.32 显示了 WPE－AC 催化热解油和热解油的碳数分布和油馏分。热解和催化热解(R14)在相同的操作参数(525 ℃、20 mL/min、20 min)下进行。可以看出,WPE 热解油由 C7～C36 烃组成,其中 C21～C24 和 C30 比例较大(＞6%),而 WPE－AC 催化热解油由 C8～C33 烃组成,其中 C9～C12 和 C15 比例较大(＞7%)。AC 可以加速 WPE 烃长链的氢离子夺取反应,形成更多的碳正离子自由基,有利于生成碳数较低的短链烃。因此,如图 7.32(b)所示,轻质组分(C7～C11)和中质组分(C12～C20)显著增加,分别从 4.55% 增加到 27.40%,从 31.27% 增加到 57.24%;而重质组分(＞C20)在 AC 存在的情况下,从64.18% 急剧下降到 15.36%。

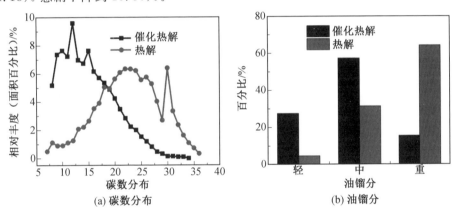

图 7.32 WPE－AC 催化热解油和热解油的碳数分布和油馏分

(1)温度对碳数分布和油馏分的影响。

图 7.33 显示了温度对 WPE－AC 催化热解油的碳数分布和组分的影响。如图 7.33(a)所示,不同温度下碳数分布趋势相似。碳原子数为 C8～C18 的烃类占比均大于 4%,合计约占 WPE－AC 催化热解油的 75%。此外,在所有操作温度下,碳原子数高于 C30 的烃在石油中仅占约 1%。

如图 7.33(b)所示,随着温度从 425 ℃ 升高到 475 ℃,轻质组分从 28.70% 增加到 35.96%;而当温度继续升高到 525 ℃ 时,轻质组分下降到27.40%。当温度从 425 ℃ 升高到 475 ℃ 时,中质组分首先从 55.09% 下降到 46.70%,而在 525 ℃ 时增加到 57.24%。重质组分在 15.36%～17.34% 的狭窄范围内波动,受温度影响不显著。因此,可以得出结论,从 425 ℃ 开始提高温度有利于 WPE－AC 催化热解油的中质组分首先转化为轻质组分,从而导致轻质组分的增加和中质组分的减少。然而,持续升高温度至 525 ℃ 会导致轻质组分过度裂解,从而导致 WPE－AC 催化热解油中轻质组分的减少和中质组分的增加。

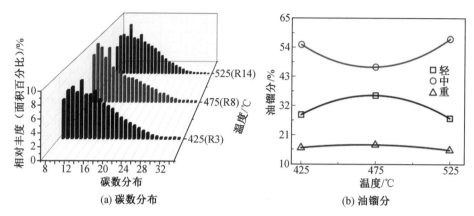

(a) 碳数分布   (b) 油馏分

图 7.33 温度对 WPE 催化热解油的碳数分布和油馏分的影响

(2)AC/WPE 质量比对碳数分布和油馏分的影响。

图 7.34 展示了 AC/WPE 质量比对 WPE－AC 催化热解油的碳数分布和油馏分的影响。如图 7.34(a) 所示,AC/WPE 质量比为 1.5 时的油比 AC/WPE 质量比为 1 和 2 时的油含有更多的碳数为 C8～C11 的烃类。一方面,AC/WPE 质量比为 2 时,碳原子数为 C12～C15 的烃类最丰富;另一方面,在 AC/WPE 质量比最低为 1 时,C15 以上烃类含量最高。

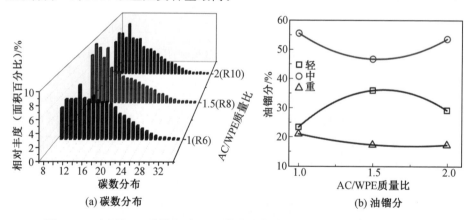

(a) 碳数分布   (b) 油馏分

图 7.34 AC/WPE 质量比对 WPE 催化热解油的碳数分布和油馏分的影响

因此,如图 7.34(b) 所示,随着 AC/WPE 质量比从 1 增加到 1.5,轻质组分从 23.46% 增加到 35.96%;而随着 AC/WPE 质量比依次增加到 2,轻质组分减少到 29.18%。当 AC/WPE 质量比从 1 增加到 1.5 时,中质组分最初从 55.48%

减少到 46.70%；而当 AC/WPE 质量比为 2 时，中质组分增加到 53.56%。而且，随着 AC/WPE 质量比的增加，重质组分逐渐从 21.06% 减少到 17.26%。当 AC/WPE 质量比从 1 增加到 1.5 时，中质组分和重质组分的减少以及轻质组分的增加可能是由于油中的中质组分和重质组分的二次裂解有足够的酸位。然而，过多的酸位可能会导致石油轻质组分的过度裂解，从而导致天然气产量的增加。

（3）载气流速对碳数分布和油馏分的影响。

图 7.35 说明了载气流速对 WPE－AC 催化热解油的碳数分布和油馏分的影响。如图 7.35(a) 所示，20 mL/min 下石油中碳原子数为 C8 ～ C12 的烃类比 10 mL/min 和 30 mL/min 下的更多。与 20 mL/min 和 30 mL/min 下的油相比，最低载气流速（10 mL/min）下的油有最多碳原子数为 C14－C24 的烃。相比之下，在最高载气流速（30 mL/min）下，C24 以上烃类含量最高，合计占 WPE－AC 催化热解油的 7% 左右。

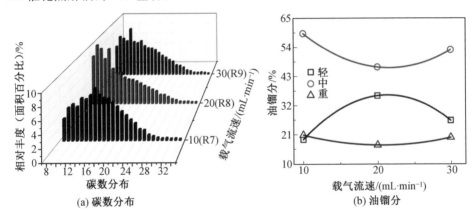

(a) 碳数分布　　　　　　　　(b) 油馏分

图 7.35　载气流速对 WPE 催化热解油的碳数分布和油馏分的影响

因此，如图 7.35(b) 所示，当载气流速从 10 mL/min 增加到 20 mL/min 时，轻质组分首先从 19.46% 增加到 35.96%，中质组分首先从 59.40% 减少到 46.70%；而载气流速随后增加至 30 mL/min 时，轻质组分减少到 26.61%，中质组分则提高到 53.19%。重质组分波动范围为 17.34% ～ 21.13%，受载气流速影响不显著。载气流速从 10 mL/min 提高到 20 mL/min 时，轻质组分的增加以及中质组分和重质组分的减少可能是由于抑制了轻质组分的过度裂解。然而，载气流速过大缩短了挥发性气体的停留时间，也抑制了气体再凝结和中质组分、重质组分的二次裂解，进一步减少了石油的轻质组分形成。

本章研究了活性炭（AC）异位催化热解废弃聚乙烯（WPE）。该热解实验在小型半间歇反应器中进行,对温度和载气流速以及 AC/WPE 质量比这三个操作参数进行研究,研究范围分别为 425～525 ℃、1～2 和 10～30 mL/min。结果发现,操作参数和 AC/WPE 质量比对 WPE－AC 催化热解得到的石油与天然气产率具有复杂的交互作用。因此,本研究采用人工神经网络(ANN)与遗传算法(GA)相结合的混合方法,建立不同条件下操作参数和产物产率的数学表达式,并优化操作条件以获得最高的石油产率。值得注意的是,本研究中获得的相关性受到实验设备和工艺条件的限制,具有应用局限性,尽管如此,ANN－GA 已被证明具有良好的鲁棒性,可以为工业过程优化提供指导。本研究中主要发现和结论概述如下。在 479 ℃、AC/WPE 质量比为 1、10 mL/min 下,ANN－GA 优化的产油量为69.63%。油由 C8～C33 范围内的烯烃、环烷烃、烷烃和芳香烃组成。从425 ℃ 开始提高温度有利于 WPE－AC 催化裂解油中的中质组分转化为轻质组分,而继续升高温度至 525 ℃ 则导致轻质组分减少与中质组分增加。当 AC/WPE 质量比较低(1～1.5)时,增加 AC/WPE 质量比导致轻质组分增加,中质组分减少;然而,过高的 AC/WPE 质量比(1.5～2)导致热解油中的轻质组分减少与中质组分增加。较低的载气流速导致轻质组分比例较高、中质组分比例较低。

本章参考文献

[1] JIANG L,XIAO H H,HE J J,et al. Application of genetic algorithm to pyrolysis of typical polymers[J]. Fuel Processing Technology,2015,138: 48-55.

[2] VYAZOVKIN S,BURNHAM A K,CRIADO J M,et al. ICTAC Kinetics Committee recommendations for performing kinetic computations on thermal analysis data[J]. Thermochimica acta,2011,520(1/2):1-19.

[3] AKAHIRA T,SUNOSE T. Method of determining activation deterioration constant of electrical insulating materials[J]. Res Rep Chiba Inst Technol (Sci Technol),1971,16:22-31.

[4] FRIEDMAN H L. Kinetics of thermal degradation of char - forming plastics from thermogravimetry. Application to a phenolic plastic[J]. Journal of Polymer Science Part C:Polymer Symposia,1964,6(1): 183-195.

[5] USMANI Z,KUMAR V,VARJANI S,et al. Municipal solid waste to clean energy system: a contribution toward sustainable development[J]. In Current Developments in Biotechnology and Bioengineering,2020:217-231.

[6] SHAH A V,SRIVASTAVA V K,MOHANTY S S,et al. Municipal solid waste as a sustainable resource for energy production: State-of-the-art review[J]. Journal of Environmental Chemical Engineering, 2021, 9 (4):105717.

[7] SOPHONRAT N,SANDSTROÖM L,JOHANSSON A C,et al. Co-pyrolysis of mixed plastics and cellulose: an interaction study by py-GC× GC/MS[J]. Energy & Fuels,2017,31(10):11078-11090.

[8] ZHANG F,ZENG M H,YAPPERT R D,et al. Polyethylene upcycling to long-chainalkylaromatics by tandem hydrogenolysis/aromatization [J]. Science,2020,370(6515):437-441.

[9] WECKHUYSEN B M. Creating value from plastic waste[J]. Science, 2020,370(6515):400-401.

[10] JESWANI H, KRÜGER C, RUSS M, et al. Life cycle environmental impacts of chemical recycling via pyrolysis of mixed plastic waste in comparison with mechanical recycling and energy recovery[J]. Science of the Total Environment,2021,769:144483.

[11] RUMING P,MARCIO FERREIRA M,GÉRALD D. Optimization of oil production through ex-situ catalytic pyrolysis of waste polyethylene with activated carbon[J]. Energy,2022,248(0):123514.

[12] QUESADA L,CALERO M, MART? N—LARA M A, et al. 2019. Characterization of fuel produced by pyrolysis of plastic film obtained of municipal solid waste. Energy, 186, p. 115874. https://doi. org/10. 1016/ j. energy. 2019. 115874.

名词索引

蒙特卡罗光线追踪法（MCRTM） 1.2

敏感性分析 5.2